流动传热过程的数值预测

曾卓雄 付在国 胡瓅元 王程遥 著

清华大学出版社
北 京

内 容 简 介

本书介绍了数值流动传热的基本理论及其在能源与动力设备(燃烧室流动燃烧、换热器换热、工质输送、NO_x 排放)中的应用,主要涉及先进驻涡燃烧室与旋流冷壁燃烧室内的燃烧传热流动,火电厂 H 形翅片管、火电厂换热器纵向涡发生器、方腔及极寒地区土壤与流体输送管道的传热,以及火电厂锅炉低 NO_x 生成及排放。

本书可作为能源动力、航空航天、石油、化工、冶金等领域的高校教师、研究生和相关科研人员的参考用书。

图书在版编目(CIP)数据

流动传热过程的数值预测/曾卓雄等著. —北京:清华大学出版社,2020.8
ISBN 978-7-302-54525-5

Ⅰ. ①流… Ⅱ. ①曾… Ⅲ. ①燃烧室—对流传热—数值计算 Ⅳ. ①TK175 ②TK124

中国版本图书馆 CIP 数据核字(2019)第 290510 号

责任编辑:陈朝晖 戚 亚
封面设计:傅瑞学
责任校对:刘玉霞
责任印制:宋 林

出版发行:清华大学出版社
网 址:http://www.tup.com.cn,http://www.wqbook.com
地 址:北京清华大学学研大厦 A 座 **邮 编**:100084
社 总 机:010-62770175 **邮 购**:010-62786544
投稿与读者服务:010-62776969,c-service@tup.tsinghua.edu.cn
质量反馈:010-62772015,zhiliang@tup.tsinghua.edu.cn
印 装 者:小森印刷(北京)有限公司
经 销:全国新华书店
开 本:170mm×240mm **印 张**:17.75 **字 数**:336 千字
版 次:2020 年 8 月第 1 版 **印 次**:2020 年 8 月第1 次印刷
定 价:99.00 元

产品编号:082927-01

前言 FOREWORD

目前，学术界经典的数值流动传热学理论的专著数量不少，如 Patankar 教授的 *Numerical Heat Transfer and Fluid Flow* 和陶文铨院士的《数值传热学》等。尤其是陶文铨院士的《数值传热学》，是全国引用次数最高的 20 本专著之一。

为使本书具有完整性和可读性，作者相应地介绍了流动传热数值计算方面的一些必要知识。但为了避免重复前辈的工作，本书的撰写本着注重应用的原则，在介绍理论的同时，突出了作者多年来在数值计算方面的经验体会和在电力工程等领域的应用成果，主要涵盖了燃气轮机燃烧室流动燃烧、火电厂换热器换热、工质输送、NO_x 排放等。

本书共分为 8 章：第 1 章介绍了流动传热数值模拟理论，包括控制方程、离散方程的性质、速度场计算及湍流模拟方法；第 2 章介绍了 H 形翅片管的湍流传热特性，包括单 H 形和双 H 形翅片管对流换热对比；第 3 章阐述了纵向涡发生器强化单 H 形翅片的湍流换热特性，包括不同类型纵向涡发生器的翅片换热、利用场协同原理分析纵向涡发生器强化换热机理；第 4 章阐述了先进驻涡燃烧室（AVC）的流动传热机理，包括 AVC 流动传热的场协同分析；第 5 章介绍了射流对涡旋燃烧室流动的影响，包括中心空气射流对旋流冷壁燃烧室燃烧流动的影响、冷气射流及燃料射流对先进驻涡燃烧流动的影响；第 6 章介绍了方腔内的自然对流，包括内置有圆管的方腔内的共轭自然对流、内壁面带翅的方腔内的自然对流；第 7 章讨论了极寒地区流体输送管道与周围土壤环境的换热，包括埋地管道的热学模型及求解、极寒地区流体输送管道对土壤的热力影响；第 8 章介绍了火电厂锅炉低 NO_x 排放，包括锅炉燃烧流动特性和低 NO_x 的生成及排放。

本书涉及的研究工作有幸得到国家重点研发计划项目（2018YFB0604204）的资助。感谢华东交通大学潘阳教授在本书撰写过程中给予的帮助。

感谢南昌航空大学孙海俊、上海交通大学李凯和王振、中航工业 608 所王志凯和王漳军、上海电力大学王浩渊等，感谢北京石油化工学院宇波教授，他们的合作使本书的内容丰富了很多。

由于作者水平和能力有限，书中难免有错误，望广大同行专家和读者在阅读本书后提出宝贵意见。

曾卓雄　付在国　胡瓅元　王程遥

2018 年 11 月于上海

目录 CONTENTS

第1章 CHAPTER 1 流动传热数值模拟理论

对流动和传热问题进行物理分析时，通常采用微元控制体方法，这种方法考虑了与体积相关的质量力，与面积相关的质量流量、应力等物理量的作用与影响，同时还考虑了与一阶导数相关的各种物理量沿法线方向的变化率。而纯数学的数值计算方法，抛开了物理概念，在空间建立的是节点变量(物理量)离散关联，这种处理一方面会产生诸如矩形波突变而形成的误差，另一方面由于很难形成正确的物理概念，给物理量的离散分析造成困难，甚至可能形成无物理意义的解。

1.1 控制方程

控制方程是用数学偏微分方程根据守恒定律来描述流场中微元控制体(简称“微元体”或“控制体”)的流动和传热现象。尽管流动和传热的形式千变万化，但一定会遵循质量守恒、动量守恒和能量守恒等定律。

1.1.1 系统与控制体

分析流体运动主要有两种方式：第一种是描述流场中每一个点的流动细节，另一种是针对一个有限区域，通过研究某物理量流入和流出的平衡关系来确定总的作用效果，如作用在这个区域的力、力矩、能量交换等。前一种方法也称为“微分法”，而后者被称为“积分法”或“‘控制体’法”。

力学中的基本定律都是针对一定的物质对象来描述的。在流体力学中，系统是指某一确定流体质点集合的总体。系统以外的物质称为“环境”。把系统和环境分开的假想表面称为“系统的边界”，在边界上可以有力的作用和能量的交换，但没有质量的通过。系统的边界随着流体一起运动。由于流体运动的复杂性，系统的边界很难确定，采用系统的分析方法在一般情况下比较困难，因此提出了“控制体”的分析方法。

所谓控制体，是指被流体流过的、固定在空间的一个任意体积，占据控制体的流体是随时间改变的，控制体的边界叫做控制面，它总是封闭的表面。通过控制面，可以有流体流入或流出，可以有力的作用和能量的交换。根据所研究对象的运动情况，控制体主要有三种类型，分别为静止、运动和可变形，其中前两种控制体为固定形状。

对于流动及传热问题的分析，通常采用拉格朗日方法和欧拉方法，尽管两种方法的内涵不同，但其间的关系却满足下式：

$$\frac{\mathrm{d}}{\mathrm{d}t}\int_{\mathrm{sys}}\rho\phi\,\mathrm{d}V=\frac{\partial}{\partial t}\int_{\mathrm{cv}}\rho\phi\,\mathrm{d}V+\int_{\mathrm{cs}}\rho\phi v\,\mathrm{d}A \tag{1-1}$$

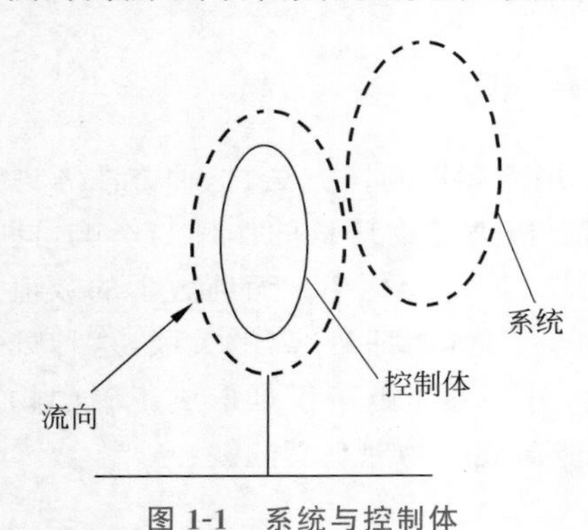

图 1-1 系统与控制体

式中，ρ 为流体的密度；ϕ 为单位质量流体的物理参数(如对于质量守恒 $\phi=1$，对于动量守恒 $\phi=\boldsymbol{v}$)；$\boldsymbol{v}$ 为速度矢量；V 为系统或控制体的体积；A 为控制体的面积；积分号下标 sys 表示对系统的积分；cv 表示对控制体的体积分；cs 表示对控制面的积分。图 1-1 中的实线表示控制体，虚线表示运动的系统。

1.1.2 控制守恒方程

下述控制方程仅考虑了流动流场中的对流和导热换热过程，流体运动的速度矢量为 $\boldsymbol{U}$，其在三个坐标上的分量分别为 u,v,w；压力为 p，且 p 和 ρ 均为坐标和时间的函数，即考虑流体的一般流动。

1. 连续方程

单位时间内微元控制体中流体质量的增加等于同一时间间隔内流入(或流出)该控制体的净质量。

$$\frac{\partial\rho}{\partial t}+\frac{\partial}{\partial x_k}(\rho u_k)=0 \tag{1-2}$$

2. 动量方程

微元控制体中流体在某个方向上的动量的增加率等于作用在控制体上各种力之和。

$$\frac{\partial(\rho u_j)}{\partial t}+\frac{\partial(\rho u_k u_j)}{\partial x_k}=\frac{\partial}{\partial x_k}\left(\mu\frac{\partial u_j}{\partial x_k}\right)-\frac{\partial p}{\partial x_j}+S_j \tag{1-3}$$

式中，u_j 为 j 方向的速度分量；μ 为动力黏度；$\frac{\partial p}{\partial x_j}$为在 j 方向的压力梯度；S_j 为

质量力和黏性力。

$$S_j = \frac{\partial}{\partial x_k}\left(\mu \frac{\partial u_k}{\partial x_j}\right) + \frac{\partial}{\partial x_j}\left(\bar{\lambda} \frac{\partial u_k}{\partial x_k}\right) + \rho F_j \tag{1-4}$$

对于黏性为常数且忽略体积力的不可压缩流体，则 $S_j=0, F_j=0$。

3. 能量方程

微元控制体中热力学能量的增加率等于进入控制体的净热流量加上体积力与表面力对控制体做的功。

$$\frac{\partial(\rho h)}{\partial t} + \frac{\partial(\rho u_k h)}{\partial x_k} = \frac{\partial}{\partial x_k}\left(\lambda \frac{\partial T}{\partial x_k}\right) + S_\mathrm{h} \tag{1-5}$$

式中，T 为温度；h 为单位质量的焓值；λ 为流体的导热系数；S_h 为单位体积内的热焓产生率(包括内热源的热焓和耗散热)。

4. 组分方程

系统内某种化学组分质量对时间的变化率等于通过系统界面净扩散流量与通过化学反应产生的该组分的生产率之和。

$$\frac{\partial(\rho Y_\mathrm{s})}{\partial t} + \frac{\partial(\rho u_k Y_\mathrm{s})}{\partial x_k} = \frac{\partial}{\partial x_k}\left(D_\mathrm{s} \frac{\partial(\rho Y_\mathrm{s})}{\partial x_k}\right) + S_\mathrm{s} \tag{1-6}$$

式中，Y_s 为组分 s 的浓度；ρY_s 为该组分的质量浓度；D_s 为该组分的扩散系数；S_s 为系统内单位时间内单位体积通过化学反应产生的该组分的质量。

在推导过程中，上述方程组并没有作任何假设，因此，方程组具有普遍意义。从物理角度讲，上述控制方程表述了流动和传热的内涵，建立了流动和传热的耦合关系，表征了流场与温度场及压力场的内在关联和相互影响，流场中各质点或微元体一定是在这种表述下相互影响和关联。但针对不同的流动和传热问题，可以依据相应的物理模型，确定其中的相关方程，而不必教条地全部采用。

偏微分方程的非线性使得理论求解非常困难，仅有特殊的流动和传热问题才可能有理论解，大部分问题只能通过数值方式求解。从数学角度讲，一般将偏微分方程分为三种类型：椭圆型(影响域是椭圆的，与时间无关，且是空间内的闭区域，故又称为“边值问题”)、双曲型(步进问题，但依赖域仅在两条特征线间的区域之间)和抛物型(影响域以特征线为分界线，与主流方向垂直；具体来说，解的分布与瞬时以前的情况和边界条件相关，下游的变化仅与上游的变化相关，也称为“初边值问题”)。

从物理角度讲，一般将方程分为平衡问题(或稳态问题)和时间步进问题。

椭圆型方程描述的一般是平衡问题(或稳态问题)，双曲型和抛物型方程描述的一般是步进问题。

三种类型偏微分方程的基本差别如下：

1）三种类型偏微分方程解的适定性（即解存在且唯一，并且解稳定）对定解条件有不同的要求。

2）三种类型偏微分方程解的光滑性不同，对定解条件的光滑性要求也不同。

椭圆型和抛物型方程的解是充分光滑的，因此对定解条件的光滑性要求不高。而双曲型方程允许有所谓的弱解存在（如流场中的激波），即解的一阶导数可以不连续，所以对定解条件的光滑性要求很高。

3）三种类型偏微分方程的影响区域和依赖区域不一样。

在双曲型和抛物型方程所控制的流场中，某一点的影响区域是有界的，可采用步进求解。如对双曲型方程求解时，为了与影响区域的特征一致，采用迎风格式比较适宜。而椭圆型方程的影响范围遍及全场，必须全场求解，离散格式一般采用相应的中心格式。

5. 纯导热和纯流动下能量方程的说明

这里讲的纯导热问题，是指纯导热（固体导热），或可以忽略对流项的导热。对于纯导热问题，在控制体分析中是没有流动的，即各方向速度 $u_j=0$。因此，采用连续性方程和动量方程是没有意义的。用能量方程就可以描述其物理过程。由于不存在对流项，故能量方程式(1-5)在直角坐标系下可写成

$$\frac{\partial}{\partial t}(\rho h)=\frac{\partial}{\partial x}\left(k\frac{\partial T}{\partial x}\right)+\frac{\partial}{\partial y}\left(k\frac{\partial T}{\partial y}\right)+\frac{\partial}{\partial z}\left(k\frac{\partial T}{\partial z}\right)+S_{\mathrm{h}} \tag{1-7}$$

没有流动过程，也就不存在流动产生的耗散热，因而 $S_{\mathrm{h}}=q_{\mathrm{v}}$，$q_{\mathrm{v}}$ 为内热源。

对于常物性，即 $\rho=$常数，$k=$常数，式(1-7)可写成

$$\frac{\partial h}{\partial t}=\frac{k}{\rho}\left(\frac{\partial^2 T}{\partial x^2}+\frac{\partial^2 T}{\partial y^2}+\frac{\partial^2 T}{\partial z^2}\right)+\frac{q_{\mathrm{v}}}{\rho} \tag{1-8}$$

若 $h=c_pT$，且 $c_p=$常数，上式还可写成

$$\frac{1}{a}\frac{\partial T}{\partial t}=\frac{\partial^2 T}{\partial x^2}+\frac{\partial^2 T}{\partial x^2}+\frac{\partial^2 T}{\partial x^2}+\frac{q_{\mathrm{v}}}{k} \tag{1-9}$$

式中，$a=\dfrac{k}{\rho c_p}$为热扩散系数或导温系数。

因而，可以理解为在 $u_j=0$ 时，能量方程也是导热问题客观规律的数学描述。

当流动是一个等温且等熵的过程时，可以认为该问题是一个纯流动问题，或求流场分布规律的问题。由上文导出的控制微分方程组不难看出，在这种物理过程的描述中，能量方程是多余的。也就是说，对于这样的流动问题，可采用连续性方程和动量方程来描述。当然，任何实际的流动过程肯定会伴随不可逆过程的发生，一定会有摩擦和耗散热产生，也一定会有能量的交换，此时可视问题的性质，根据能量守恒定律建立能量方程。

1.1.3 边界条件与初始条件

微分方程存在定解的充要条件之一是有足够合理的边界条件和初始条件。控制微分方程组与边界条件和初始条件一起，才能组成对某个物理过程完整的数学描述，获得相应的定解。

边界条件与初始条件是控制方程有确定解的前提。边界条件是指在求解区域的边界上所求解的变量或其导数随时间和地点的变化规律。对于任何问题，都需要给定边界条件。初始条件是研究对象在过程开始时刻各个求解变量的空间分布情况。对于瞬态问题，必须给定初始条件，稳态问题则不用。

在瞬态问题中，给定初始条件时要注意的是：要针对所有计算变量，给定整个计算域内各单元的初始条件；初始条件一定是物理上合理的，要靠经验或实验结果给定。

1. 边界条件

1）速度进口边界条件

该边界条件给定进口速度和需要计算的所有标量值，适用于不可压缩流动问题，不适用于可压缩流动问题，否则该边界条件会使入口处的总温或总压有一定的波动。

2）压力进口边界条件

该边界条件通常用于给出流体进口的压力和流动的其他标量参数，对可压缩流动和不可压缩流动问题都适合。除此之外，还常用于进口流率或速度未知的流动，如浮力驱动的流动等并可以用于处理外部或非受限流动的自由边界。

3）质量流量进口边界条件

该边界条件主要用于可压缩流动问题。对于不可压缩问题，由于密度是常数，可以使用速度入口条件。

质量进口条件包括两种：质量流率和质量通量。质量流率是单位时间内通过进口总面积的质量。质量通量是单位时间单位面积内通过进口的质量。

给定进口边界上的质量流量，此时局部进口总压是变化的，用以调节速度，从而达到给定的流量，这会使计算的收敛速度变慢。所以，在压力边界条件和质量边界条件都适合流动时，优先选择压力进口条件。

4）压力出口边界条件

该边界条件给定出口的静压（表压），只能用于模拟亚音速流动。如果当地速度已经超过音速，出口压力根据内部流动计算结果给定，其他量都是根据内部流动外推出边界条件。该边界条件可以处理出口有回流的问题，合理地给定出口回流条件，有利于解决由出口回流引起的收敛困难问题。

5）自由流出边界条件

在求解问题前，如果不知道出口的压力或速度，可以选择自由流出边界条件。这类边界条件不需要给定出口条件(除非是计算)，但要保证流动是完全发展的，出口方向上的所有流动变量的扩散流量为零；也可以在流动没有完全发展的物理边界定义自由流出边界条件，在这种情况下首先要保证出口处的零扩散流量对流动解没有很大的影响。

如果计算中有回流流过自由流出边界，甚至解的最后结果不排除区域内有回流，收敛性都会受到影响。这一情况在湍流中尤其要注意。如果是模拟外部绕流，出现回流的原因可能是边界条件取得距离物体不够远，如果边界取得足够远，则表明该处的确存在回流现象。对于可压缩流动，边界最好取在(不小于)10 倍的物体特征长度之处；对于不可压缩流动，边界最好取在(不小于)4 倍的物体特征长度之处。如果出现了回流，不论对于外部绕流还是内部流动，可以用压力出口边界条件代替自由流出边界条件进行改善。

6）压力远场边界条件

该边界条件只适用于可压缩流动，气体的密度通过理想气体定律来计算。为了满足压力远场条件，需要把边界置于足够远的地方。例如，在机翼升力计算中，远场边界一般都要设到 20 倍弦长的圆周之外。

7）壁面边界条件

壁面边界条件用于限制流体和固体区域。在黏性流动中，壁面处默认为非滑移边界条件，但是也可以根据壁面边界区域的平动或转动来指定切向速度分量，或通过指定剪切来模拟滑移壁面。

对于流动传热问题，一般有以下三类边界条件[1-2]。

① 第一类边界条件：给出计算区域边界上某些变量的定值随时间(位置)的变化函数。

热边界(温度边界)条件有：给定壁面边界的温度或函数或边界层外主流的温度 T_∞。

流动边界有：对于固定壁面处流体的速度 $u_j=0$ 或边界层外主流速度 u_∞ 等。

② 第二类边界条件：给出计算区域边界上某些变量的导数值。

热边界(热流密度边界)条件有：给出边界壁面的热流量，即 $k\dfrac{\partial T}{\partial x}=q_x$；对于绝热边界有$\dfrac{\partial T}{\partial x}=0$。

流动边界有：对于固定壁面流函数的梯度均为零。

③ 第三类边界条件：给出边界上某些变量导数与变量或另一变量导数间的关系。

这类边界条件形式较多，但可归结为计算区域边界上与周围环境间某种传热方式（导热、对流、辐射）的耦合，也可称之为“换热边界条件”。

对流边界：边界面与外围流体间的对流。

$$-k_{w}\left(\frac{\partial T}{\partial x}\right)_{w}=\alpha(T_{w}-T_{o}) \tag{1-10}$$

其物理意义可表述为：边界面以内的计算区域导热量＝外环境的对流换热量。

辐射边界：边界面与外围流体间的辐射。

$$-k_{w}\left(\frac{\partial T}{\partial x}\right)_{w}\mathrm{d}A_{w}=\varepsilon\sigma(T^{4}-T_{a}^{4})\mathrm{d}A_{a} \tag{1-11}$$

同时具有对流和辐射作用的边界：边界面与外围流体和物体间的对流与辐射，即

$$-k_{w}\left(\frac{\partial T}{\partial x}\right)_{w}\mathrm{d}A=\alpha(T_{w}-T_{o})\mathrm{d}A_{w}+\varepsilon\sigma(T_{w}^{4}-T_{a}^{4})\mathrm{d}A_{a} \tag{1-12}$$

导热边界：边界面与外围物体间的导热，即

$$-k_{w}\left(\frac{\partial T}{\partial x}\right)_{w}=k_{a}\left(\frac{\partial T}{\partial x}\right)_{a} \tag{1-13}$$

耦合边界：对某些对流换热（或部分导热）问题，热边界条件无法预先规定，而是受到流体与壁面（或固体交界面）之间相互作用的制约，由热量交换过程动态地确定。此时无论边界面上的温度还是热流密度都应被看作计算结果的一部分，而不是已知条件。实施时的一种有效方法是根据物理问题对整个计算区域分区（如区域Ⅰ、区域Ⅱ等），将不同区域中的热传递过程组合起来作为一个统一的换热过程来求解，耦合界面成为计算区域的内部。

8）对称边界条件

对称边界条件用于所计算的物理外形和所期望的流动/热解具有镜像对称特征的情况。

9）周期性边界条件

周期性边界条件用来解决物理模型和所期待的流动/热解具有周期性重复特点的情况。

2. 初始条件

对于非稳态问题，应当建立相对应的初始条件。也就是在 $t=0$ 时刻，确定对应于各方程变量的初始值或该变量在空间的分布规律。

初始条件的给定有两种情况。一种是真实初始条件，如果关注并强调非稳态现象的过程，即每一时刻变量的瞬时状态，这时最好要求给定真实的初始条件。另一种是非真实初始条件，该条件适用于不关注非稳态的过程，只关注非稳态的最终结果的情况，这时，初始条件可在较大的合理范围内任意取定。

理论上，给定的初始场对最终结果不会产生影响，因为随着迭代次数的增加，计算得到的流场会向真实的流场无限逼近。但是，由于存在离散格式精度（会产生离散误差）和截断误差等问题，如果初始场给的过于偏离实际物理场，就会出现计算很难收敛，甚至是刚开始计算就发散的问题。因此，在初始化时，初值还是应该尽量符合实际的物理现象。这就要求对要计算的物理场有一个比较清楚的了解。

1.2 离散方程的性质

将原来在空间和时间坐标中连续的物理量用一系列有限个离散点上的值来代替，通过一定的原则建立这些离散点上变量值之间关系的代数方程（称为“离散方程”），求解这些代数方程以获得求解变量的近似值，此即数值计算的思想。在这个过程中一定存在误差，误差的产生与空间步长和时间步长有关，当空间步长和时间步长很小时，可以提高精度。除了与空间步长和时间步长有关外，数值计算精度还与离散格式有关，不同的离散格式有不同的精度，因而从理论上讲，应当尽量采用高精度的离散格式，以使数值计算的精度更高、更趋近精确解[1-2]。

通过更深层地解析数值计算的内涵不难看出，数值计算最后归根于离散化的处理。它包括：①根据控制方程，采用何种方式来建立以相邻节点函数值为变量的控制方程的近似形式；②由控制方程的近似形式，建立空间和时间上各节点的关系，确定节点的离散代数方程或通用式；③一个节点对应一个离散方程，n 个节点就对应 n 个离散方程，由此而形成的一组代数方程如何求解。

离散实际涵盖了两个概念，一个是对控制微分方程的数学离散，另一个是对计算区域的空间离散（对于非稳态问题，还包括一个时空区域的时间离散）。同时，两者又是统一和关联的。采用数值计算求得的解，具有两重意义，一是数学意义，另一个是物理意义，只有满足了这两重意义的解才是合理的解。

数学意义指的是数值计算的收敛性，对于同一个物理问题，无论采用哪种离散方法，从理论上讲，只要空间步长足够小（即网格节点数足够多），通常离散方程都能取得收敛解，但具有收敛性的解未必一定就是合理的解，收敛性只是数值求解的一个必要条件。空间离散形成的网格节点数会直接影响数值解的收敛性，同时也可能会间接地影响解的物理意义，但对于如何处理空间离散或节点数取多少为宜，目前尚没有规律可循，唯一能做的就是通过实验调整。

物理意义指的是数值解在物理上的真实性和守恒性。真实性是数值解宏观上与真实物理问题具有相当的一致性，或者说具有与严格解相同的变化趋势。比如，对于无热源的导热问题，内部温度不能超出由边界温度所控制的温度范围；对于固体冷却问题，固体温度不能低于周围流体温度，等等。守恒性是要求在整个计算区域上热流量、质量流量和动量流量必须达到守恒。对于具有物理意义的解，它必须同时满足真实性和守恒性，反之亦然。

1.2.1 离散方程的相容性

以一维对流扩散方程为例，有

$$\left\{\rho\frac{\phi_i^{n+1}-\phi_i^n}{\Delta t}+\rho u\frac{\phi_{i+1}^n-\phi_{i-1}^n}{2\Delta x}-\Gamma\frac{\phi_{i+1}^n-\phi_i^n+\phi_{i-1}^n}{\Delta x^2}-S_i^n\right\}-$$

$$\left\{\rho\left(\frac{\partial\phi}{\partial t}\right)_{i,n}+\rho u\left(\frac{\partial\phi}{\partial x}\right)_{i,n}-\Gamma\left(\frac{\partial^2\phi}{\partial x^2}\right)_{i,n}-S_{i,n}\right\}=O(\Delta t)+O(\Delta x^2)\quad(1\text{-}14)$$

当时间和空间的网格步长趋近于零时，如果离散方程的截断误差趋近于零，则称此离散方程与微分方程“相容”。相容意味着当时间、空间的步长均趋近于零时，离散误差逼近微分方程。离散方程的截断误差是就整个方程而言的，它并不是离散方程数值解的误差，但与数值解的误差有密切关系。

1.2.2 数值解的离散误差

网格节点(i,n)上离散方程的精确解ϕ_i^n与该节点上相应的微分方程精确解$\phi(i,n)$的差值，称为该点的“离散误差”。

$$\rho_i^n=\phi(i,n)-\phi_i^n\quad(1\text{-}15)$$

离散误差的大小同离散方程的截断误差有关。在相同的网格步长下，一般来说，截断误差的阶数提高，离散误差就会减小。对同一离散格式，网格加密，离散误差也会减小。受计算机资源的限制，实际的数值计算应使网格细密到这样的程度，即再进一步细化网格，在工程允许的偏差范围内数值解几乎不再发生变化，也就是说可以获得网格独立的解。

1.2.3 数值解的舍入误差

计算机实际求得的解为$\bar{\phi}_i^n$，则在节点(i,n)上的舍入误差ε_i^n为

$$\varepsilon_i^n=\phi_i^n-\bar{\phi}_i^n\quad(1\text{-}16)$$

数值解误差的组成为

$$\phi(i,n)-\bar{\phi}_i^n=\phi(i,n)-\phi_i^n+\phi_i^n-\bar{\phi}_i^n=\rho_i^n+\varepsilon_i^n\quad(1\text{-}17)$$

式(1-17)表明：离散方程的数值解偏离相应精确解的总误差由离散误差与舍入误差两部分组成，主要来源于离散误差。

数值计算和实验值之间的误差主要来源于：物理模型近似误差(无黏或有黏，定常与非定常，二维或三维等)、差分方程的截断误差、求解区域的离散误差、迭代误差(离散后的代数方程组的求解方法和迭代次数所产生的误差)、舍入误差(计算机只能用有限位存储计算物理量所产生的误差)等。在通常的计算中，离散误差随网格变细而减小，但由于网格变细时，离散点增多，舍入误差也随之加大。由此可见，网格数量并不是越多越好。

网格数太密或太疏都可能产生误差过大的计算结果。将计算结果(当然这个计算结果必须是收敛的)与实验值进行比较，酌情加密或减少网格，再进行计算并与实验值及前一次的计算结果比较。如果两次的计算结果相差较小(例如在3%以内)，说明这一范围的网格的计算结果是可信的，计算结果是网格无关的，再加密网格已经没有意义。但是，如果用粗网格也能得到相差很小的计算结果，从计算效率上讲，完全可以使用粗网格完成计算。

1.2.4 离散格式的稳定性

一个初值问题的离散格式，如果可以确保在任一时层计算中引入的误差都不会在以后各时层的计算中被不断放大，以致变得无界，则此离散格式是稳定的。稳定和不稳定是一个离散格式的固有属性。凡是稳定的格式，任何一个信息或扰动在计算过程中被放大的程度总是有限的；凡是不稳定的格式，无论什么误差都会在计算过程中被不断放大，以致当计算的时间层足够长时，所得的解变得毫无意义。

数值计算中常见的不稳定性问题有：

1）显式格式的不稳定性

在用显式格式求解抛物型方程时，由于时间步长取得过大而产生振荡的解，尽管在这里振荡的解确实是代数方程的解，但是失去了物理意义。

2）对流项离散格式的不稳定性

在采用某些格式来求解对流-扩散方程时，如果时间步长过大或流速过高，即使在稳态的情况下也会产生振荡的解。

3）代数方程迭代求解过程的不稳定性

在用迭代法求解代数方程组时，如果迭代收敛的条件不满足，会导致迭代过程发散。

1.2.5 离散方程的收敛性

当时间和空间步长趋近于零时，如果各节点上的离散误差都趋近于零，则该离散方程(或离散格式)是收敛的。

计算时常常依靠残差来判断收敛，一般都希望在收敛的情况下，残差越小越好，但是残差曲线是全场求平均的结果，其大小并不一定代表计算结果的好坏，有时即使计算的残差很大，结果也是好的。在理论上，当收敛后的单元体内没有源相时，各个面流入的通量即对物理量的输运之和应该为零。由于存在数值精度问题，不可能得到零残差，一般低于初始残差 10^{-3} 以下为好，但还要看具体问题。

如果提供了较好的初始值，残差可能不会降到三阶量级。比如，在等温流动中，如果温度的初始猜测非常接近最终值，那么能量残差或许不会降到三阶量级。

如果控制方程中的非线性源项在计算开始时是零，但是在计算过程中缓慢增加，那么残差是不会降到三阶量级的。例如，在封闭区域内部的自然对流问题中，由于初始的均一温度猜测不会产生浮力，初始的动量残差可能非常接近零，在这种情况下，初始接近零的残差就不适合作为残差的较好标度。

如果感兴趣的变量在所有地方都接近零，那么残差不会降到三阶量级。例如，在完全发展的管流中，截面上的速度为零。如果这些速度初始化为零，那么初始的和最终的残差都接近零，因此也就不能期待其降到三阶量级。

可见，是否收敛不能简单地看残差，还有许多其他的重要标准，比如进出口流量差、压力系数波动等。尽管残差仍然维持在较高数值，但凭其他监测也可判断是否收敛，最重要的是是否符合物理事实或实验结果。

在进行稳态计算时，残差线开始是一直下降的，可是到后来各种残差线都显示为波形波动。有些复杂或流动环境恶劣的情况确实很难收敛。差分格式、网格疏密、网格质量等都会使残差波动。计算时经常遇到残差初始下降随后波动的情况，可以通过降低松弛系数的方法改善，但如果网格质量不好，残差线是很难改善的。如果问题比较复杂，通常在非结构网格下会出现这种情况，此时需在划分网格方面多下些功夫。从理论上说，残差的振荡是数值迭代在计算域内传递遭遇障碍物反射形成周期振荡导致的结果，与网格亚尺度雷诺数（Reynolds number，*Re*）有关。例如，通常压力边界是主要的反射源，换成 OUTFLOW 边界会好些，这主要根据经验判断。

残差在较高位振荡时，需要检查边界条件是否合理，其次检查初始条件是否合适，比如在有激波的流场，初始条件的不合适会带来流场的振荡。有时流场可能有分离或者回流，这本身是非定常现象。在计算时残差会在一定程度上发生振荡，这时如果进出口流量达到稳定平衡，也可以认为流场收敛了（前提是要消除其他不合理因素）。

计算不收敛时，通常尝试以下几种解决办法：

尝试不同的初始化；查找网格问题；边界条件设置；设几个监测点，比如出流或参数变化较大的地方，若这些地方的参数变化很小，就可以认为是收敛了（尽管此时残值曲线还没有降下来）；调节松弛因子，代价是收敛速度发生变化。

数值计算的目的是获得尽可能精确的解，这首先要求所得的解一定要具有物理意义。从实质上讲，存在于离散方程的解中的各种误差都是由离散化引起的，当步长趋近于零时，各种误差都会逐渐消失（假设格式是相容的、解是收敛的）。但是具有同一截断误差的不同离散格式，在物理特性上有所不同，仅仅从截断误差的阶数来判断离散格式是不全面的，还应进一步研究各式本身的特性与物理问题之间的区别。对于工程问题而言，能兼顾守恒性、迁移性和假扩散（人工黏性、数值黏性）的离散格式已经能满足工程计算的需要。

1.2.6 守恒性

离开控制容积界面的某通量与进入相邻控制容积的该通量相等。为保证在整个求解域上每个控制容积上的某通量守恒，通过相同界面的该通量的表达式应有相同的形式。

满足守恒性的离散方程不仅能使计算结果与原物理问题在守恒性上保持一致，而且可以使任意体积（由许多个控制容积构成的计算区域）的计算结果具有对计算区域取单个控制容积上的格式所估计的误差。也就是说，当把这一离散格式应用于由若干个相互邻接的控制体积所组成的有限容积时，内界面上的通量可以相互抵消，则计算内部界面通量的误差亦能抵消，对该体积进行该物理过程通量的数值计算的总体误差只有在边界处理上存在。

1.2.7 迁移性

从物理过程来看，对流与扩散在传递信息或扰动方面有很大的不同。扩散过程可以把发生在某一地点上的扰动的影响向各个方向传递，而对流过程只能把发生在某一地点上的扰动向其下游方向传递而不会逆向传递，如图 1-2 所示。对流与扩散在物理本质上的这种差别应在各自离散格式的特性中有相应的反映。凡是由不具有迁移性的对流项离散格式所组成的离散方程，在数值计算中可能会形成振荡的解，只是有条件地稳定。

扩散项的中心差分既具有守恒特性，又能使扰动均匀地向四周传递，是一个理想的离散格式。

在数值解不出现振荡的范围内，对流项采用中心差分法的计算结果精度较高，但当对流作用很强烈，而计算网格数又受到限制时，采用中心差分法的计算结果会出现振荡的解。

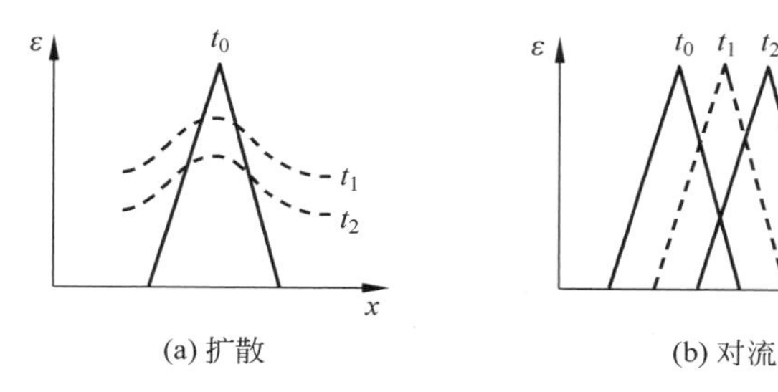

(a) 扩散　　(b) 对流

图 1-2　对流与扩散的扰动传递

引入一个无量纲的佩克莱数(Peclet number, Pe)：

$$Pe=\frac{\rho uL}{\Gamma}=\frac{F}{D} \tag{1-18}$$

Pe 是一个以间距(空间步长)定义的无量纲准则数。其物理意义为对流强度与扩散强度的比值。

$Pe=0$,纯扩散,无对流;

$Pe=\infty$,纯对流,无扩散;

当 Pe 为有限大小时,对流和扩散同时影响一个节点的上、下游相邻节点,随着 Pe 的增加,下游受的影响逐渐增大,上游受的影响逐渐减小。

1.2.8　假扩散

假扩散是由对流-扩散方程中一阶导数项的离散格式的截断误差小于二阶而引起较大数值计算误差的现象。

从物理过程本身的特性而言,扩散作用总是使物理量的变化率减小,使整个场处于均匀化。在一个离散格式中,假扩散项的存在会使数值解的结果偏离真解的程度加剧。

引起较大的数值计算误差的原因主要有三个:

1) 非稳态项或对流项采用一阶截差的格式。

2) 流动方向与网格线呈倾斜交叉(多维问题)。

3) 建立差分格式时没有考虑非常数源项的影响。

为克服或减轻数值计算中的假扩散(包括流向扩散及交叉扩散)误差,应当:

1) 采用截差阶数较高的格式。

2) 减轻流线与网格线之间的倾斜交叉现象或在构造格式时考虑来流方向的影响。

3) 至于非常数源项的问题,目前的文献中还没有为克服这种影响而专门设计的格式,但是高阶格式显然对减轻其影响是有利的。

1.3 网格

构建网格的意义在于将计算区域细分为有限个子区域,以几何图形方式将空间区域进行离散,而且这种图形方式更直观更形象,方便对研究对象进行物理和数学分析。

生成网格也是为了构造节点,因为节点才是组成连续空间的最小元素。每个节点对应的几何位置,一定存在相关的物理量,这也是数值计算需要求得的解。

网格的设置形式主要是根据所研究的对象和采用的数值方法确定的。从严格意义上讲,结构化网格是指网格区域内所有的内部点都具有相同的毗邻单元。它可以很容易地实现区域的边界拟合,适于流体和表面应力集中等方面的计算。它的主要优点是:网格生成的速度快、质量好、数据结构简单。

对曲面或空间的拟合大多采用参数化或样条插值的方法得到,区域光滑,更容易接近实际的模型。它最典型的缺点是适用范围比较窄,只适用于形状规则的图形。随着近几年计算机和数值方法的快速发展,人们对求解区域几何形状的复杂性要求越来越高,在这种情况下,结构化网格生成技术就显得力不从心了。

与结构化网格相对应,非结构化网格是指网格区域内的内部点不具有相同的毗邻单元。即与网格剖分区域内的不同内点相连的网格数目不同。可以看出,结构化网格和非结构化网格有相互重叠的部分,即非结构化网格中可能会包含结构化网格的部分。

从理论上讲,网格越密越好,即网格间距越小越好。网格越密集,其求解的精度越高。但网格过密会使计算量增加,造成计算机运行时间过长。而网格过疏会使计算结果的误差增大,尤其在物理量变化速率很大的区域。至于网格的疏密多大为好,目前尚没有一般的规则,取决于具体问题的性质和条件,但计算结果必须与网格数量无关。

如何生成高质量的或更精细的网格?查看网格生成软件所输出的网格质量报告是最基本的方式,数值仿真人员还需要对网格是否适用于研究的物理问题做出合理的判断。不幸的是,数值仿真人员对于好网格存在很多误区[3]。

误区1:好网格必须与计算几何模型吻合

越来越多的数值仿真人员倾向于计算几何模型体现的所有几何细节特征,认为更多的细节意味着计算结果能够更加贴近真实情况。实际上,好的网格是能够解决物理问题,而不是顺从计算几何模型。数值仿真的目的是为了获取温度、速度、压力等物理量。计算几何模型应当从物理对象中提取。大量与物理问题不相干的或对于仿真模型影响较小的细节特征在建立计算几何模型之前可以进行简化。因此，了解仿真系统的物理细节是最基本的工作任务。好的网格应当简化计算几何模型，而且网格节点应当基于物理模型进行布置。

误区 2：好的网格一直都是好的

经常看到数值仿真人员花费大量的心血在改变网格尺寸、拆解几何及简化几何上，以获得高质量的网格。仔细检查网格生成软件输出的网格质量报告很有必要，但是做得太过也不一定好，因为网格的好与坏主要取决于要仿真的物理问题。例如，一套非常好的网格能够很好地捕捉机翼的绕流，能够很精确地计算各种力，但是当流动攻角从 0°调整到 45°时，原网格可能不是好的网格。好的网格总是与物理问题相关。当边界条件、流动条件等改变后，好网格也可能变成坏网格。

误区 3：六面体（四边形）网格总比四面体（三角形）网格好

很多人认为六面体（四边形）网格要比四面体（三角形）网格好，而且四面体（三角形）网格会造成很大的数值误差。人们以前热衷于六面体网格，主要有以下原因：①当时的数值计算求解器仅能使用结构网格；②计算条件不允许使用大量网格，为了节省内存和节省时间；③非结构网格还不成熟。

随着数值计算技术的极大发展，对于绝大多数问题，利用六面体网格和四面体网格都能获得相同的计算结果。当然，四面体网格通常需要更多的计算资源，但是其能在网格生成阶段为数值仿真人员节省大量的时间。对于大多数工程问题，六面体网格在计算精度方面的优势已经不再存在。对于一些特殊的应用场合，如风机、泵或飞机外流场等，六面体网格依然是首选的网格类型，主要原因在于：①工业惯例；②易于理解的物理情况；③这类几何模型存在专用的六面体网格生成工具。然而，对于大多数数值仿真人员，如果几何模型稍微复杂一点，则需要花费大量的时间在六面体网格的生成上，计算结果还不一定更好。计算节省的时间相对于网格生成所花费的时间显得得不偿失。

误区 4：自动网格生成的方式不可能产生好的网格

好的网格软件应当拥有足够的智能化以分析几何模型：计算曲率、寻找小的特征、寻找尖角、拥有智能化的默认设置等。对于大多数使用者来讲，软件应当对输入的几何模型能够获取更多的信息和更高的精度，因此，软件应该能够提供更好的设置以获取高质量的网格。当然，对于长年累月使用相同的几何模型和软件的使用者来说，情况可能有所不同。这些使用者对于物理模型了解得非常清楚，而网格软件却没办法了解他们的物理问题，因此他们对手动操作的需求更多。

不管怎样，对于网格质量来说，一个好的自动网格软件能够给予无经验的使用者更多帮助。手动控制主要是为一些对物理问题非常了解的有经验的使用者提供的。

误区 5：好网格的数量一定特别多

由于高性能计算机群资源很容易获取，因此在多数数值仿真人员眼里，大数量的网格意味着高保真度。这种看法并不完全正确。比如，在计算中，如果使用者使用标准壁面函数，则所有放置于黏性子层内的网格都会失效，这不仅会浪费大量的计算时间，也有可能会造成非物理解。特别对于大涡模拟，过于细密的网格可能会造成大的误差和非物理解。精细的网格并不意味着好的网格。网格划分的目的是获取离散位置的物理量。好的网格是为计算目的服务的，因此，当计算结果具有①物理真实；②足够精确的特征时，就说明网格已经足够好了。

另外，大多数使用者习惯使用全三维(3D)模型。他们认为，全三维模型是真实的。然而，当问题对称的时候，使用部分模型将会获得更好的计算结果，因为强制施加了对称约束。很多数值仿真人员没有足够的时间去完全理解仿真系统中的物理模型，因此很难对几何模型进行任何简化。

当前，数值仿真结果依然依赖于网格。总的来讲，好的网格应当具备以下特征：

1）能够求解所研究的问题。

2）具有求解器能够接受的网格质量。

3）基于问题简化网格。

4）适合要求。

1.3.1 网格质量评价标准

网格质量对计算精度和稳定性有很大影响。

在节点密度和聚集度方面，因流动的连续性被离散化，因此，某些流动的显著特征(如剪切层、分离区域、激波、边界层和混合区域)被求解的精确程度取决于网格的节点密度和分布。在绝大多数情况下，流动关键区域上较差的网格分布会使求解精度降低，甚至得到非物理解。对于流动极具变化的区域或剪切率变化较大的区域，需采用足够细的网格。

网格单元的形状(包括偏斜率、纵横比和压扁程度)对求解精度也有重要影响。

偏斜率为实际节点形状与同等体积等边形节点的差别。高的偏斜率会降低解的精确性，并降低收敛性。例如，理想的四边形网格顶角的角度接近 90°，而三角形网格的最佳顶角的角度为 60°。一般而言，对于绝大多数流动，三角形与四面体网格的最大偏斜率应低于 0.95，而平均偏斜率应低于 0.33。最大偏斜率大于 0.95 可能导致收敛困难，并需要进一步求解控制处理，如降低亚松弛因子或选择基于压力的耦合求解器。

纵横比为节点被拉长的程度。一般而言，在流动核心区（远离壁面的区域）内应避免纵横比大于 5∶1。对于边界层内的四边形、六面体与楔形节点，纵横比需小于 10∶1。涉及传热的计算，最大纵横比应小于 35∶1。

压扁程度也是网格形状的评价指标之一。压扁程度接近 1 时网格较差，而接近 0 时节点较好。对于四面体网格而言，可以采用偏斜率或压扁程度来衡量网格质量。而对于多面体网格而言，无法得到偏斜率的信息，因此，此时需依靠压扁程度来判断网格质量。根据相关经验得知，对于所有类型的网格，最大的压扁程度应小于 0.99。

1.3.2　网格类型选取

当选择网格类型时，也应当考虑时间耗费、计算成本和数值耗散。

1. 时间耗费

在工程实践中，许多流动问题都涉及比较复杂的几何形状。一般来说，对于这样的问题，建立结构或多块（是由四边形或六面体元素组成的）网格是极其耗费时间的。所以对于复杂几何形状的问题，设置网格的时间是使用三角形或四面体单元的非结构网格的主要动机。然而，如果使用的几何相对简单，那么使用哪种网格在时间方面可能不会有明显的节省。

2. 计算成本

当几何形状比较复杂或流程的长度尺度范围比较大时，可以创建一个三角形/四面体网格，因为它的单元与由四边形/六面体元素组成的且与之等价的网格相比少得多。这是因为一个三角形/四面体网格允许单元群集在被选择的流动区域中，而结构四边形/六面体网格一般会把单元强加到其所不需要的区域中。对于中等复杂的几何形状，非结构四边形/六面体网格能构提供许多三角形/四面体网格所能提供的优越条件。

在一些情形下使用四边形/六面体元素是比较经济的，四边形/六面体元素的一个特点是它们允许一个比三角形/四面体单元大得多的纵横比。三角形/四面体单元中大的纵横比总是会影响单元的偏斜，它可能妨碍计算的精确与收敛。所以，如果有一个相对简单的几何形状，流动与这个几何形状吻合得很好，就可以运用一个高纵横比的四边形/六面体单元的网格，例如一个瘦长管道。这个网格拥有的单元可能比三角形/四面体少得多。

3. 数值耗散

当真实耗散小，即出现对流受控情形时（即本身物理耗散比较小时），数值的耗散是最值得注意的。流体流动中所有实际的数值设计包括有限数量的数值耗散。数值耗散反过来与网格的分解有关。因此，处理数值耗散的一个方法是改进网格。

当流动与网格吻合时,数值耗散减到最小。

网格生成方式与研究对象计算域的边界形状和坐标系符合程度相关。如研究对象的边界与直角坐标一致,则可采用直角坐标系的四边形网格,若边界形状与极坐标一致,则采用极坐标的网格等。但实际物理问题的边界形状往往是不规则的甚至是奇形怪状的异形曲面,无论是直角坐标还是极坐标或柱坐标,都不可能与实际对象在边界处达到重合一致。这时,可采取其他方法来处理。

在网格划分前,要大致清楚流场哪一部分的流态情况最复杂,需要加密网格,之后考虑怎样对模型进行分块。分块的原则一方面要保证流态复杂的部位独立进行网格加密,流动平稳的区域相应加大网格以节省资源;另一方面要保证分块后的各个子模块结构比较规整,尽可能采用结构网格,提高计算精度。

最后进行网格划分,要先对那些线和面进行网格设定约束,保证各个区域满足不同的网格疏密,之后再对各个不同的体积分块进行划分。一般按照从内到外、从最关注的体到非关注的体的顺序进行划分。

1.4 速度场计算

在求解有回流问题的原始变量法中,有密度基(以速度和密度为变量)和压力基(以速度和压力为变量)两类。密度基求解方法是针对可压流体设计的,因而更适于可压流场的计算。以速度分量、密度(密度基)作为基本变量,压力则由状态方程求解。压力基使用的是压力修正算法,求解的控制方程为标量形式,擅长求解不可压缩流动,对于可压缩流动也可以求解。就方程离散后的代数方程求解而言,耦合求解是同时联立求解所有的方程(质量守恒方程、动量守恒方程和能量守恒方程),而分离求解是方程互相分离,按顺序求解。耦合求解对计算机要求较高。

1.4.1 SIMPLE 算法

SIMPLE 算法[4]是英文 semi-implicit method for pressure linked equations 的缩写,其中文含义是对有压力项方程的隐式方法,通过求解动量方程(Navier-Stokes equation,也称“纳维-斯托克斯方程”)最终得到流场分布的数值解,该算法的关键是交错网络和压力修正方法。

1. 交错网格的作用和意义

在守恒控制微分方程和它们的离散形式中,连续方程中包含有一阶微商项,动量方程由于压力项隐含于源项,故表面形式上只有二阶微商项,能量方程也只含二阶微商项,从数学处理来讲,二阶微商项采用中心差分格式,这既能满足一定的精度要求,又可保证三节点值连续而不出现锯齿波的物理失真现象。而对于一阶微商项来讲,它的处理要困难得多,尽管也可采用中心差分格式,但对于较大的 Pe,中心差分格式可能会导致产生锯齿波的物理失真问题。

以一维流动问题为例,稳态方程为

$$\rho u \frac{\mathrm{d}u}{\mathrm{d}x}=-\frac{\mathrm{d}P}{\mathrm{d}x}+\Gamma\frac{\mathrm{d}^2 u}{\mathrm{d}x^2} \tag{1-19}$$

根据图 1-3(a)的网格,用中心差分格式对上式进行离散,可得

$$\rho u_P \frac{u_E-u_W}{2\delta x}=-\frac{P_E-P_W}{2\delta x}+\Gamma_P\frac{u_E-2u_P+u_W}{(\delta x)^2} \tag{1-20}$$

对于一阶微商压力项,P 点的离散方程中不包括 P 点的压力值 P_P,而出现的是 P 点相邻的两点压力值 P_E 和 P_W。在迭代求解过程中,当某一时间层次上的压力场中出现一个锯齿波时,产生的结果等同于图 1-3(b)中虚线表示的压力场输出。由于离散方程无法识别这种锯齿波,这种波形会被误认为正确并一直保留,直至完成迭代过程,最终导致物理失真现象,产生与真实解存在较大误差的结果。

另外,由于离散方程中不包括 P 点的压力值 P_P,也就是说数值格式采用了比实际网格更粗的网格,因而问题的关键是如何在离散方程中包含压力值 P_P 项。交错网格正是基于这个思路而提出来的。

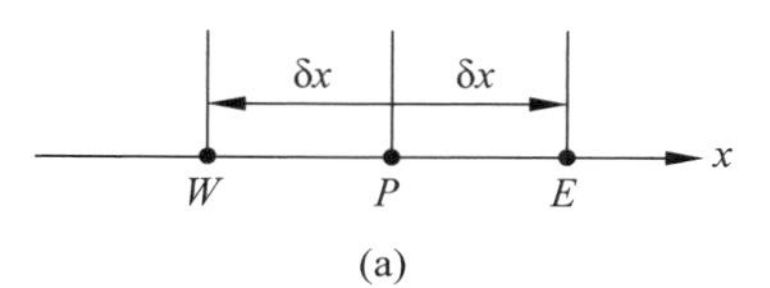

(a)

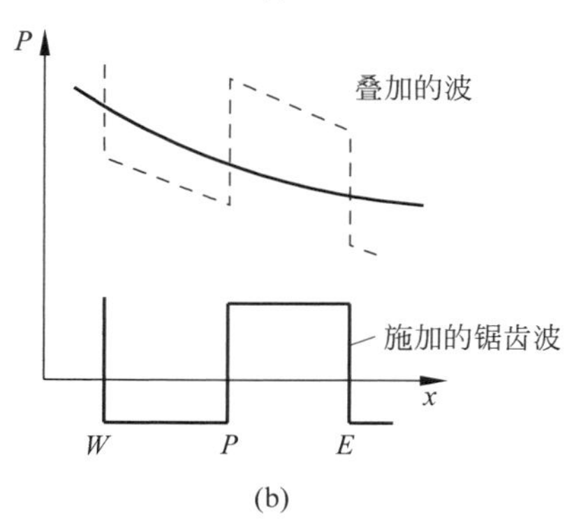

(b)

图 1-3 出现锯齿波的示意图

交错网格是以控制容积节点(速度节点)为中心构建的网格,如图 1-4 所示。例如在 x 轴方向上,以节点 e 构建的动量控制体而形成的交错网格(也称 e 节点的“动量网格”),其对应的速度为 u_e。u_e 产生的驱动力来自于作用在交错网格形成的动态控制容积两表面的压力差,即 $\Delta P=(P_P-P_E)A_e$。在控制容积网格的基础上,网格错移半格,即主控制容积网格与动量控制容积网格部分交错重叠,形成了所谓的交错网格。通过这种交错网格及 u 与 p 的关联,可将 P_P 项包含,避免出现锯齿波现象。

2. 压力修正法

对于动量方程,其压力项一般来自上一层的计算值或初始值,在当前迭代层计算时,这个压力场是否正确,通常通过压力-速度耦合关系得到相应的速度场和密

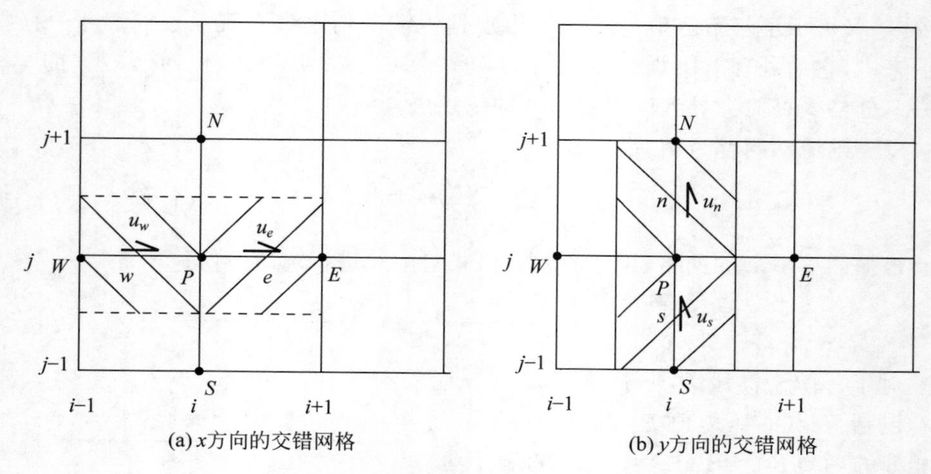

图 1-4　二维交错网格(动量网格)示意图

度变化,当速度场和密度变化满足连续性方程时,这个压力场和速度场为最终迭代解。压力修正法的思路是,在当前层迭代时,根据上一层的压力场或初始值,假设一个压力场,并在这个假设的压力场下通过求解动量离散方程,得到相应的速度场,再用连续方程对压力场进行修正,得到压力校正项,如此重复修正迭代,直到收敛为止。

$$a_e u_e = \sum a_{nb} u_{nb} + b + (P_P - P_E) A_e \tag{1-21}$$

先考虑如何修正速度方程。设原来假设的压力为 P^*;速度分别为 u^*,v^* 和 w^*。压力修正值为 P';相应的速度修正值为 u',v' 和 w'。则修正后的速度与压力分别为 $u=u^*+u'$,$v=v^*+v'$,$w=w^*+w'$,$P=P^*+P'$,代入动量方程后相减可得到相应的速度修正,即 u',v' 和 w':

$$a_e u'_e = \sum a_{nb} u'_{nb} + (P'_P - P'_E) A_e \tag{1-22}$$

或

$$u'_e = \left(\frac{A_e}{a_e}\right)(P'_P - P'_E) \tag{1-23}$$

令 $\frac{A_e}{a_e} = d_e$,则式(1-23)可写为

$$u'_e = d_e (P'_P - P'_E) \tag{1-24}$$

由于 $u_e = u_e^* + u'_e$,则:

$$u_e = u_e^* + d_e (P'_P - P'_E) \tag{1-25}$$

同理可得另外两个方向上的速度为

$$v_n = v_n^* + d_n (P'_P - P'_N) \tag{1-26}$$

$$w_t = w_t^* + d_t(P'_P - P'_B) \tag{1-27}$$

式中，$d_n = \dfrac{A_n}{a_n}$，$d_t = \dfrac{A_t}{a_t}$。将这个速度代入连续性方程，就可以得到关于压力修正 P' 的离散方程：

$$a_P P'_P = a_E P'_E + a_W P'_W + a_N P'_N + a_S P'_S + a_T P'_T + a_B P'_B + b \tag{1-28}$$

式中，$a_E = \rho_e d_e \Delta y \Delta z$；$a_W = \rho_w d_w \Delta y \Delta z$；$a_N = \rho_n d_n \Delta x \Delta z$；$a_S = \rho_s d_s \Delta x \Delta z$；

$a_T = \rho_t d_t \Delta x \Delta y$；$a_B = \rho_b d_b \Delta x \Delta y$；$a_P = a_E + a_W + a_N + a_S + a_T + a_B$；

$$b = \frac{(\rho_P^0 - \rho_P)\Delta x \Delta y \Delta z}{\Delta t} + [(\rho u^*)_w - (\rho u^*)_e]\Delta y \Delta z +$$

$$[(\rho v^*)_s - (\rho v^*)_n]\Delta x \Delta z + [(\rho w^*)_b - (\rho w^*)_t]\Delta x \Delta y$$

理解上述压力修正方程的内涵及在迭代计算中应注意如下问题：

1）如式(1-28)中右端，若 b 项等于零，则意味着此时带星号的速度 u^* 和两相邻时间层的密度差($\rho_P^0 - \rho_P$)满足连续方程，故压力不需要修正，即所有的 P' 均为零。因此，b 项表明了用压力修正来消除质量源项($\rho_P^0 - \rho_P$)，同时，可以用 b 项趋近于零(小量)作为迭代收敛的判据指标。

2）由于密度 ρ 通常只在自然网格(控制容积网格)点上给出，所有速度点的值如 ρ_e，ρ_w 等，应采用插值公式来计算。

3）压力修正方程中边界条件的处理。通常，边界条件有两种情况：

(1) 当边界上给定压力值时，边界上的压力修正值 P' 等于零。

(2) 当边界上给出了速度值(法向分量)时，相应的速度修正 u' 取为零。

4）亚松弛法的应用。在推导压力修正方程时，由于略去了 $\sum a_{nb}u'_{nb}$ 项，压力修正过大，这时，如果直接将压力修正方程所得值 P' 代入 $P = P^* + P'$，很容易造成整个迭代过程发散。为了缓冲这种过大的修正，应该采用亚松弛法，也就是引入一个亚松弛因子削弱 P' 修正过大的负面影响，P 的计算式改为

$$P = P^* + \alpha_p P' \tag{1-29}$$

式中，α_p 为亚松弛因子，一般 $\alpha_p = 0.5 \sim 0.8$。亚松弛因子越小，表示两次迭代值之间的变化越小，也就越稳定，但收敛也越慢。

由于所解方程组的非线性，有必要控制亚松弛因子的变化。分离解算器使用亚松弛来控制每一步迭代中计算变量的更新，这意味着使用分离解算器解的方程，包括耦合解算器所解的非耦合方程(湍流和其他标量)都会有一个相关的亚松弛因子。在 FLUENT 软件中，所有变量的默认亚松弛因子都是对大多数问题的最优值。这个值适用于很多问题，但是对于一些特殊的非线性问题(如：某些湍流或高瑞利数(Rayleigh number)自然对流问题)，在计算开始时要慎重减小亚松弛因子。使用默认的亚松弛因子开始计算是很好的习惯，但是如果出现不稳定或发散就需

要减小默认的亚松弛因子，其中压力、动量、湍动能 k 和湍动能耗散率 ε 的亚松弛因子默认值分别为 0.2，0.5，0.5 和 0.5。对于 SIMPLEC 算法一般不需要减小压力的亚松弛因子。在密度和温度强烈耦合的问题中，如瑞利数相当高的自然或混合对流流动，应该对温度或密度进行亚松弛。相反，当温度和动量方程没有耦合或耦合较弱时，流动密度是常数，温度的松弛因子可以设为 1.0。其他的标量方程（如组分等）对于某些问题默认的亚松弛因子可能过大，尤其是对于初始计算，将松弛因子设为 0.8 可使得收敛更容易。

3. SIMPLE 算法的步骤

SIMPLE 算法就是采用动量控制体来构建速度与压力的关系，通过假设压力场和采用压力修正方法得到新的速度场，并重复迭代，最终得到收敛的压力场和速度场。

SIMPLE 算法的计算步骤如下：

1）假设速度场 u^0，v^0 和 w^0，计算出离散方程中的相关系数 a 和常数 b，如果是初次迭代，则 u^0，v^0 和 w^0 可以作任意值假设，如果当前层是第二层或以上迭代，则 u^0，v^0 和 w^0 最好取上一层迭代收敛值。

2）假设压力场 P^*。

3）求解动量方程，得到 u^*，v^* 和 w^*。

4）求解压力修正方程，并得到 P'。

5）得到改进的 P。

6）根据速度修正公式得到速度改进值 u，v 和 w。

7）如果其他函数 Φ（如温度、浓度、湍动能及其耗散率等）通过流体物性（如密度、黏性、热传导性等）对流场有影响的话（一般物性对系数项 a 和常数项 b 会有影响），就必须用得到的 u，v 和 w 去求解这些函数 Φ 的离散方程，并得到物性的变化值，且作为下一次迭代的物性值。

8）把得到的改进压力场作为新一轮迭代的试探压力场 P^*，回到步骤 3)，重复整个过程，直到得到收敛解。

1.4.2 基于 SIMPLE 算法思想的其他改进算法

在 SIMPLE 算法的思想下，很多学者围绕如何提高收敛速度提出了许多改进的算法，这些改进算法包括 SIMPLER 算法[5]、SIMPLEC 算法[6]和 PISO 算法[7]等。

1. SIMPLER 算法

SIMPLER 算法的思想是在推导速度修正公式的过程中考虑并保留相邻点速度修正的影响，这可以避免 SIMPLE 算法中出现过大压力修正的不利影响，使收敛性更好。

对于动量控制体得到的离散方程(1-21),可得:

$$u_e = \frac{\sum a_{nb} u_{nb} + b}{a_e} + d_e(P_P - P_E) \tag{1-30}$$

定义一个假拟速度 $\hat{u}_e$,

$$\hat{u}_e = \frac{\sum a_{nb} u_{nb} + b}{a_e} \tag{1-31a}$$

同理,

$$\hat{v}_n = \frac{\sum a_{nb} u_{nb} + b}{a_n} \tag{1-31b}$$

$$\hat{w}_t = \frac{\sum a_{nb} u_{nb} + b}{a_t} \tag{1-31c}$$

因此,式(1-30)可写为

$$u_e = \hat{u}_e + d_e(P_P - P_E) \tag{1-32}$$

同理,有

$$v_n = \hat{v}_n + d_n(P_P - P_N) \tag{1-33}$$

$$w_t = \hat{w}_t + d_t(P_P - P_T) \tag{1-34}$$

上述公式与SIMPLE算法的带"*"的式(1-25)~式(1-27)类似,不同的是原来带"*"的速度被带"^"的假拟速度替代,压力修正 P' 被压力 P 替代。

将式(1-32)~式(1-34)代入连续方程的离散方程,可得

$$a_P P_P = a_E P_E + a_W P_W + a_N P_N + a_S P_S + a_T P_T + a_B P_B + b \tag{1-35}$$

式中,系数项 a_E, a_W, a_N, a_S, a_T 和 a_B 的表达式与式(1-28)一样,但 b 的计算式为

$$b = \frac{\rho_P^0 - \rho_P}{\Delta t}\Delta x \Delta y \Delta z + [(\rho\hat{u})_w - (\rho\hat{u})_e]\Delta y \Delta z + [(\rho\hat{v})_s - (\rho\hat{v})_n]\Delta x \Delta z + [(\rho\hat{w})_b - (\rho\hat{w})_t]\Delta x \Delta y \tag{1-36}$$

SIMPLER算法离散方程的形式与SIMPLE算法有相似之处,但在本质和内涵上是有区别的。SIMPLER算法的压力方程的推导中没有作任何近似,如果用正确的速度场来计算带"^"的假拟速度的话,用式(1-35)就可以直接得到正确的压力场。

SIMPLER的计算步骤如下:

1) 假设一个速度场。

2) 计算出 $\hat{u}, \hat{v}$ 和 $\hat{w}$。

3) 求得压力场 P。

4) 求得速度场 u, v 和 w。

5）如有必要，求解其他函数 Φ 的离散化方程组。

6）重新回到步骤 2)，并采用步骤 4)得到的速度场回代，如此重复迭代，直至得到收敛解。

2. SIMPLEC 算法

在 SIMPLE 算法中，为求解的方便，略去了速度修正方程中的 $\sum a_{nb}u'_{nb}$ 项，从而把速度的修正完全归结为压差项的直接作用。这虽不影响收敛解的值，但加重了修正值 P' 的负担，使得整个速度场的迭代收敛速度降低。为了在略去 $a_{nb}u'_{nb}$ 的同时使方程基本协调，在 u'_e 方程(1-22) 的等号两端同时减去 $\sum a_{nb}u'_e$，有

$$(a_e - \sum a_{nb})u'_e = \sum a_{nb}(u'_{nb} - u'_e) + (P'_P - P'_E)A_e \tag{1-37}$$

可以预期，$u'_{i,j}$ 与其邻点的修正值 u'_{nb} 具有相同的数量级，因而略去 $\sum a_{nb}(u'_{nb} - u'_e)$ 所产生的影响远比在方程(1-22) 中不计 $\sum a_{nb}u'_{nb}$ 所产生的影响要小。于是有

$$u'_e = \frac{A_e}{a_e - \sum a_{nb}}(P'_P - P'_E) \tag{1-38}$$

$$v'_n = \frac{A_n}{a_n - \sum a_{nb}}(P'_P - P'_N) \tag{1-39}$$

$$w'_t = \frac{A_t}{a_t - \sum a_{nb}}(P'_P - P'_B) \tag{1-40}$$

得到修正后的速度计算式：

$$u_e = u_e^* + d_e(P'_P - P'_E) \tag{1-41}$$

$$v_n = v_n^* + d_n(P'_P - P'_N) \tag{1-42}$$

$$w_t = w_t^* + d_t(P'_P - P'_B) \tag{1-43}$$

式(1-41)～式(1-43)在形式上与式(1-25)～式(1-27)一致，只是其中的系数项 d 的计算公式不同。

由于 SIMPLEC 算法没有忽略 $\sum a_{nb}u'_{nb}$ 项，得到的压力修正值 P' 比较合适，因此，在 SIMPLEC 算法中可不再对 P' 进行亚松弛处理。但适当选取一个稍小于 1 的 α_p 对 P' 进行亚松弛处理，对加快迭代过程中解的收敛也是有效的。

3. PISO 算法

压力隐式分裂算子(PISO)的压力速度耦合格式是基于压力速度校正之间的高度近似关系的一种算法。SIMPLE 和 SIMPLEC 算法的限制就是在压力校正方程解出之后新的速度值和相应的流量不满足动量平衡。因此必须重复计算直至平衡得到满足。为了提高该计算的效率，PISO 算法执行了两个附加的校正：相邻校

正和偏斜校正。

PISO 算法的主要思想就是将压力校正方程中解的阶段中 SIMPLE 和 SIMPLEC 算法所需的重复计算移除。经过一个或更多的附加 PISO 循环，校正的速度会离满足连续性和动量方程的要求更近。这一迭代过程被称为“动量校正”或“邻近校正”。PISO 算法在每个迭代中要花费稍多的 CPU 时间但是极大地减少了达到收敛所需要的迭代次数，尤其是对于过渡问题，这一优点更为明显。

对于具有一些倾斜度的网格，单元表面质量流量校正和邻近单元压力校正差值之间的关系是相当简略的。因为沿着单元表面的压力校正梯度的分量开始是未知的，所以需要进行一个和上文所述的 PISO 邻近校正中相似的迭代步骤。初始化压力校正方程的解之后，重新计算压力校正梯度然后用重新计算出来的值更新质量流量校正。这个被称为“偏斜矫正”的过程极大地减少了计算高度扭曲网格所遇到的收敛性困难。PISO 偏斜校正可以从高度偏斜的网格上得到和在更为正交的网格上不相上下的解。

PISO 算法与 SIMPLE，SIMPLEC 算法的不同之处在于：SIMPLE 和 SIMPLEC 算法是两步算法，即一步预测和一步修正；而 PISO 算法增加了一个修正步，包含一个预测步和两个修正步，在完成了第一步修正得到(u,v,P)后寻求二次改进值，目的是使它们能更好地同时满足动量方程和连续方程。PISO 算法由于使用了预测-修正-再修正三步，加快了单个迭代步中的收敛速度。现将三个步骤介绍如下。

1）预测步

使用与 SIMPLE 算法相同的方法，利用猜测的压力场 P^* 求解动量离散方程，得到速度分量 u^*，v^* 与 w^*。

2）第一步修正

所得到的速度场(u^*,v^*,w^*)一般不满足连续方程，除非压力场 P^* 是准确的。现引入对 SIMPLE 的第一个修正步，该修正步给出了一个速度场(u^{**},v^{**},w^{**})，使其满足连续方程。此处的修正公式与 SIMPLE 算法中的完全一致，只不过考虑到在 PISO 算法还有第二个修正步，因此，使用不同的记法：

$P^{**}=P^*+P'$；　$u^{**}=u^*+u'$；　$v^{**}=v^*+v'$；　$w^{**}=w^*+w'$

修正后的速度 u^{**}，v^{**} 与 w^{**} 为

$$u_e^{**}=u_e^*+d_e(P'_P-P'_E) \tag{1-44}$$

$$v_n^{**}=v_n^*+d_n(P'_P-P'_N) \tag{1-45}$$

$$w_t^{**}=w_t^*+d_t(P'_P-P'_B) \tag{1-46}$$

将式(1-44)～式(1-46)代入连续方程，产生与式(1-28)具有相同系数和源项的压力修正方程。求解该方程，产生第一个压力修正值 P'。一旦压力修正值已知，可通

过式(1-44)～式(1-46)获得速度分量 u^{**},v^{**} 与 w^{**}。

3）第二步修正

为了强化 SIMPLE 算法的计算,PISO 要进行第二步的修正。u^{**},v^{**} 与 w^{**} 的动量离散方程为

$$a_e u_e^{**} = \sum a_{nb} u_{nb}^{*} + b + (P_P^{**} - P_E^{**}) A_e \tag{1-47}$$

$$a_n v_n^{**} = \sum a_{nb} v_{nb}^{*} + b + (P_P^{**} - P_N^{**}) A_n \tag{1-48}$$

$$a_t w_t^{**} = \sum a_{nb} w_{nb}^{*} + b + (P_P^{**} - P_B^{**}) A_t \tag{1-49}$$

再次求解动量方程,可以得到两次修正的速度(u^{***},v^{***},w^{***}):

$$a_e u_e^{***} = \sum a_{nb} u_{nb}^{**} + b + (P_P^{***} - P_E^{***}) A_e \tag{1-50}$$

$$a_n v_n^{***} = \sum a_{nb} v_{nb}^{**} + b + (P_P^{***} - P_N^{***}) A_n \tag{1-51}$$

$$a_t w_t^{***} = \sum a_{nb} w_{nb}^{**} + b + (P_P^{***} - P_B^{***}) A_t \tag{1-52}$$

注意修正步中的求和项是用速度分量 u^{***},v^{***} 与 w^{***} 来计算的。

式(1-50)～式(1-52)相应减去式(1-47)～式(1-49),有

$$u_e^{***} = u_e^{**} + \frac{\sum a_{nb}(u_{nb}^{**} - u_{nb}^{*})}{a_e} + d_e(P''_P - P''_E) \tag{1-53}$$

$$v_n^{***} = v_n^{**} + \frac{\sum a_{nb}(v_{nb}^{**} - v_{nb}^{*})}{a_n} + d_n(P''_P - P''_N) \tag{1-54}$$

$$w_t^{***} = w_t^{**} + \frac{\sum a_{nb}(w_{nb}^{**} - w_{nb}^{*})}{a_t} + d_t(P''_P - P''_B) \tag{1-55}$$

以上三式中,记号 P''是压力的二次修正值。有了该记号,P^{***} 可表示为

$$P^{***} = P^{**} + P''$$

将 u^{***},v^{***} 与 w^{***} 的表达式代入连续方程,得到二次压力修正方程:

$$a_P P''_P = a_E P''_E + a_W P''_W + a_N P''_N + a_S P''_S + a_T P''_T + a_B P''_B + b \tag{1-56}$$

求解方程(1-56),就可得到二次压力修正值 P''。这样二次修正的压力场:

$$P^{***} = P^{**} + P'' = P^{*} + P' + P''$$

最后,求解式(1-53)～式(1-56),得到二次修正的速度场。

PISO 算法需要两次求解压力修正方程,但对比发现它的计算速度很快,总体效率比较高。对于瞬态问题,PISO 算法有明显的优势；而对于稳态问题,SIMPLE 或 SIMPLEC 算法可能更合适。

4. SIMPLE 系列算法的比较

SIMPLE 算法是 SIMPLE 系列算法的基础,SIMPLE 的各种改进算法主要是

为了提高计算的收敛性，从而缩短计算时间。

在SIMPLE算法中，压力修正值P'能很好地满足速度修正的要求，但对压力修正不是十分理想。SIMPLER算法只用压力修正值P'来修正速度，而另构建更加有效的压力方程来产生“正确”的压力场。在推导SIMPLER算法的离散化压力方程时，没有忽略任何项，因此得到的压力场与速度场相适应。在SIMPLER算法中，正确的速度场将对应正确的压力场，SIMPLE算法则不是这样。所以SIMPLER算法是在很高的效率下正确计算压力场的，这一点在求解动量方程时有明显优势。

SIMPLEC算法和PISO算法总体上与SIMPLER算法具有同样的计算效率，对于不同类型的问题，每种算法都有自己的优势。一般来讲，动量方程与标量方程（如温度方程）如果不是耦合在一起的，则PISO算法在收敛性方面显得很好，且效率较高。而在动量方程与标量方程耦合得非常密切时，SIMPLEC和SIMPLER算法的效果可能更好些。

对于相对简单的问题（如没有附加模型激活的层流流动），其收敛性已经被压力速度耦合限制，SIMPLEC算法通常很快能得到收敛解。在SIMPLEC算法中，压力校正亚松弛因子通常设为1.0，有助于收敛。但是在有些问题中，将压力校正松弛因子增加到1.0可能会导致不稳定。对于所有的过渡流动计算，推荐使用PISO算法邻近校正，它允许使用大的时间步，而且对于动量和压力都可以使用亚松弛因子1.0。对于定常问题，具有邻近校正的PISO算法并不会比具有较好的亚松弛因子的SIMPLE算法或SIMPLEC算法好。对于具有较大扭曲网格上的定常状态和过渡计算推荐使用PISO倾斜校正。当使用PISO算法邻近校正时，对所有方程都推荐使用亚松弛因子为1.0或接近1.0。如果只对高度扭曲的网格使用PISO算法倾斜校正，应设定动量和压力的亚松弛因子之和为1.0（比如：压力亚松弛因子为0.3，动量亚松弛因子为0.7）。

1.5 湍流数值模拟方法

湍流是一个历史悠久的问题，它作为复杂运动的一个突出例子，在一个多世纪里始终没有找到解析和定量的描述方法。小黏性流体运动对扰动很不稳定，不稳定性引起的脉动会通过非线性相互作用进一步激发更小尺度的运动。虽然这些相互作用受动量方程的约束，但由于实际湍流运动具有极高的自由度（$Re^{9/4}$量级），远远超过了在可预计时间内人类计算机的模拟能力。作为在连续介质范畴内流体不规则运动的湍流，它不同于物质分子的无规则运动。在极不规则的湍流中，流动的最小时间尺度都远远大于分子热运动的相应尺度。由于湍流是流体微团的无规则运动，因此湍流运动产生的质量和能量的输运将远远大于分子热运动产生的宏观输运，这就导致了湍流流场质量和能量的平均扩散远远大于层流扩散。当需要加强流动的质量和能量扩散时，应强化湍流；当需要减小阻力和节省能量时，应抑制湍流[8-9]。

由于湍流瞬时运动的极端复杂性，传统工程计算上主要关心的仍是其平均参数，这也就决定了人们对湍流的平均运动感兴趣，不管用怎样的方式进行平均，与层流相比，湍流平均运动的方程组仍多了几项由脉动量组成的关联项，这些项反映了脉动运动对平均运动的影响。

数值计算湍流流动的方法大致可分为直接数值模拟(DNS)、大涡模拟(LES)和统观模拟(RANS)三种。对湍流最根本的模拟方法是在湍流尺度的网格尺寸内直接求解瞬态三维动量方程的直接数值模拟，无需引入任何模型。直接数值模拟的误差仅由数值方法引入，可以提供每个瞬间所有流动量在流场中的全部信息，而实验测量是不可能完全实现的。例如，流场中的压强脉动和涡量分布是很难测量的，因此湍流场的涡结构只有流动显示的定性观察结果。而这些难以测量的湍流脉动量很容易在直接数值模拟数据库中获得。然而由于捕捉从科尔莫戈罗夫(Kolmogorov)耗散尺度到几何尺度的所有尺度涡结构需要极大的存储量和计算量，目前它是研究中低 Re 简单湍流物理机制的有力工具。科尔莫戈罗夫曾经指出大尺度下的流体运动会变成不稳定的，而且它的能量会传递给邻近的较小尺度的流体而不直接将其耗散成热。在大 Re 下，这种过程被假设一直重演下去，直至达到某一足够小的尺度为止，这一尺度就是科尔莫戈罗夫耗散尺度。

大涡模拟是对动量方程进行白噪声滤波，把所有流动变量分成大尺度量和小尺度量，对大尺度量进行直接求解，对小尺度量采用亚网格模型进行模拟。大涡模拟是直接数值模拟的合理推广，是在亚格子尺度内进行的一种要求稍低的模拟，亚格子尺度的特性要比大的含能尺度运动更为普适，是引起湍流输送的主要原因，在研究大 Re 下的湍流物理时，大涡模拟很有用，而直接数值模拟是无能为力的。在大涡模拟中，大尺度的三维时间相关运动被直接计算，而亚格子则被模化。通过这种机理，亚格子尺度模态从大尺度模态提取的能量必须给予补偿，即在数值上适当加大黏性的值，这种补偿历来是成功的。然而，这类涡黏性模型的缺点是缺乏相位信息。

直接数值模拟、大涡模拟和统观模拟对流场分辨率的要求有本质差别。直接数值模拟要求模拟所有尺度的湍流脉动，最小的模拟尺度应当小于耗散区尺度，也就是说网格尺度应当小于科尔莫戈罗夫耗散尺度。统观模拟将所有尺度脉动产生的雷诺应力做了模型，网格尺度应当大于脉动的含能尺度，网格的最小尺度由平均流动的性质确定。大涡模拟的网格分辨率介于直接数值模拟和统观模拟之间，它的网格尺度应当和惯性子区尺度同一量级。

直接数值模拟、大涡模拟和统观模拟给出的信息量有很大差别。直接数值模拟可以计算所有湍流脉动，通过统计计算可以给出所有平均量，如雷诺应力、脉动能谱、标量输运量等。统观模拟只能给出平均速度场、雷诺应力、平均压强、平均热流量等。大涡模拟给出的信息少于直接数值模拟，多于统观模拟，它可以给出大于惯性子区尺度的脉动信息，特别是大尺度脉动信息，同时，通过统计计算可以给出所有平均量[8-9]。

1.5.1 湍流模型

由于直接数值模拟和大涡模拟需要相当大的计算机内存和 CPU 时间，所以距工程预报应用有较大距离。目前，相对实用的是统观模拟法，就是常说的“湍流模式”或“湍流模型”。其基本点是利用某些模拟假设，将时均方程或湍流特征量输运方程中高阶的未知关联项用低阶关联项或时均量来表达，从而使时均方程封闭。在时均方程法中，又有湍流黏性系数法和雷诺应力方程法两大类。

1. 湍流黏性系数法

湍流黏性系数模型可分成零方程模型、一方程模型和两方程模型。其中广为人知的标准 k-ε 两方程模型（以下简称“标准 k-ε 模型”）获得最普遍的使用与检验。该模型的基础是大尺度涡控制湍动能及其扩散，即以(k,ε)为基本特征参数描述湍流的空间与时间尺度。陈景仁[10]提出在湍动能耗散率的对流输运方程中，大尺度涡仍控制着其扩散，而小尺度涡控制着它的破坏。所以，存在着两种尺度，一是以大尺度涡参数(k,ε)为基本参数来表示的尺度，二是以小尺度涡参数(ε,ν)为基本参数来表示的尺度（科尔莫戈罗夫尺度）。标准 k-ε 模型的表达式如下：

$$\frac{\partial}{\partial t}(\bar{\rho}k)+\frac{\partial}{\partial x_j}(\bar{\rho}U_jk)=\frac{\partial}{\partial x_j}\left[\left(\mu+\frac{\mu_t}{\sigma_t}\right)\frac{\partial k}{\partial x_j}\right]+G-\bar{\rho}\varepsilon \tag{1-57}$$

$$\frac{\partial}{\partial t}(\bar{\rho}\varepsilon)+\frac{\partial}{\partial x_j}(\bar{\rho}U_j\varepsilon)=\frac{\partial}{\partial x_j}\left[\left(\mu+\frac{\mu_t}{\sigma_\varepsilon}\right)\frac{\partial \varepsilon}{\partial x_j}\right]+C_{\varepsilon 1}G\,\frac{\varepsilon}{k}-C_{\varepsilon 2}\bar{\rho}\varepsilon\,\frac{\varepsilon}{k} \tag{1-58}$$

标准 k-ε 模型基于各向同性的布西内斯克方程（Boussinesq equation），在预报强旋流、大曲率流动、受外力场作用较强的强各向异性流动时，难以得到与实验数据一致的结果。因此，针对不同的具体问题，提出了许多不同的修正 k-ε 模型。

重正化群（renormalization group，RNG）理论，是物理学家在处理相变和临界现象等具有无穷多自相似层次结构的问题时提出的一种数学方法，应用于湍流流动的数值计算，Yakhot[11]发展了 RNG k-ε 模型。RNG k-ε 模型具有与标准 k-ε 模型相同的形式，仅仅是在 ε 方程中多了一个附加生成项。其最大的优点是模型中的模式系数均由理论计算得出，因此不包含任何可调参数，而这往往是其他湍流理论所无法避免的。

近年来对 k-ω 模型的研究受到重视，一个重要的原因是 ω 代表了涡旋的脉动，它比动能的耗散率 ε 更能反映湍流的主要特性。Wilcox 发展了标准的 k-ω 两方程模型[12]及其适用于低 Re 流动的形式[13]，它在附面层的黏性底层内无需使用阻尼函数，也无需定义离壁面的法向距离，大大改进了近壁处的计算精度。

2. 雷诺应力方程法[14]

湍流黏性系数法采用各向同性假设模化雷诺应力项，而事实上大多数湍流流动呈各向异性，因此湍流黏性系数 $\boldsymbol{\mu}_t$ 是一个张量，而不是标量。对于各向异性湍流流动，必须摒弃布西内斯克方程而直接求解雷诺应力方程组。

获得雷诺应力方程有不同的推导方法，一种常用的方法是：分别写出的 u_i 和 u_j 的方程，将 j 方向的瞬时速度分量乘以 i 方向瞬时速度的动量方程与 i 方向的瞬时速度分量乘以 j 方向瞬时速度的动量方程相加，得到瞬时速度乘积的动量方程，将上述方程取时平均，得到瞬时速度乘积的时平均量的方程；将 i 方向的时均速度 U_i 乘以 U_j 的时均动量方程与 j 方向的时均速度 U_j 乘以 U_i 的时均动量方程相加，得到时均速度乘积 U_iU_j 的方程，由瞬时速度乘积的时平均量的方程减去时均速度乘积的方程，可得到雷诺应力的精确方程：

$$\frac{\partial}{\partial t}(\rho\overline{u_iu_j})+\frac{\partial}{\partial x_k}(\rho U_k\overline{u_iu_j})=D_{ij}+P_{ij}+\Pi_{ij}-\varepsilon_{ij} \tag{1-59}$$

式中，雷诺应力扩散项 $D_{ij}=\dfrac{\partial}{\partial x_k}\left[C_s\rho\dfrac{k}{\varepsilon}\overline{u_ku_l}\dfrac{\partial}{\partial x_l}(\overline{u_iu_j})+\mu\dfrac{\partial\overline{u_iu_j}}{\partial x_k}\right]$，表示能量在流场中传递；雷诺应力生成项 $P_{ij}=-\rho\left(\overline{u_iu_k}\dfrac{\partial U_j}{\partial x_k}+\overline{u_ju_k}\dfrac{\partial U_i}{\partial x_k}\right)$，表示雷诺应力通过平均运动的变形率向湍流脉动输入能量；雷诺应力耗散项 $\varepsilon_{ij}=\dfrac{2}{3}\delta_{ij}\rho\varepsilon$，表示能量通过小尺度脉动不断耗散。

式中的压力-应变项（引起雷诺应力在流场中重新分配）取为 IPCM＋Wall 模型，即

$$\Pi_{ij}=\Pi_{ij1}+\Pi_{ij2}+\Pi_{ij3};\quad \Pi_{ij1}=-C_1\rho\frac{\varepsilon}{k}\left[\overline{u_iu_j}-\frac{2}{3}\delta_{ij}k\right];$$

$$\Pi_{ij2}=-C_2\left[(P_{ij}-C_{ij})-\frac{1}{3}\delta_{ij}(P_{kk}-C_{kk})\right];$$

$$\Pi_{ij3}=C'_1\frac{\varepsilon}{k}\left(\overline{u_ku_m}n_kn_m\delta_{ij}-\frac{3}{2}\overline{u_iu_k}n_jn_k-\frac{3}{2}\overline{u_ju_k}n_in_k\right)\frac{k^{3/2}}{C_l\varepsilon d}+$$

$$C'_2\left(\Pi_{km,2}n_kn_m\delta_{ij}-\frac{3}{2}\Pi_{ik,2}n_jn_k-\frac{3}{2}\Pi_{jk,2}n_in_k\right)\frac{k^{3/2}}{C_l\varepsilon d}$$

雷诺应力方程模型(RSM)的优点是能自动地考虑旋流效应、浮力效应、曲率效应和近壁效应等,无需经验性的修正,近年来得到越来越广泛的应用。虽然在许多情况下 RSM 能够给出优于标准 k-ε 模型的结果,但其应用远不及 k-ε 模型普遍。主要因为:①对三维问题,RSM 需要求解 11 个方程,需要较大的计算机内存,耗费 CPU 时间;而 k-ε 模型仅需要求解两个方程;②RSM 需要用 14 个常数,而 k-ε 模型仅用 3 个常数;③缺乏实验数据时,各个雷诺应力等分量不容易给定其边界条件。此外,压力-应变项的封闭所采用的假定对于一些湍流场的预测会产生明显的偏差,RSM 中的耗散率方程的封闭和 k-ε 模型中的相同,需要改进。

需要说明的是,对不可压缩流动,常采用时间平均。对可压缩流动,为简化湍流统计方程,常采用密度加权平均。如果密度脉动较小,可压缩流体的湍流运动性质可能接近于不可压缩流体的湍流。但是,研究[15]发现随着湍流马赫数 Ma_T 的增大,流体参数(温度 T、密度 ρ、压力 p 等)的脉动量也逐渐增大,此时流体的可压缩性带来的影响会引起湍流结构的湍流动力性能的变化,所以忽略湍流马赫数 Ma_T 的湍流模型难以准确估计可压缩性带来的影响。在超高速流体中,密度脉动很大,此时密度脉动关联项需要有恰当的模型。

代数应力模型(ASM)是用代数方程来计算雷诺应力的输运方程,同时仍旧保留 K 方程和 ε 方程中带有各向异性的项。与 RSM 相比,ASM 大大削减了方程数量。

3. 多尺度湍流模型

绝大多数的湍流模型都只用单个时间尺度及单个长度尺度的概念,实际上湍流的脉动包含了很宽的涡旋尺度范围和时间尺度范围。单尺度模型能获得比较好的预测结果,可能是因为流动本身的脉动能量的谱分布接近于平衡状态,而对诸如圆型射流、尾迹、浮升力流动及有分离的流动,单尺度模型常常不能得出满意的结果。

湍流运动一般从平均运动获取能量,通过串级过程能量又从大尺度涡旋向小尺度涡旋转移,最终被小尺度涡旋的分子黏性耗散掉,在谱空间中呈现性质明显不同的两区:大波数区(转移区)主要受分子黏性的影响,小波数区(产生区)主要受平均运动的影响,如图 1-5 所示。根据湍流谱分布的这种特点,将湍动能谱分成两区,小波数区的湍流动能为 k_p,大波数区的湍流动能为 k_t,总的湍动能为 $k=k_p+k_t$,湍动能在谱空间的转移率为 ε_p,即从载能涡向耗能涡转移的速率在一般情况下与湍动能黏性耗散率($\varepsilon=\varepsilon_t$)不同,$\varepsilon_t$ 为脉动动能耗散为热能的速率;在小波数区,湍流运动不受分子黏性直接影响,分子黏性只是通过湍动能传递速率 ε_p 间接影响小波数区;在大波数区,湍流运动不受平均运动(如湍动能产生率)的直接影响。

Hanjalic[16]根据湍流运动存在谱分布的概念提出了双时间尺度的湍流模型。

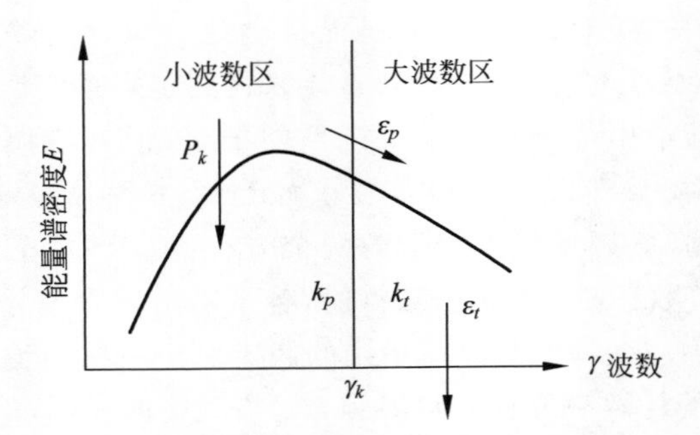

图 1-5 多尺度模型中湍动能能谱分区

Kim 和 Chen[17] 则进一步得到了关于 $k_p, k_t, \varepsilon_p, \varepsilon_t$ 的控制方程。

大尺度涡的脉动动能 k_p 及其转移率 ε_p 的控制方程为

$$\frac{\partial(\rho u_i k_p)}{\partial x_i}=\frac{\partial}{\partial x_i}\left[\left(\mu+\frac{\mu_t}{\sigma_{kp}}\right)\frac{\partial k_p}{\partial x_i}\right]+\rho G_k-\rho\varepsilon_p \tag{1-60}$$

$$\frac{\partial(\rho u_i \varepsilon_p)}{\partial x_i}=\frac{\partial}{\partial x_i}\left[\left(\mu+\frac{\mu_t}{\sigma_{\varepsilon p}}\right)\frac{\partial \varepsilon_p}{\partial x_i}\right]+C_{p1}\frac{\rho G_k{}^2}{k_p}+C_{p2}\frac{\rho G_k\varepsilon_p}{k_p}-C_{p3}\frac{\rho\varepsilon_p{}^2}{k_p} \tag{1-61}$$

小尺度涡的脉动动能 k_t 及其耗散率 ε_t 的控制方程为

$$\frac{\partial(\rho u_i k_t)}{\partial x_i}=\frac{\partial}{\partial x_i}\left[\left(\mu+\frac{\mu_t}{\sigma_{kt}}\right)\frac{\partial k_t}{\partial x_i}\right]+\rho\varepsilon_p-\rho\varepsilon_t \tag{1-62}$$

$$\frac{\partial(\rho u_i \varepsilon_t)}{\partial x_i}=\frac{\partial}{\partial x_i}\left[\left(\mu+\frac{\mu_t}{\sigma_{\varepsilon t}}\right)\frac{\partial \varepsilon_t}{\partial x_i}\right]+C_{t1}\frac{\rho\varepsilon_p{}^2}{k_t}+C_{t2}\frac{\rho\varepsilon_p\varepsilon_t}{k_t}-C_{t3}\frac{\rho\varepsilon_t{}^2}{k_t} \tag{1-63}$$

多尺度模型用湍动能转移率 ε_p，而不是用分子黏性耗散率 ε_t 来表征湍流大尺度的运动，它能更好地考虑流场结构变化时湍动能在谱空间的传递和湍流状态的改变。

与单尺度耗散率 ε 方程相比，在大尺度涡转移率 ε_p 的控制方程和小尺度涡耗散率 ε_t 的控制方程中分别多出了 $c_{p1}\rho G_k{}^2/k_p$ 和 $c_{t1}\rho\varepsilon_p{}^2/k_t$，物理上的解释为当生成项较大时，$c_{p1}\rho G_k{}^2/k_p$ 增加能量转移，当能量转移较大时，$c_{t1}\rho\varepsilon_p{}^2/k_t$ 增加耗散。

大尺度涡的脉动动能转移率 ε_p 就是小尺度涡的产生率，与大尺度涡的脉动动能产生率 G_k 相当。在全场范围内解出 k_p 与 k_t 后，每一地点上的 $k=k_p+k_t$，然后按以下公式计算湍流动力黏度：$\mu_t=c_\mu\rho k^2/\varepsilon_p$；$c_\mu=0.09$ 或 $\mu_t=c_\mu\rho k k_p/\varepsilon_p$，$c_\mu=0.1$，这意味着湍流长度标尺主要与载能涡有关而不取决于耗能涡。关于湍流脉动的时间标尺，在大尺度涡的脉动动能及其转移率的控制方程中是脉动动能产生率时间尺度 k_p/G_k，而在小尺度涡的脉动动能及其转移率的控制方程中则采用耗散率时间尺度 k_t/ε_p。用多尺度模型求解湍流问题时，边界条件的设定有一点与单尺度模型的不同，这就是要给定进口截面及沿固体边界的 k_p/k_t，$\varepsilon_p/\varepsilon_t$ 的值。文献[17-18]用这种多尺度模型模拟了贴壁射流、尾迹与边界层流动间的相互作用、受限同轴旋转射流、外掠后台阶及矩形肋片的绕流，都取得了和实验数据比较一致的结果。

但是，也应该看到采用的双尺度模型是以各向同性的涡黏性系数假设为基础，因此在雷诺应力的各向异性起主要作用的流动中，双尺度模型改进很小也就不奇怪了。

从上文可知，国内外许多研究者从不同的角度采用不同的方法对湍流的机理进行了研究，诸如：重整化群方法、直接数值模拟、大涡模拟等，在这些湍流机理中，虽然有的机理概念清晰，也较完整，但距解决工程中的实际问题尚有一定距离。其中最有希望得到广泛应用的是大涡模拟，它们的结果可用来检验各种湍流模式，也能够提供很多目前在实验上无法测量的量，但是其应用受到计算机速度和容量的限制。

值得说明的是，由于湍流的机理还没有完全弄清楚，在建立湍流模型时，不得不做各种近似假设，而近似假设都有其适用范围，很难泛泛地说哪种模型更优。即使是同一种模型，其预测性能的好坏也是与所研究的问题有关的，应用于某一流动时，预测结果和实验结果可能吻合很好，但应用于另一流动时，两者吻合度却很差。从目前来看，与其要找出一个统一的、适用一切情况的湍流模型，倒不如查明不同湍流模型的适用范围。应用湍流模型不仅需要理性，更需要经验。

1.5.2 大涡模拟

鉴于统观模拟(RANS)和直接数值模拟(DNS)各自的优点和缺点，出现了大涡模拟(LES)。LES 是通过滤波，对大尺度结构直接求解动量方程，对不可解的小尺度结构采用亚网格尺度模型，因此它成为联系 RANS 和 DNS 的纽带和桥梁。在湍流流动中，动量和能量的传输主要是由大尺度结构引起的。在网格的分辨率上，LES 的分辨率介于 RANS 和 DNS 之间，其网格尺寸和惯性子区尺度为同一量级，因此所获得的信息少于 DNS 但多于 RANS，可以得到大于惯性子区尺度的脉动信息，同时通过统计结果也可以获得所需要的平均量。与 DNS 相比，LES 适用于高雷诺数流动和较复杂的几何结构。与 RANS 相比，LES 可以得到更多的瞬态湍流结构的信息。更主要的是，即使用简单的亚网格尺度模型，其统计结果也往往比用复杂的湍流模型的 RANS 结果准确，因此已经发展成新一代的解决工程问题的计算流体力学(CFD)方法，并且被引入到商业软件，例如 FLUENT 中。其研究近年来受到越来越大的重视。

设 $f(x)$ 是包含所有尺度的各物理量，定义 $F(x)$ 为 $f(x)$ 中的大尺度量，可以通过滤波方法得到。$f(x)$ 与 $F(x)$ 量之差可定义为小尺度量。在数值计算中低通过滤可以表示为一种积分：$\bar{f}(x)=\int G_l(x,y)f(y)\mathrm{d}y$，它在数学运算上是一种卷积。式中，$G_l(x)$ 为滤波函数。常用的滤波函数有：① 谱空间低通滤波。将高于波数 k_c 的脉动全部过滤掉，k_c 称作“截断波数”。$G(k)=\begin{cases}1, & |k|<k_c\\0, & |k|>k_c\end{cases}$；② 物理空间盒式过滤。在过滤尺度内将湍流量做平均，于是，小于过滤尺度的脉动被抹平，只有大于过滤尺度的湍流脉动被保留。物理空间的盒式过滤函数的表达式为 $G_l(x)=1/\Delta_l, \Delta_l/2>x>-\Delta_l/2$；③ 高斯过滤。在物理空间以高斯函数作为过滤函数，以高斯函数的方差作为过滤尺度，称作“高斯过滤器”，物理空间高斯过滤器的三维表达式为 $G_l(x)=\left(\frac{6}{\pi l^2}\right)^{3/2}\exp\left(-\frac{6r^2}{l^2}\right)$。在物理空间中，过滤器的尺度和过滤函数不随空间坐标变化的称作均匀过滤器；反之称为“非均匀过滤器”。均匀过滤器的过滤公式可写作 $F(x)=\int G_l(x-y)f(y)\mathrm{d}y$。应用均匀过滤器和非均匀过滤器在 LES 方程上是不同的，均匀过滤器和微分及积分运算可交换，非均匀过滤器和微分及积分运算一般不可交换。凡是可以采用均匀过滤器的算例中，尽量采用均匀过滤器；在复杂流动中，例如壁湍流中，计算网格是非均的，此时，不得不采用非均匀过滤。在实际应用中，在物理空间往往采用盒式过滤器，在谱空间采用低通过滤器，在理论分析上采用高斯过滤器。

LES 的合理性和精确性取决于三个因素：①满足一定要求的网格尺寸细度；②比统观模拟要求更高的差分格式精度；③亚网格尺度模型。因此构造合理的亚网格尺度模型是大涡模拟的关键之一。在单相流体流动方面，Smagorinsky 的 SGS 涡黏性模型[19]、Germano 的动力涡黏模型[20]、Kim 的亚网格尺度动能方程模型[21]等已得到广泛应用。

涡黏性模型 SGS 应力的表达式为

$$\tau_{ij}^{\mathrm{sgs}}=-(\overline{u_iu_j}-U_iU_j)=(C_s\Delta)^2\bar{S}_{ij}(\bar{S}_{ij}\bar{S}_{ij})^{1/2}-\frac{1}{3}\tau_{kk}\delta_{ij} \tag{1-64}$$

式中，涡黏系数 $\nu_t=(C_s\Delta)^2(\bar{S}_{ij}\bar{S}_{ij})^{1/2}$，$C_s=0.16$ 为 Smagorinsky 系数，Δ 为过滤尺度。Smagorinsky 模型中亚网格应力和过滤尺度的平方成正比，这是亚网格应力的性质。实际使用证明，Smagorinsky 模式的涡黏系数的湍动能耗散过大。涡黏模型计算方便，是工程中喜欢应用的模型，但是，现有亚网格涡黏模型都存在耗散过大的致命缺点。和统观涡黏模型相仿，涡黏模型是各向同性的平衡模型，显然和湍流的实际情况相差较远，特别是大尺度脉动不可能是平衡的，亚网格应力不可能和大尺度变形率张量成正比。

Germano 提出了一种动力涡黏模型来确定 C_s，该模型用一种自相似的试验滤波函数（通常该试验滤波网格尺度 $\widetilde{\Delta}$ 为滤波网格尺度 Δ 的二倍）对控制方程滤波，最后得到：

$$C_s = -\frac{1}{2}\frac{\langle L_{ij}\bar{S}_{ij}\rangle}{\hat{\bar{\Delta}}^2\langle|\hat{\bar{S}}|\hat{\bar{S}}_{ij}\bar{S}_{ij}\rangle - \bar{\Delta}^2\langle|\hat{\bar{S}}|\hat{\bar{S}}_{ij}\bar{S}_{ij}\rangle} \tag{1-65}$$

式中，C_s 直接由可求解的大尺度量计算得到，因此模型中的系数是空间和时间的函数，这比把 C_s 作为常数更为合理。Lilly[22] 用最小二乘法缩小封闭假设和所求解的应力之间的差距。这种改进可以舍去一些有奇异性的项，增强该模型的应用性。

动力模型具有涡黏模型的优点，克服了一般涡黏模型的缺点，如 Smargorinsky 模型耗散过大。用动力模型确定空间每一点的涡黏模型系数，局部区域可能为负值，说明有逆传，会产生计算不稳定的情况。一般采取计算中强迫涡黏系数大于零的方式，以保证计算的稳定性。由动态确定系数需要附加的计算量，按照以上提供的公式计算，动力涡黏模型，如动力 Smagorinsky 模型，比单纯涡黏模型的计算量增加 30%～40%。动力模型目前被认为是实用时效果较好的模型。

Kim 的亚网格动能方程模型仿照 RANS，用以下的输运方程求解亚网格动能：

$$\frac{\partial\rho K_{sgs}}{\partial t} + \frac{\partial}{\partial x_i}(\rho U_i K_{sgs}) = P - D + \frac{\partial}{\partial x_i}\left(\frac{\rho\nu_t}{Pr_t}\frac{\partial K_{sgs}}{\partial x_i}\right) \tag{1-66}$$

式中，$K_{sgs} = \frac{1}{2}(\overline{u_k^2} - U_k^2)$ 是亚网格动能，亚网格应力 τ_{ij}^{sgs} 为

$$\tau_{ij}^{sgs} = -2\rho\nu_t\left(S_{ij} - \frac{1}{3}\bar{S}_{kk}\delta_{ij}\right) + \frac{2}{3}\rho K_{sgs}\delta_{ij} \tag{1-67}$$

式中，ν_t 为亚网格涡旋黏性，$\nu_t = C_\nu(K_{sgs})^{1/2}\Delta$。耗散项模化为：$D = C_\varepsilon\rho(K_{sgs})^{3/2}/\Delta$。上述方程中出现的两个系数 C_ν 和 C_ε 可由动态相似方法确定，称为“局部动态 K 方程模型(LDKM)”。与其他动态相似模型（如 Germano[23]）一样，LDKM 也是基于惯性区的尺度相似假设。LDKM 有很多优点，C_ν 和 C_ε 的分母有明确的数值，在 Germano 动态亚网格模型的动态求解系数的表达式中经常出现小分母的情况大大减少。该模型基于亚网格动能，所以求解过程中也可以避免出现负模型系数。该模型增加的计算量主要是求解 K_{sgs} 的输运方程。Fureby[24] 认为单方程涡旋黏性模型要优于代数模型。对非反应流，如果网格足够细，亚网格模型对统计量的影响很小。但是当网格较粗时，亚网格模型就变得很重要了。Kim 和 Menon[25] 证明在网格相对较粗时，LDKM 应用于高 Re 流动时效果较好，在没有特殊处理情况下，模拟近场流和层流区时的效果也很好。

参考文献

[1] 潘阳,许国良,中山顕,等. 计算传热学理论及其在多孔介质中的应用[M]. 北京：科学出版社,2011.

[2] 陶文铨. 数值传热学[M]. 西安：西安交通大学出版社,2001.

[3] MA S W. Top 5 misunderstandings on (good) mesh[OL]. [2018-11-01]. https://caewatch.com/top-5-misunderstandings-on-good-mesh/.

[4] PATANKAR S V, SPALDING D B. A calculation procedure for heat, mass and momentum transfer in three-dimensional parabolic flows[J]. International Journal of Heat Mass Transfer,1972,15：1787-1806.

[5] PATANKAR S V. A calculation procedure for two-dimensional elliptic situations[J]. Numerical Heat Transfer,1981,4：409-425.

[6] VAN DOORMAAL J P, RAITHBY G D. Enhancement of the SIMPLE method for predicting incompressible fluid flow[J]. Numerical Heat Transfer,1984,7：147-163.

[7] ISSA R I. Solution of the implicitlydiscretised fluid flow equations by operator-splitting [J]. Journal of Computational Physics,1985,62：40-65.

[8] 张兆顺. 湍流[M]. 北京：国防工业出版社,2002.

[9] 张兆顺,崔桂香,许春晓. 湍流理论与模拟[M]. 北京：清华大学出版社,2005.

[10] 陈景仁. 湍流模型及有限元分析法[M]. 上海：上海交通大学出版社,1989.

[11] YAKHOT V, ORSZAG S A. Renormalization group analysis of turbulence：I. Basic theory[J]. Journal of Computer Science,1986,1(1)：3-51.

[12] WILCOX D C. Reassessment of the scale-determining equation for advanced turbulence models[J]. AIAA Journal,1988,26：1299-1310.

[13] WILCOX D C. Simulation of transition with a two-equation turbulence models[J]. AIAA Journal,1994,32：247-255.

[14] ZHOU P Y. On velocity correlations and the solutions of the equations of the fluctuation [J]. Quarterly of Applied Mathematics,1945,3(1)：38-54.

[15] LELE K,SANJIVA K. Compressibility effects on turbulence[J]. Annual Review of Fluid Mechanics,1994,26：211-252.

[16] HANJALIC K, LAUNDER B E, SCHIESTEL R. Multiple-time-scale concepts in turbulent transport modeling[R]. Springer-Verlag：New York,1980.

[17] KIM S W, CHEN C P. A multiple-time-scale turbulence model based on variable partitioning of the time turbulent kinetic energy spectrum[J]. Numerical Heat Transfer, Part B,1989,16：193-211.

[18] ZEIDAN E,DJILALI N. Multiple-time-scale turbulence model computations of flow over a square rib[J]. AIAA Journal,1996,34(3)：626-629.

[19] SMAGORINSKY J. General circulation experiments with the primitive equation (I)：The

basic experiment[J]. Monthly Weather Review, 1963, 91(3): 99-164.
[20] GERMANO M, PIOMELLI U, MOIN P, et al. A dynamic subgrid-scale eddy viscosity model[J]. Physics of Fluids A, 1991, A3: 1760-1765.
[21] KIM W W, MENON S. A new dynamic one-equation subgrid-scale model for large eddy simulation[C]//33rd Aerospace Science Meeting and Exhibit, January 09-12, 1995. Reno: AIAA Paper, 1995: 356.
[22] LILLY D K. A proposed modification of the Germano subgrid-scale closure method[J]. Physics of Fluids A, 1992, 4(3): 633-635.
[23] GERMANO M, PIOMELLI U, MOIN P, et al. A dynamic subgrid-scale eddy viscosity model[J]. Physics of Fluids A, 1991, 3(7): 1760-1765.
[24] FUREBY C. Towards large eddy simulations of flows in complex geometries[C]//29th AIAA, Fluid Dynamics Conference, June 15-18, 1998. Reno: AIAA Paper, 1998: 2806.
[25] KIM W W, MENON S. Application of the localized dynamic subgrid-scale model to turbulent wall-bounded flows[C]//35th Aerospace Sciences Meeting and Exhibit, January 06-09, 1997. Reno: AIAA Paper, 1997: 210.

第2章 CHAPTER 2 H形翅片管湍流传热特性

随着经济的快速发展，各国对能源的需求与日俱增，但是由于能源短缺及供需矛盾等因素，目前世界各国都不同程度地遭受着能源危机的困扰。此外，人们对于能源的过度开采及不合理使用，给生态环境带来了严重的破坏和污染，像温室气体的排放对气候变化造成的影响，就受到了世界各国的高度关注[1]。面对紧张的能源供应形势及严峻的环境压力，必须寻求更有效的节能减排措施，合理地利用能源，在提高能源利用效率的同时降低污染物的排放，走可持续发展的道路。

工业生产过程中消耗的能源占到了能源生产总量的绝大部分，其中能量的转换和利用很大一部分都要经过热量传递。换热器作为不同温度流体介质进行热量交换的设备，在电力、冶金、石油、化工、建筑、食品、医药及航空航天等领域得到了广泛的应用，并且在材质消耗、动力消耗及工程投资方面占有很重要的份额[2]。据统计，在一般石油化工企业中，换热器的投资占全部投资的40%～50%；在现代石油化工企业中占30%～40%；在热电厂中，如果把锅炉也作为换热设备，换热器的投资约占整个电厂总投资的70%；在制冷机中，蒸发器的质量占制冷机总质量的30%～40%，其动力消耗占总值的20%～30%，由此可见，换热器的合理设计和良好运行对工业生产中资金、能源和空间的节约十分重要[3]。

要节能降耗，提高工业生产的经济效益，就必须研究各种传热过程的强化问题，开发适用于不同工业要求的强化传热结构及高效换热设备。因此在换热器中采用先进的强化传热技术以提高换热器综合传热性能，对于节约能源，提高能源利用效率具有非常重要的意义[4]，这不仅是现代工业发展过程中必须解决的课题，也是开发新能源和开展节能工作的迫切任务。

2.1 研究概况

管外加装翅片构成翅片管束，增加了空气侧的换热面积，改变了空气侧的流场和温度场分布，是迄今为止所有管式换热面强化传热方法中得到最广泛应用的一种[5]。当换热器两侧流体的换热系数相差较大时，在换热系数小的一侧加装翅片，可扩大换热器表面积，并促进流体的扰动，有效地增大传热系数，进而增加传热量；或者在传热量不变时减小换热器的体积，达到高效紧凑的目的。

在实际过程中，管翅式换热器的传热过程是一种复杂的复合传热，往往有导热、对流、辐射三种基本传热方式的两种或两种以上同时起作用[6]。以图2-1中的翅片管换热器为例，在这种换热器中，冷却水或者制冷剂在管内流动，空气则从管外翅片间的通道内流过，并通过翅片和管壁与管内的介质进行热交换。因为热管外壁及翅片表面的温度不高，辐射换热可忽略不计，该换热器中涉及的传热包括导热和对流换热。

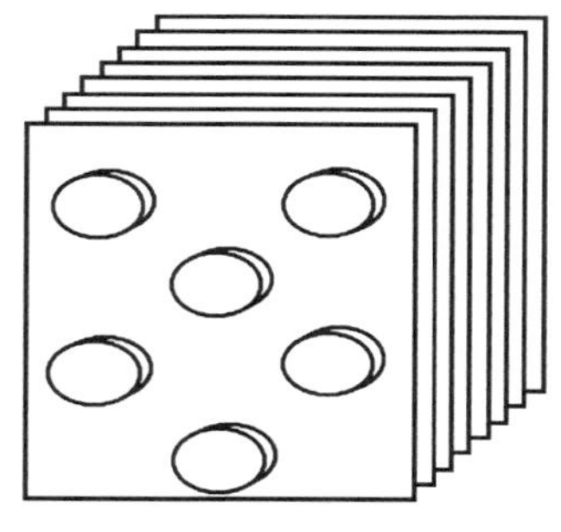

图 2-1 翅片管换热器

在稳定工况中，管翅式换热器的换热量 Q 可以由式 $Q=kA\Delta T$ 表示。式中，k 为传热系数，单位为 $W/(m^2 \cdot K)$；A 为换热面积，单位为 m^2；ΔT 为冷热流体的平均传热温差，单位为 K。

该式表明，要强化换热器中的传热过程，亦即提高换热器在单位时间、单位体积内的换热量，可以通过增加传热面积 A、增大平均传热温差 ΔT 和提高传热系数 k 三种途径实现[7]。

1）增加传热面积 A。应用扩展表面及采用小直径管子均可增加换热面积。在换热器中采用各种翅片管、螺纹管等扩展表面换热面，能有效增加单位体积内的换热面积，但同时会出现流动阻力增大等问题。

2）增大平均传热温差 ΔT。增大传热温差的方法，一是布置不同的换热器，如逆流的平均传热温差最大，顺流的则最小；二是扩大冷、热流体进出口温差。在实际工程中：①换热器的布置已经确定；②冷、热流体的种类及温度亦不能随意改动；③加热工质的温度受到材料物性限制，不能选得过高；④传热温差的增加使系统的不可逆性损失增加。以上种种限制使得增大平均传热温差这一途径受到很大制约。

3）提高传热系数 k。在换热器的换热面积和平均传热温差确定之后，提高传热系数成为增加换热量的唯一途径。提高传热系数可从提高换热管两侧的换热系数着手，尤其是要提高管子换热性能较差侧的换热系数，以获得较佳的强化传热效果。

由以上讨论可见，通过增大平均传热温差来强化换热的方法受到了换热器的布置、冷热流体的温度和材料物性的种种限制，使用范围非常有限；通过增加换热面积以强化换热的途径虽然有效，但会出现流动阻力增大的问题。因此通过提高传热系数强化换热成为研究重点，并且在实际过程中被广泛应用。早期的翅片管换热器多采用平直翅片结构，随着强化传热技术的发展和制造工艺的提高，出现了波纹翅片、开缝翅片、百叶窗翅片和带有纵向涡发生器的翅片等结构。

Wang 等[8]把翅片的发展分为两个阶段：连续翅片及间断翅片和带有纵向涡发生器的翅片。连续翅片、间断翅片包括平直翅片、波纹翅片、开缝翅片、百叶窗翅片和穿孔翅片等类型。平直翅片强化传热主要得益于传热面积的增大和水力直径的减小，由于便于加工装配，使用中不易发生变形，平直翅片仍应用较广；波纹翅片、开缝翅片、百叶窗翅片和穿孔翅片等类型都是在平直翅片的基础上改变翅片的几何结构，使得流体在流道中的运动方向发生改变，增加流体的扰动，造成速度边界层和热边界层的分离、破坏、耗散和更新，从而提高传热性能，同时也有利于流体的混合和均布。

带有纵向涡发生器翅片的强化换热机理与带有连续翅片及间断翅片的有较大差异，后者的强化换热方式是对主流流体强化换热，通过改变主流流体方向、增强流体扰动、破坏或减薄边界层的连续发展，起到强化传热的作用，同时伴随较大的阻力增加；而前者通过在翅片上加工出突起的翼片——纵向涡发生器(longitudinal vortex generators，LVG)，使换热流体流过加装纵向涡发生器翅片的表面，在纵向涡发生器尾部会产生一系列有序的纵向涡，这些纵向涡破坏了壁面边界层，加强了传热壁面附近流体和主流区流体的动量能量交换，即通过改变二次流的分布来强化换热。

目前，在动力行业中尾部换热器的受热面主要应用的是螺旋翅片管换热器。螺旋翅片管广泛应用于管内为液体或气液两相工质而管外为气体的换热器中，具有强化管外气流扰动、扩大换热面积的作用，从而增强传热、节约能源。同时由于其结构紧凑，金属消耗量少，在电厂锅炉中采用螺旋管束翅片管省煤器可大大节省运行费用，在国内外得到了迅速的推广应用[9]。

国外的煤质较好，在使用螺旋翅片管时，能充分发挥其单位体积内传热面积大的优点，使得换热器结构紧凑，从而降低流动阻力，减轻受热面的磨损。但我国电站锅炉以燃烧劣质煤为主，且煤质多变，会导致翅片管出现严重的积灰和磨损现象，降低翅片对流换热系数和传热效率，严重的会导致翅片烧毁。实际运行表明，出口后两排积灰较严重，但没有堵塞通流断面[10]。螺旋翅片管由于肋片螺旋角引导气流改变方向，肋片管积灰比较严重。另外，螺旋翅片管翅片节距和翅高对管束的积灰影响较大，当翅片间距过小、翅片高度较大时，烟气可能在翅间发生不完全渗透的现象，烟气不能完全渗透，增加了烟气中的飞灰、颗粒等固相物体在翅片管上的沉积[11]。

为了解决翅片的积灰和磨损问题，研发了 H 形翅片。由于 H 形翅片去除了矩形翅片迎流区和尾部分离区的部分翅片，形成了特殊的凹槽结构，可提高翅片的平均对流传热系数和翅片效率。此外，管沿管子的轴向形成了一个特殊的通道，有助于气体对管子后壁的冲刷，可以取得很好的吹灰效果，避免在尾部分离区域的积灰和传热恶化。

H形翅片管的优点[9]：①优异的防磨性能。磨损主要源于灰粒对管子的冲击和切削作用，在管子周围与水平线成30°部位磨损最厉害。H形翅片管采用顺列布置，把空间分成若干小的区域，具有均流作用，与采用错列布置的光管、螺旋翅片管、纵向翅片管相比，在其他条件相同的情况下，磨损寿命高3～4倍。②积灰减少。积灰主要发生在管子背向面和迎风面。H形翅片由于翅片焊在管子不易积灰的两侧，而气流笔直的流动方向不改变，不易积灰。H形翅片中间留有4～10mm间隙，可引导气流吹扫管子翅片积灰。现场运行实践也表明：H形翅片管不易积灰，而螺旋片翅片积灰严重。③空间紧凑，降低造价。H形翅片管比螺旋翅片管紧凑，可以减小烟井的高度，在相同换热量时，大约是光管重量的1/3，总体重量大为减轻，降低了悬吊系统载荷，可大大减少管子数量和支撑构架重量，降低造价，减少投资费用。④降低电厂运行成本。在相同传热量和烟速下，H形翅片管省煤器管子数量的减少，使管内水流动压力减小；管外烟气通道的流畅，使烟气阻力下降，从而降低了电厂运行成本。⑤焊口减少，提高了运行的可靠性。

由于H形翅片管拥有以上诸多优点，在世界上总装机容量超过7×10^4MW的燃煤锅炉中安装了此种H形翅片管，在MB，IHI，BHK等主要外国公司的锅炉上都在使用，国外有30年以上的运行经验，国内在大连、丹东、福州、岳阳350MW、常熟600MW超临界、开封125MW等机组上使用。

刘聿拯等[12]对优化结构的H形翅片管束的传热与阻力特性进行了实验研究，并将实验结果与计算结果进行了比较，最后得出传热和阻力特性的关系式可分别表示为：$Nu=0.09152Re^{0.7013}Pr^{0.33}$，$Eu=0.2963Re^{-0.0499}$ 式中，Nu 为努塞尔数(Nusselt number)；Pr 为普朗特数(Prandtl number)；Eu 为欧拉数(Euler number)。

赵夫峰等[13]分析了翅片厚度对不同结构的翅片管换热器性能的影响，结果表明：翅片管式换热器管径、片宽、片距越大，翅片厚度对换热性能影响越大；开缝翅片与平片相比，翅片厚度对换热性能影响较大；翅片厚度对不同排数换热器的换热性能基本无影响；翅片厚度对小管径和小管间距换热器的性能影响较小。

屠琦琅等[14]对不同翅片间距 P_f 和开缝高度 S_h 的双向开缝翅片管换热器进行了数值模拟，结果表明：当 $Re<7200$ 时，增大 P_f 会提高双向开缝翅片管换热器的传热与阻力性能；当 $Re>7200$ 时，减小 P_f 会提高其传热性能，降低其阻力性能；随着 S_h 的增加，双向开缝翅片管换热器的传热性能先降低后提高，阻力性能先提高后降低；对于不同翅片结构的5种双向开缝翅片管换热器，P_f 越大，综合流动传热性能越高，但实际换热面积会减小，需综合考虑。

赵兰萍等[15]就横向管间距和纵向管间距对矩形翅片椭圆管换热管束流动换热性能的影响进行了分析，研究发现：横向管间距是主要影响因素，纵向管间距的影响小；横向管间距越大，等压降约束条件下的综合性能越差；扰流孔的存在强化了横向管间距和纵向管间距的作用，开设扰流孔使得管束综合性能有所下降。

杨涛等[16]对不同横向管间距 S_1、纵向管间距 S_2 和椭圆管长短轴比 a/b 的开缝翅片椭圆管换热器进行了数值模拟，分析了管束结构的差异对开缝翅片椭圆管换热器性能的影响。结果表明：当横向管间距在 60.55～70.55mm 时，空气侧 Nu 和 Eu 均随 S_1 减小而增大，当 S_1 为 60.55mm 时换热器综合流动传热性能最好；当纵向管间距在 65～75mm 时，空气侧 Nu 随 S_2 减小而增大，Eu 变化不明显，当 S_2 为 65mm 时换热器综合流动传热性能最好；横向管间距对开缝翅片椭圆管换热器传热、流动性能的影响较纵向管间距更为明显；在等周长条件下，当椭圆管长短轴比 a/b 在 1.5～2.5 时，换热器综合流动传热性能较好；当 a/b 为 1.8 时换热器综合流动传热性能最好。

于新娜等[17]对单 H 形和双 H 形翅片管束空气侧的传热与阻力特性进行了试验研究和数值模拟，得到单 H 形和双 H 形翅片管束的传热与阻力特性变化规律。根据试验结果得到单 H 形和双 H 形翅片管束空气侧传热和阻力特性的关联式：单 H 形翅片管束 $Nu=0.3669Re^{0.5476}Pr^{0.33}$，$Eu=0.4478Re^{-0.1243}$；双 H 形翅片管束 $Nu=0.2868Re^{0.5677}Pr^{0.33}$，$Eu=0.3915Re^{-0.1063}$。

张知翔等[18-19]基于 Fluent 软件，利用 Realizable k-ε 湍流模型对 H 形翅片管的传热性能进行了数值模拟，分析了管排数和纵向间距对 H 形翅片管传热系数的影响，得出了 H 形翅片管传热系数的计算公式：

$$k=0.0955C_sC_n\frac{\lambda}{P}\left(\frac{d}{P}\right)^{-0.64}\left(\frac{h}{P}\right)^{-0.14}\left(\frac{\omega P}{v}\right)^{0.72}$$

Yu 等[20]对 10 排 H 形翅片管的传热和压降特性进行了三维数值研究，分别改变了 H 形翅片的 7 个参数（管排数、翅片厚度、开缝宽度、翅片高度、翅片间距，横向管间距和纵向管间距），并进行了模拟。结果表明在这 7 个几何参数中，管间距对传热和压降特性影响最大，对开缝宽度影响最小；这 7 个几何参数对 H 形翅片管的换热和压降特性的影响完全符合场协同原理。

袁晓豆等[21]对 H 形翅片管的气固两相流绕流进行了冷态数值模拟。对颗粒相的计算采用单向耦合模型，在给定进口速度及烟气颗粒相质量浓度条件下，得到了绕流流场。结果表明：颗粒速度在 H 形翅片管迎风面呈 M 形分布；背风面呈 W 形分布。H 形翅片管开缝既可提高迎风面驻点附近速度、增强轴向吹扫分流，又可增大背风面的回流扰动。这种速度分布特点使 H 形翅片管不易积灰。在此基础上，模拟了不同入口流速和颗粒质量浓度时的工况，结果表明 H 形翅片管在高速高质量浓度下的工作效果同样较好。

2.2　单H形和双H形翅片管对流换热

烟气在翅片间流动的阻力损失及在扩展表面上的对流换热是影响H形翅片管综合性能的关键因素，也是改进设计的主要方向。当烟气横掠H形翅片管管束时，翅片间的三维流动特征和绕流过程中的流动分离对传热性能具有重要影响，尤其是翅片尾部的尾涡会造成表面传热恶化，并显著增加流动损失。

本节对两种不同结构的H形翅片管（单H形和双H形）的模拟结果进行了比较，获得了H形翅片管传热特性和阻力特性，并据此选择综合性能较佳的H形翅片管的结构。

2.2.1　计算模型和方法

图2-2和图2-3分别为单H形和双H形翅片管的结构示意图，其具体结构尺寸详见表2-1。图2-4给出了单H形翅片 x-y 面和 x-z 面的物理模型。沿着从左到右的流动方向，四排换热管子顺列布置。将一组双H形翅片取代两组单H形翅片得到双H形翅片的几何模型，如图2-5所示。

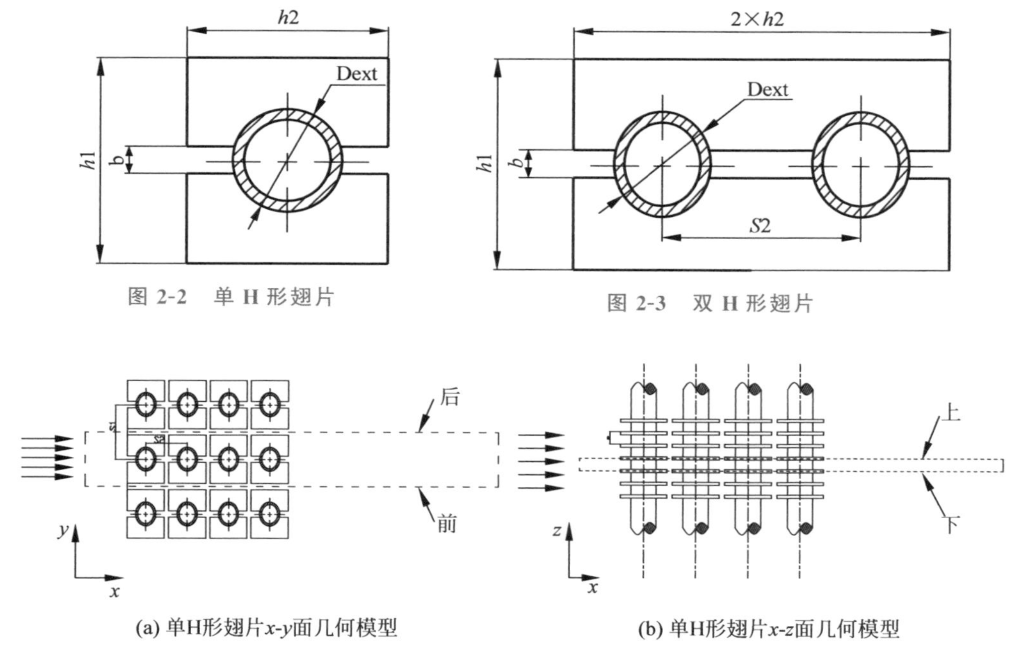

图2-2　单H形翅片

图2-3　双H形翅片

(a) 单H形翅片x-y面几何模型

(b) 单H形翅片x-z面几何模型

图2-4　单H形翅片计算区域示意图

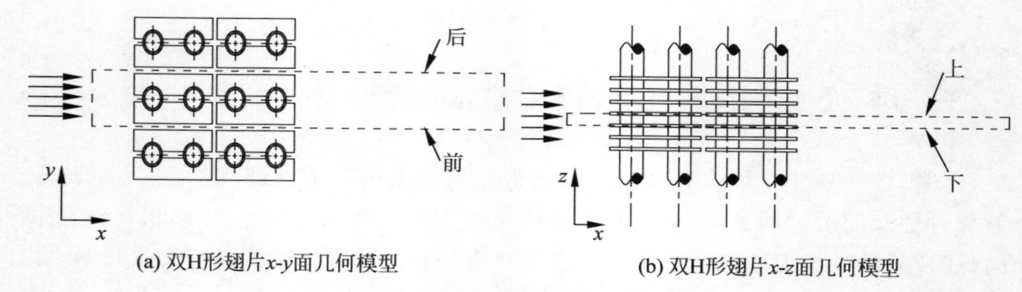

(a) 双H形翅片x-y面几何模型　(b) 双H形翅片x-z面几何模型

图 2-5　双 H 形翅片计算区域示意图

给水在管子内部流动，需要冷却的烟气从左到右在翅片周围流动，热量从烟气传递给管壁和翅片表面，然后传递给管内给水。由于管子内壁面的对流传热系数很高，而且管子和翅片的材料具有高导热系数，可以认为管壁是恒温的，但是翅片和流体内的温度是耦合的，需要求解。

表 2-1　H 形翅片管的结构尺寸

类型	翅片参数/mm						管子参数/mm	
	宽度 H_1	长度 H_2	厚度 δ	开缝宽 b	节距 P	管子直径 d	横向间距 S_1	纵向间距 S_2
单 H	76	70	2.5	10	10	38	86	78
双 H	76	74	2.5	10	10	38	86	78

由于 H 形翅片管结构的几何对称性，空气流过 H 形翅片区域的流动与换热沿管长方向周期性充分发展，因此，数值计算选取其中对称部分的一个单元。规定沿着流动的方向为 x 方向，翅片的横向为 y 方向，沿着管子的方向为 z 方向。翅片管模型沿着 y 和 z 的方向是对称的，因此计算区域在 y 方向上为一个翅片的流通区域，在 z 方向为两个上下相邻翅片的中心线之间的区域，即选取图 2-4 和图 2-5 中虚线所构成的区域为数值计算模拟区域，该区域如图 2-6 和图 2-7 所示。

在数值模拟计算中，为避免空气进入时速度分布不均匀而导致的入口效应，满足均匀入口流速分布的条件，在实际计算中将计算区域在 x 方向上向前延长两倍

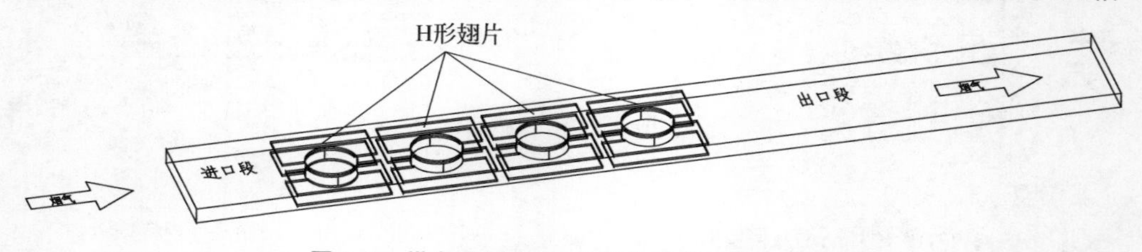

图 2-6　纵向四排单 H 形翅片计算区域示意图

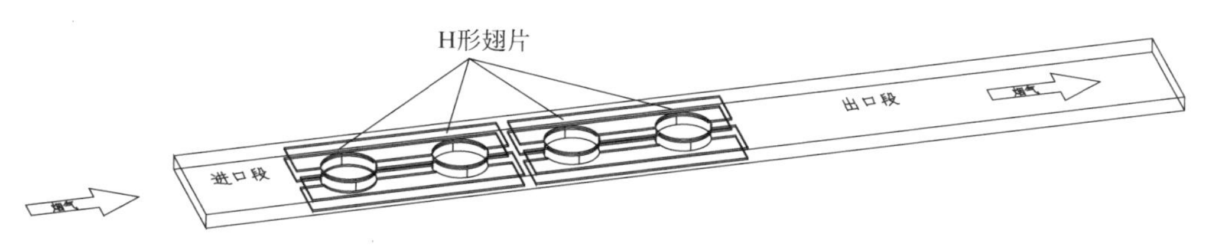

图 2-7 纵向两排双 H 形翅片计算区域示意图

的圆管外径长度；由于换热管管束的存在，在翅片出口处，不可避免地会出现尾部涡流和回流现象，为了避免出口效应对计算结果的影响，在数值几何模型的选取时，将计算区域在 x 方向向后延长 8 倍的圆管外径长度。

数值计算模拟边界条件参见式(2-1)～式(2-6)。式中，进口温度为恒温 $T_0=623\text{K}$，进口速度范围为 $u=3\sim13\text{m/s}$，出口为压力出口边界，圆管管壁为恒温 $T_t=529\text{K}$，前后边界和上下边界均为周期性边界条件。

入口：

$$u=u_0=\text{const},\quad T=T_0=\text{const},\quad v=w=0 \tag{2-1}$$

出口：

$$\frac{\partial u}{\partial x}=\frac{\partial v}{\partial x}=\frac{\partial w}{\partial x}=\frac{\partial T}{\partial x}=0 \tag{2-2}$$

圆管管壁：

$$u=v=w=0,\quad T=T_t=\text{const} \tag{2-3}$$

翅片区域：

$$u=v=w=0,\quad \frac{\partial T}{\partial z}=0 \tag{2-4}$$

上下边界：

$$\frac{\partial u}{\partial z}=0,\quad \frac{\partial v}{\partial z}=0,\quad w=0,\quad \frac{\partial T}{\partial z}=0 \tag{2-5}$$

前后边界：

$$\frac{\partial u}{\partial y}=0,\quad \frac{\partial v}{\partial y}=0,\quad v=0,\quad \frac{\partial T}{\partial y}=0 \tag{2-6}$$

根据烟气流过 H 形翅片间的流动与换热问题，采用 Realizable k-ε 模型进行模拟计算。

2.2.2 计算结果和分析

数据处理采用的参数定义如下：

$$Re=\frac{\rho u_m D_e}{\eta} \tag{2-7}$$

$$Eu = \frac{\Delta p}{z\rho u} \tag{2-8}$$

$$h = \frac{\phi}{A\Delta T} \tag{2-9}$$

$$j = \left[\frac{h}{\rho u_m c_p}\right] P_r^{\frac{2}{3}} \tag{2-10}$$

$$\phi = \rho u A c_p \Delta T_1 \tag{2-11}$$

$$\Delta T_1 = T_{\text{in}} - T_{\text{out}} \tag{2-12}$$

$$Nu = \frac{hD_e}{\lambda} \tag{2-13}$$

$$f = \frac{\Delta p}{\frac{1}{2}\rho u_m^2} \frac{A_{\min}}{A_H} \tag{2-14}$$

$$\text{JF} = j/f^{\frac{1}{3}} \tag{2-15}$$

$$\Delta p = p_{\text{in}} - p_{\text{out}} \tag{2-16}$$

$$\Delta T = (T_{\max} - T_{\min})/\ln(T_{\max}/T_{\min}) \tag{2-17}$$

式中，ρ 为烟气密度，单位为 kg/m^3；u 为入口速度，u_m 为流体流动最小截面处的平均流速，单位为 m/s；D_e 为管径，单位为 m；η 为烟气动力黏度，单位为 Pa·s；h 为烟气与 H 形翅片管的对流传热系数，单位为 W/(m^2·K)；A 为入口面积，A_H 为 H 形翅片管总的传热面积，单位为 m^2；λ 为烟气的导热系数，单位为 W/(m·K)；Δp 为流动阻力，p_{in} 为入口压力，p_{out} 为出口压力，单位为 Pa；Eu 为欧拉数；z 为管排数；j 为传热因子，f 为摩擦因子，JF 为翅片传热和阻力综合性能的评价基准[10]；T_{in} 为入口温度，T_{out} 为出口平均温度，ΔT_1 为进出口温差，$T_{\max} = \max(T_{\text{in}} - T_{\text{w}}, T_{\text{out}} - T_{\text{w}})$，$T_{\min} = \min(T_{\text{in}} - T_{\text{w}}, T_{\text{out}} - T_{\text{w}})$，$T_{\text{w}}$ 为翅片的平均温度，单位为 K；

将单 H 形翅片传热模拟结果与联邦德国锅炉性能设计标准推荐方法的计算结果、刘聿拯的实验结果做了比较，如图 2-8 所示。①在低 Re 时，本书的模拟结果与联邦德国标准比较一致，随着 Re 的增加，模拟结构与刘聿拯的实验结果比较一致。在 Re 较低时，联邦德国标准略高于模拟结果，随着 Re 的增加，差别逐渐减小，随后出现一个交点，然后随着 Re 的增加，模拟结果略高于联邦德国标准，并且向刘聿拯的实验结果逼近。②在 Re 相同时，模拟结果介于苏联标准和中国船舶重工集团第七一一研究所(以下简称"七一一研究所")的研究结果中间，并且和刘聿拯的实验结果、联邦德国的标准都比较吻合。

将单 H 形翅片的阻力模拟结果与联邦德国锅炉性能设计标准推荐方法的计

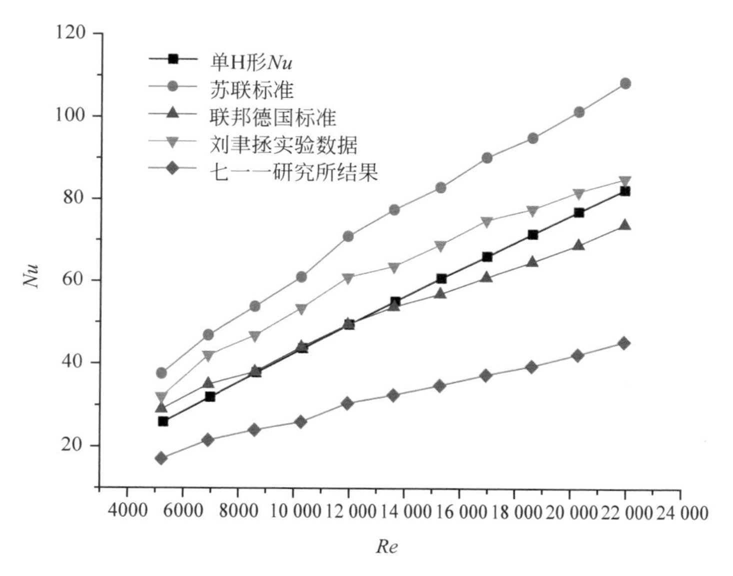

图 2-8 单 H 形翅片 Nu 不同方法比较

算结果、苏联标准的计算结果和刘聿拯的实验结果做了比较，如图 2-9 所示。①在 Re 相同时，本书的模拟结果与刘聿拯的实验结果和苏联标准的计算结果非常接近。②在 Re 相同时，模拟结果、刘聿拯的实验结果和苏联标准计算的结果都小于联邦德国推荐方法的计算结果。在 Re 较低时，两者差别较大，随着 Re 的增加，差别逐渐减小，但是整体差异非常大，这是由于联邦德国的标准在计算 Eu 时所用的速度为入口速度而不是众多研究者普遍采用的最小截面的平均流速。

由图 2-8 和图 2-9 可以得出：与实验数据及各种计算标准相比，本书的模拟结果都能很好地吻合，即按本书的处理方式可以获得准确的结果。

1. 单、双 H 形翅片传热和阻力特性

单、双 H 形翅片的 Nu 和 Eu 的比较如图 2-10 和图 2-12 所示。

从图 2-10 中可以看出：①随着 Re 的增加，单、双 H 形翅片的 Nu 都增大；②在相同 Re 下，单 H 形翅片的 Nu 比双 H 形翅片的 Nu 大，并且在低 Re 时相差较小，最小为 2.52%。随着 Re 的增加，两者的差异逐渐增大，最大相差为 3.56%。

从图 2-11 中可以看出：①随着 Re 的增加，单、双 H 形翅片的 Eu 都减小；②在 Re 相同时，单 H 形翅片的 Eu 比双 H 形翅片的 Eu 大，并且在低 Re 时相差较小，最小为 0.249%。随着 Re 的增加，两者的差异逐渐增大，最大相差 4.265%。这是因为在第一根和第三根管子之后单 H 形翅片比双 H 形多了一个间隔，这个间隔使得烟气和翅片的接触换热更好，同时增加了流动阻力。

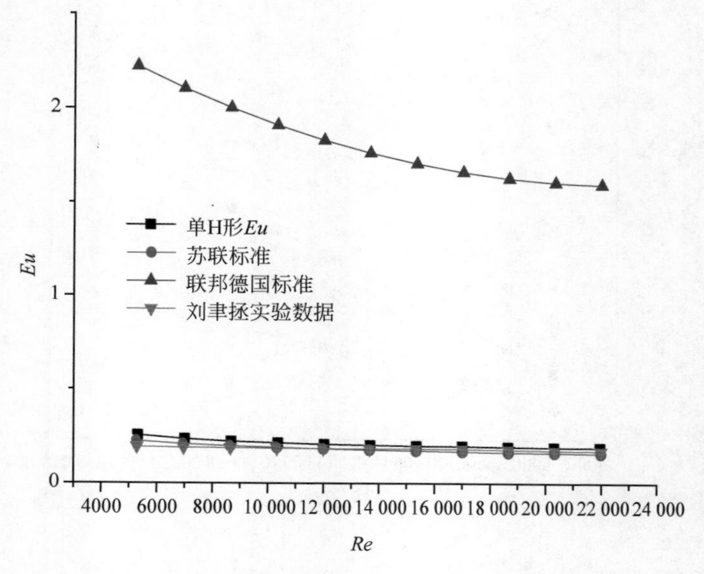

图 2-9 单 H 形翅片 *Eu* 不同方法比较

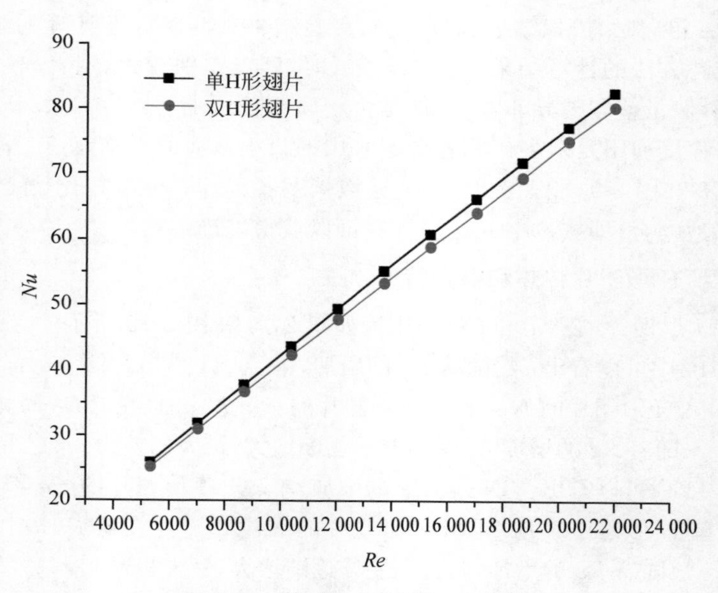

图 2-10 单、双 H 形翅片 *Nu* 比较

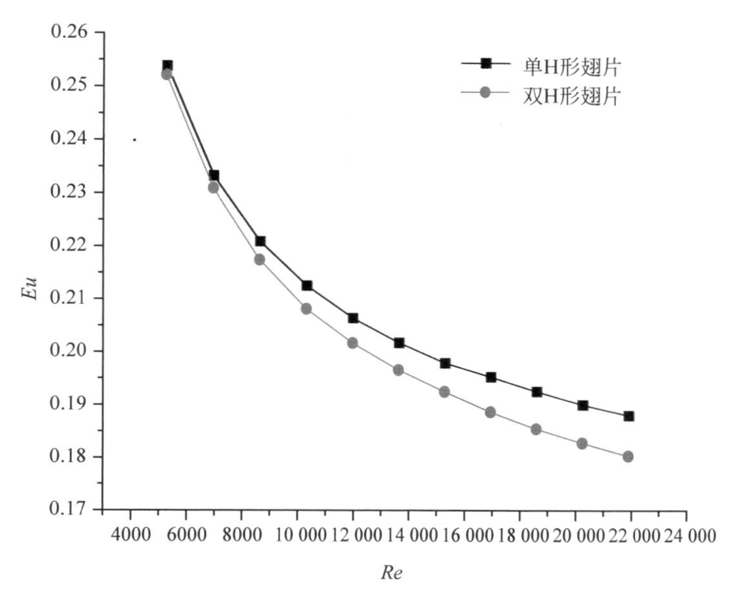

图 2-11 单、双 H 形翅片 Eu 比较

2. 单、双 H 形翅片的流场和温度场分析

入口速度 $U=8\mathrm{m/s}$，图 2-12 和图 2-13 为单、双 H 形翅片在 $z=0$，0.0015m 和 0.003m 截面的流线分布，图中 4 个圆形空白区域为管子的位置。

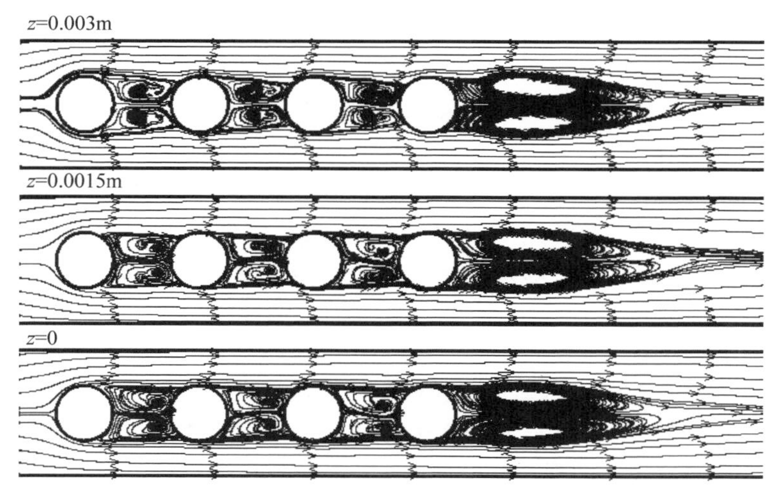

图 2-12 单 H 形翅片不同截面流线分布

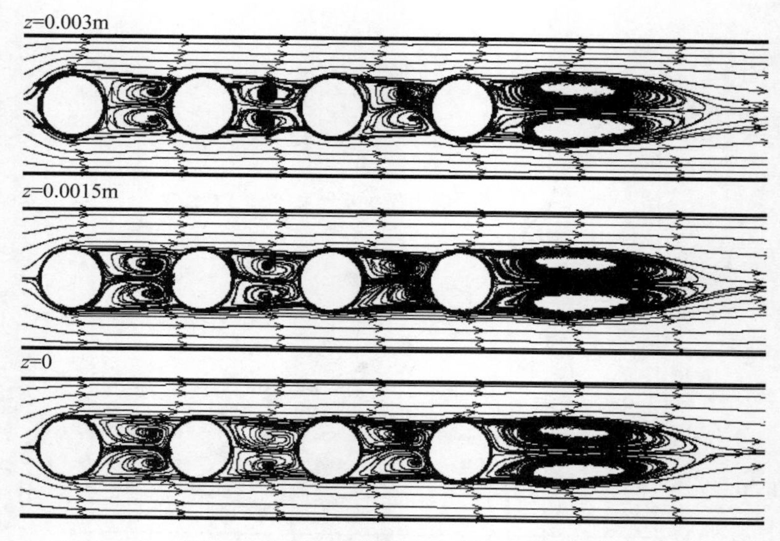

图 2-13 双 H 形翅片不同截面流线分布

对比图 2-12 中不同截面的结果可知，随着选取的截面靠近翅片表面，翅片管的后部尾流区的中心逐渐往前移动，最后介于两根管子的中间位置。造成此现象的原因是越靠近翅片表面，翅片表面的边界层和管子尾部的回流区域的相互作用就越明显，导致其离前面管子的距离越近，随着选取的截面远离翅片表面，即远离翅片边界层，边界层和管子尾部的回流区域的相互作用减小，即出现回流区的中心远离前面的管子的现象。而图 2-13 中两个相邻的双 H 形翅片中并未明显出现这种现象，但是从流线的疏密程度可以看出越靠近翅片表面，表面边界层对尾流的影响越大。

对比图 2-12 和图 2-13 可以得出：①当入口速度相同时，双 H 形翅片在第一根管子和第三根管子后面所形成的回流区面积比单 H 形翅片的大。由于回流区的流速较低，将有更多的烟气在双 H 形翅片的这两个区域停留，造成烟气和翅片的对流换热不够充分。对流传热系数较小，使得双 H 形的整个翅片的平均对流传热系数减小。②当入口速度相同时，双 H 形翅片的这两个回流区明显比单 H 形翅片的分布更均匀。这是因为在这两个回流区内单 H 形翅片比双 H 形翅片多一个间隔，使得在该区域的烟气扰动比双 H 形翅片的更强，破坏了翅片表面的边界层，造成回流区分布不均匀。同时，在翅片管的实际运行中，烟气是夹杂着颗粒的，双 H 形翅片的这两个回流区分布均匀，造成烟气始终在该区域旋转滞留，导致颗粒堆积，使得双 H 形翅片更容易出现积灰现象。而单 H 形翅片由于在该区域的扰动更强，会减少烟气的滞留减少积灰。

图 2-14 为入口速度 $U=8\mathrm{m/s}$ 的单、双 H 形翅片不同截面的温度分布。①当来流烟气入口速度和温度相同时，随着 z 轴数值的增加，即越靠近 H 形翅片，不同

截面的整体温度越低。②在 $z=0.0045\mathrm{m}$ 截面处，双 H 形翅片在第一根和第二根管子、第三根和第四根管子之间的翅片温度明显比单 H 形翅片的低，这是因为单 H 形翅片在该区域比双 H 形翅片多一个翅片间隔，使得扰动增大，增强了换热，并且双 H 形翅片在第一根和第三根管子后面所形成的回流区面积比单 H 形翅片的大，并且更均匀，使得烟气和翅片在该区域上的热交换不充分，降低了双 H 形翅片的整体强化换热效果。

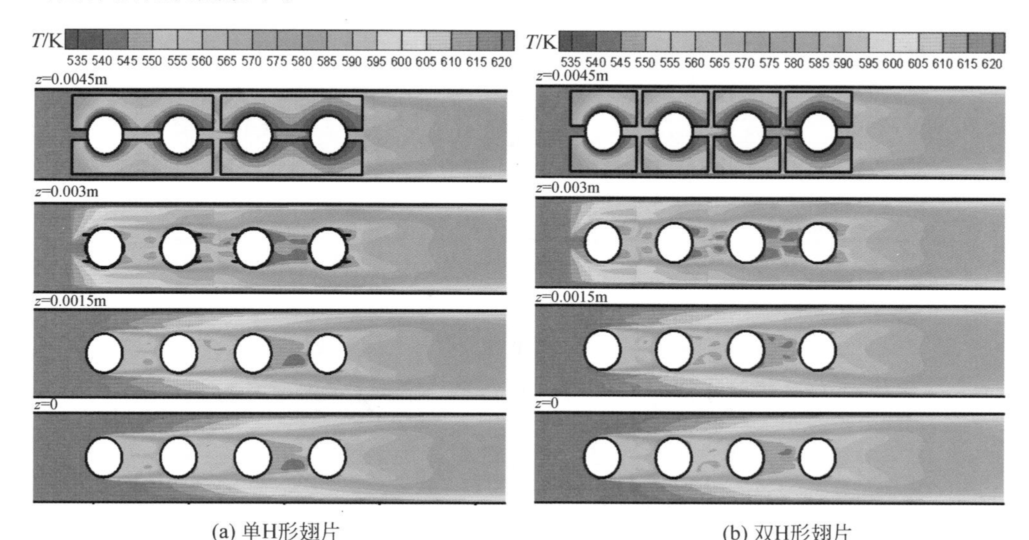

(a) 单H形翅片　　(b) 双H形翅片

图 2-14　单、双 H 形翅片不同截面温度分布

综合图 2-12、图 2-13 和图 2-14 可以得出：单 H 形翅片比双 H 形翅片在第一根和第二根管子、第三根和第四根管子之间多出的翅片间隔作用非常大，不仅可以减小回流区面积，降低能量损失，而且可以增大扰动，在 H 形翅片管的实际运行中减少积灰，同时破坏翅片表面边界层，提高翅片平均温度，增强换热。

3. 不同速度对单、双 H 形翅片的流场和温度场影响

选取 $z=0.003\mathrm{m}$ 截面，分析不同进口速度 U(3m/s，6m/s，9m/s，12m/s)对单、双 H 形翅片的流场的影响。因为 $z=0.003\mathrm{m}$ 截面是靠近 H 形翅片的截面，能够很清楚地反映翅片表面的边界层和管子后面的尾流区的相互作用。

图 2-15 和图 2-16 分别显示了单、双 H 形翅片在 $z=0.003\mathrm{m}$ 截面的不同速度流线分布。

从图 2-15 可以看出：①在管子后部的每个尾流区都形成了两个回流中心，并且在 $U=3\mathrm{m/s}$ 时两个回流中心分布比较明显、均匀。随着速度的增加，第二个回流逐渐和第一个回流中心融合，最后趋于稳定。这是因为当来流速度较低时，来流

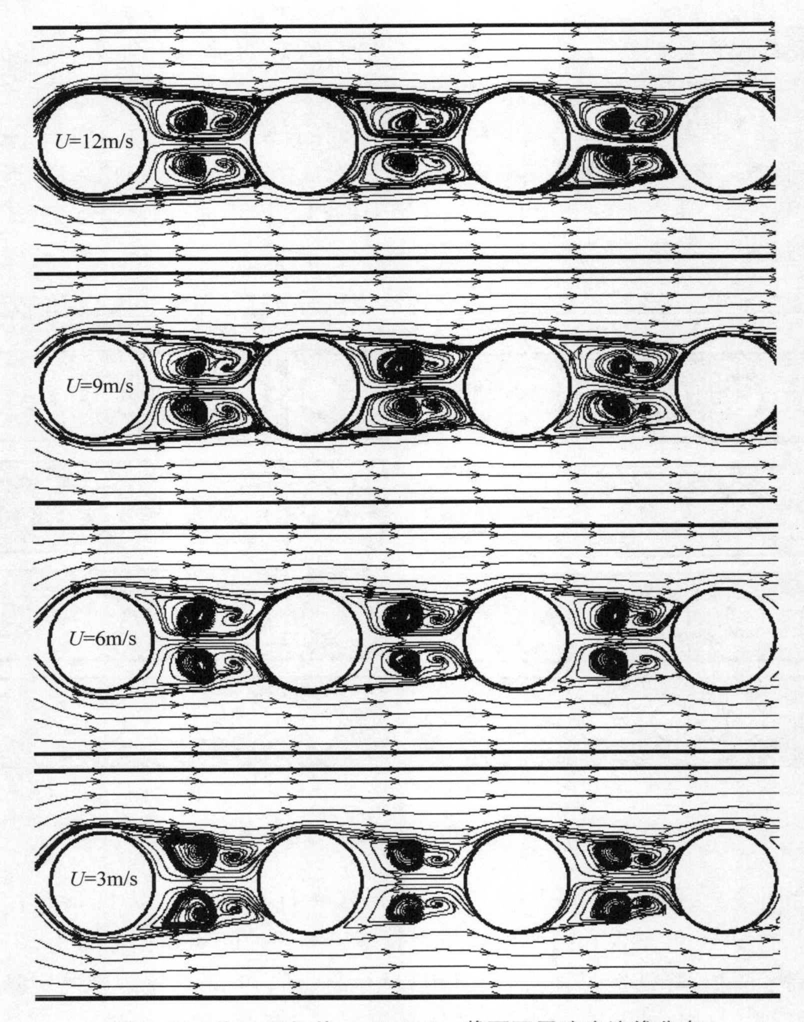

图 2-15　单 H 形翅片 $z=0.003$m 截面不同速度流线分布

烟气对管子后部形成的尾流区域的冲刷能力较小，随着速度的增加，冲刷能力逐渐增加，扰动增大，最终趋于稳定。②当 $U=3$m/s 时，管子后部尾流区的第一个回流中心是最大的，并且形状是前面部分比较尖，后面部分成圆形，这是因为当速度较低时，管壁形成的边界层对来流烟气影响更大，导致管壁对气流具有吸附作用，随着来流速度的增加，气流对管壁的冲刷能力增强，管壁对气流的吸附作用减弱，出现脱离现象，导致第一个回流中心越来越小，并趋于稳定。③当 $U=3$m/s 时，管子后部的尾流区分布均匀且对称，随着来流速度的增加，管子后部的尾流区的对称性和均匀性逐渐减弱，这说明回流区的扰动逐渐增强，使得翅片和来流气流接触增加，有利于增强换热，这从换热机理上进一步解释了翅片管换热能力随着 Re 的增加而增强。

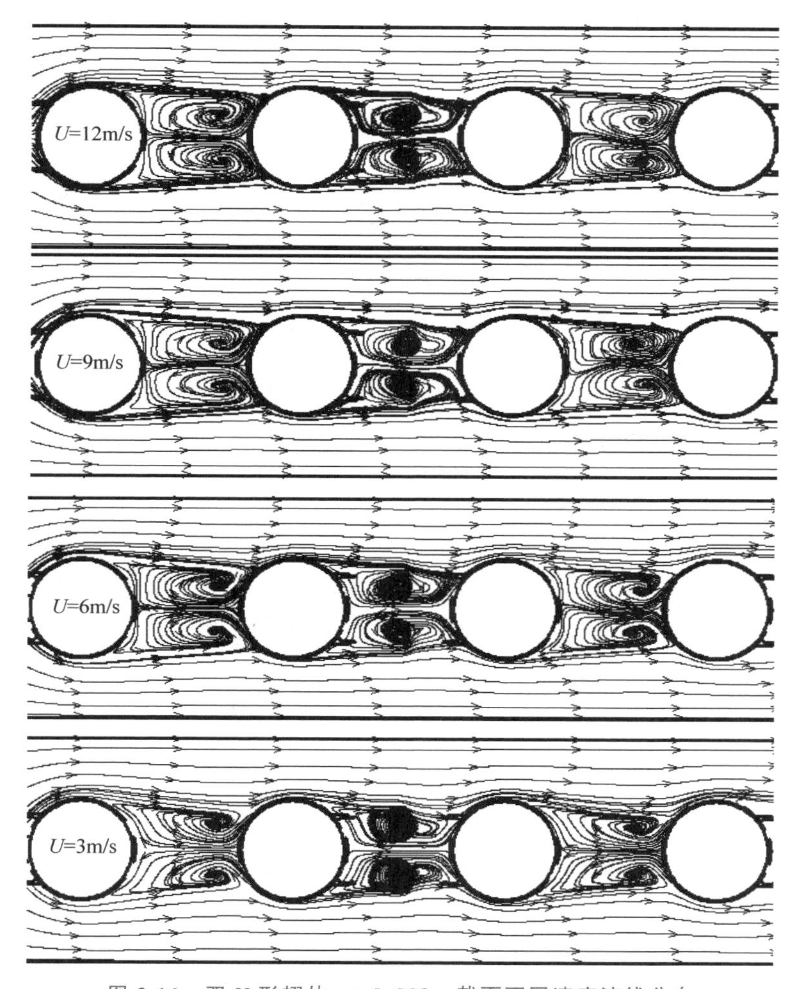

图 2-16 双 H 形翅片 $z=0.003\text{m}$ 截面不同速度流线分布

从图 2-16 可以看出：①在管子的后部尾流区只形成了一个回流中心，并且在第一根和第二根管子、第三根和第四根管子之间的回流区分布比较均匀，这是因为双 H 形翅片在该区域少了两个翅片间隔，导致回流区的扰动降低，换热能力降低。②第二根和第三根管子之间的回流中心集中并且面积较大，随着速度的增加，回流中心面积逐渐减小，最后趋于稳定。③当 $U=3\text{m/s}$ 时，管子后部尾流区分布均匀且对称，随着来流速度的增加，管子后部尾流区的对称性和均匀性逐渐减弱，出现相互挤压现象，并且后排管子回流区的挤压越加明显，说明后排回流区的流场不稳定。④当来流速度较低时，管壁边界层对后部回流区吸附作用较强，回流区前部成三角形分布，在 $U=3\text{m/s}$ 时最为明显，随着来流速度的增加，冲刷能力增强，吸附作用逐渐减弱，导致回流区逐渐脱落，回流区前部成方形分布。

选取翅片 $z=0.0045\text{m}$ 的截面，分析不同速度(3m/s，6m/s，9m/s，12m/s)对单、双 H 形翅片温度场的影响如图 2-17 所示。因为 $z=0.0045\text{m}$ 的截面是靠近 H 形翅片中心的截面，能够很清楚地反映不同来流速度对翅片温度分布的影响。

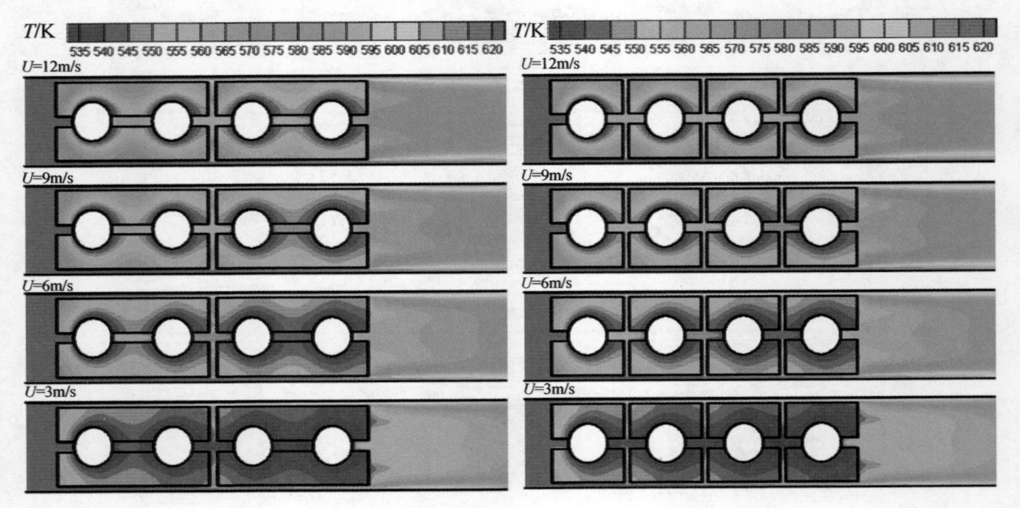

图 2-17 单、双 H 形翅片 $z=0.0045\text{m}$ 截面温度分布

从图 2-17 可以看出：①对于单、双 H 形两种翅片，翅片温度随着来流速度的增加而增加。来流速度较低时，分布在第二排、第三排和第四排翅片的温度都比较低；来流速度较高时，这三排翅片的温度都有所升高，并且前后两排翅片的温度差距逐渐缩小。这是因为当来流速度较高时，翅片能够在相同的时间内接触到温度更高的来流烟气，导致后面部分翅片的温度整体升高。②由于单 H 形翅片比双 H 形翅片多一个翅片间隔，在单 H 形翅片中，这个间隔使得前后两个翅片温度间断，导致在这个间隔的上一组翅片的后半部分和下一组翅片的前半部分温度更高；而在双 H 形翅片中由于缺少了这个间隔的作用，两根管子中间的翅片温度分布连续且比较低，这从原理上解释了双 H 形翅片的平均温度比单 H 形翅片低的原因。

4. 单、双 H 形翅片的对流换热系数和综合性能分析

图 2-18 比较了单、双 H 形翅片的对流换热系数。从图中可以看出：①随着 Re 的增加，单、双 H 形翅片的对流换热系数 h 增大。②当 Re 相同时，单 H 形翅片的对流换热系数 h 比双 H 形翅片的大，并且当 Re 较低时相差较小；随着 Re 的增加，两者的差异逐渐增大，最大相差为 3.46%。这从另外一个角度表明了单 H 形翅片比双 H 形翅片的强化换热效果更好。

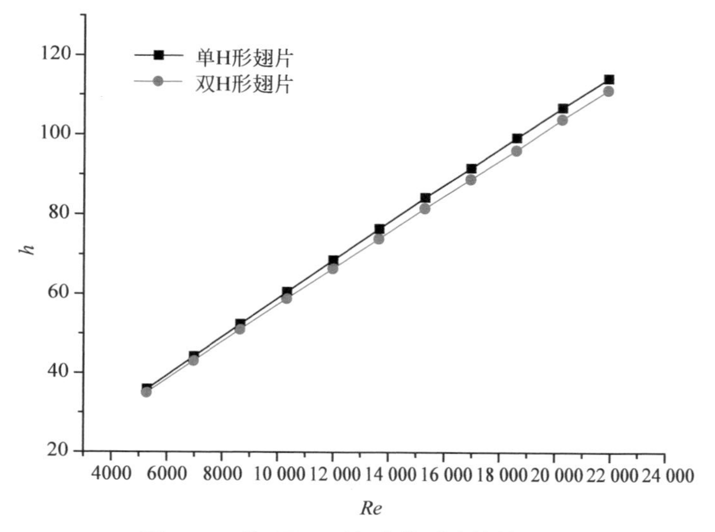

图 2-18 单、双 H 形翅片的对流换热系数

图 2-19 比较了单 H 形翅片和双 H 形翅片的综合性能。从图 2-19 可知：随着 Re 的增加，单 H 形和双 H 形翅片管的综合性能都减小。当 Re 相同时，单 H 形翅片的综合性能比双 H 形翅片的大，最大相差 2.61%。考虑到双 H 形翅片在增加了翅片换热面积的情况下其综合性能还比单 H 形翅片的低，加上双 H 形翅片管后面形成的两个回流区造成烟气和翅片的换热效果不充分，容易造成积灰，所以可以得出在 Re 相同的情况下，单 H 形翅片的强化换热效果优于双 H 形翅片。

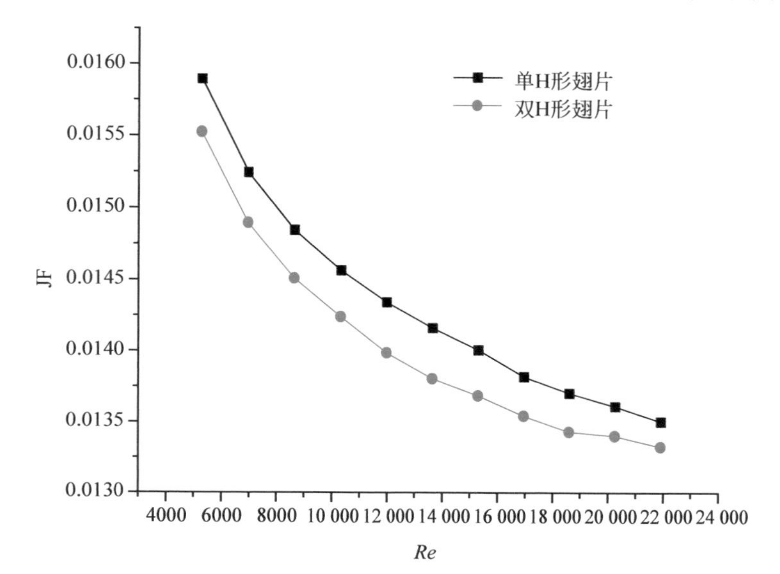

图 2-19 单、双 H 形翅片的综合性能

5. 不同管排数对单 H 形翅片换热和阻力特性的影响

图 2-20 和图 2-21 分别为不同管排数对单 H 形翅片平均 *Nu* 和 *Eu* 的影响。从图 2-20 可知：①随着 *Re* 的增加，不同管排数的单 H 形翅片的平均 *Nu* 都增加，两排和三排管子时的增加幅度相近，四排时的较小。②当 *Re* 相同时，随着管排数的增加，单 H 形翅片的平均 *Nu* 先增加后减少，三排管子时单 H 形翅片的平均 *Nu* 最大，两排管子时单 H 形翅片的平均 *Nu* 次之，四排管子时单 H 形翅片的平均 *Nu* 最小，并且两排和三排管子时单 H 形翅片的平均 *Nu* 相差较小，三排和四排管子时单 H 形翅片的平均 *Nu* 相差较大。这是因为随着管排数的增加，上游的单 H 形翅片能够很好地与气流接触换热，降低了来流烟气的温度，使得下游的单 H 形翅片与较低温度的来流烟气进行换热，降低了单 H 形翅片的平均 *Nu*。

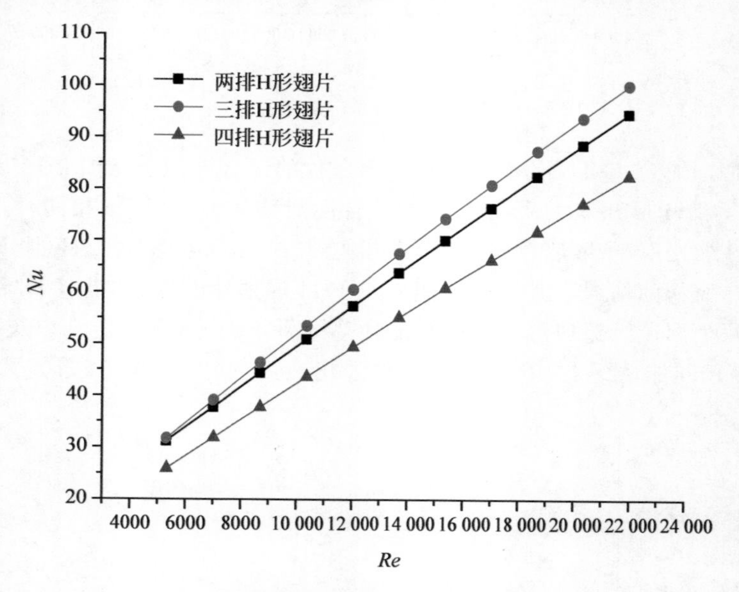

图 2-20 不同管排数单 H 形翅片的平均 *Nu*

从图 2-21 可知：①随着 *Re* 的增加，不同管排数的单 H 形翅片的平均 *Eu* 都减小，并逐渐趋于稳定；②当 *Re* 相同时，随着管排数的增加，单 H 形翅片的平均 *Eu* 逐渐降低，两排管子时单 H 形翅片的平均 *Eu* 最大，三排管的次之，四排管的最小，并且两排和三排管子时的相差较小，三排和四排管子时的相差较大。这是因为随着管排数的增加，处在下游的单 H 形翅片的阻力增加没有上游的大，使得单 H 形翅片的平均 *Eu* 随着管排数的增加而减小。

图 2-22 和图 2-23 分别为不同管排数的单 H 形翅片的传热因子 j 和阻力因子 f 的对比。从图 2-22 可知：随着 *Re* 的增加，单 H 形翅片的传热因子 j 逐渐减小，

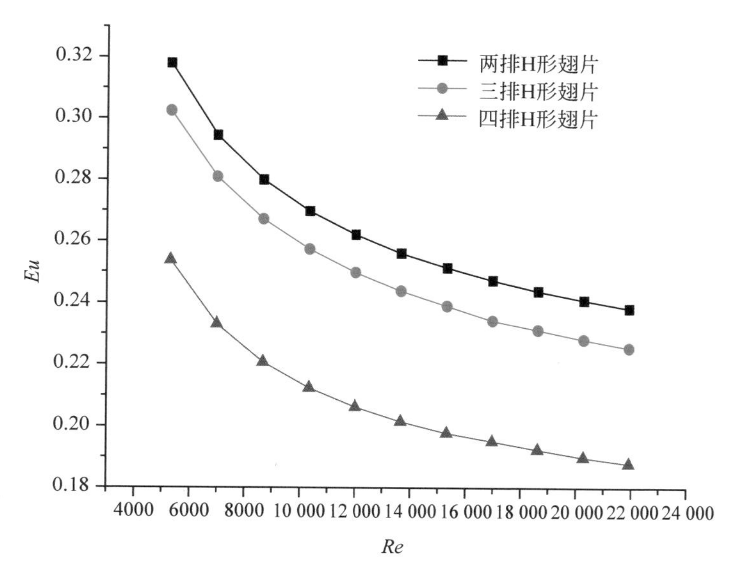

图 2-21 不同管排数单 H 形翅片的平均 Eu

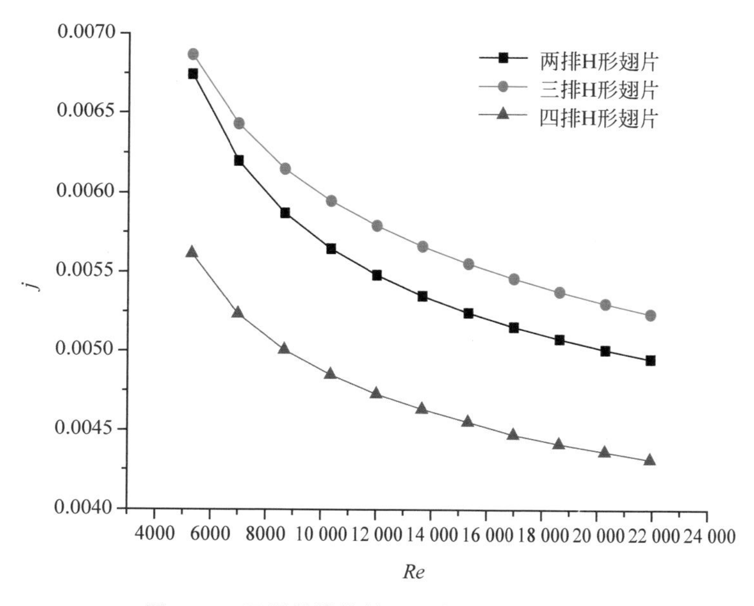

图 2-22 不同管排数单 H 形翅片的传热因子

并趋于稳定。当 Re 相同时，随着管排数的增加，单 H 形翅片的传热因子 j 先增大后减小，管排数为三排时的传热因子 j 最大。当 Re 较低时，传热因子 j 相差较小，但在高 Re 时相差较大。从图 2-23 可得：随着 Re 的增加，单 H 形翅片的阻力因子

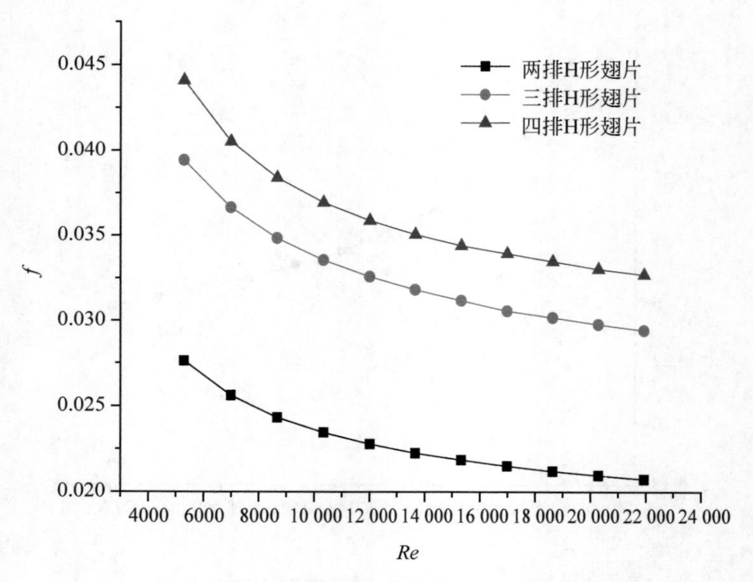

图 2-23 不同管排数单 H 形翅片的阻力因子

f 逐渐减小，并趋于稳定；当 Re 相同时，随着管排数的增加，单 H 形翅片的阻力因子 f 逐渐增大，管排数为四排时阻力因子 f 最大。

要评价不同管排数对单 H 形翅片的换热特性和阻力特性的综合影响，主要是依据传热因子 j 和阻力因子 f 的增长速度综合衡量。图 2-24 为不同管排数对单 H 形翅片的综合性能的影响，从图中可知：随着 Re 的增加，单 H 形翅片的综合性

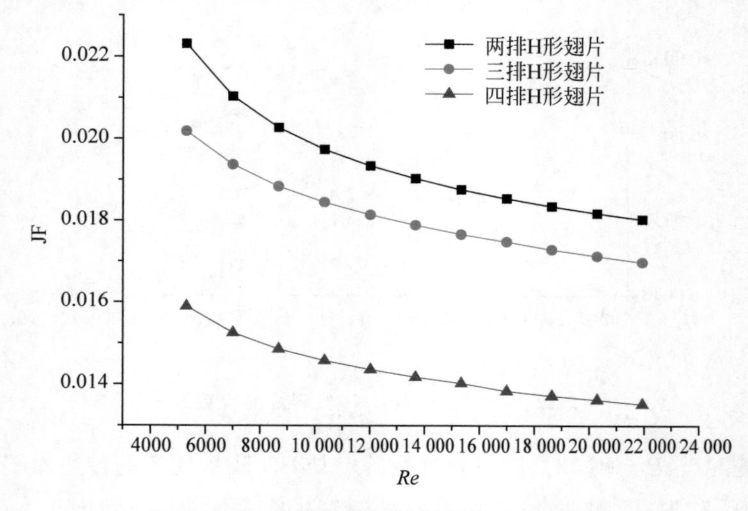

图 2-24 不同管排数单 H 形翅片的综合性能

能逐渐减小，随后趋于稳定。当 *Re* 相同时，随着管排数的增加，单 H 形翅片的综合性能逐渐减小，减小的幅度逐渐增大，两排管的综合性能最大，并且在 *Re* 较低时，综合性能 JF 相差较大，在 *Re* 较高时相差较小。

由图 2-24 可以得出：两排单 H 形翅片的综合性能最大，所以在第 3 章选取了两排单 H 形翅片进行加装纵向涡发生器的研究。

参考文献

[1] 唐玉峰. 平板通道内螺旋纤肋强化传热机理及传热特性研究[D]. 济南：山东大学，2012.

[2] 史美中，王中铮. 热交换器原理与设计[M]. 南京：东南大学出版社，2003.

[3] 吴金星，韩东方，曹海亮. 高效换热器及其节能应用[M]. 北京：化学工业出版社，2009

[4] 林宗虎，汪军，李瑞阳. 强化传热技术[M]. 北京：化学工业出版社，2007.

[5] 杨泽亮，罗福生，栗艳. 管内纵向涡强化换热的阻力特性[J]. 华南理工大学学报(自然科学版)，2005，33(8)：16-19.

[6] 陶文铨. 传热与流动问题的多尺度数值模拟：方法与应用[M]. 北京：科学出版社，2008.

[7] 刘建. 纵向涡发生器应用于热管翅片散热器传热与流动特性研究[D]. 济南：山东大学，2011.

[8] WANG C C，LO J. Flow visualization of annular and delta winglet vortex generators in fin-and-tube heat exchanger application [J]. International Journal of Heat and Mass Transfer，2002，45：3803-3815.

[9] 杨大哲. H 形鳍片管的传热与流动特性试验研究[D]. 济南：山东大学，2009.

[10] 倪德斌. 螺旋肋片管省煤器的传热强化及技术经济性[J]. 四川电力技术，1992，6(1)：22-28.

[11] 何法江，曹伟武. 螺旋翅片管结构对锅炉省煤器性能影响的研究[J]. 上海工程技术大学学报，2002，16(4)：243-247.

[12] 刘聿拯，袁益超，徐世洋. H 形鳍片管束传热与阻力特性实验研究[J]. 上海理工大学学报，2004，26(5)：457-460.

[13] 赵夫峰. 翅片厚度对翅片管换热器性能影响的分析[J]. 制冷技术，2017，37(1)：61-66.

[14] 屠琦琅，袁益超，胡晓红. 翅片结构对双向开缝翅片管换热器性能的影响[J]. 化工学报，2016，67(11)：4615-4622.

[15] 赵兰萍，杨志刚. 管间距对矩形翅片椭圆管换热管束性能的影响[J]. 同济大学学报(自然科学版)，2016，44(1)：150-154.

[16] 杨涛，袁益超. 管束结构对开缝翅片椭圆管换热器性能的影响[J]. 化工学报，2018，69(4)：1365-1373.

[17] 于新娜，袁益超，马有福. H 形翅片管传热和阻力特性的试验与数值模拟[J]. 动力工程学报，2010，30(6)：432-438.

[18] 张知翔，王云刚，赵钦新. H 形鳍片管传热特性的数值模拟及实验验证[J]. 动力工程学

报,2010,30(5):368-377.

[19] 张知翔,王云刚,赵钦新. H形鳍片管性能优化的数值模拟[J]. 动力工程学报,2010,30(12):941-946.

[20] YU J,TANG G H,HE Y L. Parametric study and field synergy principle analysis of H-type finned tube[J]. International Journal of Heat and Mass Transfer,2013,60:241-251.

[21] 袁晓豆,史月涛. 气固两相流绕流H形翅片管流动及积灰特性的数值模拟[J]. 山东大学学报(工学版),2012,42(2):112-117.

第3章 CHAPTER 3 纵向涡发生器强化单H形翅片湍流换热特性

纵向涡发生器作为一种无源强化换热技术，已成为强化换热方面研究的热点之一。它通过改变二次流的分布来强化换热，能够以较小的阻力代价获取较大的强化换热效果。

3.1 研究概况

当流体横掠障碍物时，往往会在障碍物的背面产生旋涡，这些旋涡并不一定有益且能被利用。如果障碍物的横向尺寸有限，且与来流流体夹角适当，则产生的旋涡将不会在某一区域停滞，而是随着主流前进，形成一系列的有序纵向涡。所谓纵向涡是指流体从扰流器分离时，受扰流器几何外形、攻角等因素影响而产生的旋转轴方向平行于主流方向的旋涡。如图 3-1 所示，这些纵向旋涡的强烈运动，促进了传热壁面附近与主流区流体间的动量和能量交换，强烈的气流扰动起到减弱或破坏边界层的作用，从而使换热增强，这就是纵向涡发生器强化传热的基本原理[1]。

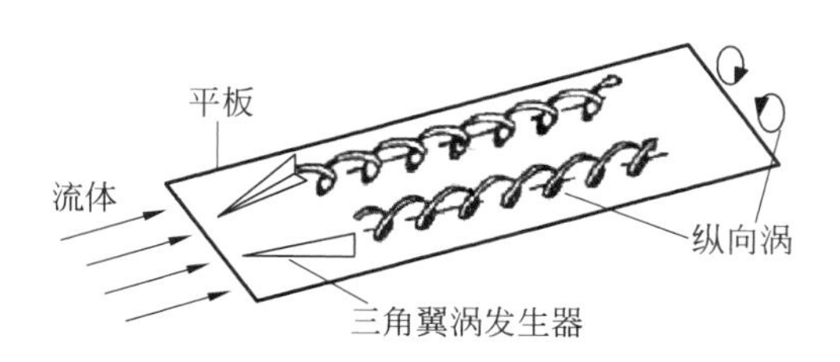

图 3-1 纵向涡发生器及其产生的纵向涡

近年来过增元等[2-4]针对对流换热物理机制提出的场协同原理为解释纵向涡强化传热机制提供了新的视角。在此基础上，纵向涡强化的传热机理可进一步解释为在没有加纵向涡发生器时,强制对流速度方向为垂直方向,而温度梯度接近垂直于平板方向即水平方向,速度与温度梯度的夹角接近 90°,换热效果较差;加了纵向涡发生器以后,纵向涡使流体有了垂直于平板的速度分量,使得速度矢量与热流矢量的夹角变小,从而使对流换热系数增大、换热增强。产生纵向涡的扰流器即为纵向涡发生器,纵向涡发生器有三角翼、矩形翼、三角形小翼和矩形小翼四种常见的结构形式[5]。

Edwards 等[6]研究了立方体涡流发生器和三角形小翼发生器的换热性能。结果表明,相对于平板通道,加装纵向涡发生器的通道的换热性能提高了 40%左右,立方体涡流发生器产生的局部换热系数最大,但涡作用延续的距离较短,而三角形小翼发生器对产生的涡能持续更长距离。

Pesteei 等[7]对装有翼型涡发生器的圆管翅片的传热性能进行了实验研究。结果表明,涡发生器强化换热最明显的是减小了回流区面积,平均 Nu 增加了约 46%。

Wang 等[8]用染料喷射方法研究了三角翼型纵向涡发生器和环状涡流发生器的翅片管换热器的流动和压降特性。结果表明,在相同的 Re 和涡流发生器高度下,三角翼型纵向涡发生器产生的涡旋运动和流体振荡更为强烈,且引起的压降损失相对较小。

Sohal 等[9-11]对加装纵向涡发生器对翅片管的强化换热特性进行了实验和数值研究。实验结果表明,换热增强 20%~30%,阻力增加 10%~15%;同时用椭圆管代替圆管,并对在翅片管上加扰流孔进行了试验研究,传热效率提高了 25%~35%。

Russd 等[12]对加装纵向涡强化翅片管的空气侧换热进行了研究。结果表明,当 Re 为 500 时,传热因子 j 增加了 47%,摩擦因子 f 增加了 30%。当 Re 为 1000 时,传热因子 j 增加了 50%,而摩擦因子 f 只增加了 20%。

叶秋玲等[13]通过实验研究了矩形通道内布置矩形翼、直角三角翼和斜截半圆柱、半椭圆柱面纵向涡发生器的流动和换热特性。结果表明当 Re 在 700~26 800 时,斜截半椭圆柱面的综合传热与阻力性能最好,其阻力损失比矩形翼低很多;绕流斜截半柱面产生的马蹄涡与其诱导产生的纵向涡综合作用使其具有较好的强化换热效果,其流线型柱面造成的压力损失较小。

Tiggelbeck 等[14-16]的研究表明,当 Re 为 5600 时,两排涡发生器可以增加气液热交换器的平均换热量,达 77%,而涡发生器的面积只占气液热交换器翅片面积的 2.7%;交错排列(staggered arrangement)的两排三角垂直翼涡发生器的强化换热效果比对齐排列(in-line arrangement)的要差。

Fiebig 等[17-18]比较了加装各种不同形状纵向涡发生器的圆管和扁管翅片管的

换热性能，结果表明，圆管换热增强了10%，而扁管增强了100%，并且三角垂直翼对的换热性能最好。

Leu[19]用数值模拟方法和红外热成像实验研究了安装矩形小翼纵向涡发生器且管排数为3的翅片管换热器的流动传热特性。结果表明迎流攻角为60°时的表面传热系数仅比攻角为45°时的高5%～11%，但比不安装涡发生器的高21%～29%，且攻角为60°时的压力损失最大；绕流换热圆管产生的马蹄涡与纵向涡发生器诱导产生的纵向涡相互作用有利于改善圆管下游尾流区的换热。

Lu等[20]对肋片放置成45°的矩形通道流动换热进行了数值模拟和实验研究。结果表明放置攻角为20°及肋间距为1～2mm的肋片的整体换热性能最好。

Wu等[21]研究了带矩形小翼和三角小翼纵向涡发生器的矩形翅片通道内的层流对流换热。结果表明随着小翼迎流攻角的增加，强化传热效果增强，但流动阻力增加；当纵向涡发生器面积固定时，矩形小翼通过增加长度比增加高度的强化传热效果更好，流动损失较小。

Tian等[22]通过数值模拟研究了带三角小翼波纹翅片管换热器的空气侧流动传热特性。结果表明：在$Re=3000$时，与不加纵向涡发生器相比，带三角小翼波纹翅片管换热器的传热因子j和摩擦因子f在顺排布置时分别增加了15.4%，10.5%，在错排布置时则分别增加了13.1%，7.0%。

李亚雄等[23]对带有3种异形纵向涡发生器的H形翅片椭圆管换热器的空气侧流动传热特性进行了研究。基于H形翅片椭圆管束，讨论了不同Re下纵向涡发生器的摆放位置、摆放攻角和形状对空气侧流动传热的影响。研究表明纵向涡发生器能够将高能量的流体引向流速较低的壁面区域，使冷热流体之间的混合加剧，增强流体的湍流动能，进而达到强化传热的效果。与无纵向涡发生器的管束相比，带纵向涡发生器管束的传热效果有明显的提高。当纵向涡发生器后置时，换热器的传热效果最优。当Re相同且攻角为30°时，流体传热性能和阻力特性均达到最优；当攻角摆放相同时，椭圆角矩形发生器的传热性能和阻力因子均优于其他两种形式的发生器。

雷聪等[24]对不同倾角下的内插矩形翼纵向涡发生器的强化传热圆管的传热、阻力和综合换热性能进行了研究，并对其流动和传热机理进行了分析。结果表明在研究范围内，强化传热圆管的Nu和阻力系数f均高于光管的，其Nu和阻力系数比光管有较大的提高；随倾角的增大，强化传热圆管的Nu和f持续增大，综合换热性能值持续降低。

唐凌虹等[25]对含不同纵向涡发生器结构的矩形通道内的流动换热性能进行了数值研究，并与光通道进行了比较。结果表明涡发生器可强化流体的换热性能。

应用场协同理论，对矩形通道内纵向涡发生器强化传热机理进行了分析。在相同 Re 下，全场体积平均协同角较小的矩形通道对应的对流换热系数较大。

闫凯等[26]对四种不同类型的翅片管换热器（平翅片、百叶窗翅片、百叶窗加装三角翼翅片和百叶窗加装矩形翼翅片）的流动传热性能进行了数值模拟，得到了不同 Re 下各翅片管换热器的传热因子 j 和摩擦因子 f 和换热器综合性能 j/f。结果表明百叶窗翅片加装纵向涡发生器后，换热管尾部滞止区尺寸明显减小，滞止区与主流区的换热得到增强，换热器的综合性能得到了提升。

曾卓雄等[27]对加装矩形小翼和三角形小翼（攻角为 45°，60°）的单 H 形翅片的换热性能进行的研究表明：当 Re 相同时，随着攻角的增大，加装矩形小翼的单 H 形翅片的进出口温差、压力损失、Nu、Eu、传热因子和综合性能评价标准 JF 的值都比加装三角形小翼的大。纵向涡发生器的存在使得管后回流区和纵向涡发生器附近的湍动能增大，从而导致这些区域内的温度升高。

曾卓雄等[28]采用场协同理论对加装矩形小翼和三角形小翼纵向涡发生器的 H 形翅片通道的换热流动进行了分析。结果表明当攻角相同时，三角形小翼的面平均协同角和体平均协同角比矩形小翼的大，同时，体平均协同角比面平均协同角大。随着攻角的增大，面平均协同角和体平均协同角都先减小后增大，矩形小翼在攻角为 60°时最小，三角形小翼在 45°时最小。当进口速度相同时，45°三角形小翼的面平均协同角和体平均协同角比 60°矩形小翼的大，随着进口速度的增加，60°矩形小翼和 45°三角形小翼的面平均协同角和体平均协同角都增大。

综上可知：

1）纵向涡产生稳定的螺旋运动可提高层流和湍流中的换热能力，这种螺旋运动可持续到纵向涡发生器下游数个纵向涡发生器长度的范围。同时，纵向涡使流动变得不稳定，促进了传热壁面附近与主流区流体间的混合，增强动量和能量交换，强烈的气流扰动起到了减弱或破坏边界层的作用，从而提高了传热能力。

2）纵向涡发生器的形状、攻角、安装位置和排列方式等参数对强化传热能力均有影响。一般而言，纵向涡发生器的形状、攻角和安装位置为主要影响因素。如小翼比相同参数的大翼具有更高的强化传热能力，三角小翼和矩形小翼具有类似的传热能力；当攻角在 10°～50°时，纵向涡的强化传热能力随着攻角增加而增加，同时阻力也随攻角的增加而增加[29]。

3）基于涡发生器下游的强化评估表明[1,30]：纵向涡发生器的存在使得流动边界层的发展不断遭到破坏，流体在发生器后缘会产生纵向涡旋，它交替脱落并不断向下游流动，冲刷附着在下游发生器表面的边界层，可以有效削弱流动和热边界层，纵向涡的产生会引起整个通道内流体的脉动，提高流场湍流度，从而有效强化传热。

3.2 不同类型纵向涡发生器的翅片换热

3.2.1 计算模型和方法

在单 H 形翅片上加装矩形小翼和三角形小翼纵向涡发生器的结构示意图分别如图 3-2 和图 3-3 所示。

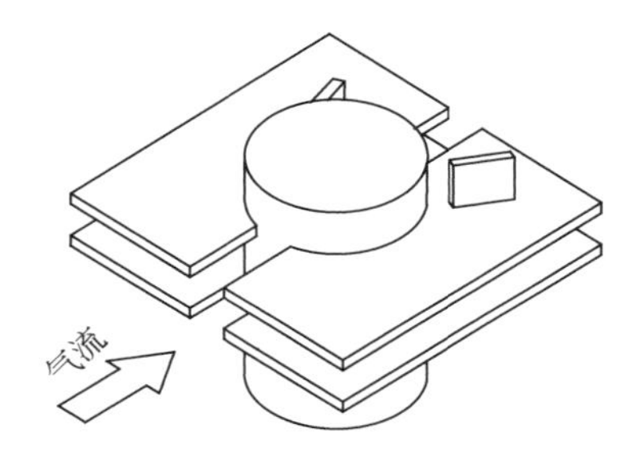

图 3-2 加装矩形小翼纵向涡发生器

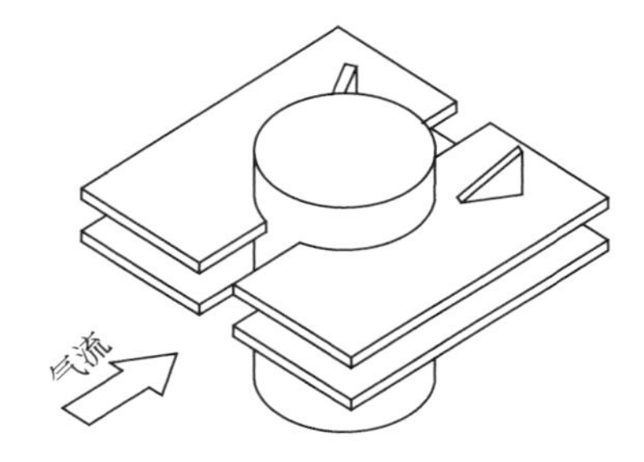

图 3-3 加装三角形小翼纵向涡发生器

矩形小翼和三角形小翼纵向涡发生器安装在单 H 形翅片后半部分的中心位置，因为该部分区域位于换热管后面，容易形成回流区域，造成流场恶化，在该区域加装矩形小翼纵向涡发生器能促使在纵向涡发生器后部形成纵向涡，强烈的气流扰动会减薄边界层，强化换热；同时在换热管壁、纵向涡发生器、翅片间形成了一个加速通道，当流体流经时，空气在该通道的引导下加速流入换热管回流区，能有效冲刷换热管后的回流区，从而减小换热管后的尾流区。

图 3-4 和图 3-5 分别是加装矩形小翼和三角形小翼纵向涡发生器的单 H 形翅片的俯视图和左视图。单 H 形翅片管的结构尺寸详见第 2 章，两种纵向涡发生器的结构尺寸详见表 3-1。

表 3-1 纵向涡发生器的结构尺寸

类 型	长度 a_1(底边)/mm	宽度 b_1/mm	高度 c_1/mm	攻角 β
矩形小翼	10	1.25	8.5	15°,30°,45°,60°,75°
三角形小翼	10	1.25	8.5	15°,30°,45°,60°,75°

关于两排单 H 形翅片几何模型的选择和网格划分、控制方程与边界条件的描述见第 2 章内容。

数值计算采用不可压 N-S 方程，湍流模型选择 Realizable k-ε 模型，近壁面采用标准壁面函数法，压力—速度耦合采用 SIMPLE 方法，对流扩散项采用二阶迎风差分。

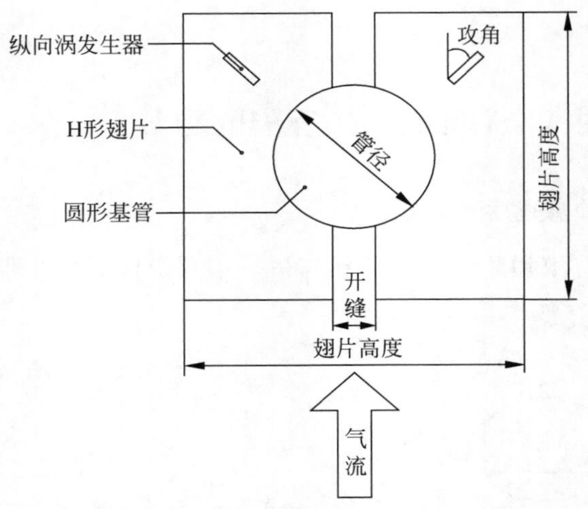

图 3-4 加装矩形小翼纵向涡发生器的俯视图

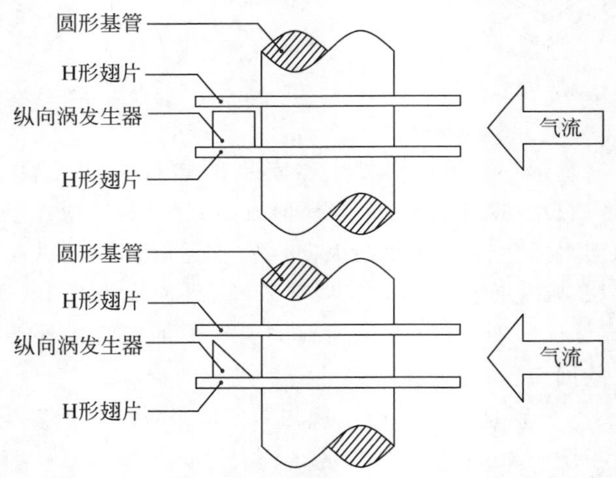

图 3-5 加装三角形小翼纵向涡发生器的左视图

3.2.2 加装矩形小翼纵向涡发生器的单 H 形翅片流动换热

1. 加装矩形小翼纵向涡发生器对单 H 形翅片流场和温度分布的影响

单 H 形翅片上矩形小翼纵向涡发生器的攻角从 15°～75°变化，进口速度 $U=8\text{m/s}$。图 3-6 为 $z=0$ 的截面上有、无纵向涡发生器的流线分布对比，从图中可以得出：①无纵向涡发生器时，每排圆管后面各形成一对回流涡；加装了纵向涡发生器之后，不仅在每排圆管后形成一对回流涡，同时也在每个纵向涡发生器后也形成一对回流涡。②随着迎流攻角的增大，区域 1，3 和 4 的回流面积逐渐增大，并且回流区域中的对涡分布越来越明显。这是因为随着攻角的增大，纵向涡发生器迎流

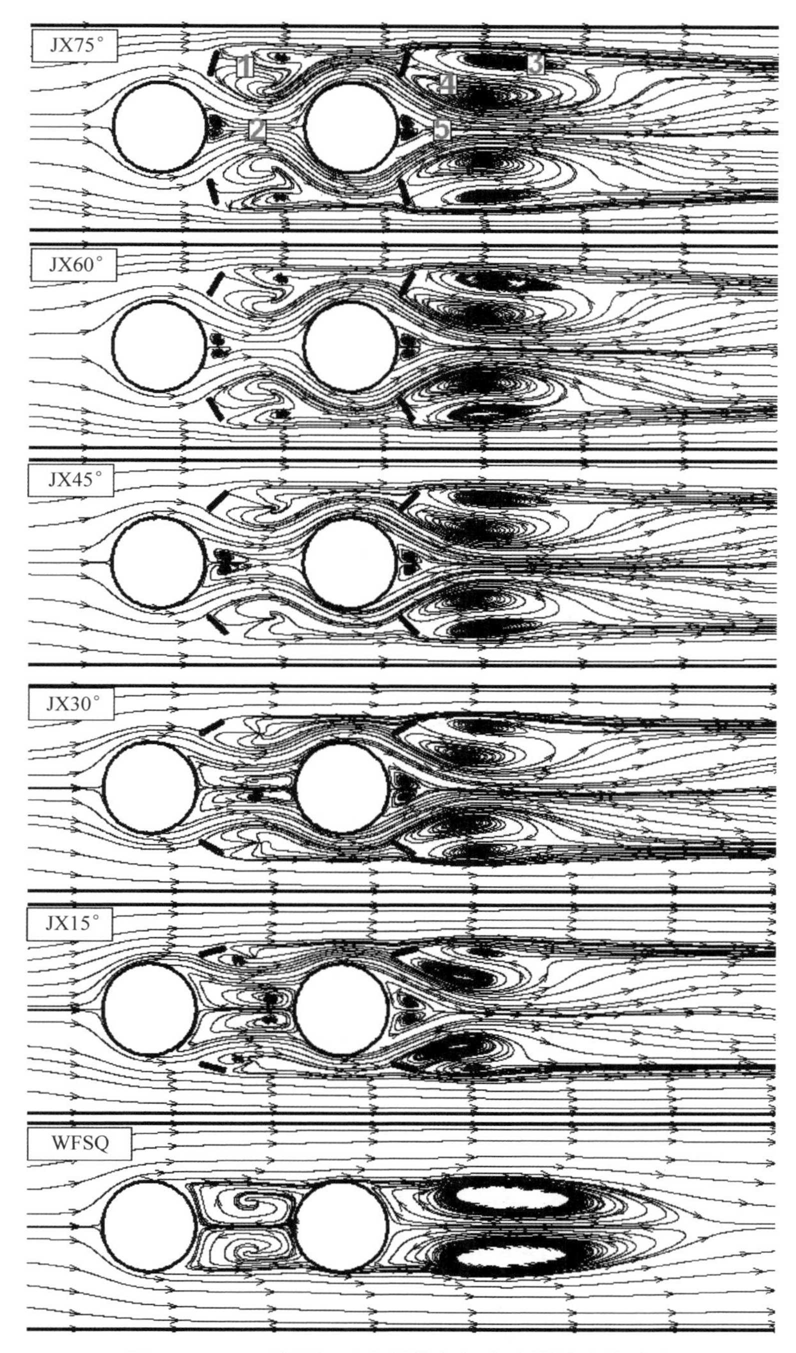

图 3-6　$z=0$ 截面矩形小翼纵向涡发生器的流线分布

面积逐渐增大，致使气流要绕过更大的纵向涡发生器面积。③随着迎流攻角的增大，区域2的回流面积逐渐减小，并且回流中心的对涡逐渐往前移动，最后靠近换热管后壁。这是因为随着攻角的增大，一方面在换热管壁、纵向涡发生器、翅片间形成的加速通道里的气流速度越来越大，不断把换热管后面形成的回流区破坏，另一方面区域1回流面积的增大对区域2挤压，共同造成了区域2的回流区面积减小和回流中心前移。④随着纵向涡发生器迎流攻角的增大，区域5的回流面积逐渐减小，回流中心前移，其原因类似于区域2。其中，WFSQ表示未加装矩形小翼纵向涡发生器时的流场，JX表示加装了对应攻角的矩形小翼纵向涡发生器时的流场。

由上述分析可知，纵向涡发生器的加装及其攻角的改变对 $z=0$ 截面的流场分布影响很大，它减小了换热管后形成的回流区面积，增大了气流扰动，增强了换热。换热的增强可以从单H形翅片温度的增加来反映，图3-7和图3-8分别是不同攻角下有、无纵向涡发生器和 $z=0$ 及 $z=0.0045\text{m}$ 截面的温度分布。

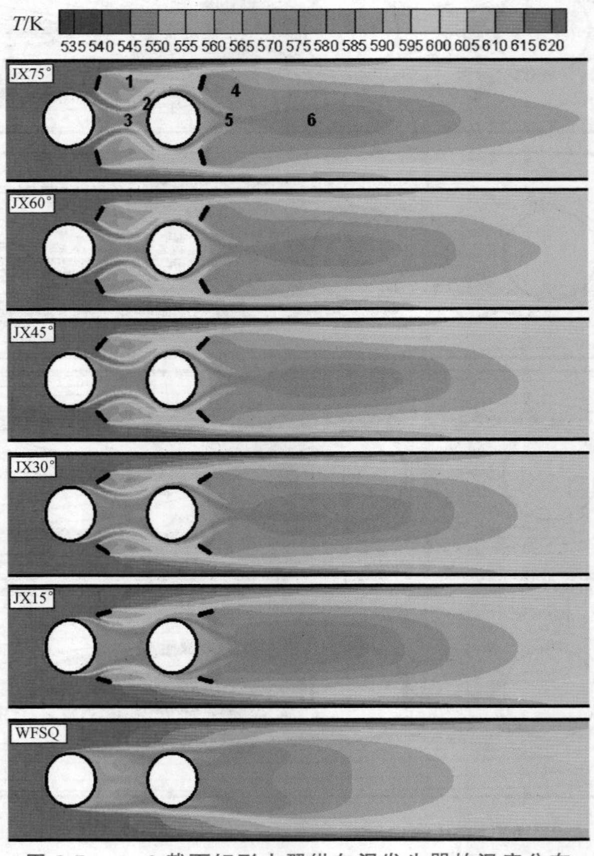

图3-7 $z=0$ 截面矩形小翼纵向涡发生器的温度分布

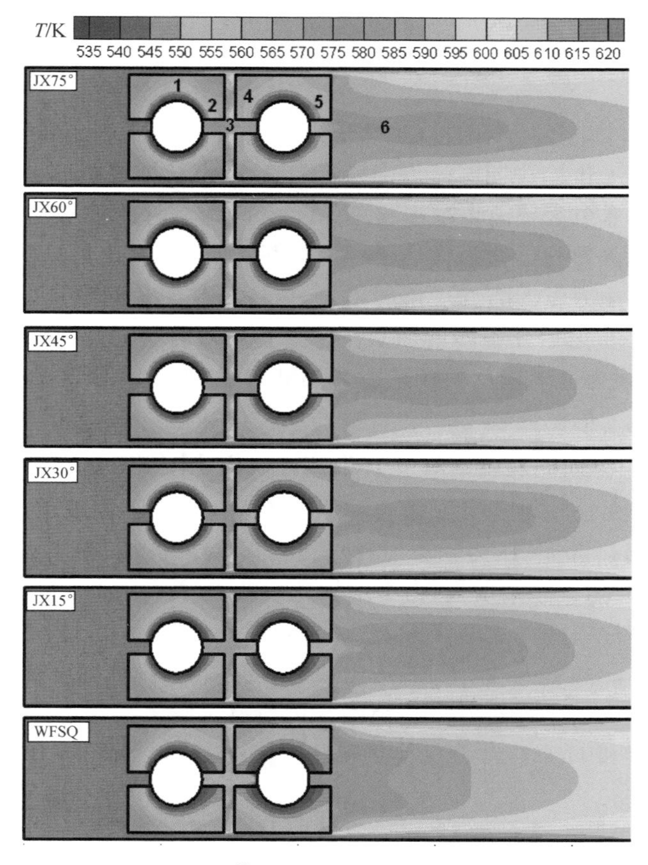

图 3-8 $z=0.0045$m 截面矩形小翼纵向涡发生器的温度分布

从图 3-7 可以看出：①没有加装矩形小翼纵向涡发生器时，每排管子后面形成的回流区的温度比较低，说明这两个区域内的换热能力是很低的；加装了矩形小翼纵向涡发生器之后，这两个区域的温度明显提高。②加装了矩形小翼纵向涡发生器之后，每个矩形小翼后部区域 1 的温度比无矩形小翼的高很多，并且随着攻角的增大，区域 1 的面积增大，平均温度减小。③加装了矩形小翼纵向涡发生器之后，在换热管壁、纵向涡发生器、翅片间形成了加速通道区域 2，区域 2 的温度随着攻角的增大而增大，当矩形小翼攻角为 75°时红色区域最长、温度最高。④区域 3 的面积随着攻角的增大而减小，但是温度随着攻角的增大而升高，这是因为区域 2 内形成的加速通道内的气流冲刷区域 3 的回流区，不断引入的高温气流造成区域 3 的温度升高。⑤区域 4 的温度比无矩形小翼时低，这是因为加装了矩形小翼之后，区域 4 形成了回流区，回流区的换热能力很小，温度也较低。随着攻角的增大，区域 4 的面积增大，整体平均温度降低。⑥结合图 3-6 中 $z=0$ 截面的流线分布可知在区域5内形成了一对回流涡，造成了该区域温度的降低，并且随着攻角的增大，区域5内低温区域也减小。⑦区域6的温度在加装了矩形小翼之后温度变化不大。

从图3-8可以看出：①在没有加装矩形小翼时，两排圆管的周围出现了较大的蓝色区域1和2，4和5，说明圆管周围翅片的温度较低，随着矩形小翼攻角的增大，换热圆管周围的蓝色区域面积越来越小，在攻角为60°时几乎不变了，说明当攻角为60°时，攻角对换热管的增强换热已经达到最大，再增大攻角只能增加阻力损失而不能增加换热能力。②随着攻角的增大，前后两排翅片间区域3内的温度逐渐升高，攻角超过60°之后几乎不增加了。③随着攻角的增大，区域6的低温区面积逐渐增大，这是因为上游翅片的换热能力逐渐增强，加上区域流的回流面积增大，共同导致了区域6的温度较低。

2. 矩形小翼纵向涡发生器对单H形翅片换热、阻力和综合性能的影响

图3-9和图3-10分别为无矩形小翼纵向涡发生器和不同攻角下矩形小翼纵向涡发生器的进出口温差、压力损失对比图。由图3-9可知：①当*Re*相同时，随着攻角增大，进出口温差逐渐增大，但是增幅越来越小。这是因为矩形小翼攻角的增大使得矩形小翼迎流面积逐渐增大，造成有效换热面积增大，即换热能力增强，进出口温差增大。②随着*Re*的增加，进出口温差都降低，降低幅度逐渐减小，导致进出口温差降低的原因是在高*Re*时，高温气流没有足够多的时间和换热管、矩形小翼纵向涡发生器和H形翅片接触换热就已经流出去了。由图3-10可知：①当*Re*

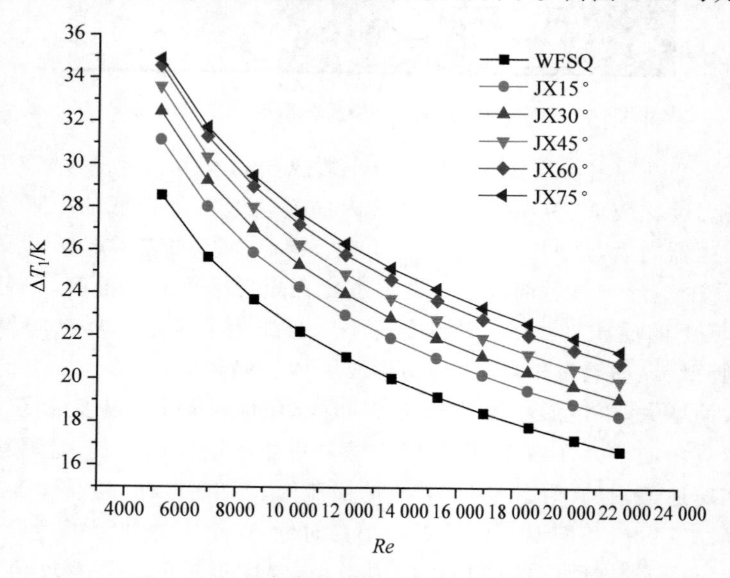

图3-9 矩形小翼纵向涡发生器的进出口温差

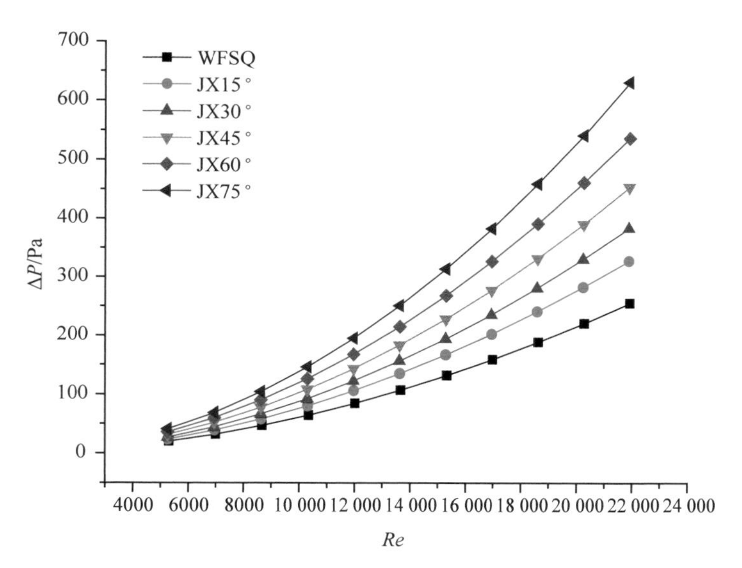

图 3-10 矩形小翼纵向涡发生器的进出口压力损失

相同时，随着攻角的增大，进出口压力损失逐渐增大，低 Re 下增幅很小，但高 Re 下增幅越来越大。这是因为矩形小翼攻角的增大使得矩形小翼迎流面积逐渐增大，造成阻力面积增大，压力损失逐渐增大；②随着 Re 的增加，压力损失都增大，并且增大幅度逐渐增大。这是由于在高 Re 时，来流突然遇到阻力面积较大的矩形小翼纵向涡发生器，使得进出口压力损失急剧升高。

图 3-11 和图 3-12 分别为无矩形小翼纵向涡发生器及不同攻角下矩形小翼纵向涡发生器的 Nu 和 Eu 对比图。由图 3-11 可知：①当 Re 相同时，随着攻角和进出口温差的逐渐增大，Nu 逐渐增大，但增幅逐渐减小，这主要是因为进出口温差决定了 Nu 的大小。②随着 Re 的增加，Nu 都增大，这是因为在高 Re 时，单位时间内矩形小翼和单 H 形接触到的高温气流更多，使得换热能力增强。由图 3-12 可知：①当 Re 相同时，随着攻角和压力损失的逐渐增大，Eu 逐渐增大。②随着 Re 的增大，Eu 逐渐减小并趋于水平，说明在一定的 Re 下，进口速度对 Eu 的影响不大。

图 3-13 和图 3-14 分别为无矩形小翼纵向涡发生器及不同攻角下矩形小翼纵向涡发生器的传热因子 j 和综合性能 JF 对比图。阻力因子 f 的对比图(本书未给出)和 Eu 的对比图走势完全一样，只是数值大小不一样，这是因为阻力因子是通过 Eu 求出来的。从图 3-12 和图 3-13 可以得出：当 Re 相同时，传热因子 j 和阻力因子 f 都随着攻角的增大而增大，传热因子 j 增加的幅度越来越小，阻力因子 f 增加的幅度越来越大；传热因子 j 和阻力因子 f 都随着 Re 的增加而减小，随后都

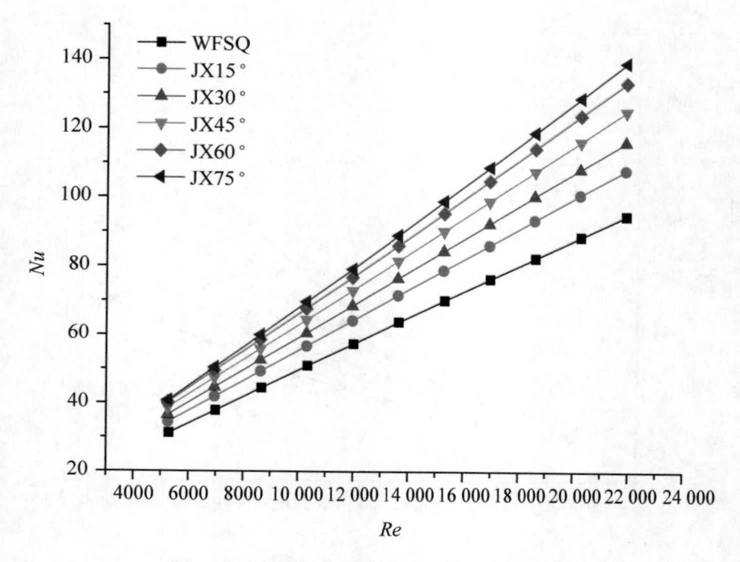

图 3-11　矩形小翼纵向涡发生器的 *Nu*

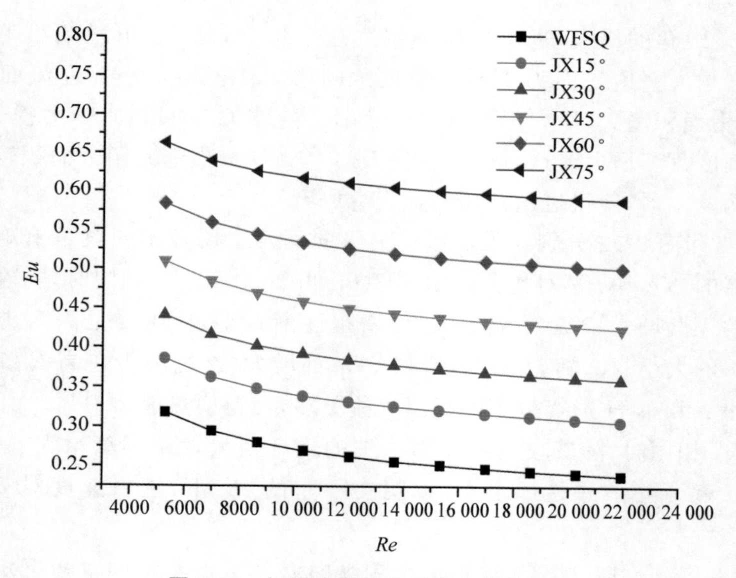

图 3-12　矩形小翼纵向涡发生器的 *Eu*

趋于稳定。当 Re 相同时，随着攻角的增大，传热因子 j 和阻力因子 f 都增大，由此可以使用综合性能评价标准 JF 来评定两者哪一个增速较快。从图 3-14 可以看出：当 Re 相同时，随着攻角的增大，JF 先增大后减小，并且在低 Re 时，攻角为 45°和 60°时的综合性能 JF 相差很小；在高 Re 时，攻角为 60°的综合性能 JF 略高于攻角

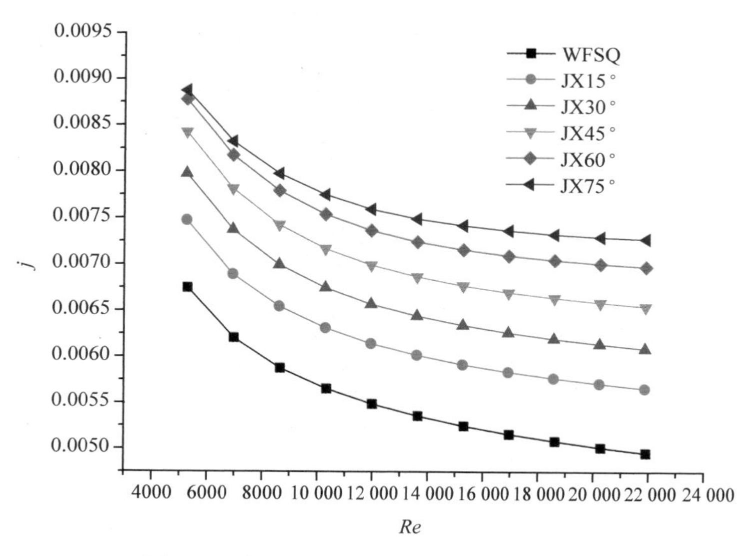

图 3-13 矩形小翼纵向涡发生器的传热因子

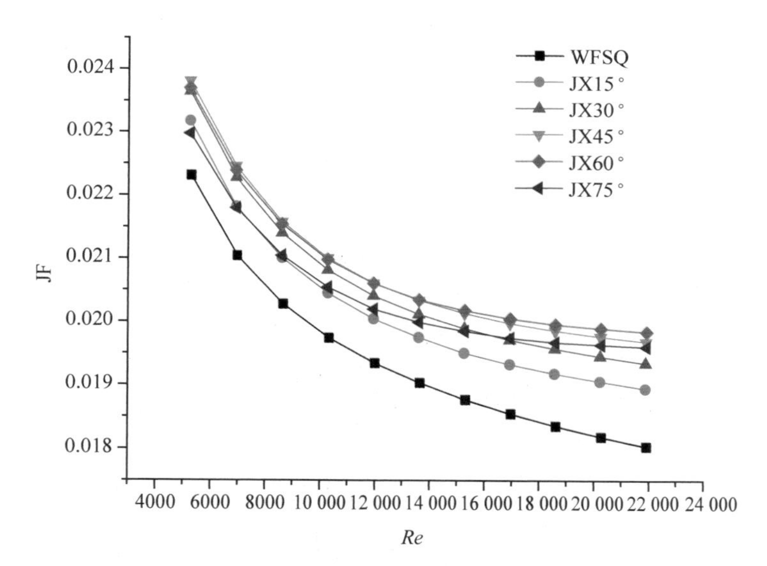

图 3-14 矩形小翼纵向涡发生器的综合性能

为 45°时的。由以上分析可以得出综合性能 JF 最好时对应的矩形小翼的攻角为 60°。

3. 速度对 60°矩形小翼纵向涡发生器的单 H 形翅片流场和温度场的影响

图 3-15 和图 3-16 分别为不同速度对 60°的矩形小翼纵向涡发生器的单 H 形翅片在 $z=0$ 和 $z=0.003\text{m}$ 截面上的流场分布。$z=0$ 截面为上、下两相邻翅片的

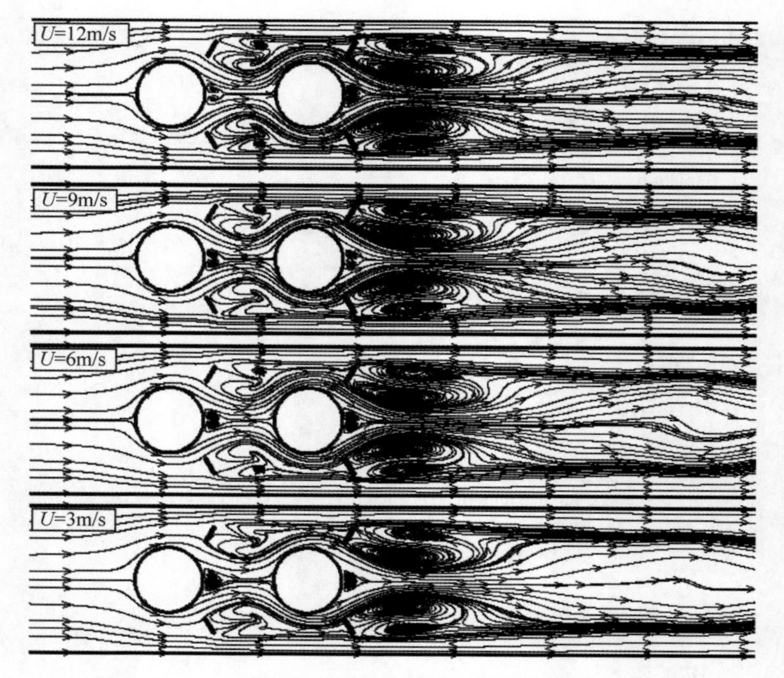

图 3-15 $z=0$ 截面 60°矩形小翼纵向涡发生器的流线分布

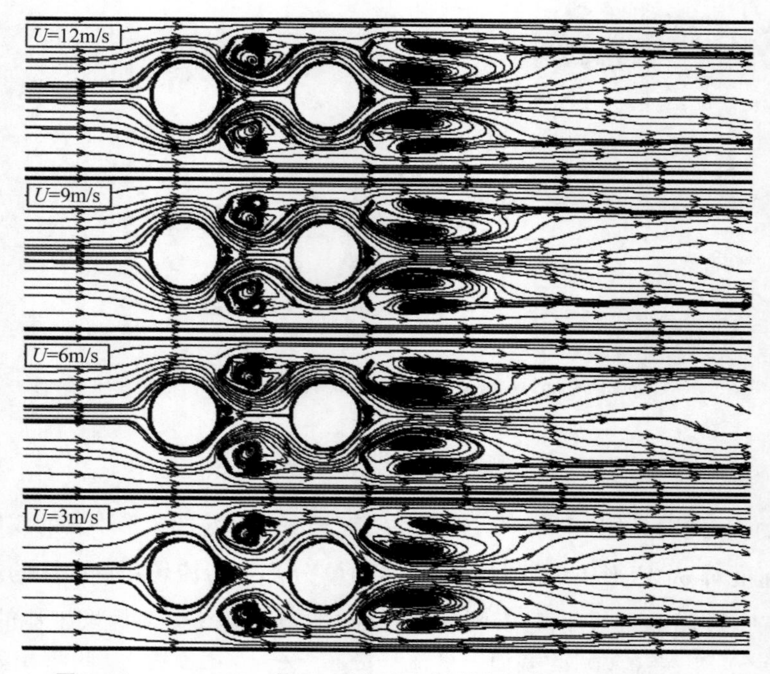

图 3-16 $z=0.003\mathrm{m}$ 截面 60°矩形小翼纵向涡发生器的流线分布

中心截面，$z=0.003\text{m}$ 截面为靠近单 H 形翅片的表面。

从图 3-15 和图 3-16 可以看出，随着速度的增加，在 $z=0.003\text{m}$ 截面的第一排矩形小翼后面形成的两对回流涡比在 $z=0$ 截面的明显，在 $z=0.003\text{m}$ 截面的第二排矩形小翼后面形成的两对回流涡面积比在 $z=0$ 截面的要大。两排管子后面形成的回流区面积会逐渐减小，并且在换热管壁、矩形小翼和单 H 形翅片形成的加速通道内的气流速度会越来越大。另外，随着来流速度的增加，$z=0$ 和 $z=0.003\text{m}$ 截面其他区域的流场分布影响不大。

图 3-17 和图 3-18 分别为不同速度对 60°矩形小翼纵向涡发生器的单 H 形翅片在 $z=0$ 和 $z=0.003\text{m}$ 截面上的温度分布。从图 3-14 可以看出：①当来流速度较低时，区域 1、区域 5、区域 6 和处在加速通道区域 2 的温度比较低，随着速度的增加，区域 1、区域 2、区域 5 和区域 6 的温度逐渐增大。②区域 3 和区域 4 是管后的回流区，随着来流速度的增加，区域 3 和区域 4 的面积逐渐减小，但温度逐渐升高。

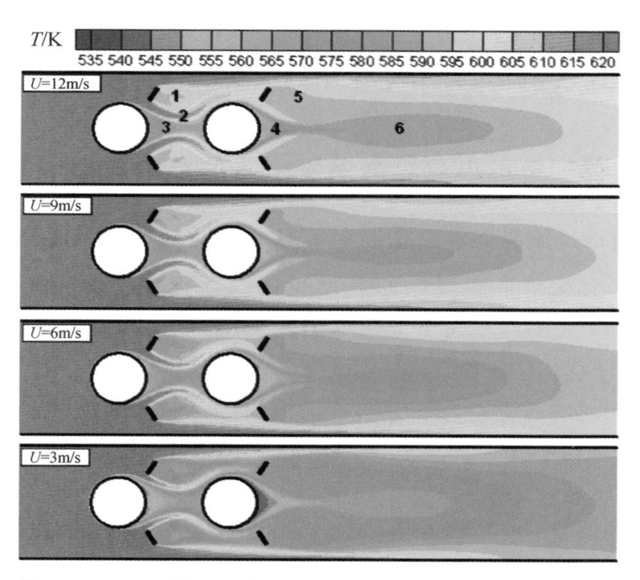

图 3-17 $z=0$ 截面 60°矩形小翼纵向涡发生器的温度分布

从图 3-18 可以看出：随着来流速度的增加，两排换热管周围翅片区域 1 和区域 3 的温度逐渐由蓝色变为绿色，即温度逐渐升高，说明单 H 形翅片的整体平均温度逐渐升高，同时两相邻翅片间隔区域 2 的温度也逐渐升高，区域 4 的低温区域面积逐渐减小，这也说明了随着来流速度的增加，单 H 形翅片的换热能力越来越大，即随着来流速度的增加，单 H 形翅片的 Nu 逐渐增大。

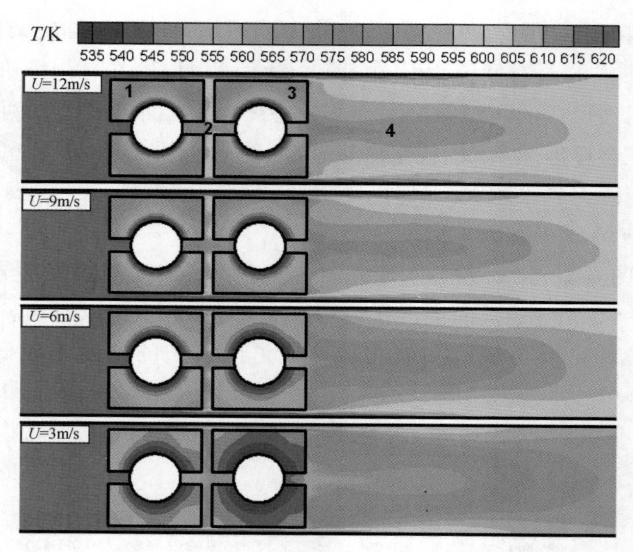

图 3-18 $z=0.0045$m 截面 60°矩形小翼纵向涡发生器的温度分布

3.2.3 加装三角形小翼纵向涡发生器的单 H 形翅片流动换热

1. 加装三角形小翼纵向涡发生器对单 H 形翅片流场和温度分布的影响

单 H 形翅片上三角形小翼纵向涡发生器的迎流攻角为 15°～75°，进口速度 $U=8$m/s。图 3-19 为不同攻角下三角形小翼(SJX)纵向涡发生器和无三角形小翼纵向涡发生器在 $z=0$ 截面上的流线分布。从图中可以看出：①无纵向涡发生器时，每排圆管后面形成各一对均匀且对称的回流涡。②加装纵向涡发生器之后，当攻角为 15°时，第一排圆管后部形成的回流涡变化很小，但是第二排圆管后部的回流涡被向后拉长压缩，同时也在每个纵向涡发生器后部形成一对不明显的回流涡；此后，随着攻角的增大，每个纵向涡发生器后部区域 1，区域 3 和区域 4 形成的一对回流涡逐渐明显，回流区面积逐渐增大，且对区域 2 和区域 5 中形成的回流涡有挤压作用；区域 2 的回流面积在攻角为 15°时变化很小，在攻角增大到 30°之后逐渐减小，随后几乎没有变化，但是在区域 5 中形成的回流涡在攻角为 30°时面积急剧减小，并且形状呈三角形。这也是因为加速通道里的气流速度越来越大，不断把换热管后面形成的回流区挤压破坏，使得回流涡只能在管壁附近形成，并且这对回流涡的面积逐渐减小。

图 3-20 和图 3-21 分别是不同攻角下三角形小翼纵向涡发生器和无三角形小翼纵向涡发生器在 $z=0$ 和 $z=0.0045$m 截面上的温度分布。

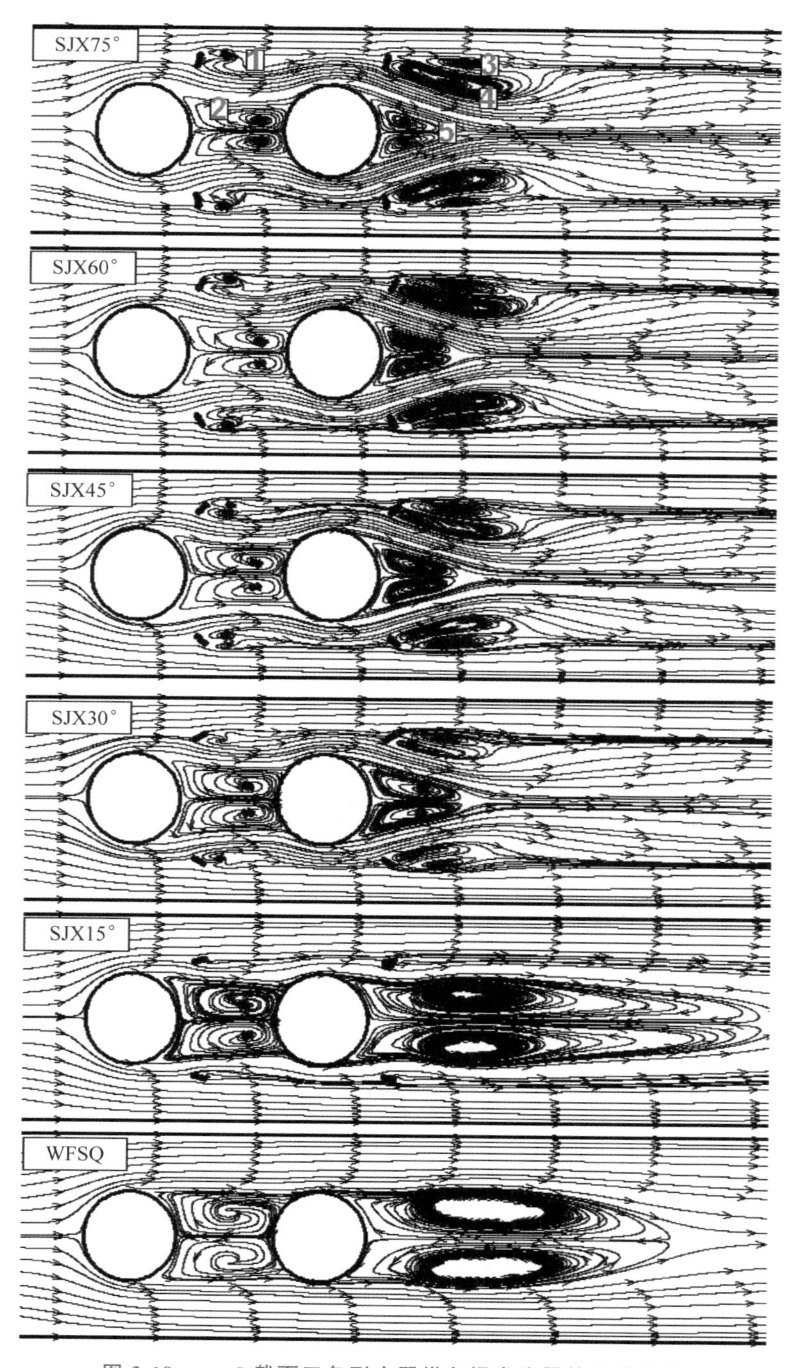

图 3-19　$z=0$ 截面三角形小翼纵向涡发生器的流线分布

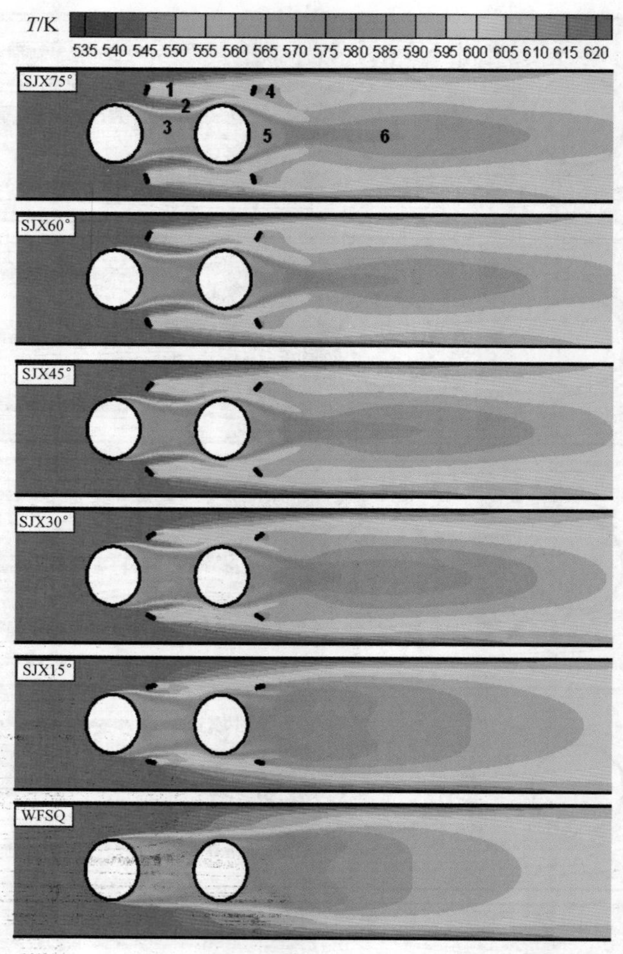

图 3-20　$z=0$ 截面三角形小翼纵向涡发生器的温度分布

从图 3-20 可见：①没有加装三角形小翼纵向涡发生器时，每排管子后面形成的回流区域 3 和区域 5 的温度比较低，在加装三角形小翼纵向涡发生器之后，这两个区域的温度明显升高；并且每个三角形小翼后部区域 1 和区域 4 的温度相比无三角形小翼时高很多；同时随着攻角的增大，区域 1 和区域 4 的面积逐渐增大，形成了较大面积的低温区，使得这两个区域的平均温度都减小。②区域 2 加速通道内的温度随着攻角的增大而升高，在攻角为 75°时红色区域最长且面积最大，这个区域的温度最高。③区域 3 的面积随着攻角的增大而减小，但是温度随着攻角的增大而增大，这是因为在区域 2 内形成的加速通道内的气流冲刷区域 3 的回流区，产生的高温气流造成区域 3 的温度升高。④在加装了三角形小翼之后，在区域 5

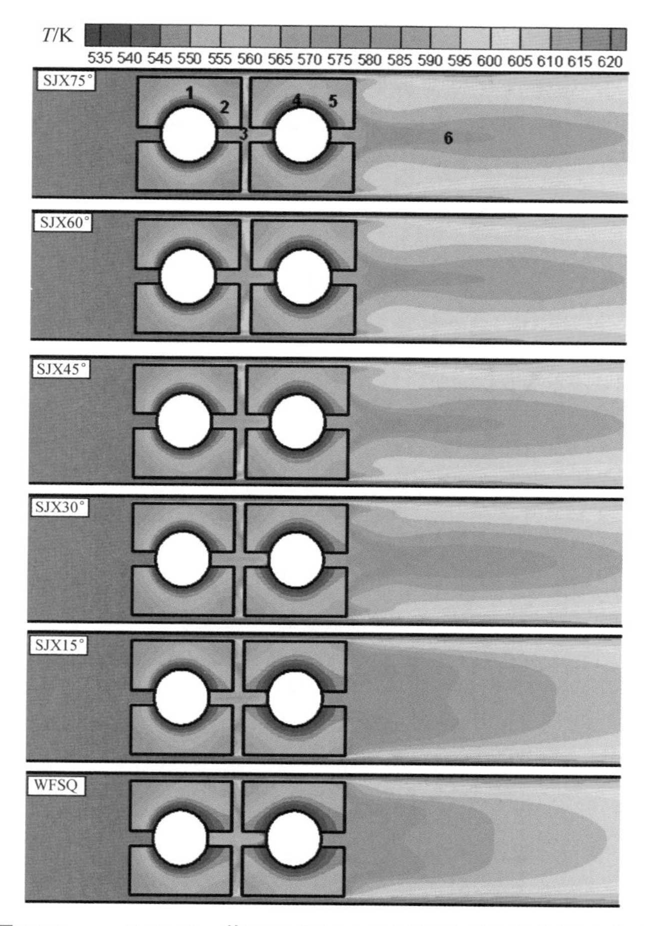

图 3-21 $z=0.0045$m 截面三角形小翼纵向涡发生器的温度分布

内形成的一对回流涡造成了该区域温度的降低，并且随着攻角的增大，区域 5 的面积减小。这也是由区域 2 的加速通道对区域 5 回流区的冲刷造成的，区域 6 的温度在加装了三角形小翼之后变化很小。

$z=0.0045$m 截面上的温度分布如图 3-21 所示。①没有加装三角形小翼时，两排圆管的周围出现较大的蓝色区域 1 和区域 2，区域 4 和区域 5，说明圆管周围翅片的温度较低。②随着攻角的增大，换热圆管周围的蓝色区域面积逐渐减小，在攻角为 45°时几乎不变，说明在攻角为 45°时，攻角对翅片和换热管的增强换热能力达到最大；同时前后两排翅片间隔区域 3 内的温度逐渐升高，在攻角为 45°时达到最大，区域 6 的低温区面积逐渐增大。这是因为上游翅片的换热能力逐渐增强，另外区域流的回流面积增大，共同导致区域 6 的温度较低。

2. 三角形小翼纵向涡发生器对单 H 形翅片换热、阻力和综合性能的影响

图 3-22～图 3-27 分别为无三角形小翼纵向涡发生器及不同攻角的三角形小翼纵向涡发生器的进出口温差 ΔT_1，压力损失 ΔP，Nu，Eu，传热因子 j 和综合性能 JF 的变化曲线，阻力因子 f 对比图(书中未给出)和 Eu 对比图走势完全一样，只是数值的相对大小不一样。

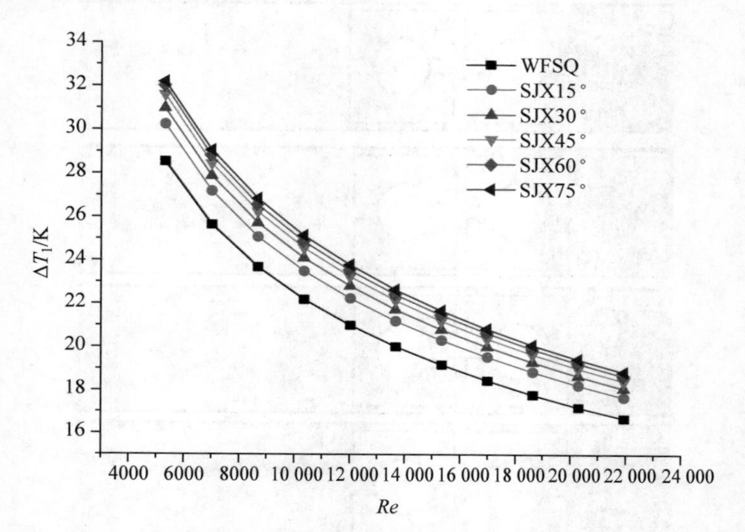

图 3-22 三角形小翼纵向涡发生器的进出口温差

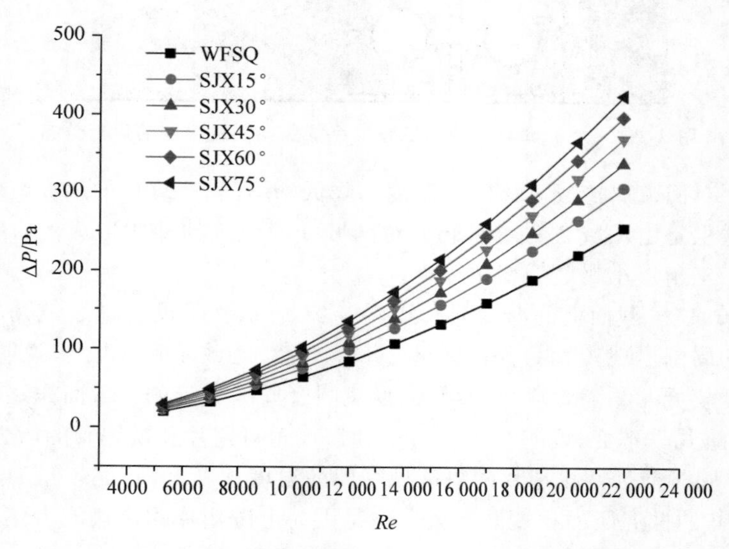

图 3-23 三角形小翼纵向涡发生器的进出口压力损失

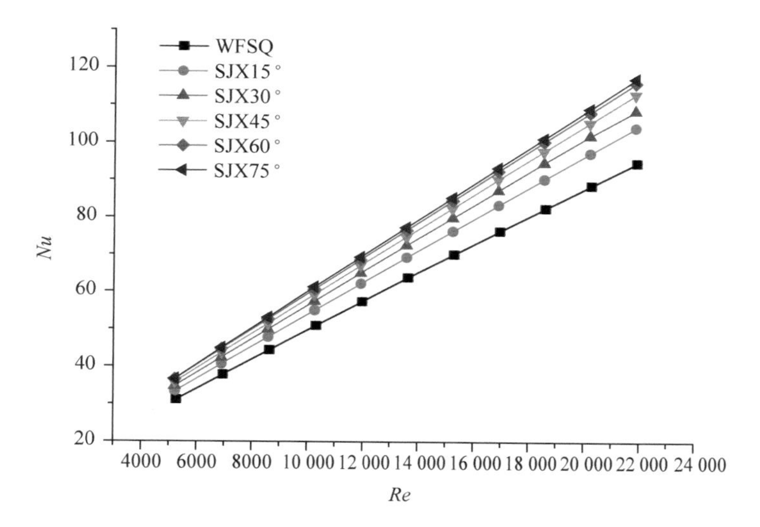

图 3-24 三角形小翼纵向涡发生器的 Nu

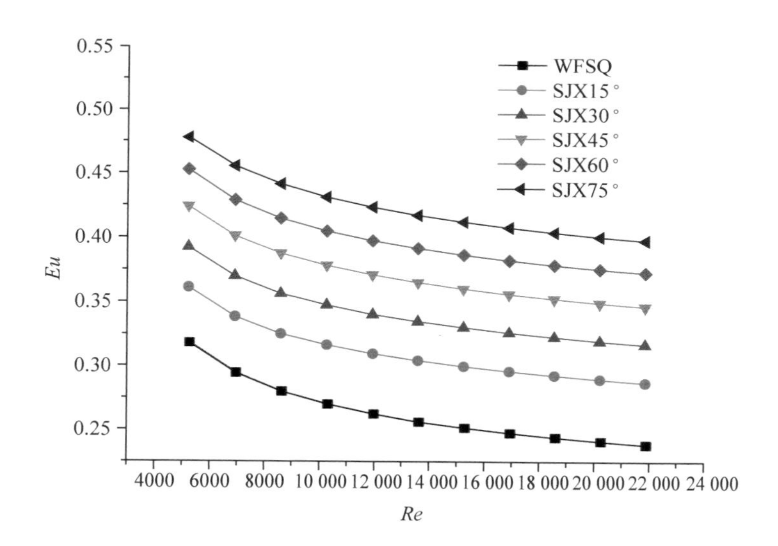

图 3-25 三角形小翼纵向涡发生器的 Eu

对比图 3-22～图 3-27 可知：①当 Re 相同时，随着攻角的增大，进出口温差 ΔT_1，进出口压力损失 ΔP，Nu，Eu，传热因子 j 和阻力因子 f 都逐渐增大，综合性能 JF 先增大后减小，并且在攻角为 45°时取得最大。与矩形小翼相比，三角形各个特征量的增幅更小。②随着 Re 的增加，ΔP 和 Nu 增大，而 ΔT_1，Eu，j，f 和 JF 减小，减小幅度逐渐变缓，这主要是因为随着进口速度的增大，在单位时间内流过单

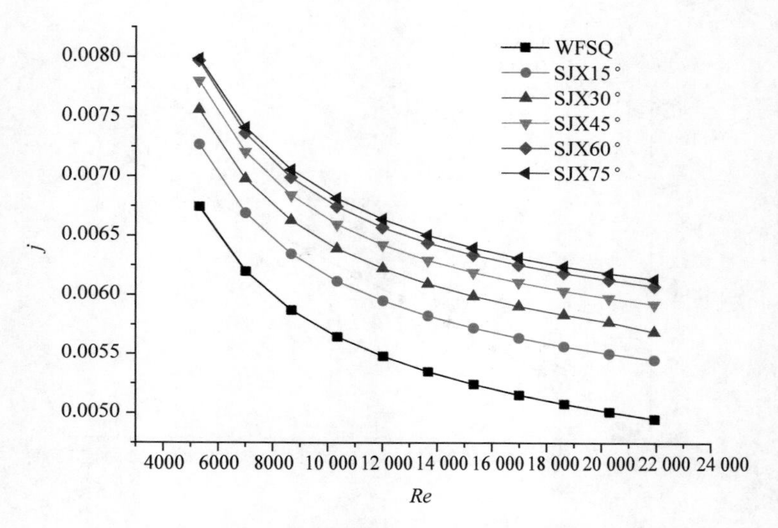

图 3-26 三角形小翼纵向涡发生器的传热因子

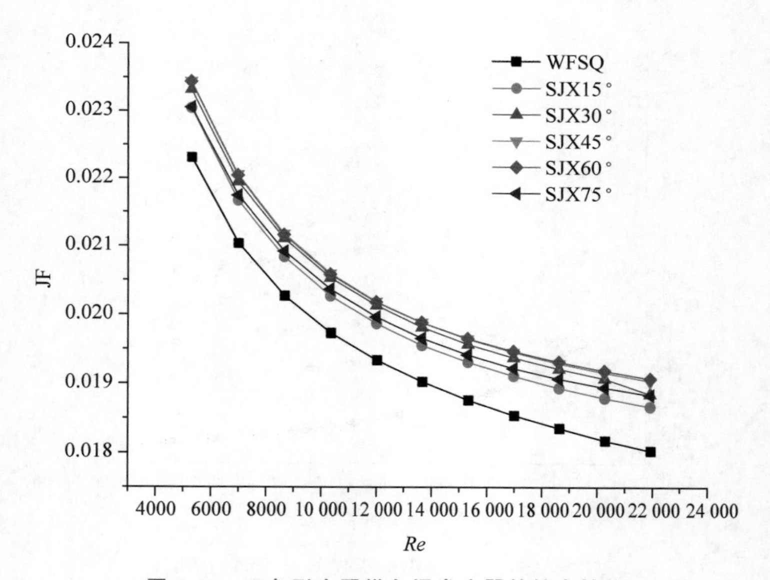

图 3-27 三角形小翼纵向涡发生器的综合性能

H 形翅片周围的高温气流增加，使得进口压力增大、出口温度升高、换热能力增强。

3. 速度对 45°三角形小翼纵向涡发生器的流场和温度场的影响

图 3-28 和图 3-29 分别为不同速度下 45°三角形小翼纵向涡发生器的单 H 形翅片在 $z=0$ 和 $z=0.003$m 截面上的流场分布。

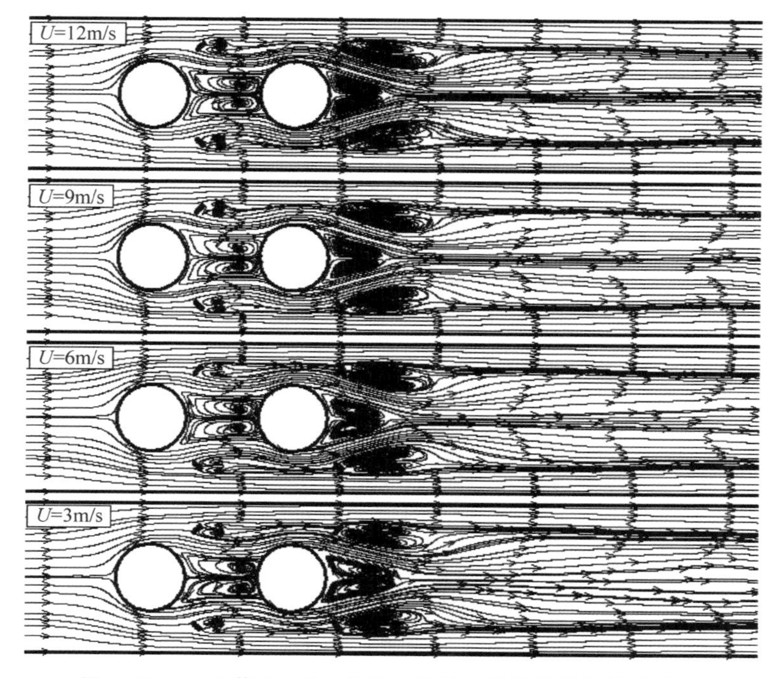

图 3-28　$z=0$ 截面 45°三角形小翼纵向涡发生器的流线分布

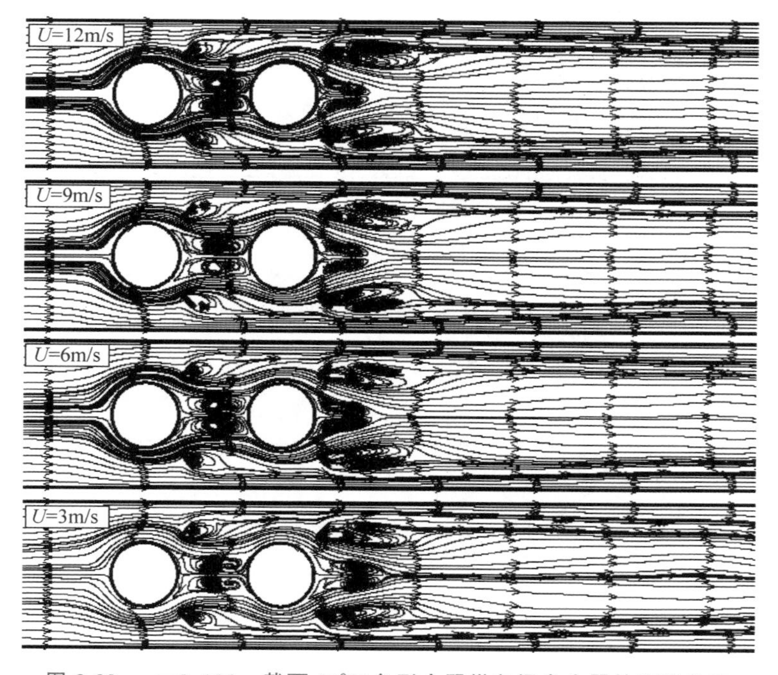

图 3-29　$z=0.003\text{m}$ 截面 45°三角形小翼纵向涡发生器的流线分布

从图 3-28 和图 3-29 对应截面的对比可以看出：在 $z=0$ 截面的第一排小翼后部形成的两对回流涡比在 $z=0.003\mathrm{m}$ 截面的明显，第二排管子后部形成的回流区面积会明显减小，这是由于 $z=0.003\mathrm{m}$ 截面更靠近翅片边界层，使得翅片表面边界层对气流有更大的黏性作用，从而导致在 $z=0.003\mathrm{m}$ 截面的回流面积更小。随着速度的增加，两截面在第二排后部形成的回流区面积逐渐减小，这是因为加速通道内的气流速度越来越大，对回流区的冲刷能力增大。此外，来流速度的增大对 $z=0$ 和 $z=0.003\mathrm{m}$ 截面上其他区域的流场分布影响不大。

图 3-30 和图 3-31 分别为不同速度下 45°三角形小翼纵向涡发生器的单 H 形翅片在 $z=0$ 和 $z=0.0045\mathrm{m}$ 截面上的温度分布。从图 3-30 与矩形小翼对应截面的对比可以看出：①三角形小翼的区域 1、区域 3、区域 4 和区域 5 的低温区面积比矩形小翼的小，处在加速通道区域 2 红色区域长度比矩形小翼的短，随着速度的增加，两种纵向涡发生器对应的这些区域的温度逐渐增大。②随着来流速度的增加，两种纵向涡发生器的区域 3 和区域 4 的面积逐渐减小，同时温度也逐渐升高。同理将图 3-31 与矩形小翼对应截面对比得出：随着来流速度的增加，两种纵向涡发生器周围的区域 1 和区域 3 的温度逐渐由蓝色变为绿色，即温度逐渐升高，说明两种纵向涡发生器周围翅片的温度逐渐升高，同时两相邻翅片间隔区域 2 的温度也逐渐升高，区域 4 的低温区域面积逐渐减小。

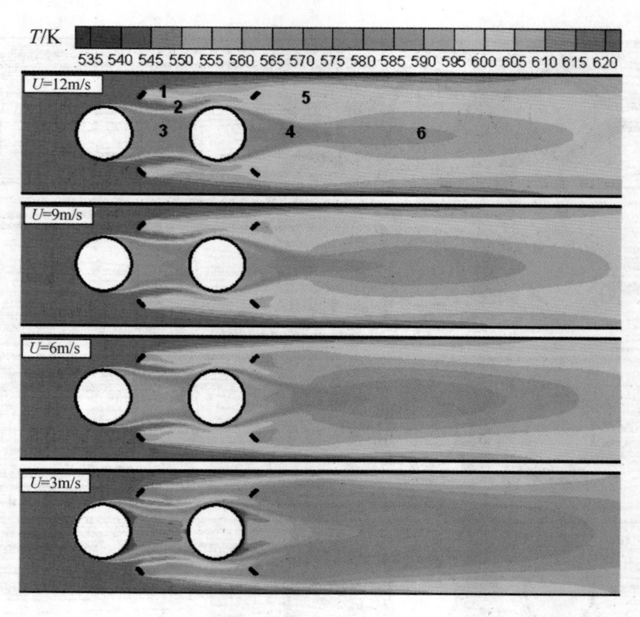

图 3-30　$z=0$ 截面 45°三角形小翼纵向涡发生器的温度分布

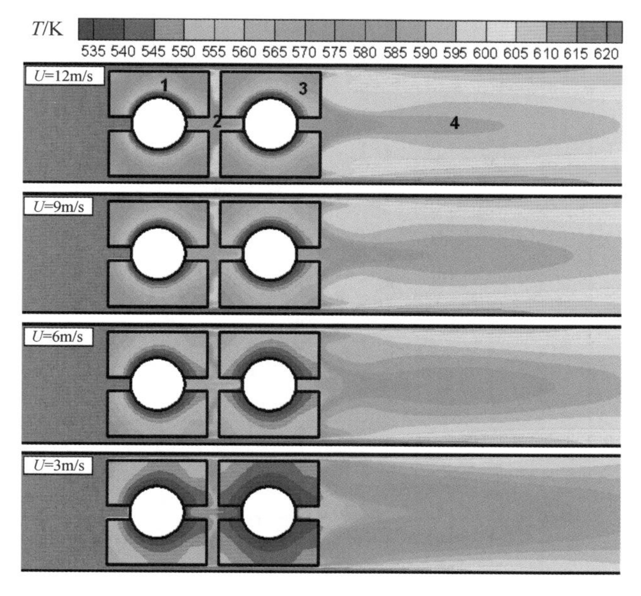

图 3-31　$z=0.0045$m 截面 45°三角形小翼纵向涡发生器的温度分布

3.2.4　矩形小翼和三角形小翼纵向涡发生器的单 H 形翅片流动换热对比

1. 对流换热特征数的对比分析

由上述分析可以得到加装攻角为 45°的矩形小翼和攻角为 60°的三角形小翼纵向涡发生器的单 H 形翅片的综合对流换热流动性能最佳，因此分别选取加装攻角为 45°和 60°的矩形小翼、三角形小翼纵向涡发生器的单 H 形翅片的计算结果进行对比分析。

图 3-32～图 3-37 分别是加装攻角为 45°和 60°的矩形小翼、三角形小翼纵向涡发生器的单 H 形翅片与无纵向涡发生器的单 H 形翅片的进出口温差 ΔT_1，压力损失 ΔP，Nu，Eu，传热因子 j 和综合性能评价标准 JF 的对比图。

从图 3-32 可以得出：①当 Re 相同时，加装 45°和 60°三角形小翼纵向涡发生器的单 H 形翅片的进出口温差 ΔT_1 相差很小，最大相差 1.37%；加装 45°和 60°矩形小翼纵向涡发生器的进出口温差 ΔT_1 相差较大，最小相差 2.86%，最大相差 4.31%。②当攻角为 45°时，加装三角形小翼和矩形小翼纵向涡发生器的进出口温差 ΔT_1 相差较小，最大相差 7.96%；当攻角为 60°时，加装三角形小翼和矩形小翼纵向涡发生器的进出口温差 ΔT_1 相差较大，最大相差 11.2%。

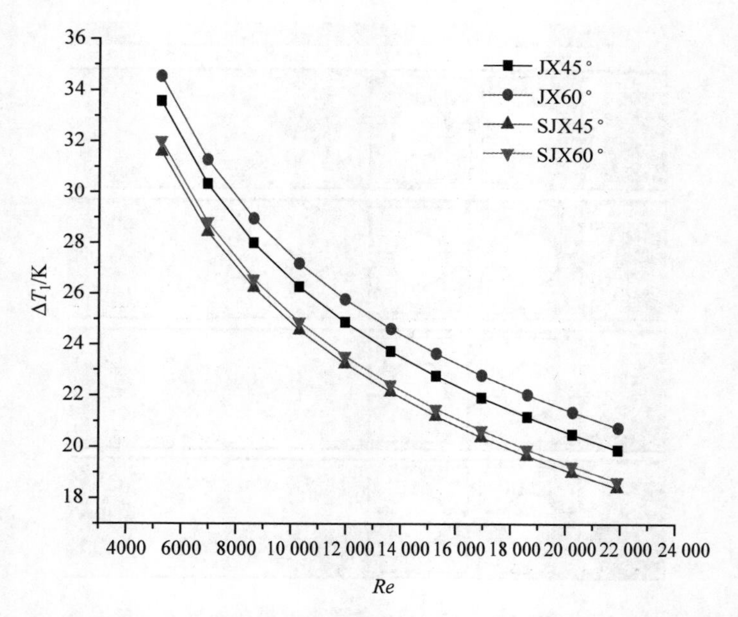

图 3-32 矩形、三角形小翼纵向涡发生器的进出口温差

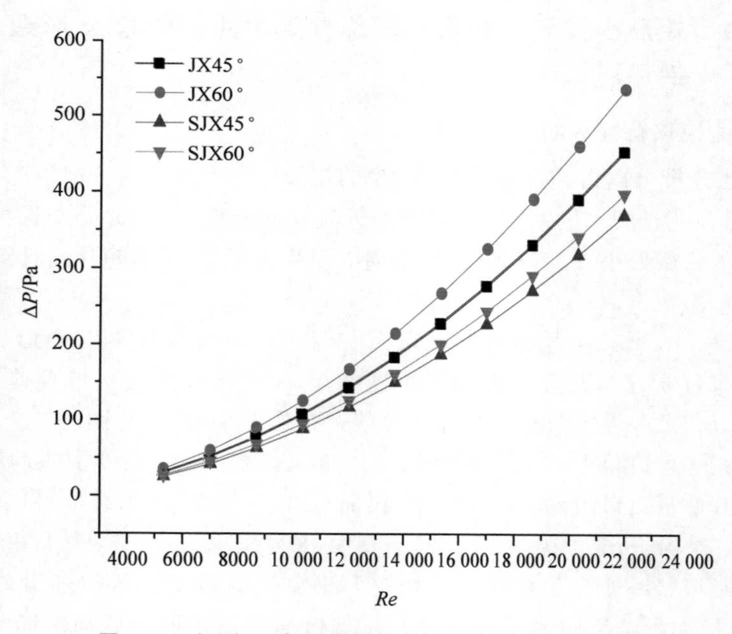

图 3-33 矩形、三角形小翼纵向涡发生器的压力损失

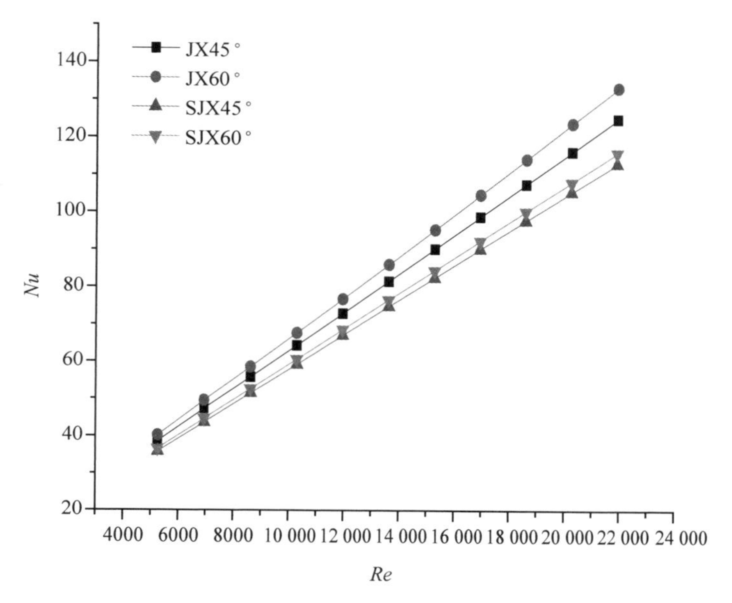

图 3-34 矩形、三角形小翼纵向涡发生器的 Nu

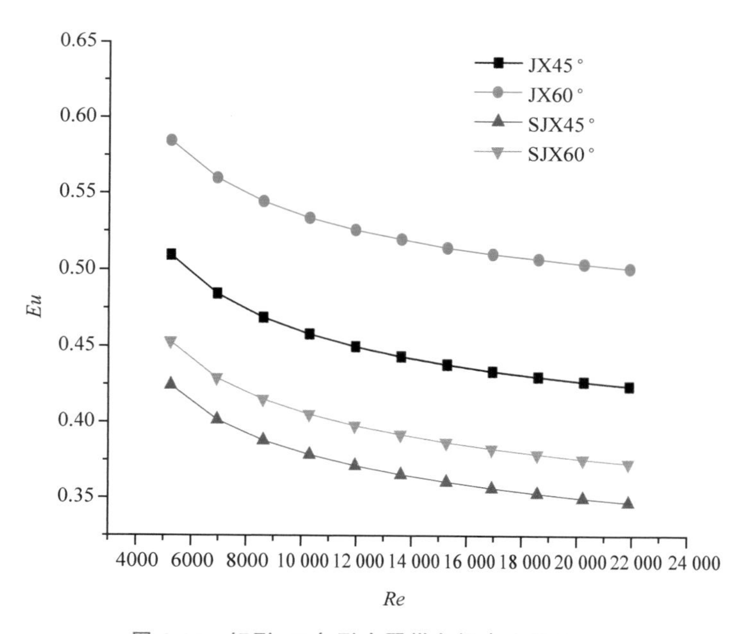

图 3-35 矩形、三角形小翼纵向涡发生器的 Eu

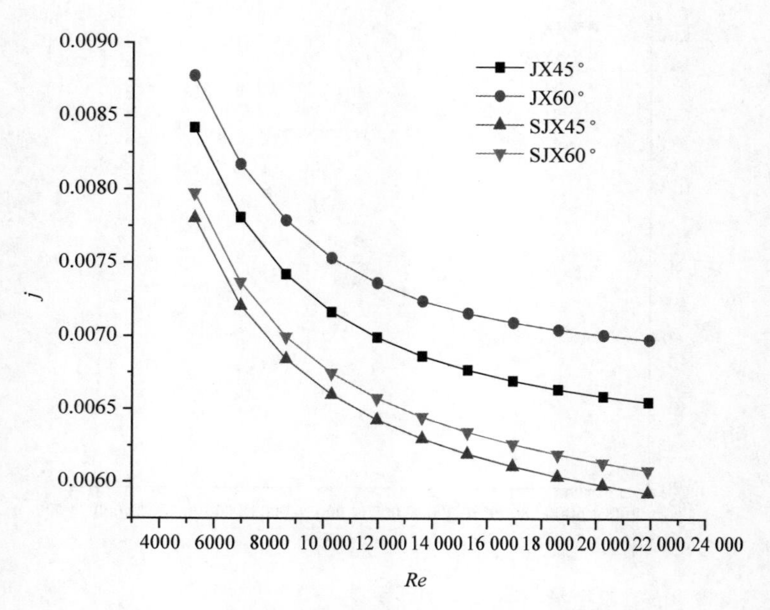

图 3-36 矩形、三角形小翼纵向涡发生器的传热因子

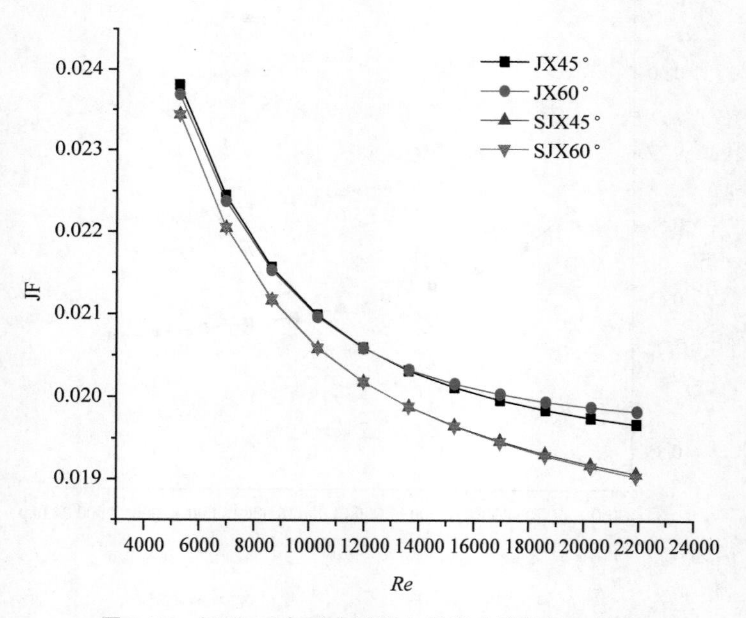

图 3-37 矩形、三角形小翼纵向涡发生器的综合性能

从图 3-33 可以得出：①当 Re 相同时，加装 45°和 60°三角形小翼纵向涡发生器的单 H 形翅片的压力损失 ΔP 相差很小，最大相差 7.5%；加装 45°和 60°矩形小翼纵向涡发生器的压力损失 ΔP 相差较大，最小相差 14.8%，最大相差 18.3%。②当攻角为 45°时，加装三角形小翼和矩形小翼纵向涡发生器的压力损失 ΔP 相差较小，最大相差 22.5%；当攻角为 60°时，加装三角形小翼和矩形小翼纵向涡发生器的压力损失 ΔP 相差较大，最小相差 28.9%，最大相差 30.7%。

从图 3-34 可以得出：①当 Re 相同时，加装 45°和 60°三角形小翼纵向涡发生器的单 H 形翅片的 Nu 相差很小，最大相差 2.61%；加装 45°和 60°矩形小翼纵向涡发生器的 Nu 相差较大，最小相差 4.19%，最大相差 6.62%。②当攻角为 45°时，加装三角形小翼和矩形小翼纵向涡发生器的 Nu 相差较小，最大相差 10.6%；当攻角为 60°时，加装三角形小翼和矩形小翼纵向涡发生器的 Nu 相差较大，最小相差 9.95%，最大相差 14.9%。

从图 3-35 可以得出：①当 Re 相同时，加装 45°和 60°三角形小翼纵向涡发生器的单 H 形翅片的 Eu 相差很小，最大相差 7.49%；加装 45°和 60°矩形小翼纵向涡发生器的 Eu 相差较大，最小相差 14.8%，最大相差 18.1%。②当攻角为 45°时，加装三角形小翼和矩形小翼纵向涡发生器的 Eu 相差较小，最大相差 22.3%；当攻角为 60°时，加装三角形小翼和矩形小翼纵向涡发生器的 Eu 相差较大，最小相差 29.1%，最大相差 34.3%。

从图 3-36 可以得出：①当 Re 相同时，加装 45°和 60°三角形小翼纵向涡发生器的单 H 形翅片的传热因子 j 相差很小，最大相差 2.53%；加装 45°和 60°矩形小翼纵向涡发生器的传热因子 j 相差较大，最小相差 4.16%，最大相差 6.41%。②当攻角为 45°时，加装三角形小翼和矩形小翼纵向涡发生器的传热因子 j 相差较小，最大相差 10.4%；当攻角为 60°时，加装三角形小翼和矩形小翼纵向涡发生器的传热因子 j 相差较大，最小相差 10.3%，最大相差 14.6%。

从图 3-37 可以得出：①当 Re 相同时，加装 45°和 60°三角形小翼纵向涡发生器的单 H 形翅片的综合性能评价标准 JF 几乎相同，最大相差 0.48%；加装 45°和 60°矩形小翼纵向涡发生器的 JF 在低 Re 时相差非常小，随着 Re 的增大，差距增大，最大相差 0.81%。②当攻角为 45°时，加装三角形小翼和矩形小翼纵向涡发生器的综合性能评价标准 JF 相差较小，最大相差 3.15%；当攻角为 60°时，加装三角形小翼和矩形小翼纵向涡发生器的 JF 相差较大，最小相差 1.02%，最大相差 4.15%。

综上可得：当 Re 相同时，加装矩形小翼的单 H 形翅片的进出口温差 ΔT_1，压力损失 ΔP，Nu，Eu，传热因子 j 和综合性能评价标准 JF 的值都比加装三角形小翼的大，这主要是因为矩形小翼的换热面积比三角形小翼大，从而使得换热能力增大，阻力损失增大，进而导致各个特征量增大。

采用最小二乘法拟合原理，分别对加装45°，60°的矩形小翼和三角形小翼的单H形翅片模拟得到的进出口温差ΔT_1、压力损失ΔP和综合性能评价标准JF随迎面风速U的变化关系，拟合指数函数形式见表3-2。用Re表示加装45°，60°的矩形小翼和三角形小翼的单H形翅片流动换热特征关联式见表3-3。

表3-2 用进口速度表示的对流换热关联式

LVG类型	进口温差ΔT_1/K	压力损失ΔP/Pa	综合性能评价指标JF
JX45°	$\Delta T_1=49.6176U^{-0.3552}$	$\Delta P=3.8873U^{1.8547}$	$\mathrm{JF}=0.0268U^{-0.1284}$
JX60°	$\Delta T_1=50.5335U^{-0.3461}$	$\Delta P=4.3875U^{1.8731}$	$\mathrm{JF}=0.0264U^{-0.12}$
SJX45°	$\Delta T_1=47.2083U^{-0.3651}$	$\Delta P=3.3215U^{1.8369}$	$\mathrm{JF}=0.0268U^{-0.1382}$
SJX45°	$\Delta T_1=47.8735U^{-0.3655}$	$\Delta P=3.5121U^{1.8434}$	$\mathrm{JF}=0.0268U^{-0.1396}$

表3-3 用Re表示的特征数关联式

LVG类型	Nu	Eu	综合性能评价指标JF
JX45°	$Nu=0.0243Re^{0.8542}$	$Eu=1.4784Re^{-0.126}$	$\mathrm{JF}=0.0721Re^{-0.1318}$
JX60°	$Nu=0.0217Re^{0.8717}$	$Eu=1.428Re^{-0.1058}$	$\mathrm{JF}=0.0665Re^{-0.1231}$
SJX45°	$Nu=0.0272Re^{0.8328}$	$Eu=1.3638Re^{-0.138}$	$\mathrm{JF}=0.0775Re^{-0.1419}$
SJX45°	$Nu=0.0267Re^{0.8372}$	$Eu=1.3948Re^{-0.133}$	$\mathrm{JF}=0.0785Re^{-0.1433}$

2. 径向湍动能和温度的对比分析

选取位于第一排纵向涡发生器后面回流区中心$x=0.15$m处来分析纵向涡发生器对湍动能（turbulent kinetic energy，TKE）和温度分布的影响。图3-38和图3-39分别是无纵向涡发生器的单H形翅片与加装攻角为45°和60°的矩形小翼、三角形小翼纵向涡发生器的单H形翅片在$x=0.15$m处径向湍动能和温度分布。从图3-38可以看出：①在$x=0.15$m处沿着径向，湍动能大致呈M形分布，两个峰值出现在纵向涡发生器位置附近（$y=-0.03$m和$y=0.03$m）。②无纵向涡发生器时，湍动能的值较低，最大值为12.3$\mathrm{m^2/s^2}$。③加装矩形小翼时，整体湍动能的值增大，尤其是在换热管后部回流区中心（$y=0$）和纵向涡发生器附近位置（$y=-0.03$m和$y=0.03$m）明显增大，并且随着攻角的增大，在纵向涡发生器附近湍动能的两个峰值逐渐增大，当攻角为60°时最大，为34.5 $\mathrm{m^2/s^2}$，比攻角为45°时增大19%。④加装三角形小翼时，整体湍动能的值增大，但增大幅度比加装矩形小翼的小，并且在换热管后部回流区中心处（$y=0$）变化很小，随着攻角的增大，纵向涡发生器附近湍动能的两个峰值逐渐增大，当攻角为60°时最大，最大为30.1$\mathrm{m^2/s^2}$，比攻角为45°时大10.5%。⑤当攻角为60°时，加装矩形小翼和三角形小翼的湍动能出现的峰值最大，并且矩形小翼的比三角形小翼的大14.6%。

从图3-39可以看出：①在$x=0.15$m处沿着径向，温度大致呈W形分布，两

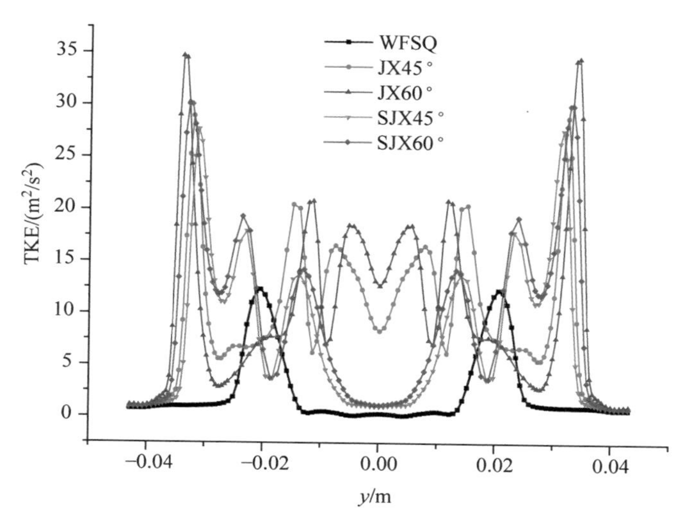

图 3-38 $x=0.15$m 处径向湍动能分布

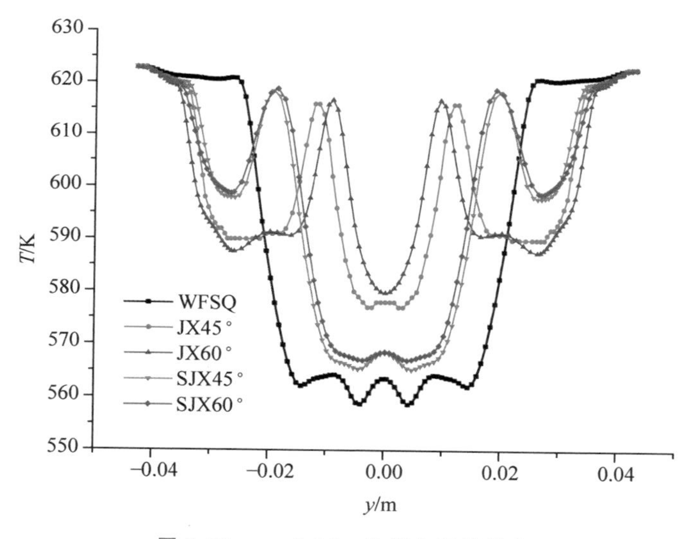

图 3-39 $x=0.15$m 处径向温度分布

个低估值出现在纵向涡发生器位置附近($y=-0.03$m 和 $y=0.03$m),同时在管后部回流区中心($y=0$)位置附近的温度也较低。②加装纵向涡发生器之后,管后回流区中心($y=0$)位置附近的温度明显升高,由 558℃升高到 580℃;在纵向涡发生器附近出现两个低谷值,并且三角形小翼的比矩形小翼的温度高 10℃左右。

进一步分析位于第二排纵向涡发生器后面回流区中心 $x=0.25$m 处的湍动能和温度分布,并且与 $x=0.15$m 处的结果进行对比。图 3-40 和图 3-41 分别是无纵

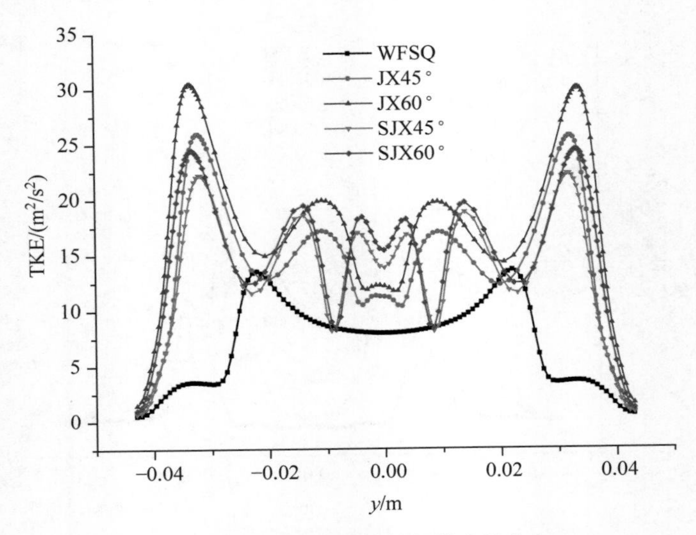

图 3-40　$x=0.25$m 处径向湍动能分布

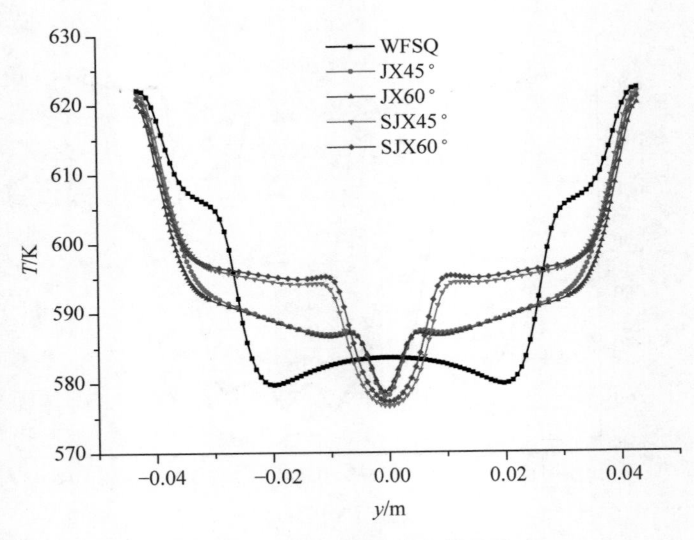

图 3-41　$x=0.25$m 处径向温度分布

向涡发生器的单 H 形翅片与加装攻角为 45°和 60°的矩形小翼、三角形小翼纵向涡发生器的单 H 形翅片在 $x=0.25$m 处的径向湍动能和温度分布。

对比图 3-38 和图 3-40 可以看出：①沿着径向方向，湍动能大致呈 M 形分布，两个峰值出现在纵向涡发生器位置附近（$y=-0.03$m 和 $y=0.03$m）。②无纵向涡发生器时，第二排管后部回流区中心（$y=0$）位置附近的湍动能要比第一排的高，这是因为在第二排管后部回流区的速度变化梯度比较大。③在 $x=0.25$m 处沿着径向分布的湍动能振荡没有在 $x=0.15\text{m}$ 处的那么剧烈，即在纵向涡发生器左、右出现两个很明显的峰值点，因为 $x=0.15\text{m}$ 处在前、后两翅片的中间位置，后面翅片和纵向涡发生器相互影响导致其湍流流场变复杂，进而湍动能变化剧烈；而 $x=0.25\text{m}$ 处在后面一排纵向涡发生器产生回流区的中心，其后没有翅片对湍流流场的干扰，所以 $x=0.25\text{m}$ 处沿径向分布的湍动能比较有规律。④其他处湍动能的变化和 $x=0.15\text{m}$ 处的相近。

对比图 3-39 和图 3-41 中可以看出：①沿着径向方向，温度也大致呈 W 形分布，但是在纵向涡发生器位置附近（$y=-0.03\text{m}$ 和 $y=0.03\text{m}$）并没有出现两个明显的低估值，而是管后回流区中心位置（$y=0$）附近的温度降低，这是因为加装了纵向涡发生器之后单 H 形翅片的换热能力增强，使得进入回流区的气流温度降低。②沿着径向方向，低温区的长度减小很大，这是由纵向涡发生器的加装使得管后回流区的面积减小导致的。③在 $x=0.25\text{m}$ 处沿着径向分布的温度没有 $x=0.15\text{m}$ 处波动得剧烈，这也是因为在 $x=0.25\text{m}$ 处后面没有翅片对其流场相互干扰，使得分布规律比较一致。

综上可知，由于纵向涡发生器的存在，管后回流区和纵向涡发生器附近的湍动能增大，从而导致这些区域内的温度升高，沿着径向方向，湍动能大致呈 M 形分布，温度大致呈 W 形分布，并且由于前、后两翅片和纵向涡发生器三者之间的相互作用导致 $x=0.15\text{m}$ 处的湍动能和温度变化剧烈。

3.3 利用场协同原理分析纵向涡发生器强化换热机理

20 世纪 70 年代初出现的世界性能源危机，促使世界各国开始加强传热强化机理的研究，开发以提高过程效率和降低能耗为目标的传热强化技术，如三维肋、三维粗糙元、纵向涡发生器等。在具体技术方面，传热强化技术可分为被动强化技术和主动强化技术，前者是指不需要外界动力的强化技术，包括各种扩展表面（各种肋）、插入物、旋流器和湍流发生器等；后者是指需要输入外界动力的强化技术，包括机械振动、施加电场和磁场、流体中添加物等。关于传热强化的物理机制可归纳为①壁面区和中心区流体的混合；②流动边界层的减薄；③二次流的形成和湍流度增强等[31]。

上述某些强化技术虽然已取得了相当广泛的应用，但是它们普遍存在一个问题，即传热强化的同时，流动阻力（或功耗）的增加更多。这就大大限制了其工程应用的价值和范围。

3.3.1 场协同原理

过增元等[32]以二维平板层流边界层(抛物型流动)换热为研究对象,从能量守恒方程出发,对边界层型的流动进行能量方程的分析,从流场和温度场相互配合的角度重新审视对流换热机制,在此研究基础上提出了换热强化的场协同原理(field synergy principle),即对流换热性能不仅取决于流体的速度场和温度场,还取决于它们之间的夹角。研究证明了减小速度矢量与温度梯度矢量之间的夹角是强化对流换热的有效措施,提出了通过改善流场与温度场的协同关系来控制对流传热的强弱。

Tao 等[33-34]则将场协同原理从抛物型层流流动推广至椭圆形流动和湍流换热。自此,场协同原理被工程界和科学界广泛地验证和应用。速度场和温度梯度场协同的基本思想揭示了各种传热过程和传热强化的场协同规律。场协同原理从科学理论的角度研究传热过程,发展成为描述传热过程的具有普遍性规律的理论,不仅揭示了各种对流传热和传热强化现象的物理本质,更重要的是指导发展了新的传热强化技术。其不仅在思路上与现有强化技术有很大不同,而且在强化的同时,阻力(或功耗)比少了很多,更有利于节能和工程应用。

根据场协同理论,在流速和流体的物理性质给定的条件下,边界上的热流(界面上的换热强度)取决于流体流动引起的当量热源强度,即在 Re,Pr 一定时,Nu 取决于无因次流动当量热源。也就是说流动当量热源不仅取决于速度场和温度场本身,还取决于它们之间的夹角,即不仅取决于速度场、热流场、夹角的绝对值,还取决于这三个标量值的互相搭配。传热过程中速度场和温度场的配合能使无因次流动当量热源强度提高,从而强化换热,即速度场和温度场协同较好。

为了定量描述和比较不同传热过程中速度场和温度场的协同程度,采用一个无因次积分的数值,定义为

$$Fc = \int_0^{\delta_t} \boldsymbol{U} \cdot \nabla \boldsymbol{T} \mathrm{d}\overline{y} = \frac{Nu}{Re \cdot Pr} \tag{3-1}$$

Fc 为对流换热的场协同数,它代表了流场与温度场的协同程度。当场协同数等于 1 时,即

$$Fc = \frac{Nu}{Re \cdot Pr} = 1 \tag{3-2}$$

此时称对流传热中速度场与温度场"完全协同"。其物理意义是,速度场与温度场协同最好,即协同程度最高;它是在不改变 Nu 和 Pr 时换热强度达到的最大值,即协同数 $Fc=1$ 给出了对流传热强度的上限(在 Nu 和 Pr 一定时)。实际上,在对流传热过程中,不管是内流还是外流,或者不管是受迫对流还是自然对流,流体流动方向基本上都是和热量传递方向垂直的,速度矢量和温度梯度矢量的夹角的余

弦总是趋近于零，所以，传统的对流传热方式的场协同数都远远小于1。

对于场协同分布严重不均的流场而言，使用全场的场协同数 Fc 往往意义不大，大多数情况下针对协同角进行整场平均。过增元等[32]基于对对流换热能量守恒方程的分析，定义了速度场与热流场之间的协同角(synergy angle)，即速度与温度梯度之间的局部夹角，其表述如下：

$$\beta = \arccos \frac{\boldsymbol{U} \cdot \nabla \boldsymbol{T}}{|\boldsymbol{U}||\nabla \boldsymbol{T}|} = \arccos \frac{u\dfrac{\partial T}{\partial x} + v\dfrac{\partial T}{\partial y}}{\sqrt{u^2+v^2}\sqrt{\left(\dfrac{\partial T}{\partial x}\right)^2 + \left(\dfrac{\partial T}{\partial y}\right)^2}} \tag{3-3}$$

式(3-3)得到的协同角 β 是弧度制，转换为角度制的范围是0°～180°，现将式(3-3)处理成式(3-4)，就可以直接得到角度制的协同角 β，其范围为0°～90°，协同角 β 值越大、越靠近90°，协同能力越差。

$$\beta = \arccos \frac{\boldsymbol{U} \cdot \nabla \boldsymbol{T}}{|\boldsymbol{U}||\nabla \boldsymbol{T}|} = \left(\frac{180}{\pi}\right) \arccos \sqrt{\left(\frac{u\dfrac{\partial T}{\partial x} + v\dfrac{\partial T}{\partial y}}{\sqrt{u^2+v^2}\sqrt{\left(\dfrac{\partial T}{\partial x}\right)^2 + \left(\dfrac{\partial T}{\partial y}\right)^2}}\right)^2} \tag{3-4}$$

3.3.2 不同攻角纵向涡发生器对协同角的影响

根据协同角的定义，选取非常靠近翅片表面的 $z=-0.0037$m 截面来分析加装两种不同类型纵向涡发生器的单H形翅片的协同角的变化。图3-42和图3-43分别为矩形小翼和三角形小翼在进口速度 $U=8$m/s 时 $z=-0.0037$m 截面上的协同角分布。①无纵向涡发生器时，区域1、区域2、区域3和区域4的协同角分布比较均匀，协同角都比较大，说明在翅片后半部分的这些区域内的速度场和温度场的协同性较差，进而换热能力较差，所以考虑在翅片后半区域加装纵向涡发生器进行强化换热。②加装不同纵向涡发生器之后，随着攻角的增大，区域1、区域2、区域3和区域4由原来较高协同角的红、黄色变为较低协同角的蓝、绿色，说明在加装了纵向涡发生器之后，翅片后半区域的速度场和温度场的协同性增强，换热增强。③随着攻角的增大，区域1、区域2、区域3和区域4的低温区面积逐渐增大，矩形小翼纵向涡发生器在攻角为60°时达到最大，三角形小翼在攻角为45°时达到最大，随后趋于稳定。④随着攻角的逐渐增大，区域5的低温区面积逐渐减小，高温区面积逐渐增大，矩形小翼纵向涡发生器在攻角为60°时趋于稳定，三角形小翼在攻角为45°时趋于稳定。

图3-44和图3-45分别为矩形小翼和三角形小翼在不同攻角下流动核心区的面平均协同角和体平均协同角对比，0表示无纵向涡发生器。①随着攻角的增大，

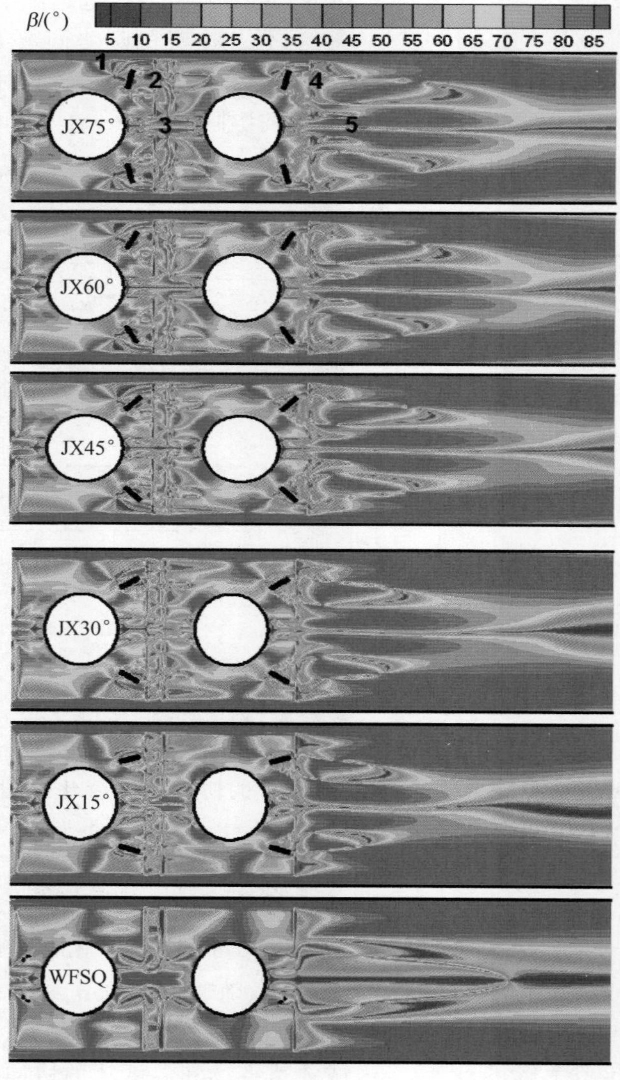

图 3-42 矩形小翼 $z=-0.0037$m 截面协同角分布

面平均协同角和体平均协同角都呈先减小后增大的趋势，矩形小翼在攻角为 60°时最小，三角形小翼在攻角为 45°时最小，这也很好地解释了矩形小翼纵向涡发生器在攻角为 60°时低温区面积最大和三角形小翼在攻角为 45°时低温区面积达到最大的原因。②对于矩形小翼和三角形小翼纵向涡发生器，体平均协同角都比面平均的大，这是因为纵向涡发生器只能改变其附近区域的速度场和温度场的协同情况，而进出口的协同角都趋近于 90°，所以在取体平均时，协同角会整体增大。③攻角

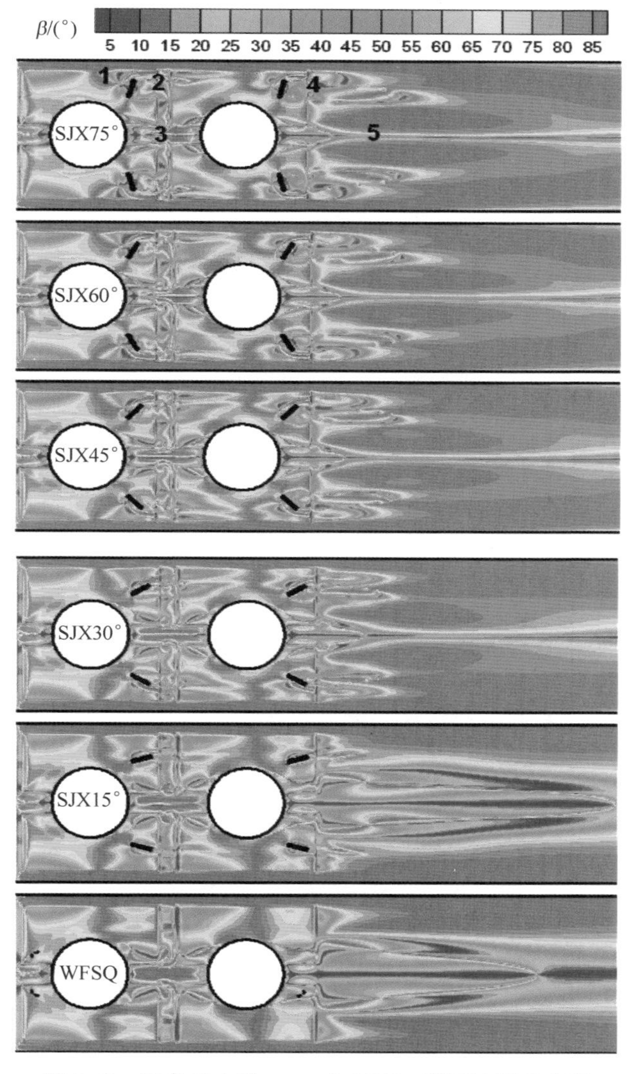

图 3-43　三角形小翼 $z=-0.0037\mathrm{m}$ 截面协同角分布

为 60°的矩形小翼的面平均和体平均协同角比攻角为 45°的三角形小翼的小，说明攻角为 60°的矩形小翼的速度场和温度场的协同情况比攻角为 45°的三角形小翼好。

纵向涡发生器能够很好地改善纵向涡发生器尾部区域的速度场和温度场的协同性，揭示了纵向涡发生器的强化换热机理，即高温气流流过加装纵向涡发生器的单 H 形翅片表面后会在纵向涡发生器尾部产生一系列有序的纵向涡，这些纵向涡破坏了壁面边界层，湍流强度增强，加强了传热壁面附近流体和主流区流体的动量

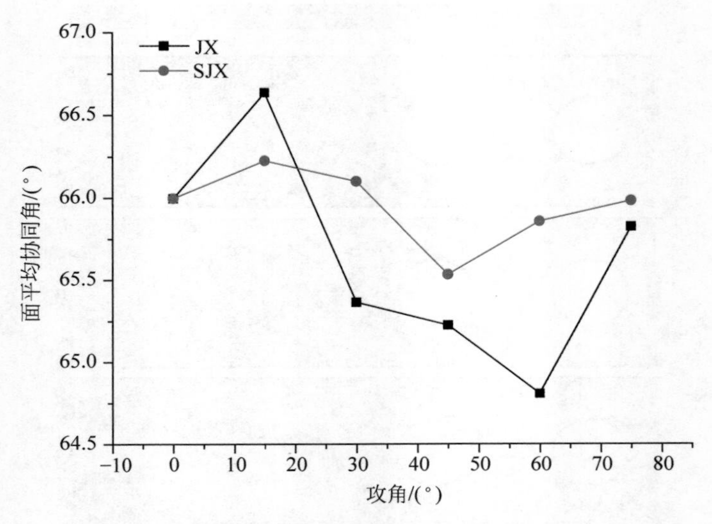

图 3-44 矩形、三角形小翼的面平均协同角

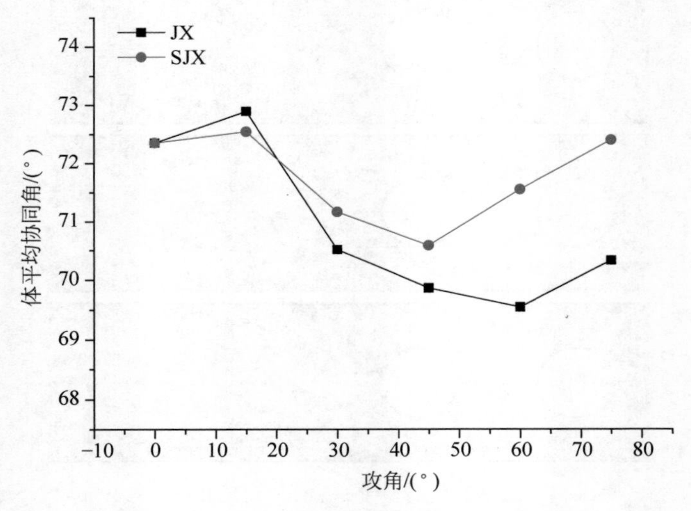

图 3-45 矩形、三角形小翼的体平均协同角

能量交换,通过改变二次流的分布来强化换热。

进口速度 $U=8\text{m/s}$,图 3-46 和图 3-47 分别为矩形小翼和三角形小翼在 $z=-0.0037\text{m}$ 截面上的湍动能分布。①对于矩形小翼和三角形小翼两种纵向涡发生器,随着攻角的增大,区域 1、区域 2、区域 4 和区域 6 的湍动能增加,并且矩形小翼在攻角为 60°时增加明显,三角形小翼在 45°时增加明显。②随着攻角的增大,区域 3 和区域 5 的湍动能逐渐减小,并且湍动能较低的区域面积逐渐增大。在攻角为

60°时的矩形小翼和45°时的三角形小翼中，各个纵向涡发生器后的区域，即区域3和区域5中出现较多的湍动能高的区域。

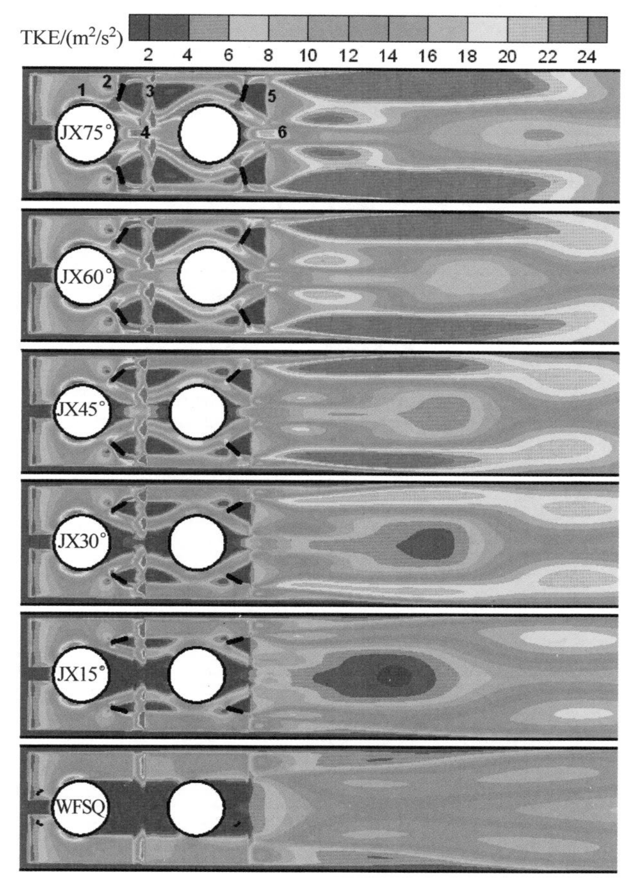

图 3-46　矩形小翼 $z=-0.0037\text{m}$ 截面湍动能分布

3.3.3　不同速度对协同角的影响

选取综合性能好、湍动能大，强化换热效果最佳的攻角为60°的矩形小翼和45°的三角形小翼纵向涡发生器的单H形翅片来分析速度对协同角的影响。

图3-48和图3-49分别为不同进口速度下矩形小翼和三角形小翼在 $z=-0.0037\text{m}$ 截面上的协同角分布对比。随着进口速度的增加，$z=-0.0037\text{m}$ 截面上的协同角增加，区域1和区域2的协同角增大较小，区域3、区域4和区域5的协同角增大较大；三角形小翼在 $z=-0.0037\text{m}$ 截面上的协同角增速没有矩形小翼的大，即随着速度的增加，三角形小翼协同角的变化缓慢。

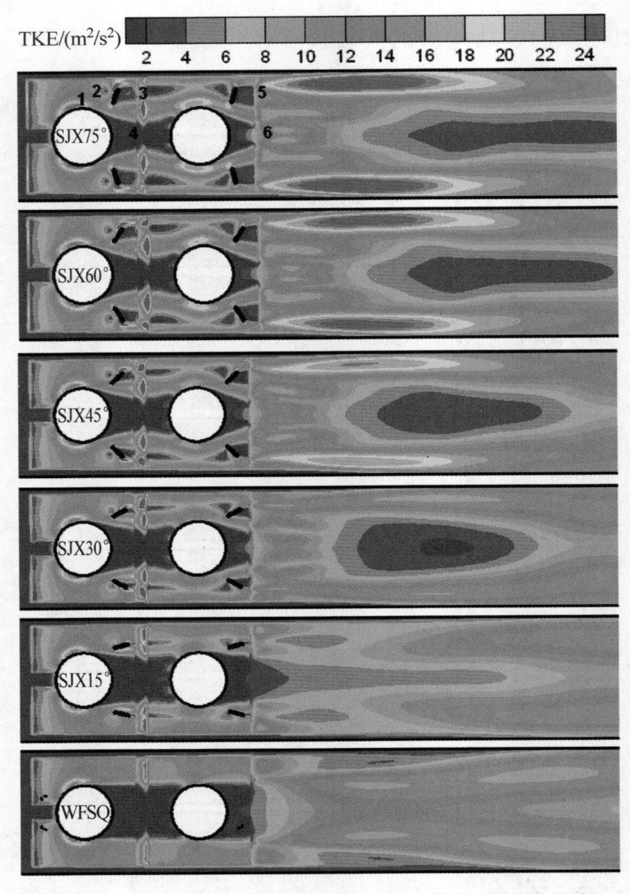

图 3-47 三角形小翼 $z=-0.0037$m 截面湍动能分布

图 3-50 和图 3-51 分别为不同进口速度下矩形小翼和三角形小翼在流动核心区的面平均协同角和体平均协同角对比，0 表示无纵向涡发生器。①随着进口速度的增大，面平均协同角和体平均协同角都增大，矩形小翼的几乎呈线性增长，三角形小翼的在低速时增长速度较快，随后逐渐变缓。②当进口速度相同时，三角形小翼纵向涡发生器的面平均协同角和体平均协同角都比矩形小翼纵向涡发生器的大，面平均协同角最大相差 1.5%，最小相差 0.45%；体平均协同角最大相差 2.2%，最小相差 1.4%。③当进口速度相同时，矩形小翼和三角形小翼的体平均协同角都要比面平均协同角大，这是因为纵向涡发生器只能改变它附近区域的速度场和温度场的协同情况，而进出口的协同角都趋近于 90°，所以在取体平均时，协同角会整体增大。

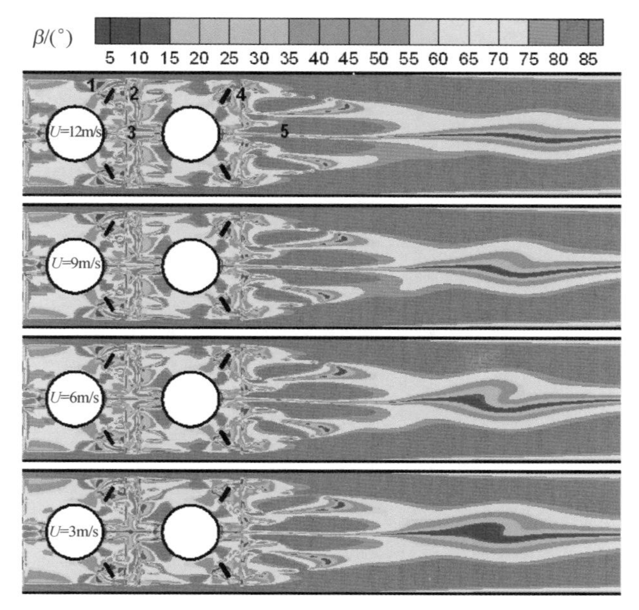

图 3-48 矩形小翼 $z=-0.0037$m 截面协同角分布

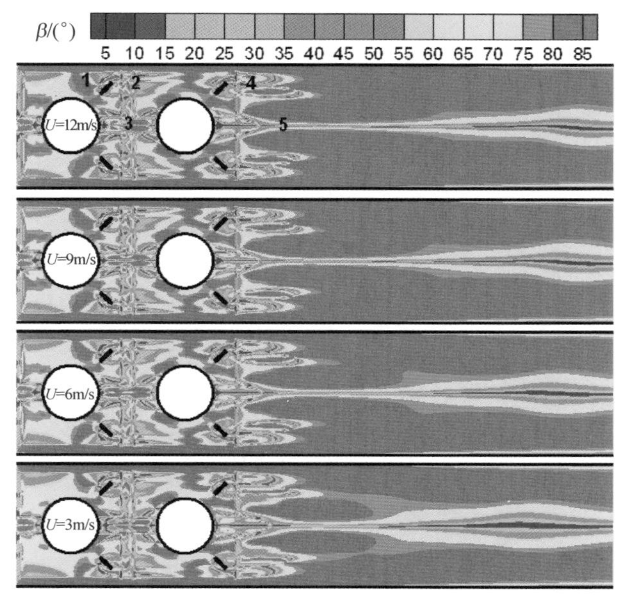

图 3-49 三角形小翼 $z=-0.0037$m 截面协同角分布

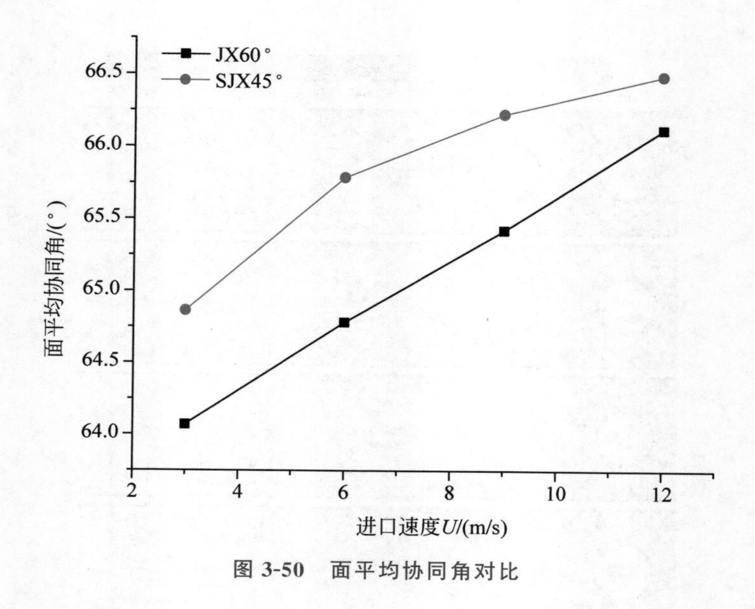

图 3-50 面平均协同角对比

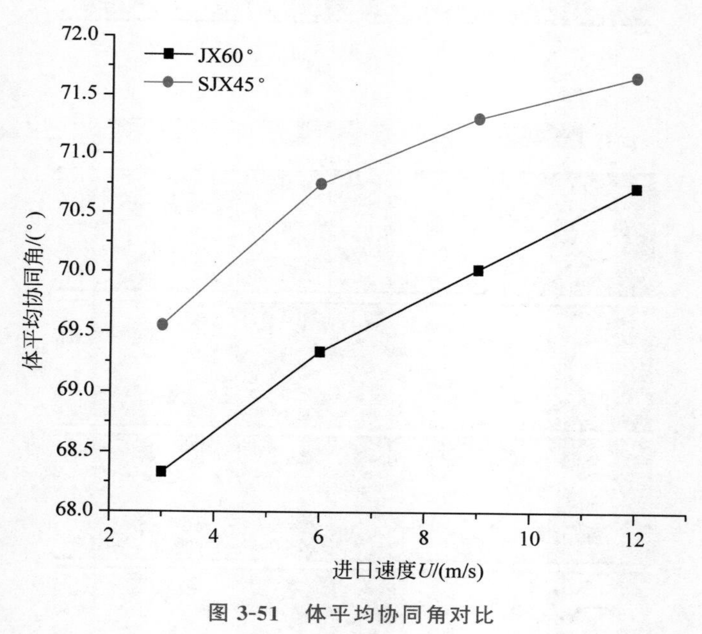

图 3-51 体平均协同角对比

3.3.4 加装纵向涡发生器对湍动能协同角的影响

在前面的章节中分析了纵向涡发生器分别对单 H 形翅片的湍动能、流场、温度场、和协同角分布的影响，它们之间是相互关联的，所以有必要进行综合对比分析。由本书得到的结论可知60°矩形小翼和45°三角形小翼纵向涡发生器的综合性能最好，因此选取60°矩形小翼和45°三角形小翼纵向涡发生器的单H形翅片进行湍动能(TKE)、速度场(U)、温度场(T)和协同角(β)的对比分析。图3-52、图3-53和图3-54分别为无纵向涡发生器、60°矩形小翼纵向涡发生器和45°三角形纵向涡发生器在$z=-0.0037$m截面上的湍动能、速度场、温度场和协同角分布对比。

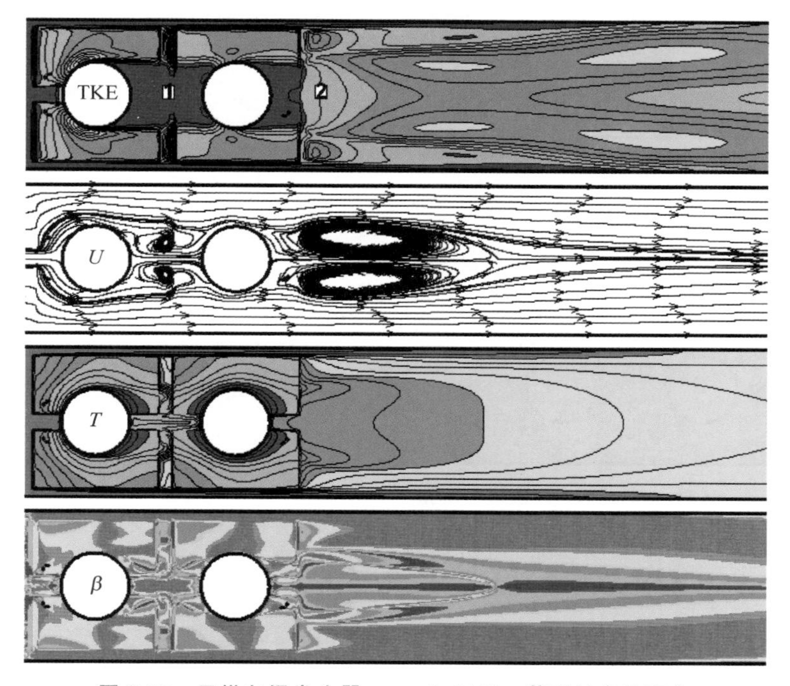

图3-52　无纵向涡发生器$z=-0.0037$m截面处参数变化

由图3-52可知，无纵向涡发生器时，换热管后的区域1和区域2的湍动能非常小，并且低湍动能区域的面积很大，这是因为这两个区域相互对应的是换热管后速度场的回流区，即速度场死区，换热能力很弱；从温度场可以得到区域1和区域2内的温度较低，并且温度梯度变化非常小，使得速度矢量和温度梯度矢量在区域1和区域2的协同较差，最终导致协同角在这两个区域接近90°。在加装了60°矩形小翼纵向涡发生器之后的湍动能、速度场、温度场和协同角分布对比如图3-53所示。①加装了60°矩形小翼纵向涡发生器之后，换热管后的区域2和区域4的低湍动能明显比无纵向涡发生器时大很多，并且低湍动能的区域面积非常小。这是因为在管壁、纵向涡发生器和单H形翅片之间形成的加速通道不断地给区域2和区域4带来高速高温气流，使得这两个回流区的面积逐渐减小，湍动能逐渐增大；同时也可以看出在管壁、纵向涡发生器和单H形翅片之间形成的两个加速通道内

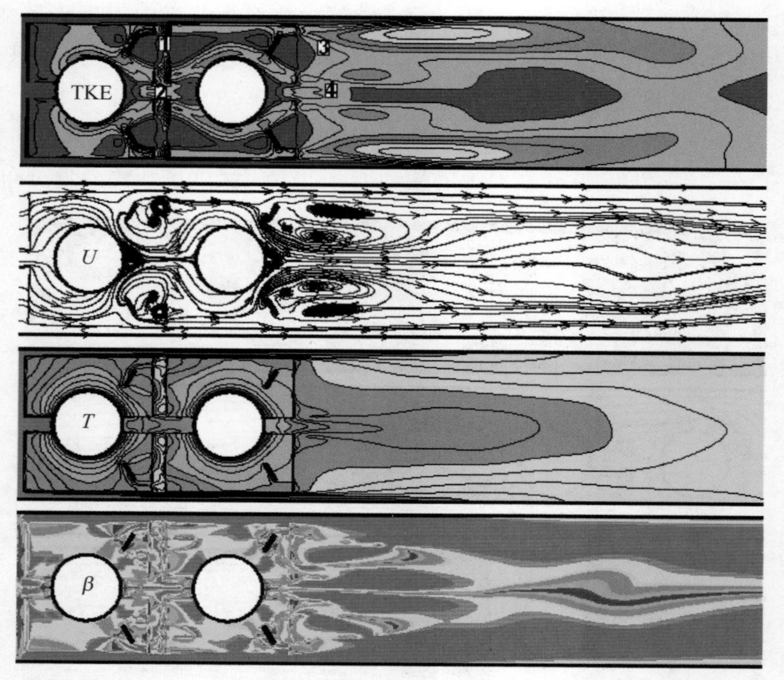

图 3-53 60°矩形小翼纵向涡发生器 $z=-0.0037\text{m}$ 截面处的参数变化

的湍动能很大。从速度场分布也可以得到管后回流区域 2 和区域 4 的面积很小，从温度场可以看出温度梯度变化增大，使得这两个区域的协同角比无纵向涡发生器的低很多。②在各个纵向涡发生器的尾部区域 1 和区域 3 的湍动能很低，从速度场分布可以看出，纵向涡发生器的存在导致了在这两个区域内形成了较大的回流区，使得这两个区域内的湍动能较低；同时从温度场分布可以看出各个纵向涡发生器周围的温度分布比无纵向涡发生器时高很多，这是湍动能增大导致的。由上述分析可以得到，由于纵向涡发生器的存在改变了纵向涡发生器周围的湍动能、速度场、温度场分布，最后使得这些区域的协同角降低，换热增强。

在加装了 45°三角形小翼纵向涡发生器之后的湍动能、速度场、温度场和协同角分布如图 3-54 所示。与图 3-52 和图 3-53 对比可得：①加装了 45°三角形小翼纵向涡发生器之后，换热管后的区域 2 和区域 4 的低湍动能区域面积要比无纵向涡发生器时小，但是比 60°矩形小翼纵向涡发生器大很多。这是因为在管壁、纵向涡发生器和单 H 形翅片之间形成的加速通道给区域 2 和区域 4 带来高速高温气流的能力要比 60°的矩形小翼纵向涡发生器小，使得这两个速度场回流区的面积较大，湍动能介于无纵向涡发生器和 60°矩形小翼纵向涡发生器之间，同理也可以得到在两个加速通道内的湍动能和温度梯度变化也是介于这两者之间，使得这两个

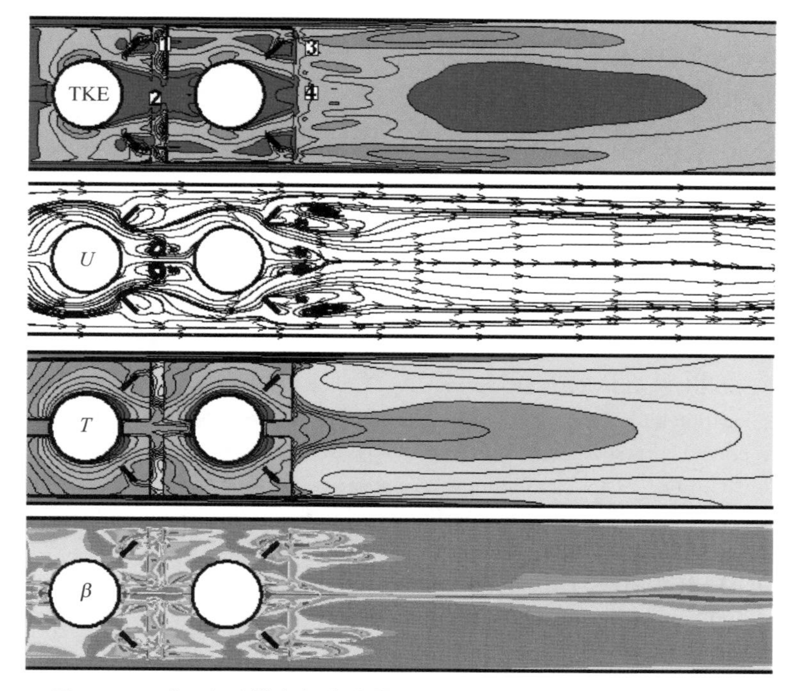

图 3-54 45°三角形纵向涡发生器 $z=-0.0037\mathrm{m}$ 截面处的参数变化

区域的协同角比无纵向涡发生器时小，比60°的矩形小翼纵向涡发生器大。②在各个纵向涡发生器的尾部区域1和区域3的低湍动能区域面积要比60°的矩形小翼纵向涡发生器小很多，这是因为45°三角形纵向涡发生器的迎流面积要比60°的矩形小翼纵向涡发生器小很多。从速度场分布也可以看出，在这两个区域内形成的回流区面积要比60°的矩形小翼纵向涡发生器的小很多；同时从温度场分布可以看出各个纵向涡发生器周围的温度也是介于无纵向涡发生器和60°矩形小翼纵向涡发生器之间，主要由湍动能的变化导致。

由上述分析可以得到，45°三角形纵向涡发生器周围的湍动能、回流区面积、温度梯度分布介于无纵向涡发生器和60°矩形小翼纵向涡发生器之间，这些区域的协同角也是介于两者之间。

参考文献

[1] FIEBIG M. Embedded vortices in internal flow: Heat transfer and pressure loss enhancement[J]. International Journal of Heat and Fluid Flow,1995,22: 376-388.

[2] GUO Z Y,LI D Y,WANG B X. A novel concept for convective heat transfer enhancement [J]. International Journal of Heat and Mass Transfer,1998,41(14): 2221-2225.

[3] 过增元. 对流换热的物理机制及其控制[J]. 科学通报,2001,45(19): 2118-2122.

[4] 李志信,过增元. 对流传热优化的场协同理论[M]. 北京: 科学出版社,2010.

[5] JACOBI A M, SHAH R K. Heat transfer surface enhancement through the use of longitudinal vortices: a review of recent progress[J]. Experimental Thermal and Fluid Science,1995,11: 295-309.

[6] EDWARDS F J, ALKER G J R. The improvement of forced convection surface heat transfer using surfaces protrusions in the form of (A) cube and (B) vortex generators [C]//Proceedings of the 5th International Heat Conefrenee,Tokyo. [S. l. : s. n.],1974,2: 244-248.

[7] PESTEEI S M,SUBBARAO P M V,AGARWAL R S. Experimental study of the effect of winglet location on heat transfer enhancement and pressure drop in fin-tube heat exchangers [J]. Applied Thermal Engineering,2005,25: 1684-1696.

[8] WANG C C,LO J, LIN Y T. Flow visualization of annular and delta winglet vortex generators in fin-and-tube heat exchanger application[J]. International Journal of Heat and Mass Transfer,2002,45(18): 3803-3815.

[9] SOHAL M S,O'BRIEN J E. Improving air-cooled condenser performance using winglets and oval tubes in a geothermal power plant [J]. Geothermal Resources Council Transactions,2001,25: 1-7.

[10] JACOBI A M,SHAH R K. Heat transfer surface enhancement through the use of longitudinal vortices: a review of progress[J]. Experimental Thermal and Fluid Science, 1995,11: 295-309.

[11] TURK A Y, JUNKHAN G H. Heat transfer enhancement downstream of vortex generators on a flat plate[C]//Heat Transfer 1986,Proceeding of the 8th International Heat Transfer Conference,August 17-22,San Francisco. [S. l. : s. n.],1986(6): 2903-2908.

[12] RUSSELL C M. B,JONES T V,LEE G H. Heat transfer enhancement using vortex generations[J]. Heat Transfer 1982,Proceeding of the 7th International Heat Transfer Conference,September 06-10,Munich. [S. l. : s. n.],1982,3: 283-288.

[13] 叶秋玲,周国兵,程金明. 矩形通道中不同涡流发生器对换热和压降的影响[J]. 中国电机工程学报,2010,30(1l): 86-91.

[14] TIGGELBECK S,MITRA N K,FIEBIG M. Flow Structure and heat transfer in a channel with multiple longitudinal vortex generators[J]. Experimental Thermal Fluid Science, 1992,5: 425-436.

[15] TIGGELBECK S,MITRA N K,FIEBIG M. Experimental investigations of heat transfer enhancement and flow losses in a channel with double rows of longitudinal vortex generators[J]. International Journal of Heat and Mass Transfer,1993,36: 2327-2337.

[16] TIGGELBECK S,MITRA N K,FIEBIG M. Comparison of wing-type vortex generators for heat transfer enhancement in channel flows [J]. Journal of Heat and Transfer,1992, 5: 425-436.

[17] FIEBIG M,VALENCIA A,MITRA K. Local heat transfer and flow losses in fin-and-tube

heat exchangers with vortex generators: A comparison of round and flat tubes[J]. Experimental Thermal and Fluid Science,1994,8(1): 35-45.

[18] FIEBIG M,VALENCIA A,MITRA N K. Wing-type vortex generators for fin-and-tube heat exchangers[J]. Experimental Thermal and Fluid Science,1993,7: 287-295.

[19] LEU J S,WU Y H,JANG J Y. Heat transfer and fluid flow analysis in plate-fin and tube heat exchangers with a pair of block shape vortex generators[J]. International Journal of Heat and Mass Transfer,2004,47(19-20): 4327-4338.

[20] LU B,JIANG P X. Experimental and numerical investigation of convection heat transfer in a rectangular channel with angled ribs[J]. Experimental Thermal and Fluid Science, 2006,30(6): 513-521.

[21] WU J M, TAO W Q. Numerical study on laminar convection heat transfer in a rectangular channel with longitudinal vortex generator. Part A: Verification of field synergy principle[J]. International Journal of Heat and Mass Transfer,2008,51(5-6): 1179-1191.

[22] TIAN L T,HE Y L,TAO Y B. A comparative study on the air-side performance of wavy fin-and-tube heat exchanger with punched delta winglets in staggered and in-line arrangements[J]. International Journal of Thermal Sciences,2009,48(9): 1765-1776.

[23] 李亚雄,虞斌. 不同纵向涡发生器流动传热的数值模拟[J]. 热能动力工程,2018,33(5): 26-32.

[24] 雷聪,雷勇刚,宋翀芳,等. 内插矩形翼纵向涡发生器的强化传热圆管性能分析[J]. 太原理工学报,2017,48(2): 169-173.

[25] 唐凌虹,曾敏. 涡发生器矩形通道内流动换热性能[J]. 中国科学院大学学报,2018,35(2): 240-247.

[26] 闫凯,刘妮,朱昌盛,等. 纵向涡发生器对百叶窗翅片管换热器性能的提升[J]. 制冷技术,2016,36(3): 19-23.

[27] 曾卓雄,刘建全,王漳军. 矩形小翼和三角形小翼纵向涡发生器流动换热研究[J]. 热能动力工程,2016,31(1): 13-19.

[28] 曾卓雄,王漳军,刘建全. 不同纵向涡发生器翅片通道内速度场与温度场协同的数值研究[J]. 应用数学和力学,2015,36(7): 744-755.

[29] FIEBIG M. KALLWEIT P, TIGGELBECK S. Heat transfer enhanced and drag by longitudinal vortex generators in channel flow[J]. Experimental Thermal and Fluid Science,1991,4: 103-114.

[30] FIEBIG M. Vortices,generators and heat transfer[J]. Chemical Engineering Research and Design,1998,76: 108-123.

[31] 李志信,过增元. 对流传热优化的场协同理论[M]. 北京: 科学出版社,2010.

[32] 过增元,黄素逸. 场协同原理与强化传热新技术[M]. 北京: 中国电力出版社,2004.

[33] TAO W Q,HE Y L,QU Z G. Application of the field synergy principle in developing new type heat transfer enhanced surface[J]. Journal of Enhanced Heat Transfer,2004,11: 433-449.

[34] TAO W Q,HE Y L,WANG B X. Field synergy principle for enhancing convective heat transfer-its extension and numerical verification[J]. International Journal of Heat and Mass Transfer,2002,45(18): 3849-3856.

第4章 CHAPTER 4 先进驻涡燃烧室流动传热机理

在现代高性能燃气轮机设计中，对于军用发动机来说，需要具备更好的温升能力和更宽的油气比范围，最大限度地提高做功能力；而民用航空对发动机的污染排放和效能指标更是制定了非常严格的规定。高温升、低污染两大指标已经成为当前先进燃气轮机燃烧室设计和研究的重要内容[1-3]。

燃烧组织技术是主燃烧室设计与研究的重要技术之一，优秀的燃烧组织方式可以使发动机燃烧室各项性能达到规定的标准。常规的燃气轮机燃烧室通常由旋流器形成回流区，该回流区属于压力梯度涡，致使回流区内油气混合不充分。燃烧室的稳定油气比范围窄，形成的火焰稳定性较差，污染物的排放也较高[4]。有别于常规的旋流器式燃烧室，驻涡燃烧室（trapped vortex combustor，TVC）一般由主燃烧室和值班燃烧室两部分组成，主燃烧室是燃料主要燃烧的区域，值班燃烧室依据凹腔形成回流区来提供稳定点火源。对驻涡燃烧室的研究结果表明：与传统燃烧室对比，驻涡燃烧室氮氧化物（NO_x）的排放减少了 40%；在较大进口速度下其燃烧效率仍大于或等于 99%；其工作范围拓宽了 40%以上[5-6]。在针对先进发动机主燃烧室的众多设计思路中，驻涡燃烧室因其结构简单、质量轻、火焰稳定方式独特、较强的再点火能力和低污染物排放等优点[7-10]，成为潜在的最具发展前景的设计方案之一。

4.1 研究概况

燃烧组织方式的不同对驻涡燃烧室的性能影响很大。通过改变供油方式，可以将富油-淬熄-贫油（RQL）技术或贫油预混预蒸发（LPP）技术与驻涡稳定燃烧技术结合起来，形成 RQL-TVC 燃烧室[11]和 LPP-TVC 燃烧室[12]。驻涡燃烧室作为一种较新颖的燃烧室，为了在驻涡区中形成理想的双涡结构，需要驻涡区前、后壁的进气速度比恰当匹配，而不同的燃烧室结构对应的速度比不同，导致在设计和性能调控上存在难度，应用起来非常不方便。文献[13]通过设置一个导流片，将部分主流气体引入凹腔，使得凹腔内的涡更稳定。而实验证明，不需要驻涡区前、后壁进气，仅导流片结构即可在凹腔内形成稳定的双涡结构，但该情况下燃烧室性能较差。

在早期的研究中，驻涡被应用于导弹减阻[14]。Mair[15]和 Whipkey[16]通过研究两圆盘钝体形成的轴对称驻涡凹腔，发现前后圆盘钝体结构参数和间距对流阻有较大影响，流阻最小时两圆盘间的流动最为稳定。

Hsu 等[17-18]对第一代驻涡燃烧室进行了实验研究，其结构关于中心轴对称分布。第一代 TVC 主要包括三个部件，其中前体和后体组建成凹腔而形成驻涡区，与凹腔后体相连的中心体可以前后滑动，以此改变驻涡区的大小。燃料通过中心体内部的管道，从后体流入凹腔。

第一代驻涡燃烧室具有压力损失小、燃烧效率高和贫油吹熄范围广等特点，一经提出便得到了广泛的关注与研究[19-21]。Sturgess 等[22]研究了 TVC 内凹腔卷吸强度与主流和射流动量之间的关系，发现存在一定的凹腔长深比，使凹腔卷吸强度随射流动量的改变而改变。Christopher 等[23]应用大涡模拟方法研究了 TVC 内空气与燃料的混合和燃烧状况，发现较高的进气速度有助于提高燃料与空气的混合率。

利用凹腔驻涡进行稳焰的思想在第一代驻涡燃烧室中得到了充分体现，然而其存在的不足也是显而易见的，主要问题是：①凹腔与主流之间热质交换程度小，燃料基本都在凹腔进行燃烧，致使凹腔的热负荷非常高。②凹腔内油气比很大，有部分燃料未进行完全燃烧，直接流向燃烧室出口，降低了燃烧室的燃烧效率。

为了利用好驻涡区的能量，出现了第二代驻涡燃烧室[24]。第二代 TVC 较第一代在结构布置和供油方式上有明显的变化。首先，凹腔驻涡区由内部驻涡转变为外部驻涡，有利于凹腔驻涡与主流间的热质交换、维持火焰稳定并增大点火概率；其次，主流增加了燃料进气，燃料与空气在上游预混后进入燃烧区燃烧，从而提高温升并改善燃烧室出口温度分布情况。通过对第二代 TVC 的实验研究，发现其燃烧流动特性具有以下特点[24-25]：①较好的燃烧稳定性。凹腔内流场受主流影响较小，当主流速度较大时，不仅没有吹熄凹腔内火焰，反而增强了旋涡稳定性。②更宽的油气当量比范围。第二代 TVC 通过调节主流燃料流量来改变燃烧室内油气当量比，且当量比在 0.05～1 改变时，燃烧室仍然能正常稳定地工作。

无论是第一代还是第二代 TVC，其燃烧实验采用的燃料都为气体燃料，对于液体燃料在驻涡燃烧室内的燃烧流动特性尚不清楚。为此，出现了第三代驻涡燃烧室。第三代 TVC 的驻涡区沿用第二代的外部驻涡形式，但第三代 TVC 在第二代 TVC 凹腔后壁面射流的基础上增加了凹腔前壁面射流。第三代 TVC 有以下特点：①无论是双涡还是单涡状态，其燃烧效率和稳定性都有显著提升。②继承了前两代驻涡燃烧室贫油吹熄(LBO)极限不受主流速度影响太大的特点。③双涡结构能实现最低的LBO极限、有效抑制NO_x的产生，从而提高了燃烧效率和降低了污染物排放。

第三代TVC的燃烧实验表明[26]，凹腔中燃料与空气的喷入位置对燃烧性能的影响很大。可以通过调整高压驻涡燃烧室的凹腔喷孔位置，使其形成双涡结构，如图4-1所示。双涡结构利用其中一个驻涡实现稳定燃烧，另一个驻涡与主流进行良好的热质交换，从而有效改善主流与凹腔流间的掺混率与点火速率，并进一步提高燃烧效率，拓宽LBO极限。

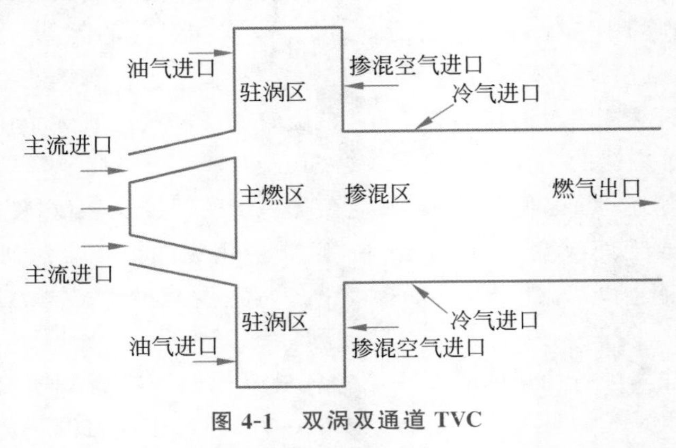

图4-1 双涡双通道TVC

双涡三通道TVC的设计旨在降低燃烧室出口的NO_x排放，在双涡双通道燃烧室中，两主流通道间的区域可形成高温回流，进而在回流区生成高温NO_x，增加了燃烧室出口NO_x的排放。而双涡三通道燃烧室的中间主流通道可有效阻止大面积高温回流区的形成，从而减少高温NO_x的生成量，降低污染物排放。结果显示，三通道燃烧室的NO_x排放较二通道降低了20%[27]。

实验研究表明高压驻涡燃烧室具有以下优点[24]：①高空再点火性能显著提升。高压驻涡燃烧室可实现14km高空压力条件下的再点火，较传统燃烧室高度增加近5km。②LBO极限范围宽。高压驻涡燃烧室的LBO极限比传统旋流燃烧室宽50%左右。③燃烧效率高。高压驻涡燃烧室在一定当量比区间工作时，燃烧效率可达到99%以上，且高效燃烧的当量比区间较常规燃烧室宽40%。

将TVC运用于旋转冲压发动机[28-29]可对燃烧室进行结构和技术上的改进，而改进后的TVC被称为"先进驻涡燃烧室(advanced vortex combustor，AVC)"，如图4-2所示。先进驻涡燃烧室工作机理是在燃烧室通道内设置一前一后两钝体，依靠钝体之间的区域作为凹腔，形成旋涡来充当稳定的点火源，旋涡区域燃烧产物能够很好地与其平行的主流气体掺混，通过旋涡将凹腔内的高温产物输出凹腔，起

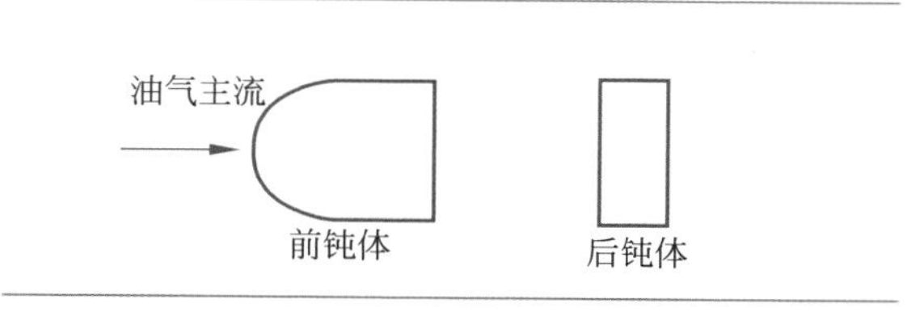

图 4-2 先进旋涡燃烧室

到引燃主流的作用。

南京航空航天大学主要针对不同主流进气方式和凹腔进气位置对燃烧性能的影响进行了研究，并得到了燃烧室的燃烧流动性能、点火熄火性能和燃烧效率等方面的试验数据和规律[30]。何小民等对第一代驻涡燃烧室的冷态流场进行了研究，初步确立了燃烧室的基本结构参数，以及每一种结构下中心体长度与前钝体直径的最佳比例，以使旋涡更加稳定，在该比例下的总压损失也最小[31]。之后又研究了进口温度、进口流量、油气比和余气系数等参数对双涡双通道驻涡燃烧室的燃烧室燃烧性能的影响，发现在不同的工况下，燃烧室均能实现正常的点火和燃烧，进口温度的增加有助于改善点火和熄火性能，提高燃烧效率[32-34]。在对 RQL 工作模式下的燃烧室进行燃烧排放试验时，采用了液态航空煤油作为燃料，得出了进气参数与排放物之间的作用规律，如随着驻涡余气系数增大，一氧化碳质量分数升高，NO_x 的质量分数降低等[35-37]。

北京航空航天大学对驻涡燃烧室的凹腔涡结构、油气匹配关系、供油位置选择、出口温度分布和污染物排放等方面做了一系列的研究。樊未军等对凹腔双涡结构进行了研究[38-39]，并应用大涡模拟方法研究了驻涡的形成发展过程[40]。结果表明凹腔的几何条件和凹腔内吹气位置对涡的形成有直接影响；对 RQL 驻涡燃烧室的污染物排放试验研究结果表明[41]，RQL 驻涡燃烧室在污染物排放方面具有突出优势，加大凹腔后壁的进气速度能够有效降低 NO_x 的排放。

邢菲等对油气比匹配影响下的驻涡燃烧室的点火性能进行了实验[42]，并研究了蒸发管供油方式下的驻涡燃烧室贫油点火性能[43-45]，结果表明主流进气量和凹腔后壁进气温度等对燃烧室熄火性能有影响，蒸发管供油方式下的燃烧室在主流温度 $T=623\sim723\text{K}$，$Ma=0.3\sim0.55$ 条件下都能实现点火成功。另外，在 TVC 出口温度分布情况、掺混孔流量分配和供油位置选择等方面也取得了一定的成果[45-48]。

王昆等[49]将凹腔驻涡技术和无焰燃烧技术结合起来，设计了一种基于驻涡稳定的无焰燃烧室，并对该燃烧室开展了实验研究。

张智博等[50]基于 TVC 的基本结构，提出了旋转流线涡技术，并对比分析了该技术与驻涡燃烧技术对燃烧室性能和驻涡的影响。结果表明：与 TVC 相比，旋转流线涡技术能使燃烧室内部形成更良好的流场，并且凹腔内的涡更靠近凹腔顶端、范围更大、掺混效果更好。旋转流线涡燃烧室的燃烧效率要比传统驻涡燃烧室有所提高，火焰的长度也较短，但是其总压损失增大了2%左右。

对于先进驻涡燃烧室方面，邓洋波等[51-53]研究了先进驻涡燃烧室的燃烧和流动特性，探究了燃烧室的稳定性随钝体布置方法之间的关系，对先进驻涡燃烧室的总压损失、燃烧效率、污染物排放等特性也开展了相关的研究。

钟兢军等[54-56]对先进驻涡燃烧室的冷态气流结构和其他参数进行了研究以改进驻涡燃烧室的结构。他们对阻塞比为67%的驻涡燃烧室流场进行了数值模拟，探讨了燃烧室内部的旋涡结构和分布情况。

刘世青等[57-59]探讨了驻涡燃烧室前后钝体形状改变时的燃烧室冷态流动特性，确定了最佳的前、后钝体几何形状和钝体之间的距离，并得出不同几何结构下燃烧室的总压损失分布。

孙海涛[60]对环形驻涡燃烧室的流动与燃烧进行了模拟研究，以氢气为燃料，当量比在0.5～0.65，环形驻涡燃烧室都能够维持稳定的燃烧。对环形驻涡燃烧室后钝体开通槽改进后，凹腔内的旋涡结构更加对称，燃烧室内 NO_x 生成量减少。

王志凯等[61-63]对后钝体开口AVC的湍流流动和燃烧特性进行了数值研究，并用场协同原理对燃烧室的流动和传热性能进行了综合评价。

曾卓雄等[64]对绝热壁面AVC冷却和掺混燃烧性能进行了数值模拟，分析了入射角和射流比对压力损失、燃烧效率和壁面气膜冷却效率等的影响。

近年来出现了超紧凑燃烧室(ultra compact combustor，UCC)[65]，其通常应用于级间燃烧室，在涡轮导向叶片的外表面开设一个径向凹腔，在叶片的周向位置开设一个周向凹腔。在周向凹腔中为富油燃烧，火焰的稳定依靠燃烧产物在凹腔中的回流实现。未完全燃烧的燃料流向径向凹腔，进行二次燃烧。叶片前缘设置了火焰稳定器，燃烧产物在此处被吸卷并流向主流，从而实现整个燃烧过程。

4.2 AVC流动传热的场协同分析

强化传热是国际传热界热门的研究课题，单相传热强化的机理有三种解释：①减薄热边界层；②增加流体的扰动；③增加壁面附近速度梯度。到20世纪末期也仍没有一种统一的理论。1998年，过增元通过把边界层能量方程对边界层厚度从零到外边界做积分，在外边界上温度的一阶导数为零，得到了如下结果：

$$\rho c_p \int_0^{\delta_t} \boldsymbol{U} \cdot \nabla \boldsymbol{T} \mathrm{d}y = q_w = -k \left. \frac{\partial T}{\partial y} \right|_{y=0}$$

等号前面是两个矢量的点积，等号后面是壁面换热量，而矢量点积等于两个矢量的模乘以两个矢量夹角的余弦。夹角越小，乘积越大，所以在相同的温差下，两个矢量的夹角越小，传递越强。根据定义，当几个作用同时在一起时，如果它们是互相合作的或是联合的，这种情况叫协同。场协同原理[66-67]表明：改进协同，使温度梯度和速度方向一致，能大大强化传热。该原理揭示了单相对流传热的最基本的强化原理，所有的单相对流的强化技术，都可以用场协同原理来解释。协同角对于揭示局部换热较差的位置是很好的指标，要强化一个换热表面，必须要把什么地方协同最差找出来，AVC 内有涡和回流的地方，一部分肯定是逆着协同方向走的，但另外一部分协同得更好。由此可见，场协同原理提供了一个非常好的改进换热效果的方法。

4.2.1 计算模型和方法

场协同理论从流场和温度场相互配合的角度重新审视了对流传热的物理机制，不仅能够统一认识现有传热现象的物理本质，还可以指导发展新的传热强化技术，更适合节能和工程应用[68]。

数值计算采用三维雷诺平均方程，湍流模型为 Realizable k-ε 模型，近壁面采用标准壁面函数法进行处理，壁面边界条件为无滑移，压力-速度耦合采用 SIMPLEC 方法，扩散项采用二阶中心差分，对流项采用二阶迎风差分，燃烧模型为甲烷-空气有限速率化学反应模型。计算模型如图 4-3 所示。

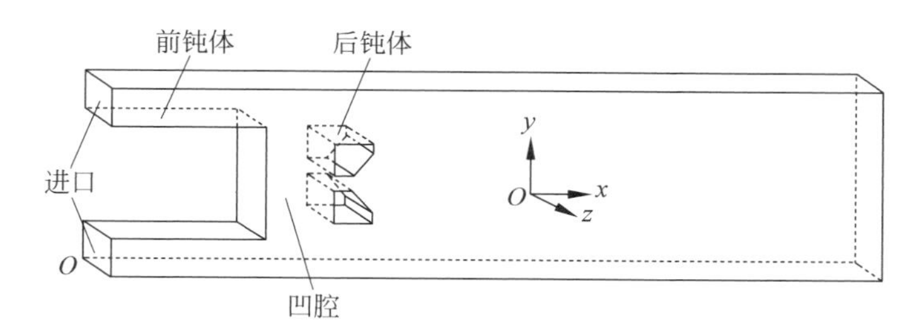

图 4-3 后钝体开口 AVC 结构模型

燃烧室入口为主流进口，边界条件采用速度入口，入口来流速度(V_{ma})和来流温度(T_{ma})见表 4-1；燃烧室出口边界条件为压力出口；燃烧室壁面为等温壁，壁面温度(T_{wall})见表 4-1。燃气当量比记为 Φ。

表 4-1 燃烧条件参数

参　数	取　值
V_{ma}/(m/s)	10,30,50,70,90,110
T_{ma}/K	300,400,500,600,700,800,900
T_{wall}/K	700,800,900,1000,1100,1200
Φ	0.6,0.8,1.0,1.2,1.4,1.6

4.2.2 AVC 速度场与温度场协同分析

甲烷与空气在当量比为 0.6、来流速度为 50m/s、来流温度为 300K 和壁面温度为 1000K 的条件下燃烧，为了清晰直观地描述燃烧室场协同角的分布情况，本节在分析时选取 AVC 纵向中心截面($z=50$mm)的协同角分布图。图 4-12 为 AVC 中心截面流线、等温线和速度与温度的协同角分布。

由图 4-4 可见，协同角较小的区域主要有三个：后钝体后侧、凹腔内和进气通道中轴线上。反映在整个燃烧室内为后钝体后侧区域、凹腔内部和进气通道横向中心截面上。表明这三个区域的流场与温度场协同程度较佳，也表明旋涡区的场协同性较好，有利于强化换热。

除去旋涡区域，燃烧室其他区域内的协同角都比较大，这是因为在正常管道流动中，大部分流速方向与等温线平行，也就是说流速方向沿流向，而热流方向基本上沿管径方向，速度矢量与热矢量的夹角(协同角)接近 90°。

为研究旋涡区速度场与温度场的协同程度，下面进一步对后钝体后侧回流区和凹腔回流区的速度场、温度场、速度与温度梯度的夹角场进行分析。图 4-5 为后钝体后侧区域的速度场、温度场和夹角分布。如图 4-5(a)和(b)所示，在后钝体后侧两个旋涡分布区内侧的流速方向几乎都垂直于等温线，即速度与温度梯度几乎都接近于平行，根据场协同原理，这时协同程度较佳。反映在图 4-5(c)上为旋涡分布区内侧的协同角都比较小。而在两旋涡外侧，流速方向与等温线平行，即速度与温度梯度夹角接近于 90°，故两旋涡外侧区域的协同角较大。

图 4-6 为凹腔内的速度场、温度场和夹角分布。如图 4-6(a)和(b)所示，在凹腔内两对称旋涡外缘，由于流速方向与等温线接近平行，即速度与温度梯度垂直，故由图 4-6(c)可见，凹腔内两旋涡外缘协同角较大。对于旋涡内部，由图 4-6(b)可见，等温线向左上方“凸起”，形成倒立的 S 形，此区域的速度矢量与等温线垂直，即速度场与温度梯度平行，根据协同原理可知此区域的协同情况较好，在图 4-6(c)上表现为旋涡内部形成倒立 S 形的低协同角区域。

此外，两旋涡之间和后钝体开口缝内的协同角较小，这是因为此处由于后钝体开口，后侧流场进入凹腔内部，流速方向与等温线垂直，即速度场与温度梯度平行。

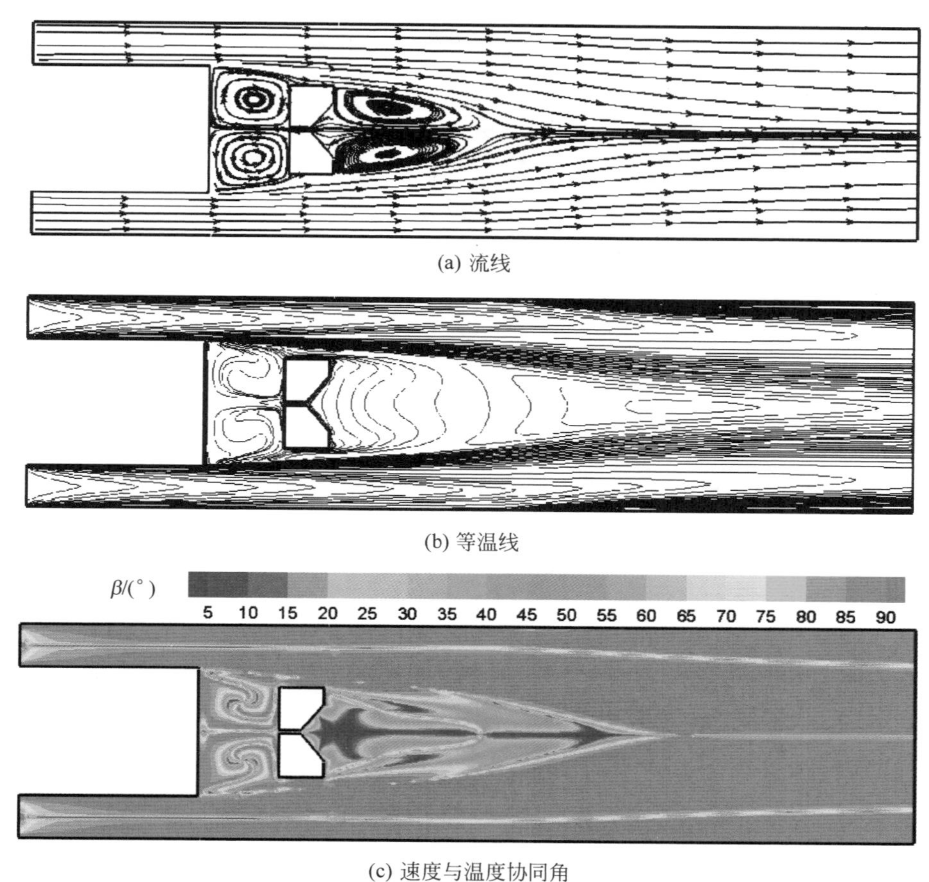

(a) 流线

(b) 等温线

(c) 速度与温度协同角

图 4-4 燃烧室中心截面流线、等温线和协同角分布

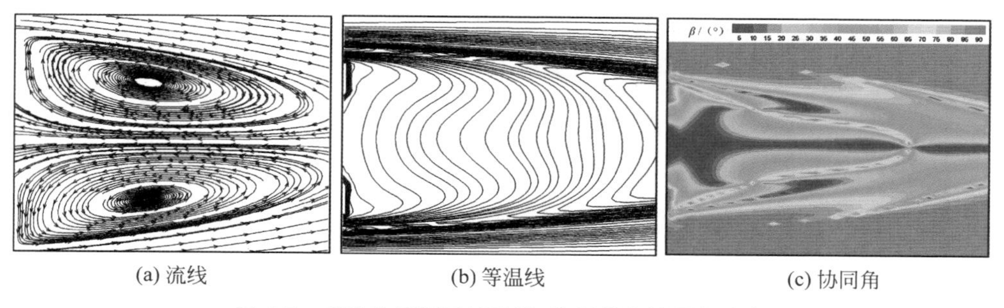

(a) 流线 (b) 等温线 (c) 协同角

图 4-5 后钝体后侧区域流线、等温线和协同角分布

图 4-7 为进气通道纵向中心截面上的速度场、温度场和夹角分布。由图 4-7(c)可见，中心轴线上协同角很小，其原因(结合图 4-7(a)和(b))在于中心轴线附近流

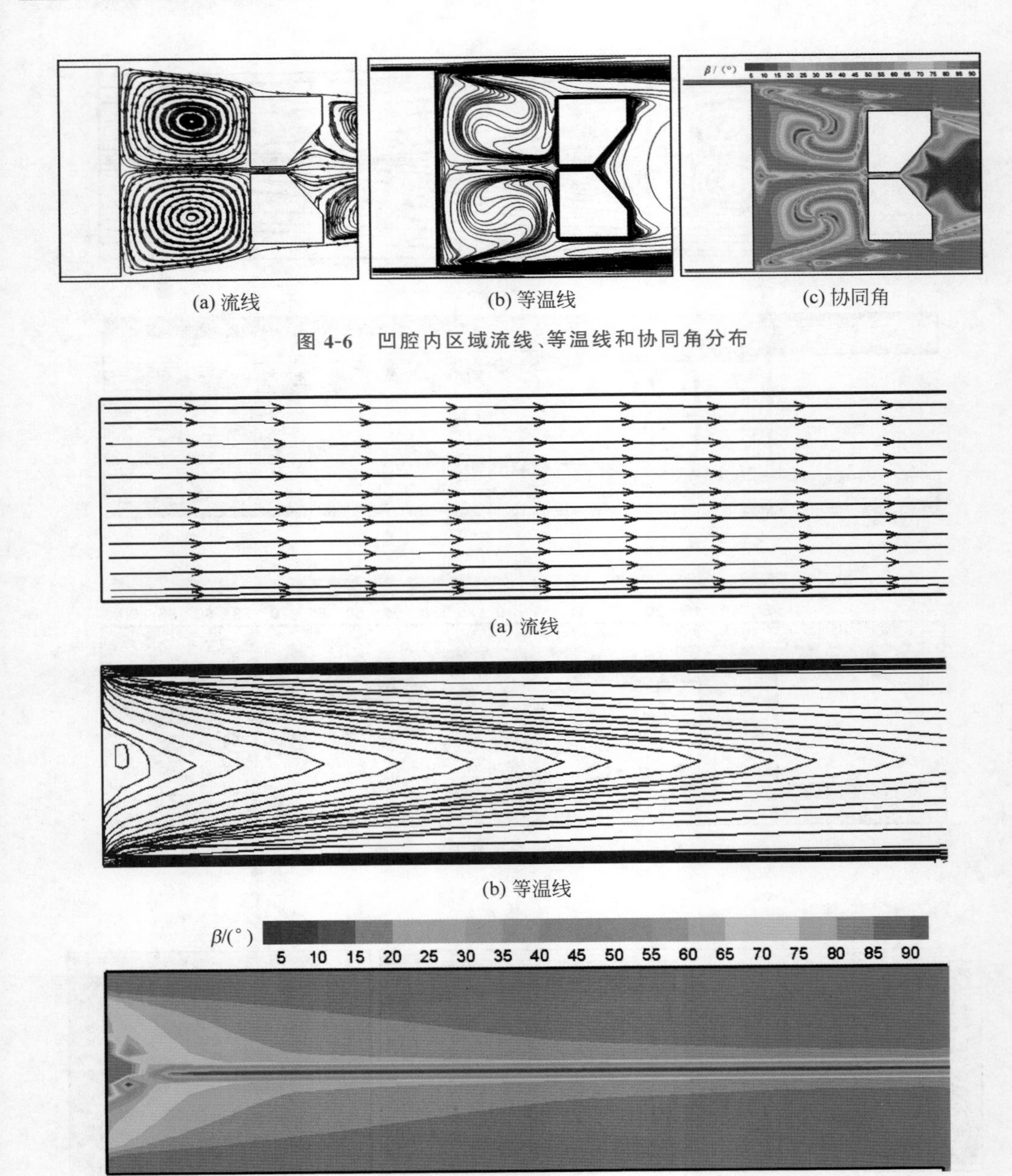

(a) 流线　　(b) 等温线　　(c) 协同角

图 4-6　凹腔内区域流线、等温线和协同角分布

(a) 流线

(b) 等温线

(c) 协同角

图 4-7　进气通道流线、等温线和协同角分布

速方向与等温线接近垂直，即流速与温度梯度几乎平行，由协同原理可知此处协同角较小，场协同性很好。在进气通道其他区域，协同角沿流向逐渐增大，其原因是

速度矢量与等温线夹角在变小，即速度矢量与温度梯度夹角在增大，场协同性变差。

图4-8为z方向不同纵截面的协同角分布。当$z=0.05\mathrm{m}$时，小角度协同场分布范围最大，故此截面的场平均协同角最小。图4-9为z方向不同纵截面的面平均协同角变化曲线。当$z=0.05\mathrm{m}$时，面平均协同角最小，低于其他截面4°左右，场协同性能显著优于其他截面，这与图4-8得出的结论一致。而$z=0.05\mathrm{m}$为燃烧室纵向中心截面，表明AVC纵向中心截面的场协同性能最好。

另外，由图4-8可知，以燃烧室纵向中心截面为对称面，关于燃烧室纵向中心截面对称的两个截面(如$z=0.02\mathrm{m}$与$z=0.08\mathrm{m}$，$z=0.03\mathrm{m}$与$z=0.07\mathrm{m}$)协同角分布情况基本一致。

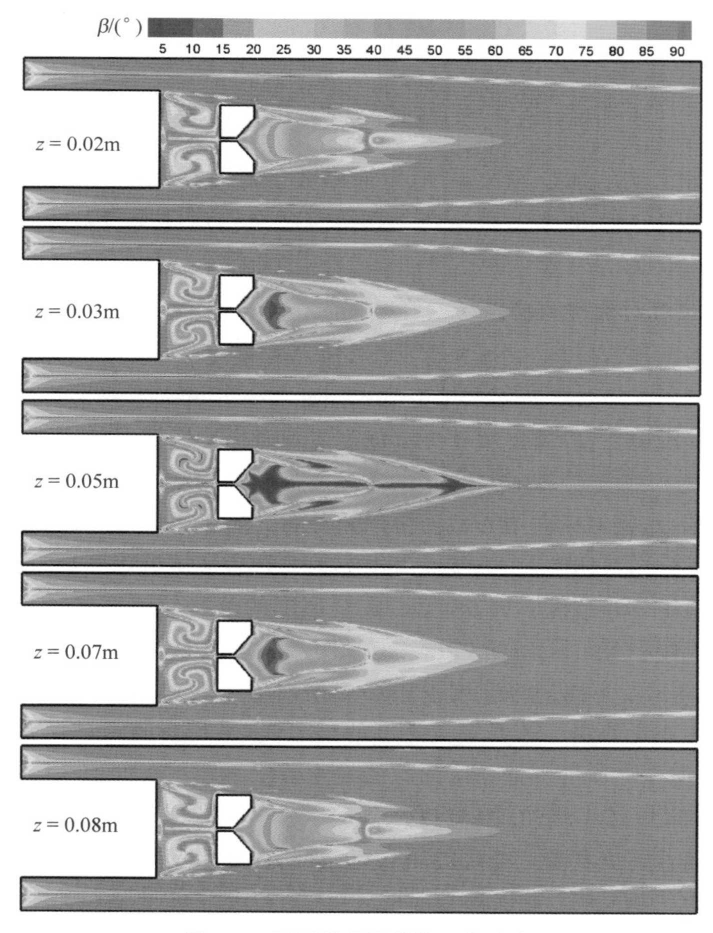

图4-8　不同纵截面的协同角分布

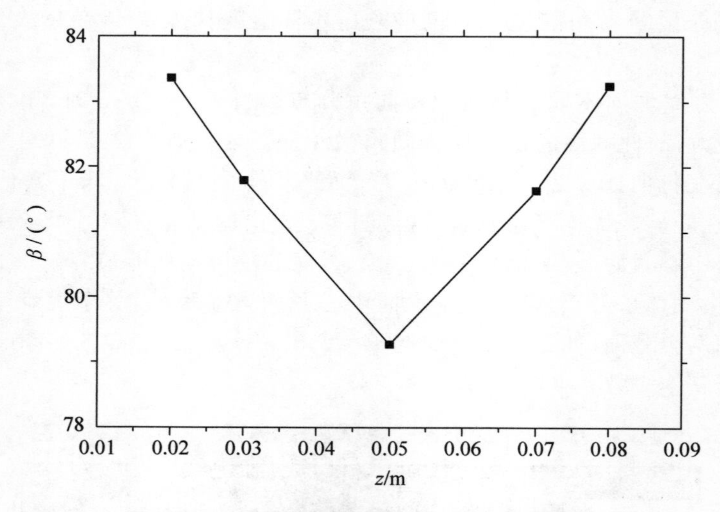

图 4-9 不同纵截面的面平均协同角变化曲线

由于燃烧室来流速度、来流温度、壁面温度和燃气当量比会影响到燃烧室内速度场和温度场的分布，有必要就这些条件下燃烧室内速度场与温度场的协同进行具体研究。

1. 来流速度对燃烧室协同场的影响分析

对于整个燃烧室流场，来流速度改变，流场和温度场也会随之发生改变，二者之间协同关系的改变对传热会产生影响。因此有必要就来流速度对燃烧室的场协同影响规律进行研究，以通过改变来流速度实现对场协同情况的控制。

图 4-10 为当燃气当量比为 0.6、来流温度为 300K、壁温为 1000K 时，在不同来流速度 V_{ma} 下，燃烧室纵向中心截面协同角分布。对于不同的来流速度，协同角较小的区域主要分布在凹腔内、进气通道中心轴线和后钝体后侧区域，而且不同速度下小角度协同场分布范围不同，其原因在于速度的改变使速度矢量和热流矢量的夹角发生了改变。

图 4-11 显示了不同来流速度下中心截面的面平均协同角与整个燃烧室的体平均协同角的变化曲线。随着来流速度的增大，体平均协同角和面平均协同角均呈递减趋势，但是高速区和低速区递减的幅度有所不同。在低速区，随来流速度增大，场平均协同角减小较快，当流速达到 50m/s 时，场平均协同角的变化较为平缓。这表明随着燃烧室来流速度的增大，场协同性逐渐变好。

由图 4-11 可见，对于速度场与温度场，体平均协同角明显大于面平均协同角，结合图 4-8 和图 4-9 可知，AVC 纵向中心截面的场协同性能最好，其他截面上的协同角较大，导致整个燃烧室的体平均协同角较大，故中心截面上的面平均协同角明

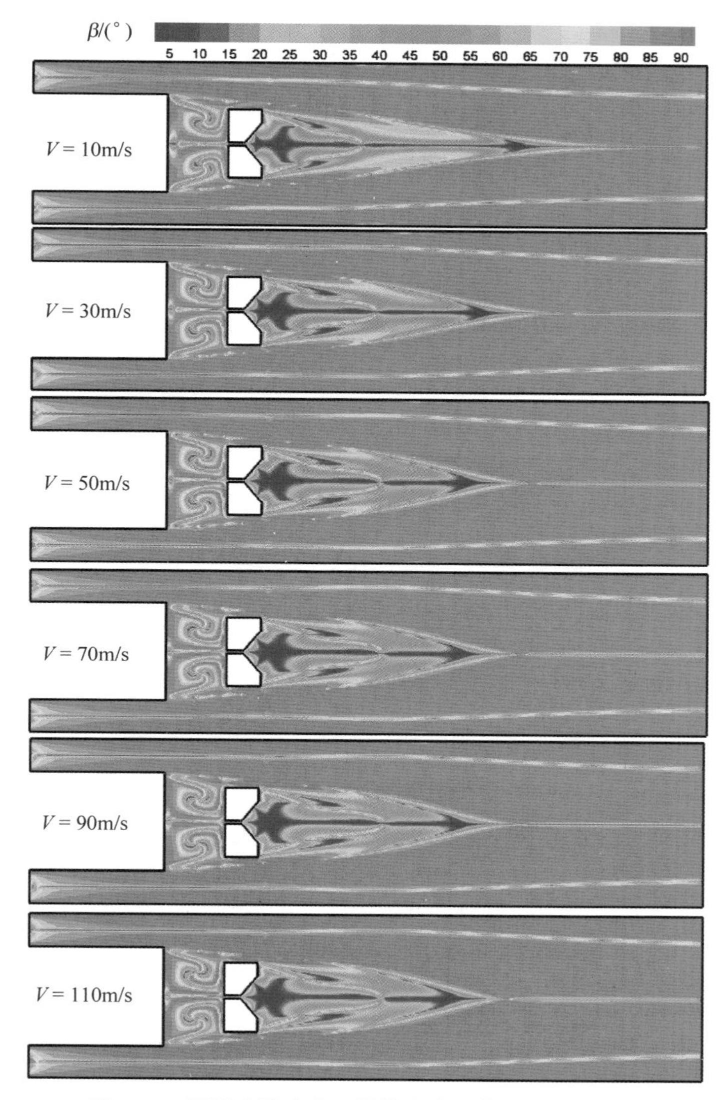

图 4-10 不同来流速度下燃烧室中心截面协同角分布

显小于体平均协同角。

图 4-11 显示 $V_{ma}=10\mathrm{m/s}$ 时场平均协同角最大，协同性最差，结合图 4-10 可知，虽然在此速度下后钝体后侧的低协同角区域沿流向最长，但是在这个范围内存在大面积的大角度协同角，故平均协同角较大。

2. 来流温度对燃烧室协同场的影响分析

图 4-12 显示了当燃气当量比为 0.6、来流速度为 50m/s、壁面恒温为 1000K

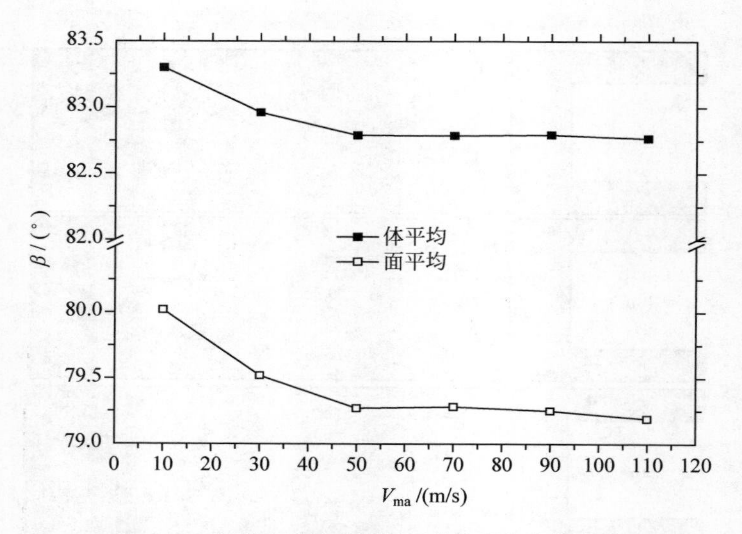

图 4-11 不同来流速度下场平均协同角变化曲线

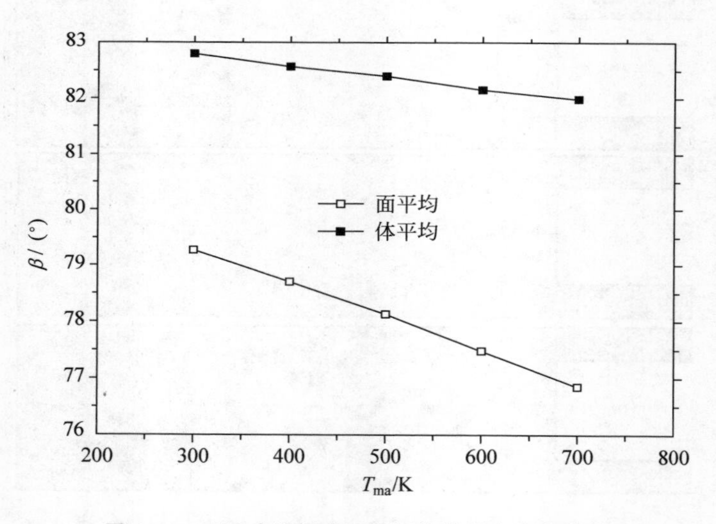

图 4-12 不同来流温度下场平均协同角变化曲线

时，随着来流温度的提高，燃烧室中心截面面平均协同角与整个燃烧室的体平均协同角的变化曲线。图 4-13 显示了不同来流温度 T_{ma} 下燃烧室中心截面场协同角的分布。

由图 4-12 可见，随着来流温度的提高，面平均协同角和体平均协同角均降低，表明来流温度的提高使得燃烧室速度场与温度场的协同性变好。其原因(结合图 4-13)在于随着来流温度的增大，后钝体后侧的小角度协同场分布沿流向增大，

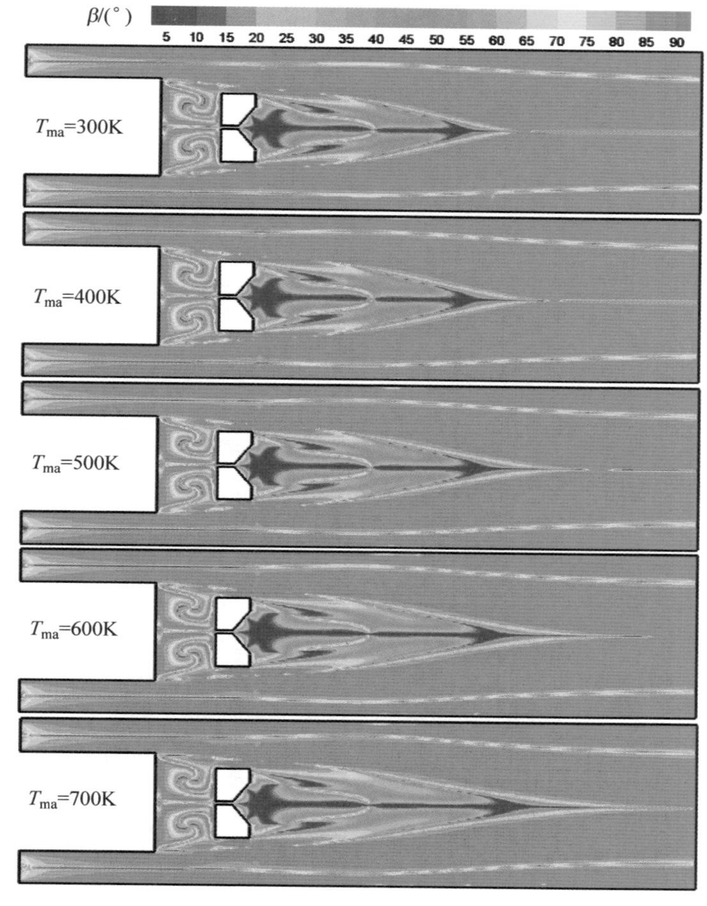

图 4-13　不同来流温度下燃烧室中心截面协同角分布

故场平均协同角逐渐减小；表明随着来流温度的提高，燃烧室的场平均协同角降低，强化换热能力增强。此外，由图 4-12 可见，体平均协同角大于面平均协同角，原因同上。

3. 壁面温度对燃烧室协同场的影响分析

图 4-14 为当当量比为 0.6、来流速度为 50m/s、来流温度为 300K 时，不同壁温 T_{wall} 对燃烧室中心截面场协同角的影响。图 4-15 显示了不同壁温下中心截面的面平均协同角与整个燃烧室的体平均协同角的变化曲线。由图 4-14 可见，随着壁面温度的提高，体平均协同角和面平均协同角增大，其原因在于随着恒温壁面温度的提高，后钝体后侧小角度协同场分布沿流向缩短；表明随着恒温壁面温度的提高，场协同性降低。此外，由图 4-15 可见，体平均协同角均大于面平均协同角。

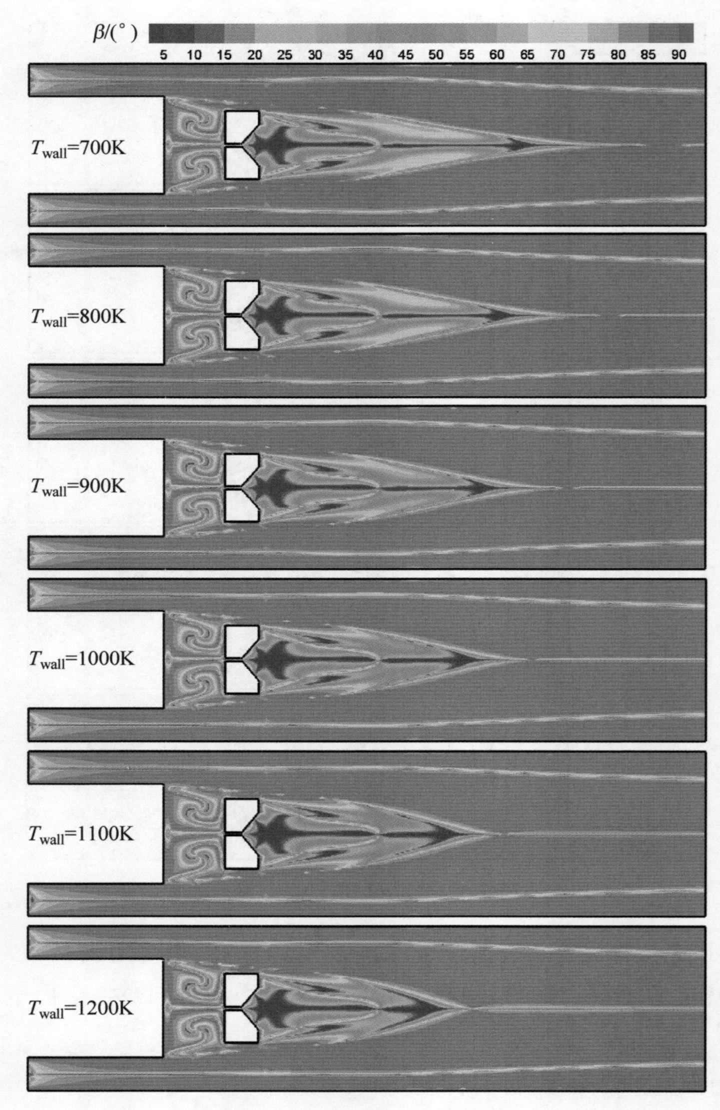

图 4-14　不同壁面温度下燃烧室中心截面协同角分布

4. 燃气当量比对燃烧室协同场的影响分析

图 4-16 为当来流速度为 50m/s、来流温度为 300K、壁温为 1000K 时，不同燃气当量比对燃烧室中心截面场协同角的影响。图 4-17 显示了不同燃气当量比下中心截面面平均协同角与整个燃烧室的体平均协同角的变化曲线。

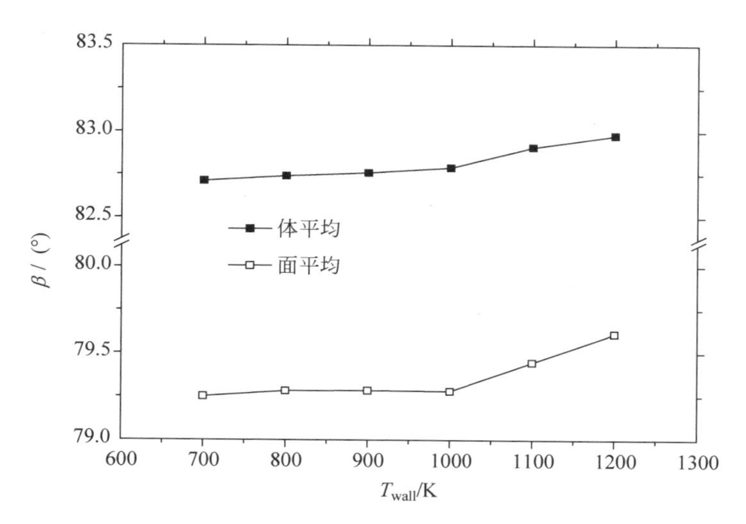

图 4-15 不同壁面温度下场平均协同角变化曲线

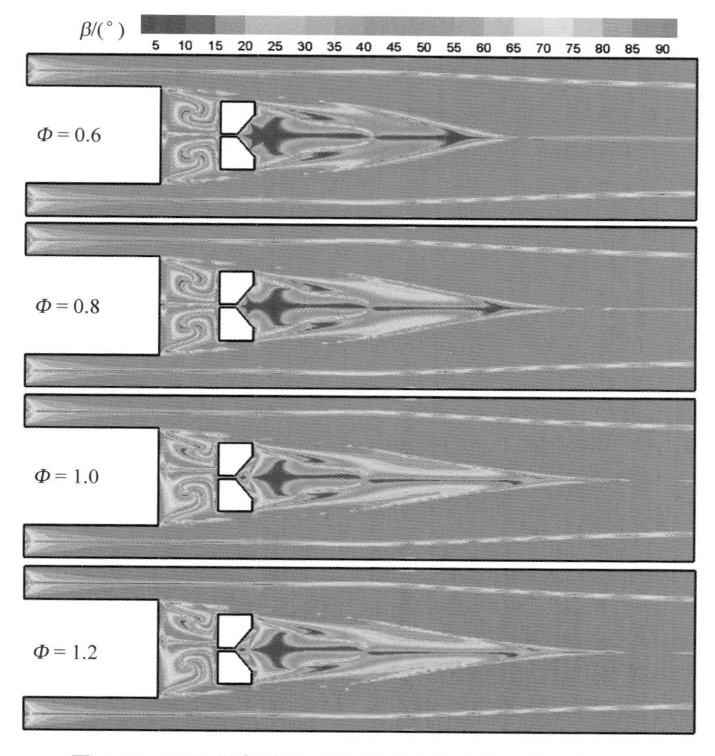

图 4-16 不同燃气当量比下燃烧室中心截面协同角分布

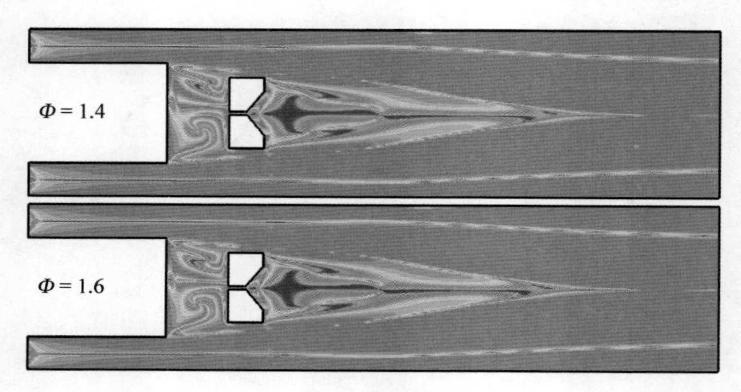

图 4-16 （续）

由图 4-17 可见，当当量比小于 1.0 时，随着当量比的增大，体平均协同角和面平均协同角增大，速度场与温度场的协同性变差。当当量比大于 1.0 时，场平均协同角变化不明显。其原因（结合图 4-16）在于随着当量比的增大，后钝体后侧小角度协同场分布区域面积明显变小；当当量比为 1.0 时，后钝体后侧区域分布基本保持一致。该结果表明：贫燃时，速度场与温度场协同性随着当量比的增大而变差；当当量比大于 1.0 时，即富燃工况下，增大当量比对场协同性影响不大。此外，由图 4-17 可见，体平均协同角均大于面平均协同角，其原因类似前述章节。

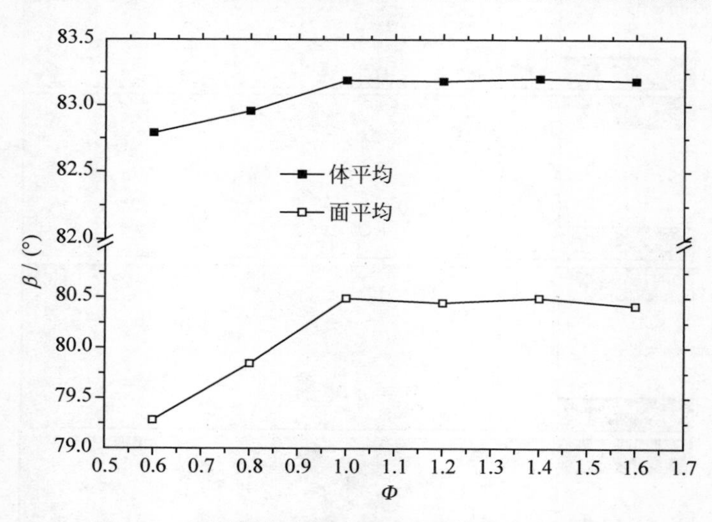

图 4-17 不同燃气当量比下场平均协同角变化曲线

4.2.3 AVC 多场协同分析

在上述基础上，进一步研究速度、温度梯度、压力梯度之间的协同，必须要考虑三者之间如何配合，可使压差增加最小，传热增加最好，或者单位泵功消耗下传热效率最高，为高效低功耗的强化换热提供理论依据。

在过增元场协同原理的基础上，刘伟等[69]基于协同角 $\alpha,\beta,\gamma,\varphi,\theta$ 建立了判断湍流强化传热性能的统一评价体系及相应的评价指标，如图 4-18 所示[70]。将流场中某一流体质点的速度矢量 $\boldsymbol{U}$ 与速度梯度 $\nabla\boldsymbol{u}$ 之间的协同角记为 α，速度矢量 $\boldsymbol{U}$ 与温度梯度 $\nabla\boldsymbol{T}$ 之间的协同角记为 β，温度梯度 $\nabla\boldsymbol{T}$ 与速度梯度 $\nabla\boldsymbol{u}$ 之间的协同角记为 γ，压力梯度 $\nabla\boldsymbol{p}$ 与速度梯度 $\nabla\boldsymbol{u}$ 之间的协同角记为 φ，速度矢量 $\boldsymbol{U}$ 与压力梯度 $\nabla\boldsymbol{p}$ 之间的协同角记为 θ。

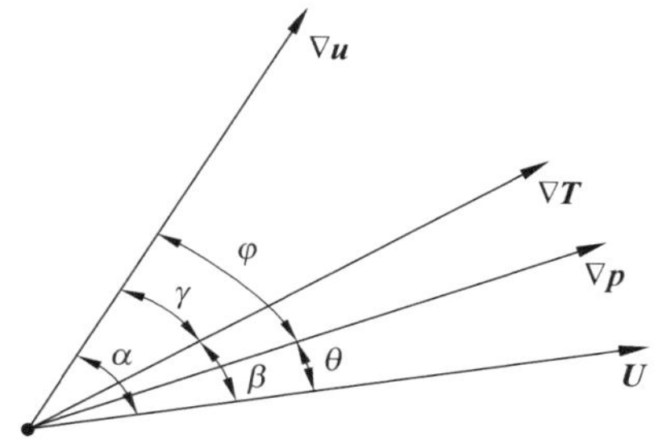

图 4-18 各量之间的场协同匹配关系

上述多个协同角反映了流动换热过程的多场协同关系，决定了传热和流动过程中的强弱程度和功耗大小，协同角越优，场协同程度越好。结合冷学礼等[71]对协同角表达式的改进，多场协同各角度表达如下：

$$\alpha=\arccos\frac{|\boldsymbol{U}\cdot\nabla\boldsymbol{u}|}{|\boldsymbol{U}||\nabla\boldsymbol{u}|}=\arccos\left|\frac{u\dfrac{\partial u}{\partial x}+v\dfrac{\partial u}{\partial y}+w\dfrac{\partial u}{\partial z}}{\sqrt{u^2+v^2+w^2}\sqrt{\left(\dfrac{\partial u}{\partial x}\right)^2+\left(\dfrac{\partial u}{\partial y}\right)^2+\left(\dfrac{\partial u}{\partial z}\right)^2}}\right| \tag{4-1}$$

$$\beta=\arccos\frac{|\boldsymbol{U}\cdot\nabla\boldsymbol{T}|}{|\boldsymbol{U}||\nabla\boldsymbol{T}|}=\arccos\left|\frac{u\dfrac{\partial T}{\partial x}+v\dfrac{\partial T}{\partial y}+w\dfrac{\partial T}{\partial z}}{\sqrt{u^2+v^2+w^2}\sqrt{\left(\dfrac{\partial T}{\partial x}\right)^2+\left(\dfrac{\partial T}{\partial y}\right)^2+\left(\dfrac{\partial T}{\partial z}\right)^2}}\right| \tag{4-2}$$

$$\begin{aligned}\gamma&=\arccos\frac{|\nabla\boldsymbol{T}\cdot\nabla\boldsymbol{u}|}{|\nabla\boldsymbol{T}||\nabla\boldsymbol{u}|}\\&=\arccos\left|\frac{\dfrac{\partial T}{\partial x}\cdot\dfrac{\partial u}{\partial x}+\dfrac{\partial T}{\partial y}\cdot\dfrac{\partial u}{\partial y}+\dfrac{\partial T}{\partial z}\cdot\dfrac{\partial u}{\partial z}}{\sqrt{\left(\dfrac{\partial T}{\partial x}\right)^2+\left(\dfrac{\partial T}{\partial y}\right)^2+\left(\dfrac{\partial T}{\partial z}\right)^2}\sqrt{\left(\dfrac{\partial u}{\partial x}\right)^2+\left(\dfrac{\partial u}{\partial y}\right)^2+\left(\dfrac{\partial u}{\partial z}\right)^2}}\right|\end{aligned} \tag{4-3}$$

$$\begin{aligned}\varphi&=\arccos\frac{|\nabla\boldsymbol{p}\cdot\nabla\boldsymbol{u}|}{|\nabla\boldsymbol{p}||\nabla\boldsymbol{u}|}\\&=\arccos\left|\frac{\dfrac{\partial p}{\partial x}\cdot\dfrac{\partial u}{\partial x}+\dfrac{\partial p}{\partial y}\cdot\dfrac{\partial u}{\partial y}+\dfrac{\partial p}{\partial z}\cdot\dfrac{\partial u}{\partial z}}{\sqrt{\left(\dfrac{\partial p}{\partial x}\right)^2+\left(\dfrac{\partial p}{\partial y}\right)^2+\left(\dfrac{\partial p}{\partial z}\right)^2}\sqrt{\left(\dfrac{\partial u}{\partial x}\right)^2+\left(\dfrac{\partial u}{\partial y}\right)^2+\left(\dfrac{\partial u}{\partial z}\right)^2}}\right|\end{aligned} \tag{4-4}$$

$$\theta = \arccos \frac{|\boldsymbol{U} \cdot \nabla \boldsymbol{p}|}{|\boldsymbol{U}||\nabla \boldsymbol{p}|} = \arccos \left| \frac{u \dfrac{\partial p}{\partial x} + v \dfrac{\partial p}{\partial y} + w \dfrac{\partial p}{\partial z}}{\sqrt{u^2 + v^2 + w^2} \sqrt{\left(\dfrac{\partial p}{\partial x}\right)^2 + \left(\dfrac{\partial p}{\partial y}\right)^2 + \left(\dfrac{\partial p}{\partial z}\right)^2}} \right| \tag{4-5}$$

全场平均协同角为

$$\theta_m = \frac{\sum \theta_i \mathrm{d}V_i}{\sum \mathrm{d}V_i} \tag{4-6}$$

式中，$\mathrm{d}V_i$ 为第 i 个控制容积的体积元。

图 4-19 显示了当燃气当量比为 0.6、来流速度为 50m/s、来流温度为 300K、壁面温度为 1000K 时，AVC 纵向中心截面流线、等压线和速度与压力的协同角 θ 分布。由图 4-19(c)可见，协同角 θ 较大的区域主要分布在凹腔内及后钝体后侧局

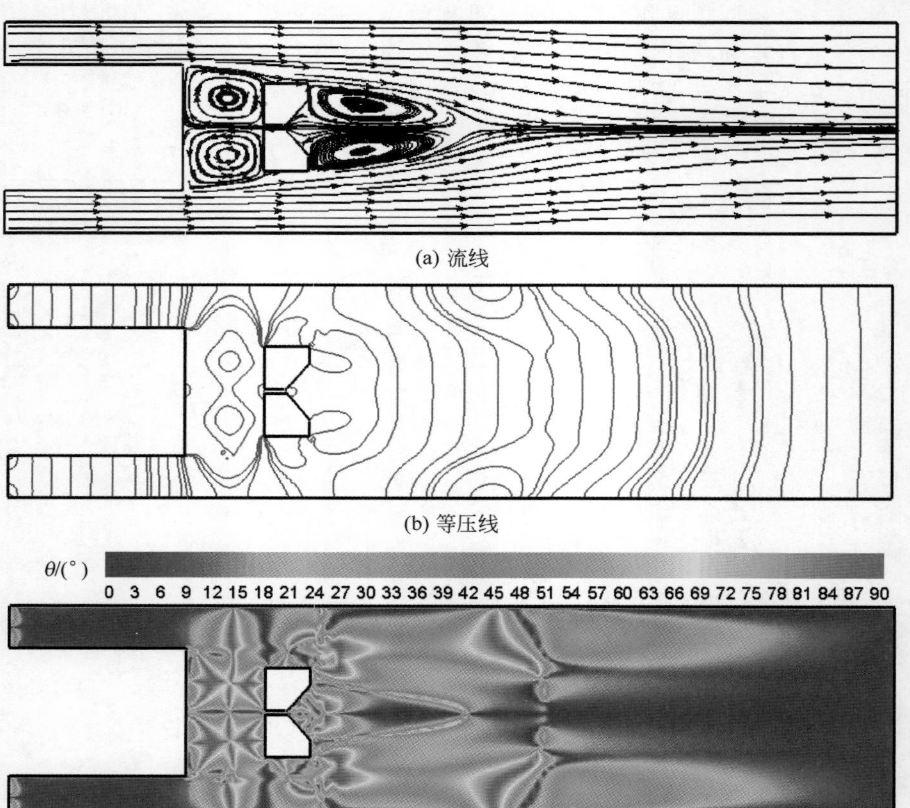

(a) 流线

(b) 等压线

(c) 速度与压力的协同角θ

图 4-19 燃烧室中心截面流线、等压线和协同角分布

部。协同角 θ 越大，流体阻力越大，这就从场协同原理角度说明了凹腔会带来流体压力损失。

图 4-19(a)和(b)显示，在两个进气通道内，流线垂直于等压线，即速度与压力梯度平行，此时速度场与压力场的协同程度较好，反映在图 4-19(c)上为两进气通道处的协同角 θ 较小，即速度与压力梯度的协同性较好。由图 4-19(a)和(b)可见凹腔内流线和等压线均呈旋涡状，即流线与等压线平行，故流线与压力梯度接近垂直，导致图 4-19(c)显示的凹腔内协同角 θ 较大。在后钝体后侧附近区域，流线与等压线夹角较小，故协同角 θ 较大。在燃烧室出口附近区域，流线垂直于等压线，即速度矢量与压力梯度平行，故协同角 θ 较小。

结合图 4-4 可见，协同角 β 较小的区域主要位于两旋涡区。除去旋涡区域，燃烧室其他区域内的协同角 β 都比较大，这是由于在直管道流动中，流速方向与等温线平行，即速度矢量垂直于温度梯度。

通过上述对速度场与压力场的协同角 θ、速度场与温度场的协同角 β 的分析可得，协同角 θ 对流体减阻的作用与协同角 β 对强化传热的作用原理相似，都在于速度矢量与另一个“势差”量的协同程度，二者的协同角越小，协同性越好。

1. 来流速度对多协同场的影响分析

为得到不同来流速度对多场协同性的影响规律，在燃气当量比为 0.6、来流温度为 300K、壁面温度为 1000K 时，研究来流速度的变化对各个协同角的影响规律。

图 4-20 显示了不同来流速度 V_{ma} 下燃烧室速度与速度梯度的协同角 α 的变化曲线。随着来流速度的增大，协同角 α 呈递减趋势，且高速区和低速区的递减幅度有所不同。在低速区，随来流速度增大，协同角 α 减小较快，当流速达到 50m/s 时，协同角 α 的变化趋于平缓。其原因是来流速度的变化导致了流场和速度梯度的变化，进而使得速度矢量与速度梯度的夹角发生变化；表明随着燃烧室来流速度的增大，速度与速度梯度的场协同性变差。

对于整个燃烧室流场，来流速度的改变使得流场和温度场发生改变，二者之间的协同关系改变，进而对传热产生影响，协同角 β 的改变反映了传热的变化。图 4-21 显示了不同来流速度 V_{ma} 下燃烧室内速度与温度梯度的协同角 β 的变化曲线。由图可见，随着来流速度的增大，协同角 β 呈递减趋势。当来流速度小于 50m/s 时，随来流速度增大，协同角 β 减小较快，当流速达到 50m/s 后，协同角 β 的变化趋于平缓；表明随着燃烧室来流速度的增大，速度与温度场协同性逐渐变好，流动换热能力增强。

图 4-22 显示了不同来流速度 V_{ma} 下燃烧室温度梯度与速度梯度的协同角 γ 的变化曲线。随着来流速度的增大，协同角 γ 呈递增趋势，表明随着燃烧室来流速度的增大，温度梯度与速度梯度的协同性逐渐变好。在低速区，随来流速度的增

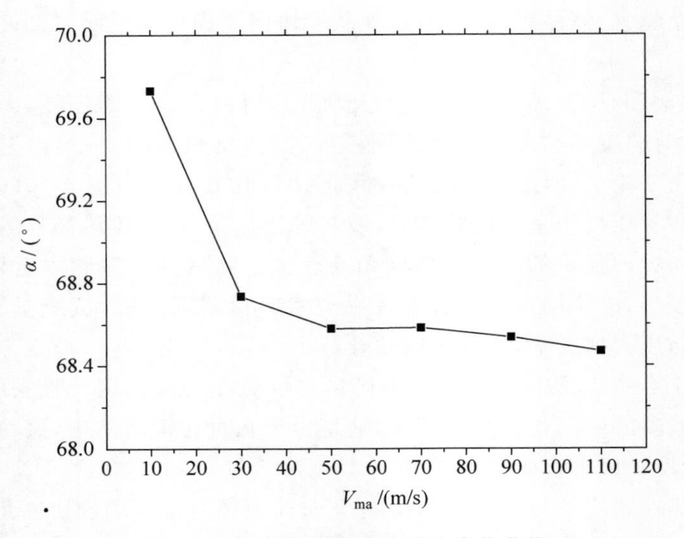

图 4-20　协同角 α 随来流速度变化曲线

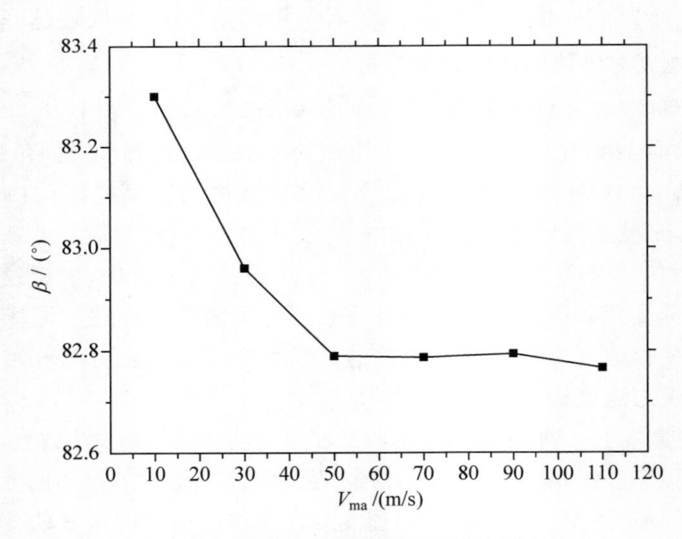

图 4-21　协同角 β 随来流速度变化曲线

大，协同角 γ 增加较快，当流速达到 50m/s 时，协同角 γ 的变化趋于平缓。协同角 γ 越大，综合性能越高，故来流速度的增大有利于提高强化传热的综合性能。

图 4-23 显示了不同来流速度 V_{ma} 下燃烧室压力梯度与速度梯度的协同角 φ 的变化曲线。由图可见，随着来流速度的增大，协同角 φ 增大，表明压力梯度与速度梯度的协同性逐渐变好，流体的流动阻力变小。

图 4-24 显示了不同来流速度 V_{ma} 下燃烧室速度与压力梯度的协同角 θ 的变

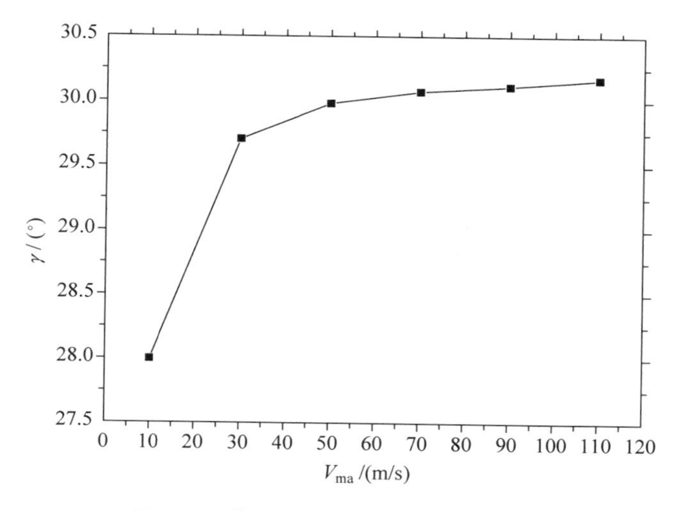

图 4-22 协同角 γ 随来流速度变化曲线

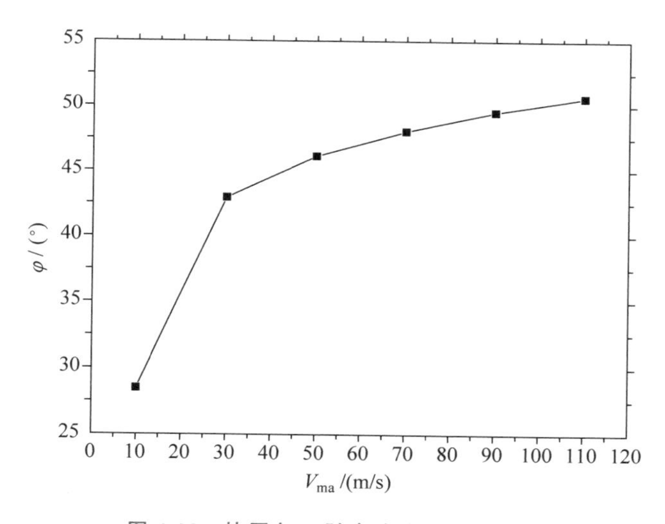

图 4-23 协同角 φ 随来流速度变化曲线

化曲线。随着来流速度的增大，协同角 θ 呈递减趋势；表明随着燃烧室来流速度的增大，速度与压力梯度的协同性逐渐变好。协同角 θ 越小，传热功耗也越小。

由图 4-24 可知，协同角 θ 随着来流速度的增大而减小，故传热功耗降低；图 4-21 的分析表明协同角 β 随着来流速度的增大呈现出递减趋势，即流体强化传热能力增强。故随着来流速度的增大，强化换热和流体减阻的程度增加，传热综合性能增强，这就是图 4-22 中协同角 γ 增大的原因，同时也阐明了多场协同原理在 AVC 内的应用：在较小的阻力增加下得到较大的换热增强，即在使流场和温度场协同性

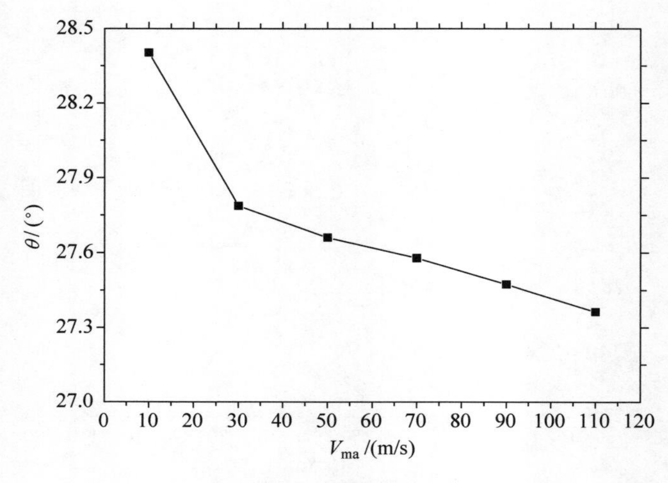

图 4-24　协同角 θ 随来流速度变化曲线

变好的情况下，速度的增大使得流场与压力场的协同性也变好，从而实现换热强化中的高效低阻。

2. 来流温度对多协同场的影响分析

为得到不同来流温度 T_m 对多场协同性的影响规律，在当量比为 0.6、来流速度为 50m/s、壁面温度为 1000K 时，研究来流温度的变化对各个协同角的影响。

图 4-25 显示了不同来流温度 T_m 下燃烧室速度与速度梯度的协同角 α 的变化曲线。随着来流温度的提高，协同角 α 增大，表明速度与速度梯度的场协同性逐渐变好。

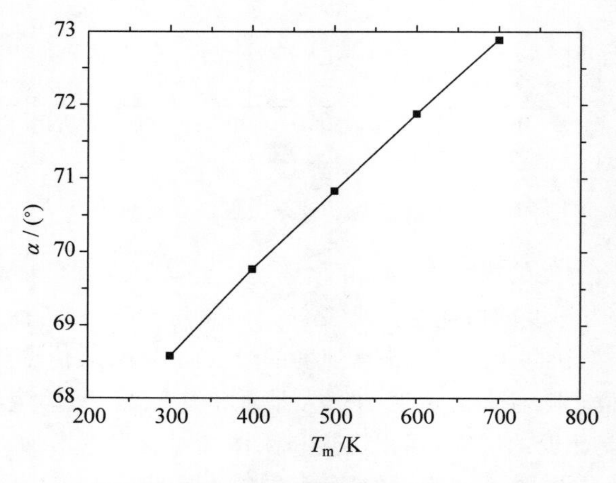

图 4-25　协同角 α 随来流温度变化曲线

对于整个燃烧室场，来流温度的改变使得温度场发生改变，流场和温度场之间协同关系改变，进而对传热产生影响，协同角 β 的改变反映了传热的变化。图 4-26 显示了在不同来流温度 T_m 下燃烧室速度与温度梯度的协同角 β 的变化曲线。随着来流温度的提高，协同角 β 减小，其原因是来流温度的提高导致了速度场、温度梯度的变化，进而协同角 β 发生变化，引起流动换热能力的变化。表明速度与温度场协同性逐渐变好，流动换热能力增强。

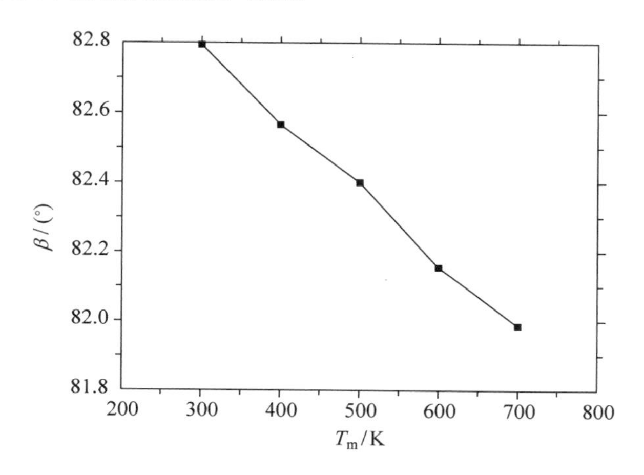

图 4-26 协同角 β 随来流温度变化曲线

图 4-27 显示了不同来流温度 T_m 下燃烧室温度梯度与速度梯度的协同角 γ 的变化曲线。随着来流温度的提高，协同角 γ 降低，表明温度梯度与速度梯度的协同性逐渐变差。协同角 γ 越小，综合性能系数越小，故来流温度的增大不利于强化传热综合性能的提高。

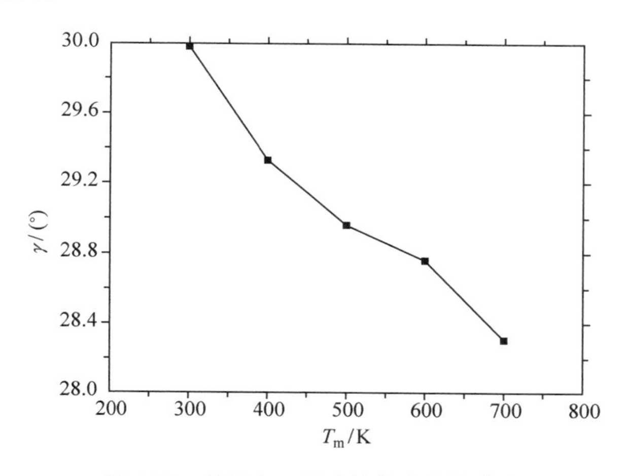

图 4-27 协同角 γ 随来流温度变化曲线

图 4-28 显示了不同来流温度 T_m 下燃烧室压力梯度与速度梯度的协同角 φ 的变化曲线。随着来流温度的提高，协同角 φ 减小，表明压力梯度与速度梯度的协同性变差。

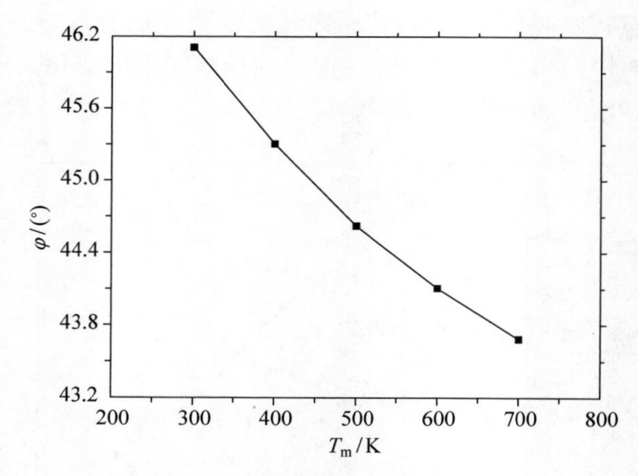

图 4-28　协同角 φ 随来流温度变化曲线

图 4-29 显示了不同来流温度 T_m 下燃烧室速度与压力梯度的协同角 θ 的变化曲线。随着来流温度的提高，协同角 θ 增大，传热功耗越大。表明随着燃烧室来流温度的提高，速度与压力梯度的协同性逐渐变差。

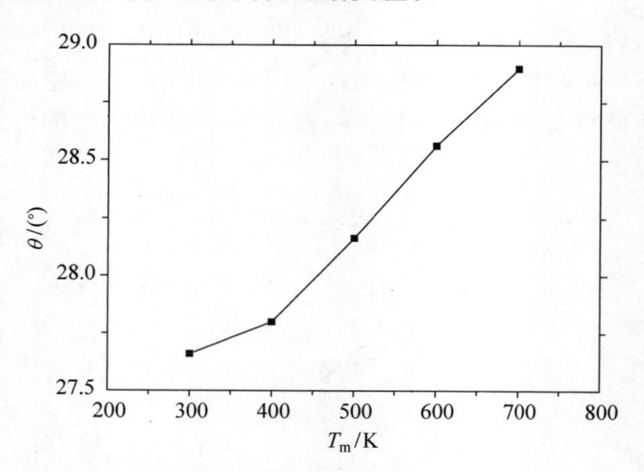

图 4-29　协同角 θ 随来流温度变化曲线

由图 4-29 可得，协同角 θ 随着来流温度的提高而增大，传热功耗变大；图 4-26 的分析表明协同角 β 随着来流温度的提高而减小，即流动换热能力增强。而图 4-27 中协同角 γ 减小，表明随着来流温度的提高，协同角 θ 的作用效果占主导，导致强化传热综合性能的降低。

3. 壁面温度对多协同场的影响分析

为得到不同壁面温度 T_{wall} 对多场协同性的影响规律，在当量比为 0.6、来流速度为 50m/s、来流温度为 300K 时，研究壁面温度的变化对各个协同角的影响。

图 4-30 显示了不同壁面温度 T_{wall} 下燃烧室速度与速度梯度的协同角 α 的变化曲线。随着壁面温度的提高，协同角 α 呈递减趋势，在 700～1000K 区域，随壁面温度的提高，协同角 α 减小较快；当壁温达到 1000K 后，协同角 α 的变化幅度减弱。表明随着燃烧室壁面温度的提高，速度与速度梯度的场协同性变差。

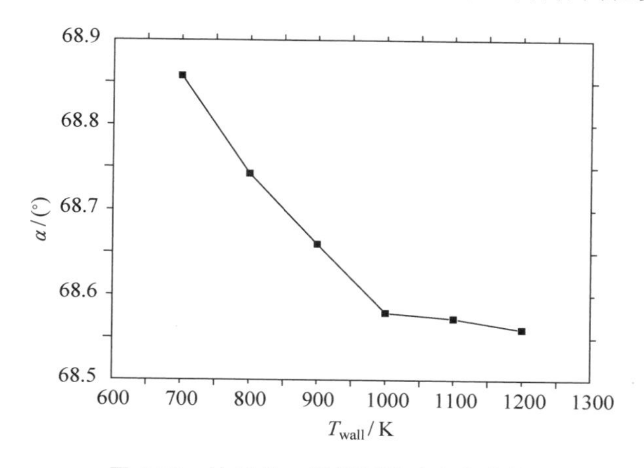

图 4-30　协同角 α 随壁面温度变化曲线

图 4-31 显示了不同壁面温度 T_{wall} 下燃烧室速度与温度梯度的协同角 β 的变化曲线。随着壁面温度的提高，协同角 β 呈递增趋势，在 700～1000K 区域，随壁面温度的提高，协同角 β 增大得较慢；当壁温达到 1000K 后，协同角 β 增大的幅度变大，表明随着燃烧室壁面温度的提高，速度与温度场协同性逐渐变差，流动换热能力下降。

图 4-32 显示了在不同壁面温度 T_{wall} 下燃烧室内温度梯度与速度梯度的协同角 γ 的变化曲线。由图可见，随着壁面温度的提高，协同角 γ 增大，表明温度梯度与速度梯度的协同性变好。协同角 γ 越大，综合性能越大，故壁面温度的提高有利于流体传热综合性能的提高。图 4-33 显示了不同壁面温度 T_{wall} 下燃烧室压力梯度与速度梯度的协同角 φ 的变化曲线。由图可见，随着壁面温度的提高，协同角 φ 增大，表明压力梯度与速度梯度的协同性逐渐变好。

图 4-34 为不同壁面温度 T_{wall} 下燃烧室速度与压力梯度的协同角 θ 的变化曲线。随着壁面温度的提高，协同角 θ 呈递减趋势。协同角 θ 越小，传热功耗也越小，表明随着燃烧室壁面温度的提高，速度与压力梯度的协同性逐渐变好。

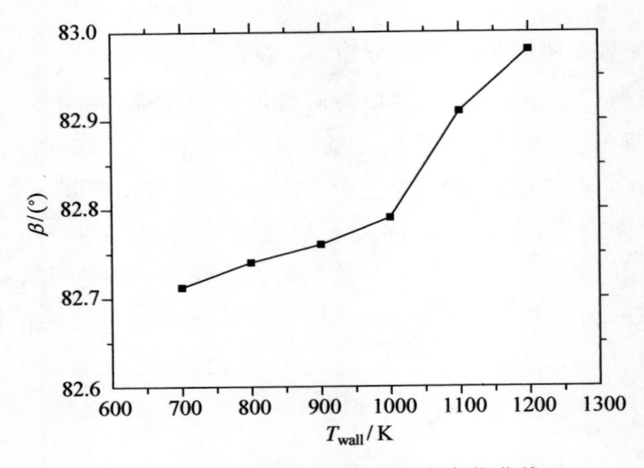

图 4-31 协同角 β 随壁面温度变化曲线

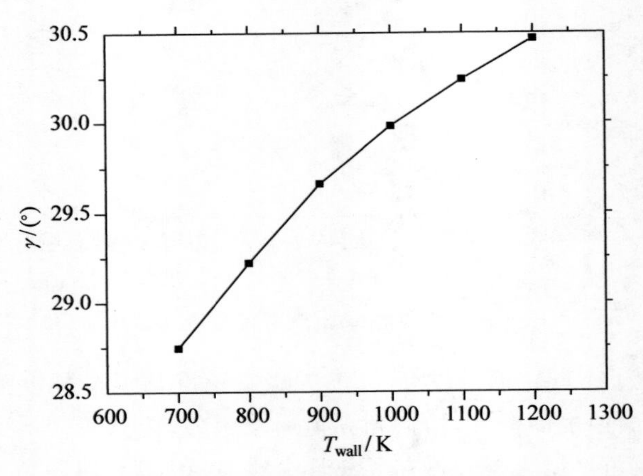

图 4-32 协同角 γ 随壁面温度变化曲线

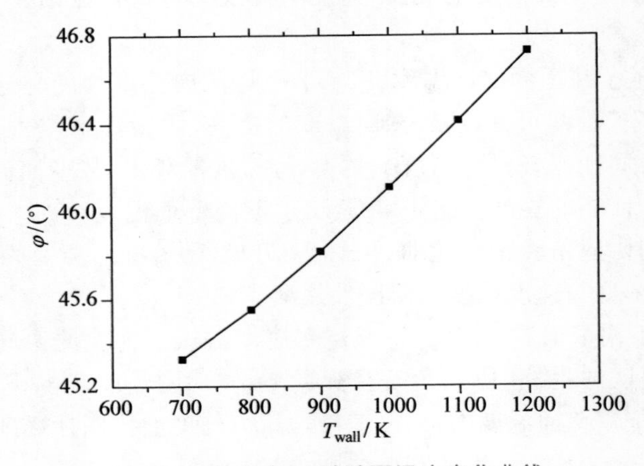

图 4-33 协同角 φ 随壁面温度变化曲线

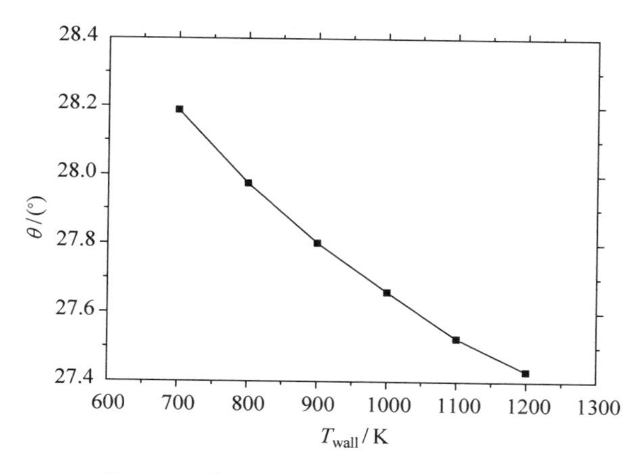

图 4-34 协同角 θ 随壁面温度变化曲线

图 4-31 反映了流动换热能力的协同角 β 随壁面温度的提高而增大，故流动换热能力减弱；图 4-34 反映了传热功耗的协同角 θ 随壁面温度的提高而减小，故传热功耗降低，而图 4-32 显示了强化传热综合性能变好，是因为此时协同角 θ 的作用占主导。

综上所述，对于 AVC 湍流流动换热，需要考虑速度与温度梯度的协同性：协同角 β 越小，流体换热能力越强；增大来流速度和壁面温度，降低来流温度可以减少传热功耗，此时需考虑速度与压力梯度的协同性：协同角 θ 越小，流体传热功耗越小；增大来流速度和壁面温度，降低来流温度能够提高强化传热的综合性能，此时需要考虑温度梯度与速度梯度的协同性：协同角 γ 越大，综合性能越高。

参考文献

[1] 林宇震，许全宏，刘高恩. 燃气轮机燃烧室[M]. 北京：国防工业出版社，2008.

[2] 徐华胜. 航空燃气涡轮发动机燃烧室新技术[J]. 环球飞行，2013(12)：54-57.

[3] 丁伟，于向财，唐岩辉. 先进军用航空发动机燃烧室关键设计技术[J]. 航空科学技术，2014，25(4)：1-6.

[4] 宋双文，胡好生. 一种新概念燃烧室——驻涡燃烧室[C]//中国航空学会推进系统气动热力学专业第十一届学术交流会议论文集. 北京：中国航空学会，2007：166-171.

[5] MEYER T R，BROWN M S，FONOV S，et al. Optical diagnostics and numerical characterization of a trapped -vortex combustor[R]. Reston：AIAA，2002：3863.

[6] BRANKOVIC A，RYDER R C，HENDRICKS R C，et al. Emissions prediction and measurement for liquid-fueled TVC combustor with and without water injection[C]//43rd AIAA Aerospace Sciences Meeting and Exhibit. Reno：AIAA Paper，2005，6117-6128.

[7] KATTA V R, ROQUEMORE W M. Numerical studies on trapped vortex concepts for stable combustion[J]. American Society of Mechanical Engineers, 1996: 1-11.

[8] DOBBELING K, EROGLU A, WINKLER D, et al. Low NO_x premixed combustion of MBtu fuels in a research burner[J]. Journal of Engineering for Gas Turbines and Power, 1997, 119(3): 553-558.

[9] 1998 Technology report and product directory-land and air[R]. New York: ASME, International Gas Turbine Institute, 1998.

[10] STRUB D L, CASLETON K H, LEWIS R E, et al. Assessment of rich-burn, quick-mix, lean-burn trapped vortex combustor for stationary gas turbines[J]. Journal of Engineering for Gas Turbines and Power, 2005, 127: 36-41.

[11] 蒋波. RQL 驻涡燃烧室排放性能研究[D]. 南京：南京航空航天大学，2010.

[12] 田中礼. LPP 驻涡燃烧室排放性能研究[D]. 南京：南京航空航天大学，2010.

[13] AGARWAL K K, RAVIKRISHNA R V. Experimental and numerical studies in a compact trapped vortex combustor: stability assessment and augmentation [J]. Combustion Science and Technology. 2011, 183(12): 1308-1327.

[14] SHERYLL G P. Flight and wind-tunnel measurements showing base drag reduction provided by a trailing disk for high reynolds number turbulence flow for subsonic and transonic mach numbers[R]. Orlando: NASA, 1986.

[15] MAIR W A. The effect if a rear-mounted disc on the drag of a blunt-based body of revolution [J]. The Aeronautical Quarterly, 1965: 350-360.

[16] LITTLE J R. B H, WHIPKEY R R. Locked vortex after-bodies[J]. Journal of Aircraft, 1979, 16(5): 296-302.

[17] HSU K Y, GROSS L, TRUMP D, et al. Performance of a trapped-vortex combustor[R]. Reston: AIAA, 1995.

[18] HSU K Y, GOSS L P, TRUMP D D, et al. Characteristics of a trapped-vortex combustor [J]. Journal of Propulsion and Power, 1998 14(1): 57-65.

[19] KATTA V R, ROQUEMORE W M. Numerical study on trapped-vortex combustor-effect of injection on dynamics of non-reacting and reacting flows in a cavity[J]. Journal of Propulsion and Power, 1998, 14(3): 273-281.

[20] HUS K, CARTER C, KATTA V, et al. Characteristics of combustion instability associated with trapped vortex burner[R]. Reston: AIAA, 1999.

[21] STURGESS G J, HUS K Y. Combustion characteristics of a trapped vortex combustor [C]//RTOAVT Symposium on Gas Turbine Engine Combustion, Emissions and Alternative Fuels, Lisbon. [S. l. : s. n.], 1998.

[22] STURGESS G, HUS K Y. Entrainment of mainstream flow in a trapped-vortex combustor[R]. Reston: AIAA, 1997.

[23] STONE C, MENON S. Simulation of fuel-air mixing and combustion in a trapped-vortex combustor[R]. Reston: AIAA, 2000.

[24] ROQUEMORE W, SHOUSE D, BURRUS D, et al. Vortex combustor concept for gas turbine engines[R]. Reston: AIAA, 2001.

[25] 刘世青. 驻涡燃烧室流动特性的冷态数值研究[D]. 大连：大连海事大学，2011.

[26] 蒋波，何小民，金义，等. 低排放驻涡燃烧室冷态流场特性试验[J]. 航空动力学报，2013，28(8)：1719-1726.

[27] BURRUS D L. Performance assessment of a prototype trapped vortex combustor concept for gas turbine application [C]//Proceedings of ASME TURBO EXPO 2001, New Orleans. [S. l. : s. n.]，2001：0087.

[28] VICTOR de B. 485-kW turbine rated 35% simple cycle at 1700℉ firing temperature[J]. Gas Turbine World，2002，32(4)：3-6.

[29] KENDRICK D W, CHENEVERT B C, TRUEBLOOD B, et al. Combustion system development for the ramgen engine[J]. Journal of Engineering for Gas Turbines and Power，2003，125(4)：885-894.

[30] 林宏军，程明，何小民. 驻涡燃烧室的研究进展和应用浅析[J]. 航空科学技术，2011，4：68-70.

[31] 何小民，王家骅. 驻涡火焰稳定器冷态流场特性的初步研究[J]. 航空动力学报，2002，17(5)：567-571.

[32] 何小民，姚锋. 流动和油气参数对驻涡燃烧室燃烧性能的影响[J]. 航空动力学报，2006，21(5)：810-813.

[33] 何小民，许金生，苏俊卿. 驻涡燃烧室燃烧性能试验[J]. 航空动力学报，2009，24(2)：318-323.

[34] 何小民，许金生，苏俊卿. 驻涡区进口结构参数影响 TVC 燃烧性能的实验[J]. 航空动力学报，2007，22(11)：1798-1802.

[35] 金义，何小民，蒋波. 富油燃烧/快速淬熄/贫油燃烧(RQL)工作模式下驻涡燃烧室排放性能试验[J]. 航空动力学报，2011，26(5)：1031-1036.

[36] 彭春梅，何小民，金义. 驻涡燃烧室驻涡区涡系特点数值模拟[J]. 航空发动机，2013，39(1)：51-55.

[37] 金义，何小民，彭春梅，等. 驻涡燃烧室驻涡区三维冷态流动特性数值研究[J]. 南京航空航天大学学报，2014，46(2)：272-279.

[38] 樊未军，易琪，严明，等. 驻涡燃烧室凹腔双涡结构研究[J]. 中国电机工程学报，2006，26(9)：66-70.

[39] 邢菲，孟祥泰，李继保，等. 凹腔双驻涡稳焰冷态流场初步研究[J]. 推进技术，2008，29(2)：135-138.

[40] 樊未军，孔昭健，邢菲，等. 凹腔驻涡模型燃烧室内涡的演化发展[J]. 航空动力学报，2007，22(6)：888 -892.

[41] 樊未军，易琪，严明，等. 富油/快速淬熄/贫油驻涡燃烧室低 NO_x 排放[J]. 推进技术，2006，27(1)：88-91.

[42] 邢菲，樊未军，柳杨，等. 凹腔油气匹配对驻涡燃烧室点火性能影响试验[J]. 推进技术，2008，29(4)：416.

[43] 邢菲，樊未军，张荣春，等. 蒸发管供油的单驻涡燃烧室贫油点火试验[J]. 推进技术，2009，30(5)：523-527.

[44] 谭米，樊未军，张荣春，等. 声能喷嘴供油级间驻涡燃烧室的性能试验[J]. 航空动力学

报,2013,28(5):1142-1149.
[45] 孔祥雷,樊未军,邢菲,等. 单涡/贫油驻涡燃烧室的出口温度分布试验[J]. 航空动力学报,2010,25(4):794-799.
[46] 李瑞明,刘玉英,马文杰,等. 驻涡燃烧室掺混孔对流量分配及燃烧性能的影响[J]. 航空动力学报,2010,25(3):488-495.
[47] 刘河霞,刘玉英,李瑞明,等. 驻涡燃烧室凹腔供油位置对流场影响的 PIV 实验[J]. 航空动力学报,2009,24(10):2272-2276.
[48] 翟晓磊,彭日亮,樊未军,等. 某驻涡燃烧室性能数值模拟[J]. 航空动力学报,2013,28(5):1134-1141.
[49] 王昆,臧鹏,邢双喜,等. 基于驻涡稳定的无焰燃烧室实验研究[J]. 燃气轮机技术,2014,27(3):14-18.
[50] 张智博,李智明,杨洪磊,等. 旋转流线涡技术对驻涡燃烧室性能的影响[J]. 热科学与技术,2013,12(2):141-147.
[51] 邓洋波,刘世青,钟兢军. 先进旋涡燃烧室燃烧特性数值模拟[J]. 大连海事大学学报,2008,34(3):21-24.
[52] 邓洋波,刘世青,钟兢军. AVC 中钝体布置与燃烧室流动特性研究[J]. 工程热物理学报,2008,29(8):1415-1418.
[53] 邓洋波,孙海涛,王玉龙,等. 氢燃料先进旋涡燃烧室流动和燃烧特性[J]. 航空动力学报,2013,28(1):120-128.
[54] 钟兢军,刘世青. 驻涡燃烧室前钝体后端面冷态流场数值模拟[J]. 热能与动力工程,2010,25(5):482-486.
[55] 钟兢军,刘世青. 后驻体喷孔位置对驻涡腔流动冷态数值的影响[J]. 上海海事大学学报,2011,32(1):44-48.
[56] 韩吉昂,李晓东,钟兢军,等. 喷射速度对环形 TVC 冷态流场的影响[J]. 工程热物理学报,2014,35(5):867-872.
[57] 刘世青,钟兢军. 驻涡燃烧室最佳中心驻体宽度选择的数值研究[J]. 航空动力学报,2010,25(5):1005-1010.
[58] 刘世青,钟兢军. 驻涡燃烧室后驻体喷射角度影响冷态数值研究[J]. 哈尔滨工程大学学报,2010,31(8):1065-1072.
[59] 刘世青,钟兢军,程平. 射孔径影响驻涡燃烧室性能冷态数值研究[J]. 汽轮机技术,2010,52(2):107-111.
[60] 孙海涛. 环形驻涡燃烧室流动与燃烧数值模拟研究[D]. 大连: 大连海事大学,2014.
[61] 王志凯,曾卓雄,徐义华. 基于涡流发生器原理的先进旋涡燃烧室燃烧特性研究[J]. 推进技术,2015,36(1):75-81.
[62] 王志凯,曾卓雄,徐义华. 导流片结构参数对先进旋涡燃烧室性能影响研究[J]. 推进技术,2015,36(3):405-412.
[63] 王志凯,曾卓雄,徐义华. 先进旋涡燃烧室速度场与温度场协同数值研究[J]. 推进技术,2015,36(6):876-883.
[64] 曾卓雄,王志凯. 冷气入射角及射流比对先进驻涡燃烧流动的影响[J]. 推进技术,2018,39(8):1797-1802.

[65] ZELINA J,EHRET J,HANCOCK R D,et al. Ultra-compact combustion technology using high swirl for enhanced burning rate[R]. Reston：AIAA,2002.
[66] 过增元. 对流换热的物理机制及其控制：速度场与热流场的协同[J]. 科学通报,2000,45(19)：2118-2122.
[67] 过增元. 换热器中的场协同原则及其应用[J]. 机械工程学报,2003,39(12)：1-9.
[68] 过增元,黄素逸. 场协同原理与强化换热新技术[M]. 北京：中国电力出版社,2004.
[69] 刘伟,刘志春,马雷. 多场协同原理在管内对流强化传热性能评价中的应用[J]. 科学通报,2012,57(10)：867-874.
[70] 刘伟,刘志春,过增元. 对流换热层流流场的物理量协同与传热强化分析[J]. 科学通报,2009,54(12)：1779-1785.
[71] 冷学礼,张冠敏,田茂诚,等. 场协同原理在对流换热中的应用方法[J]. 热能动力工程,2009,24(3)：352-354.

第5章 CHAPTER 5 射流对涡旋燃烧室流动的影响

对燃气轮机燃烧室而言，燃料的注入通常以射流形式进行。一方面，燃料射流对改善燃料与空气的混合性能、提高燃料燃烧效率等都能起到较好的作用；另一方面，射流对于燃烧室内的火焰稳定也有着十分重要的意义。目前对燃气轮机中的高温部件实施防热保护的有效方法之一是从高温环境的壁面上向主流引入射流，形成温度较低的冷气膜将壁面同高温燃气隔离，并带走部分高温燃气。

5.1 中心空气射流对旋流冷壁燃烧室燃烧流动的影响

5.1.1 研究概况

现代燃气轮机的研制工作主要集中于：进一步提高各部件性能，延长发动机寿命，扩大发动机稳定工作范围，提高发动机工作可靠性，提高发动机推重比，降低全寿命期成本，降低油耗，减少污染物排放和提高维修性等[1-3]。燃烧室是燃气轮机的核心机部件之一，它将燃料的化学能通过燃烧转变为热能，形成高温高压的燃烧产物，推动涡轮做功[4]。燃烧室的发展至今大致可以归纳为以下三代[5-6]：

1）第一代燃烧室主要有 Neve，Avon，Spey 和我国研制的 WP6 和 WP7 燃烧室。其特点是：燃烧室为环管式，燃料通过双油路压力喷嘴雾化，具有长流线型扩压器，压气机压比低于 20，壁面冷却采用波纹板或简单冷却孔。

2）第二代燃烧室主要有 RB211，RB199，CFM-56，F101，F100，F110，AL31F 和我国太行发动机的燃烧室。与第一代相比，其进步在于燃料喷注和雾化采用膜式空气雾化或蒸发管，以及采用旋流混合杯。扩压器采用短突扩型，缩短了燃烧室长度，减轻了重量；火焰筒改为短环形结构，压气机压比上升至 30。

3）燃气轮机在 20 世纪末发展到第三代，其中有 GE90，PW4000 等民用航空燃气轮机和通用电气公司的 H 级燃气轮机、阿尔斯通公司的燃气轮机等以燃烧室的低污染特性为代表的工业燃气轮机；F119,F120 等军用燃气涡轮发动机则突出了燃烧室高油气比、高温升的特性。它们的特点有：扩压器进口气流马赫数显著提高，压气机压比进一步提高，民航发动机的压比可达 40 以上，军用发动机的压比在 30 以上。在组织气流时，可分配更多的空气量用于燃烧；在组织燃烧时，采用燃料与空气预混燃烧或者直接混合燃烧。壁面冷却方式也更为先进，采用的方式有发汗冷却、冲击/气膜冷却。

世界工业大国为了争夺制空权和民用燃气轮机市场，已经把主攻目标集中在综合高性能燃气轮机上[7]。燃烧室作为燃气轮机的核心部件，其性能就是燃气轮机的主要研究内容，燃烧室的好坏将直接决定发动机的性能。燃烧室的性能参数包括：燃烧效率、总压损失系数、出口温度分布、贫油熄火边界、点火边界、气体污染物排放、燃烧室寿命和火焰筒壁温的最大值和壁温梯度的最大值等。多目标要求往往相互存在制约与矛盾，协调匹配十分困难。而且全球环境问题日益突出，石化能源供应日趋紧张，人们急需综合性能高的发动机燃烧室来实现低污染、高效率、高可靠性和长寿命的要求。

涡流冷却是美国轨道技术公司提出的一种新型燃烧室冷却方法，如图 5-1 所示，其工作原理是氧化剂从燃烧室底部切向喷入，沿燃烧室内壁面螺旋向上形成冷涡流，流动到燃烧室头部后，与从燃烧室头部喷入的燃料掺混燃烧，并向燃烧室喷管螺旋运动形成热涡流，于是在燃烧室内形成了一对同轴、反向的双层涡旋流场。这种特殊的流场结构使燃料掺混合燃烧被限制在燃烧室核心内涡中，外层涡流阻止了高温燃气与壁面的接触，从而使内壁面热载荷减小，温度降低。由此很好地解决了燃烧室壁面存在严重热载荷的问题，大大降低了发动机的研发难度[8]。研究表明[9-12]：涡流冷却技术能够有效简化推力室结构设计，增加使用寿命，提高维护性能。

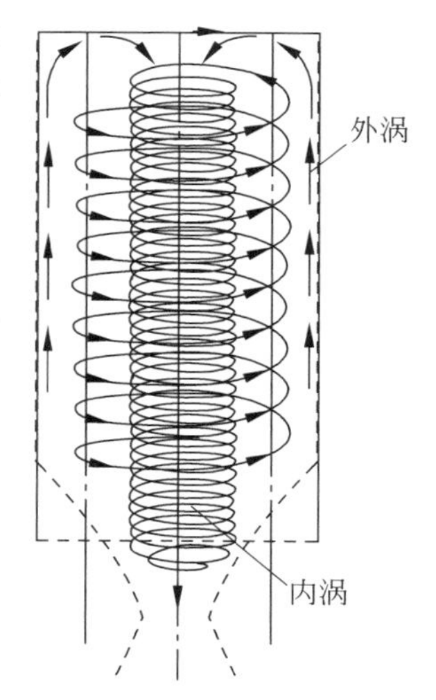

图 5-1 采用涡流冷却技术的推力室

该项目一经提出就得到了 NASA 的大力支持，国内外许多学者也开展了大量关于涡流冷壁燃烧室可行性验证、流场的数值模拟、性能分析与实验等方面的研究。

Majdalani 等[13]对涡流冷却推力室内部的涡结构进行了理论分析，指出了同轴反向双涡的存在特点。

Vyas 等[14-16]从理论上精确地分析了内部轴向速度、径向速度和切向速度的分布规律，得出了双涡旋的理论分界位置、推力室内部的速度和压力的关系，以及推力室的压力分布和旋转强度。

曾卓雄等[17]采用雷诺应力模型开展了有、无中心空气射流、射流速度与射流孔径对燃烧效果影响的仿真研究。结果表明：增加空气中心射流和改变相关参数能提高燃烧效率的主要原因在于湍流强度的增强改善了传热性能。壁面附近的协同角是影响旋流冷壁效果的重要因素，协同角越接近 90°，越有利于获得较好的冷壁效果。

唐飞等[18]对涡流结构进行了理论分析，得出内外涡流的速度分布特点，当冷却剂在燃烧室圆筒段切向喷入时，可在壁面附近形成外部涡流并占有一定厚度，为燃烧室半径的 25%～29%。

路强等[19]进行了涡流冷却透明燃烧室的设计与试验研究，燃烧室采用石英玻璃为制造材料，用高速摄影仪记录了燃烧室内部的火焰图像。喷管喉部温度的实验与仿真变化规律一致，外层涡流的旋转运动有效降低了壁面热载荷。实验中石英玻璃和喷管喉部实验件均无明显烧蚀，验证了涡流冷却技术的可行性。

徐舟等[20]改变了切向入口的进口速度，对涡流冷壁旋流燃烧室内部流场进行了数值模拟。结果表明：在燃烧工况下，双旋涡结构较冷态时更难形成；随着切向入口的进口速度增加，涡流冷壁旋流燃烧室的燃烧效率较旋流燃烧室增大 2%左右，壁面温度从 1200K 降低至 600K，出口 CO_2 的排放量降低；双旋涡结构会增加燃烧室的总压损失，但是增加的程度很小。

Anderson 等[21]模拟研究了涡流冷壁推力室的直径、高度、喷注速度和喷注位置对涡流的影响。

Dian 等[22]采用黏性不压的物理模型，标准 k-ε 模型和雷诺应力模型和 PDF 非预混燃烧模型对涡流冷壁燃烧室开展了研究，得出了内部流场的三维流动结构，分析了热态情况下推力室内部的温度场和组分分布。

孙得川等[23]进行了气氧/甲烷涡流冷壁燃烧室流场与壁面耦合传热分析，获得了燃烧室和喷管的壁面温度随时间的变化规律。由于外涡流的保护作用，达到稳定状态时侧壁面温度最高在 650K 左右，头部壁面温度最高在 785K 左右。为了更准确预估涡流冷却推力室的壁面温度，根据燃烧室内部流动和传热的分析，提出了一维传热模型，采用该模型的数值模拟结果与实验结果基本吻合。

李凯等[24]对旋流冷壁燃烧室燃烧特性进行了数值模拟。结果表明：旋流冷壁燃烧室能够利用内、外双旋流实现壁面冷却的作用，喷油口直径与锥体底部直径比较大时将导致局部冷壁效果失效，但并非两者比例越小冷却效果越好。合理的锥体底部直径与喷油口直径匹配关系能够实现较宽的工作范围。

李恭楠等[25]开展了涡流冷却推力室的三维全尺寸的仿真研究，得到了流场的速度分布特点，内外涡流分界面约占燃烧室半径的 86%，燃烧区域约占推力室半径的70%，其受黏性、湍流脉动、化学反应影响较大，受燃烧室长度影响不大。分析表明：燃烧室头部存在低速回流区，该区有利于燃料与氧化剂的混合，提高燃烧效率，增加燃烧的稳定性，但会导致头部中心的总温升高而需要额外的冷却措施。另外，外层涡流主要受来流速度与推力室几何参数影响，侧壁面的平均温度为388K，比冲效率达92%以上。

Kargar等[26]进行了涡流冷却推力室内的传热实验，发现燃气的热辐射是引起推力室壁面温度上升的主要因素，外层涡流与燃烧室壁面的对流冷却降低了壁面温度。

李家文等[27]进行了2kN气氢/气氧涡流冷却推力室设计、仿真和实验研究。研究结果表明，在三种不同喷嘴分布直径的氢喷注面板下，增加燃料喷嘴半径会提高燃烧效率，燃烧室最高效率为97.6%。通过观测透明燃烧室发现高温火焰限制在燃烧室圆筒段59.5%半径以内的区域，验证了双层涡流结构。研究也指出火焰分布、燃烧效率、壁面温度与喷注方式直接相关。

党进锋等[28]探索了入射倾角、入射压降、发动机圆柱段长度等参数与涡流冷壁发动机内双向涡流结构特征量之间的内在关系。研究发现，切向速度和最大切向速度均随入射倾角的增大而减小，随入射压降增大而增大，随长径比的增大而减小。在不同入射倾角、不同入射压降、不同长径比下，整个发动机内最大切向速度的无量纲径向位置均恒定在0.19附近。

5.1.2 计算模型和方法

在旋流冷壁燃烧室头部增加中心空气射流，在不同当量比条件下与无中心空气射流的燃烧室进行了比较，还通过改变中心空气射流的射流速度与射流孔径来研究参数变化对燃烧室燃烧性能的影响规律。

射流孔直径 $D_4=2\text{mm}$，其结构如图5-2所示。

湍流模型采用雷诺应力模型，近壁面采用标准壁面函数法，扩散项采用二阶中心差分，对流项采用QUICK格式。速度-压力耦合采用SIMPLEC方法，湍流燃烧模型为通用有限化学反应速率模型，燃烧化学反应模型为涡耗散模型。来流条件采用速度入口边界条件，出口采用压力出口边界条件，出口压力设为大气压；壁面采用绝热壁面，速度取无滑移条件。空气与燃料的进口温度均为300K，燃料为甲烷。

为了验证增加中心空气射流的优越性，对比了不同当量比(Φ)条件下燃烧室有、无中心空气射流情况的燃烧效果(见表5-1)。当量比取0.37，0.47，0.57，0.67，保持空气总流量不变，中心空气射流速度为80m/s，切向空气入口速度为20m/s。

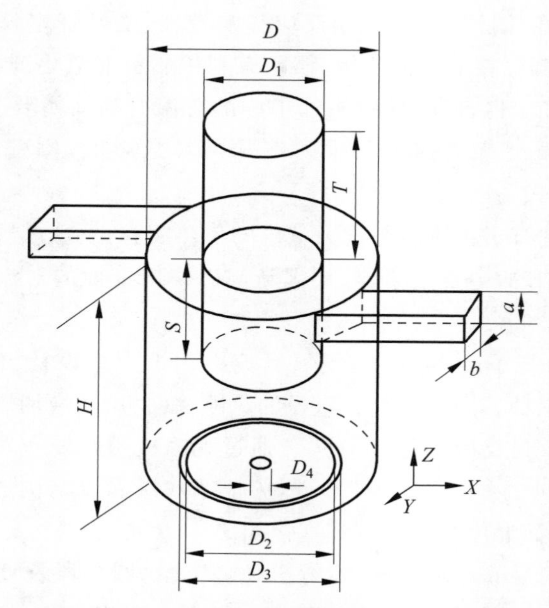

图 5-2 增加中心空气射流孔的旋流冷壁燃烧室结构示意图

表 5-1 不同当量比下增加中心空气射流

工况	Φ	是否有中心空气射流
1	0.37	无
2	0.47	无
3	0.57	无
4	0.67	无
5	0.37	有
6	0.47	有
7	0.57	有
8	0.67	有

5.1.3 计算结果与分析

1. 当量比的影响

图 5-3 为有、无中心空气射流情况下不同当量比条件下的总压损失系数对比图。燃烧室总压损失随着当量比的增加而增加，增加中心空气射流使不同当量比条件下的总压损失系数均减小。

图 5-4 为有、无中心空气射流情况下不同当量比条件下的燃烧效率对比。随着当量比的增大，燃烧效率在有、无中心射流情况下均快速下降，但在无中心空气

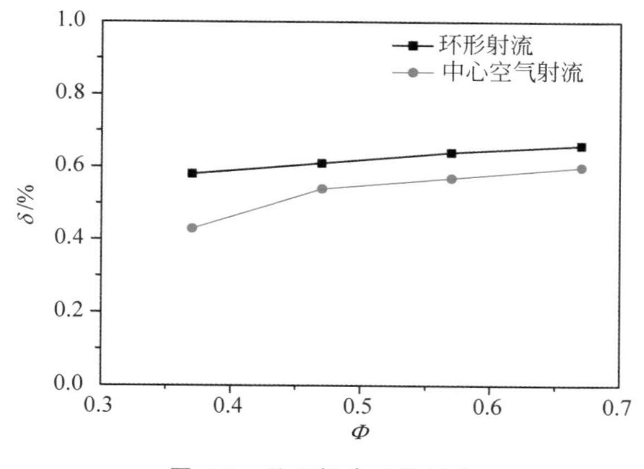

图 5-3 总压损失系数对比

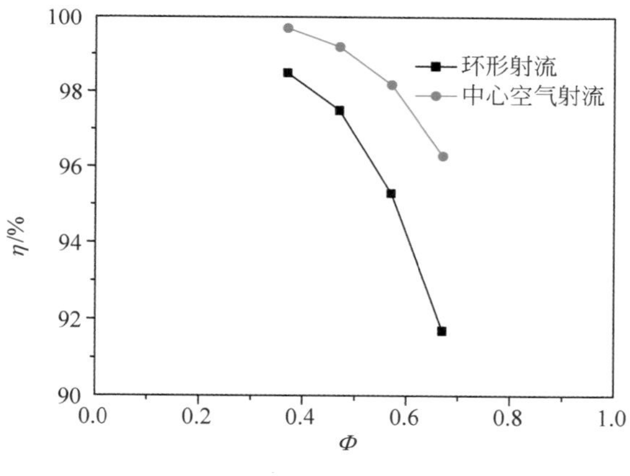

图 5-4 燃烧效率对比

射流情况下，下降速率更快。在不同当量比条件下增加中心空气射流均使燃烧效率提高，且提高幅度随当量比增加而增加，当量比为 0.67 时增幅最大，从原来的 91.7%提高到了 96.3%。

由未过进气口的中心对称面上的温度分布对比(图 5-5)可知，增加中心空气射流后燃烧室平均温度升高，中心高温区温度升高明显。然而，燃烧室壁面附近的温度变化并不明显，温度值在 700～1000K。同时，当量比对壁面冷却效果的影响也不大。综合上文各性能指标对比结果可得，增加中心空气射流具有较好的优越性，即能在保持较好冷壁效果的情况下，减小总压损失，提高燃烧效率。

图 5-6 是当量比为 0.67 时有、无中心空气射流情况下的湍流强度对比。为使图片简洁，下文均选取了具有代表性的工况进行分析。增加中心空气射流使得燃烧室平均湍流强度明显提高，尤其是在中心出现了一个高湍流强度的区域。

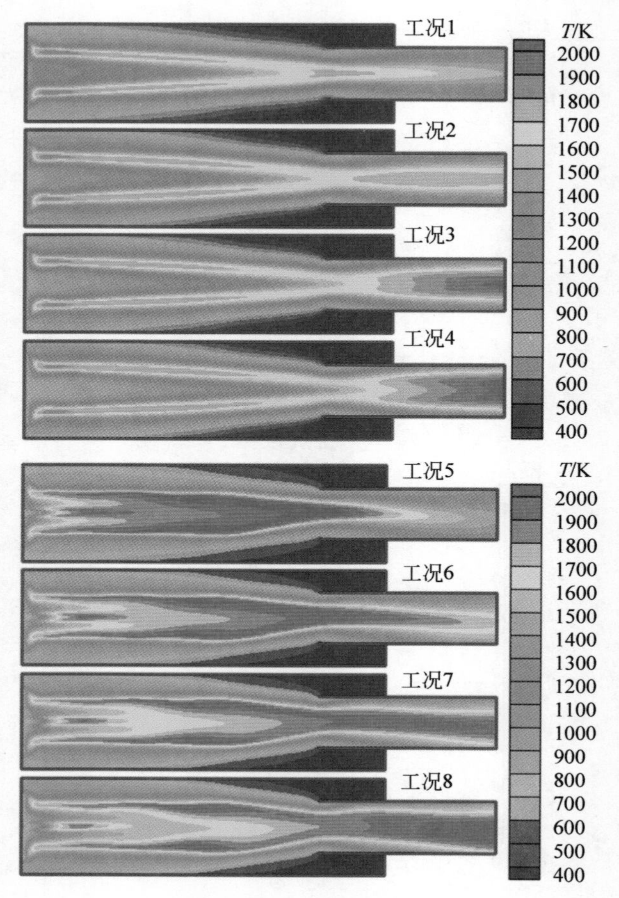

图 5-5 温度分布对比

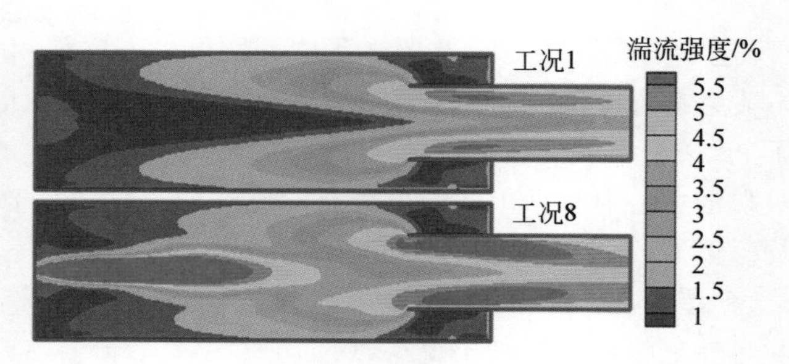

图 5-6 湍流强度对比

由于中心空气射流量很小，在不同当量比条件下均能完全参与反应。若中心空气射流提高燃烧效率只是通过克服由于离心力造成的氧气远离轴线而使燃料难以和氧化剂混合的缺陷，那么随着当量比的增加，燃烧效率的提高幅度应逐渐减小。但是由上述燃烧效率的分析可知，随着当量比的增加，燃烧效率的提高幅度是逐渐增加的。所以增加中心空气射流使燃烧效率提高的原因不是单因素的，其中还包括湍流强度的增强促进了燃料与空气的掺混合传热，提高了燃烧速度，改善了燃烧性能。

图 5-7 为在当量比为 0.67 条件下有、无中心空气射流的燃烧室协同角对比。有中心空气射流条件下燃烧室筒体中心部分区域的协同角减小，改善了换热性能，利于充分燃烧，这也是燃烧效率进一步提高的原因。由于换热能力的增强，其中心燃烧区温度较无中心空气射流的情况有较为明显的升高，但是两者壁面附近的温度却相差不大，这是因为壁面附近的协同角没有发生明显的改变，均接近 90°，换热能力很差，热量传递很少，这也是旋流冷壁燃烧室具有优秀冷壁作用的原因所在。

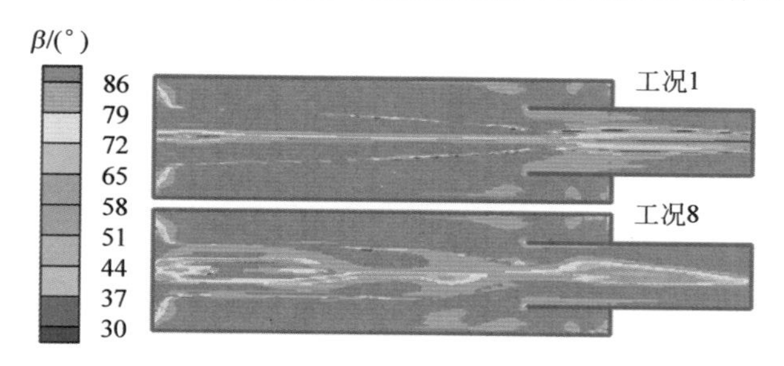

图 5-7 协同角对比

2. 中心空气射流速度与射流孔径的影响

中心空气射流速度与射流孔径是中心空气射流的两个重要影响因素，通过改变射流速度和射流孔径的数值计算来研究它们对旋流冷壁燃烧室的影响规律，并通过性能参数的分析确定较优的射流速度和射流孔径。

为分析射流速度对燃烧效果的影响，本书选取不同射流速度(20m/s,40m/s,60m/s,80m/s,100m/s)进行数值模拟(见表 5-2)。保持空气总流量不变，当量比为 0.67。

表 5-2 不同中心空气射流速度

工况	射流速度/(m/s)	工况	射流速度/(m/s)
9	20	12	80
10	40	13	100
11	60		

为分析不同中心射流孔径下燃烧室的燃烧情况，改变中心射流孔直径进行数值模拟。为提高使用范围，对射流孔径进行无量纲化，采用射流孔径与燃烧室直径的比值(d)表征射流孔的大小，取值为 2.2%,4.4%,6.7%,8.9%(见表 5-3)。其

中射流速度选为 80m/s，空气总流量保持不变，当量比为 0.67。

表 5-3　不同中心空气射流孔直径

工况	d/%	工况	d/%
14	2.2	16	6.7
15	4.4	17	8.9

在不同射流孔径与射流速度条件下旋流冷壁燃烧室的总压损失系数均保持在 0.6%上下，变化不大。

由图 5-8 可知，增加中心空气射流速度可以进一步提高旋流冷壁燃烧室的燃烧效率。一方面，中心空气射流速度的增加使中心空气流量增加，进一步解决了由离心力造成的氧气远离轴线而使燃料难以和氧化剂混合的缺陷，使得更多分布在中心区域的燃料参与反应。另一方面，中心空气射流速度的增大提高了湍流强度的平均值，扩大了中心高湍流强度的面积（见图 5-9），从而增强了燃气与新鲜空气的掺混与换热，利于充分燃烧。再者，由流线图可知，喷管两侧下方的流线随中心空气射流速度增加发生弯曲，即速度矢量发生变化；由于燃烧加剧，热流矢量也发生了变化，综合使得燃烧室筒体内小协同角的面积逐渐增大（见图 5-10），进一步改善了换热性能。这也是图 5-11 中燃烧室筒体中心高温区域温度升高并扩张的原因。

结合图 5-11 和图 5-12 可知，燃烧室壁面附近的速度矢量与温度梯度变化不大，所以各中心空气射流速度工况下壁面附近的协同角仍相互接近，维持在 85°以上（图 5-10）。但是中心空气射流速度达到 100m/s 时，壁面附近温度较高，超过了 1300K，不能满足常用火焰筒材料最大工作温度在 1200K 以下的要求。通过图 5-12 可知，当射流速度达到 100m/s 时，燃烧室壁面附近产生了回流区。因为射流速度越

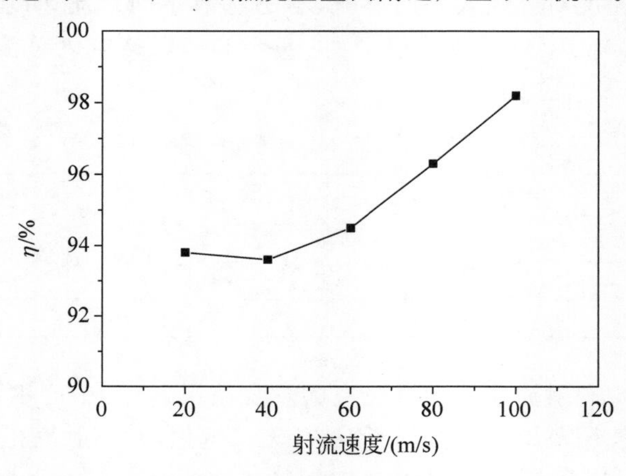

图 5-8　不同射流速度下燃烧效率

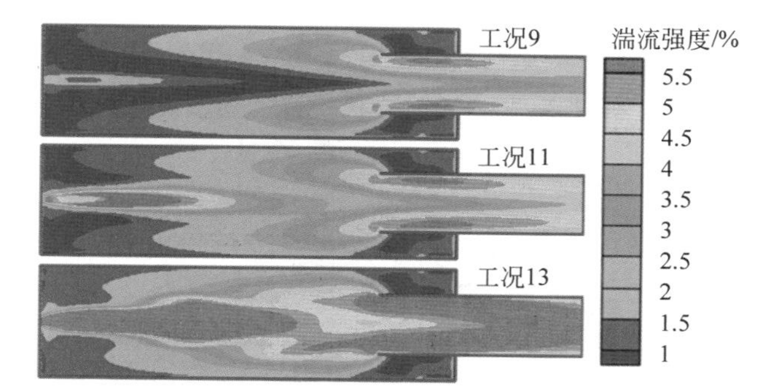

图 5-9 不同射流速度下湍流强度分布

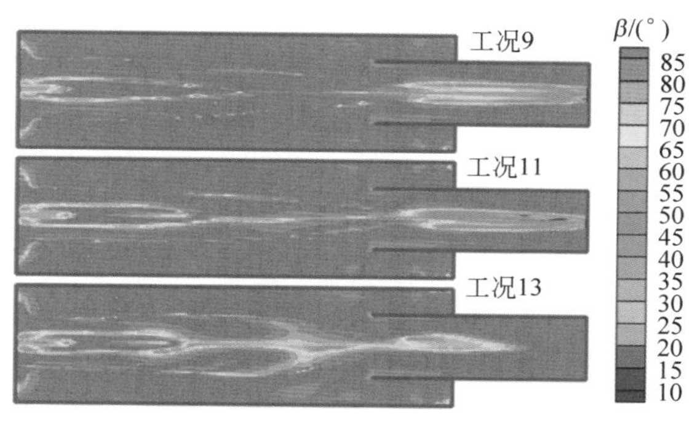

图 5-10 不同射流速度下协同角分布

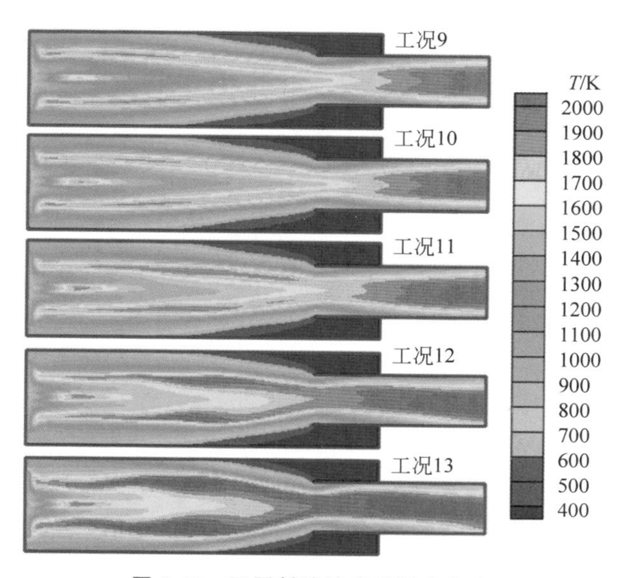

图 5-11 不同射流速度下温度分布

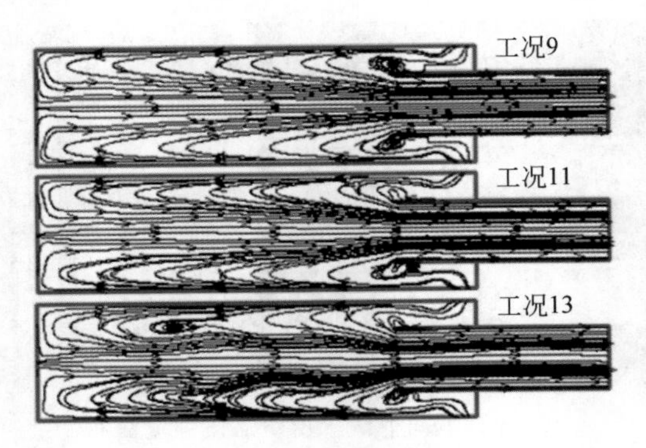

图 5-12 不同射流速度下流线图

大,其引射作用越强,流体扰动越强,使得壁面附近的湍流强度增加(图 5-9),从而增强了中心向壁面的传热;再加上燃烧室筒体中心高温区域温度的升高和扩张,最终呈现出壁面附近温度过高的现象。

由图 5-13 可知,通过增大中心空气射流孔的面积来提高中心区域氧气的浓度可以有效提高燃烧效率。另外,中心空气射流孔径的增大,使得较高湍流强度的区域几乎占据了整个燃烧室(图 5-14),平均湍流强度明显升高,增强了燃料与空气的掺混,燃烧更加充分。此外,燃烧室筒体中心区域的协同角明显较小,且小角度的区域面积也显著扩大(图 5-15),强化了中心区域的换热,所以燃烧效率随中心射流孔径的增加有较为明显的提高,从最低的 91.8%提高到 99.6%。

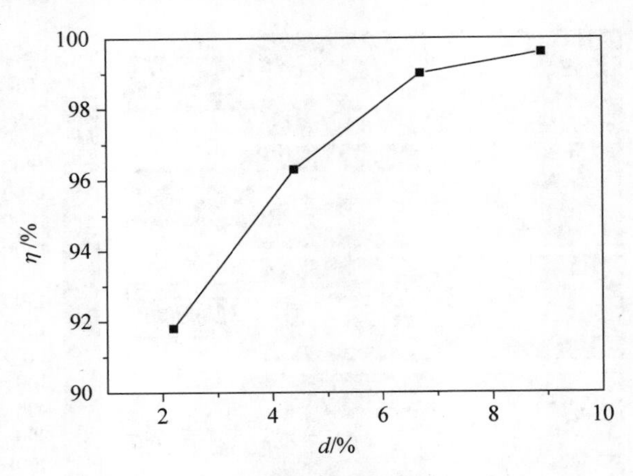

图 5-13 不同射流孔径下燃烧效率

在图 5-15 中可以清楚地看到,当射流孔径 d 为 2.2%时,壁面附近协同角为 85°以上;当射流孔径 d 为 8.9%时,在靠壁面附近出现了平均协同角为 75°左右的较大区域。当协同角为 85°时,$\cos\beta$ 的值为 0.087,而当协同角为 75°时,$\cos\beta$ 的值为

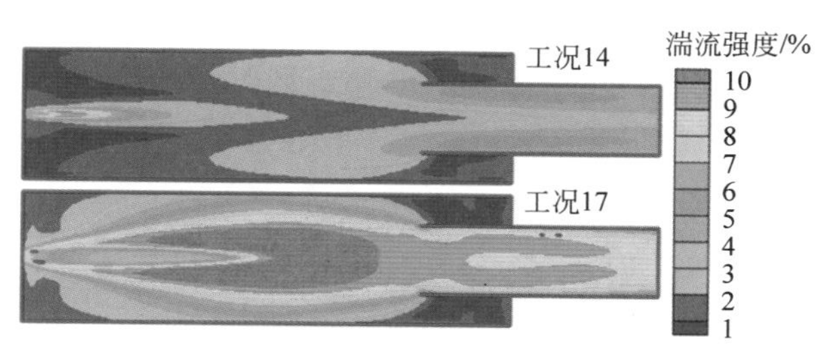

图 5-14 不同射流孔径下湍流强度分布

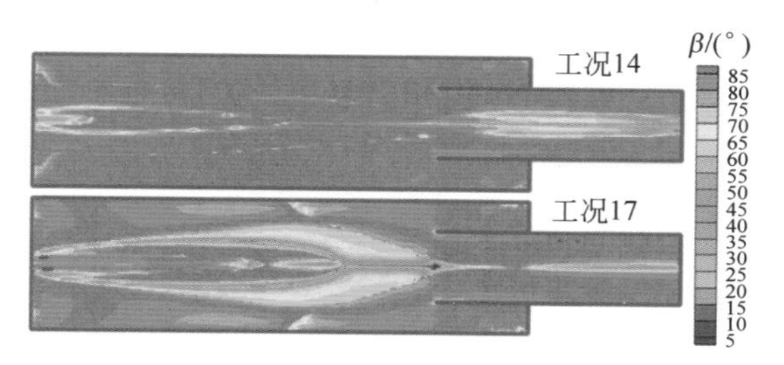

图 5-15 不同射流孔径下协同角分布

0.259；此时，无因次积分中速度与温度梯度的点积约增大了3倍，换热明显强化，所以速度场与温度场的协同关系是实现旋流冷壁的关键因素之一，即应使两者的协同角接近90°。

然而，由图5-16可知，随着孔径的增大，燃烧室近壁面处温度快速升高，壁面失去了外旋流的保护作用。这当然和壁面附近湍流强度的增加和燃气温度的升高有关，但是最为关键的因素是燃烧室内速度场与温度场的协同关系的改善。从流

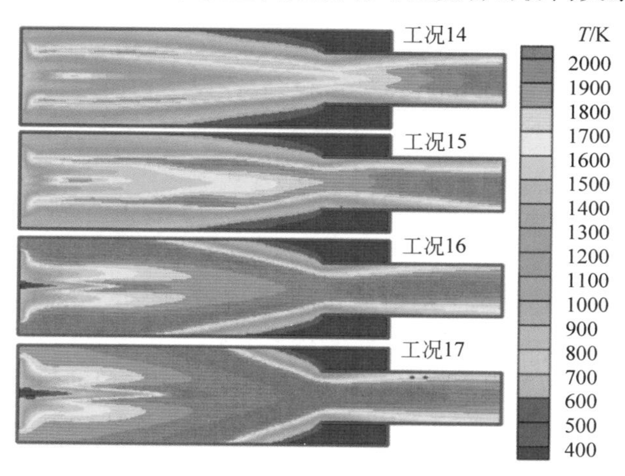

图 5-16 不同射流孔径下温度分布

线图 5-17 可知，随着中心空气射流孔径的增大，流场中不仅流线发生了较为明显的偏折，而且出现了回流区，即改变了速度矢量。同时，由于湍流强度的改变和燃烧效率的提高，温度场也发生了变化，两者综合的结果是壁面附近的协同角明显减小。

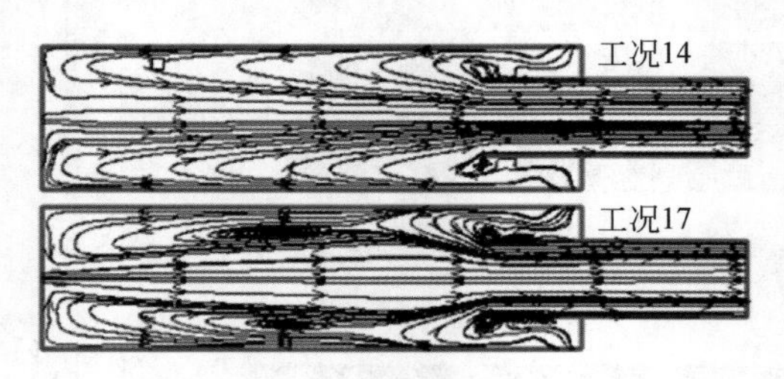

图 5-17 不同射流孔径下的流线

5.2 冷气射流对先进驻涡燃烧流动的影响

驻涡燃烧室壁面由于受到高温辐射和高温燃气的冲刷，成为发动机内部温度最高、使用寿命最短的部件[29]。虽然引入导流片之后燃烧性能显著改善，但在燃烧室下游近壁区的温度明显较高[30]。故本节引入冷却空气流对壁面进行冷却，对冷空气不同入射角度($\theta=30°$，60°及 90°)和射流比($R=1.2,1.35,1.5,1.8$ 和 2.0)下的 AVC 冷却和掺混燃烧性能进行数值研究，分析 AVC 壁面气膜冷却效率的变化规律。

5.2.1 计算模型和方法

AVC 模型如图 5-18 所示，燃烧室通道尺寸为 400mm×100mm ×100mm，前钝体结构尺寸为 80mm×60mm×100mm，后钝体结构尺寸为 20mm×42mm×100mm，开口角度为 100°，开口尺寸为 2mm，凹腔长度 L 为 36mm。导流片结构参数为 $a/B=0.2$，$b/H=0.4$，$c/L=0.1\sim0.2$。在工程实际中对燃烧室壁面进行气膜冷却时每隔 40～80mm 的距离就要重新布置一道气膜[31]，故本书从 $x=0.15$m 处开始每隔 50mm 布置 1 道 2mm 的缝槽喷射冷却空气，共 5 道冷却气膜[32]。

数值计算采用三维雷诺平均动量方程，湍流模型为 Realizable k-ε 模型，近壁面采用标准壁面函数法进行处理，壁面边界条件为无滑移，压力-速度耦合采用 SIMPLE 方法，扩散项采用二阶中心差分，对流项采用二阶迎风差分，采用的化学动力学模型为甲烷-空气有限速率模型，计算反应速率模型选择涡耗散模型。

燃烧室入口为主流进口，边界条件采用速度入口，入口来流速度为 50m/s；冷空气入口边界条件同样采用速度入口，速度根据射流比 R(定义为冷空气入射速度

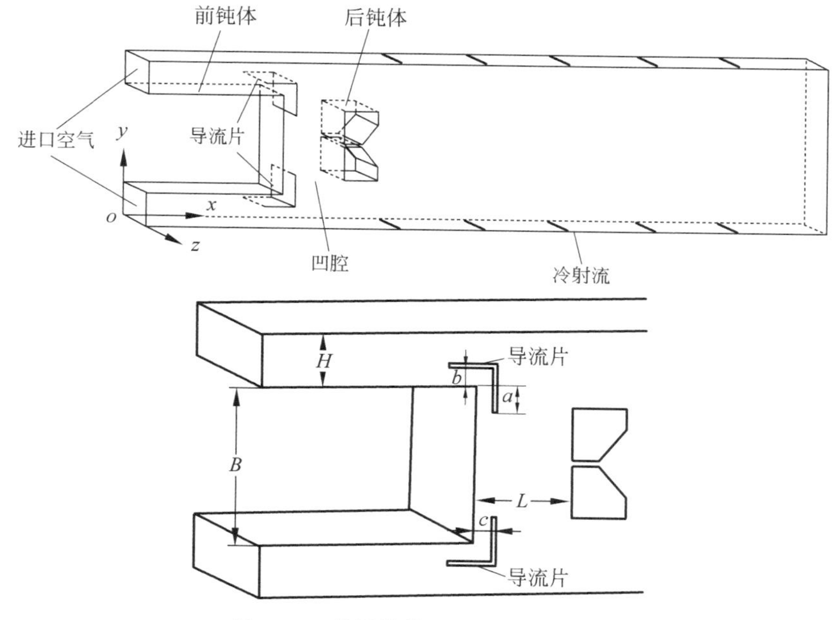

图 5-18 带导流片 AVC 的几何结构

与入口主流速度之比)得出,R 分别取 1.2,1.35,1.5,1.8 和 2.0,入射角度 θ(射流与主流方向的夹角)分别取 30°,60°和 90°;烧室出口边界条件为压力出口。

5.2.2 计算结果和分析

1. 燃烧室壁面温度和冷却效率分析

主流速度为 50m/s,温度为 300K,燃气当量比为 0.6,无冷却时燃烧室壁面温度分布如图 5-19 所示。从主流入口 $x=0$ 到下游某处 $x=0.15$m,壁面温度均为 300K,这是因为 AVC 凹腔为点火区,进气通道处燃烧还未发生;从 $x=0.15$m 处开始,温度急剧上升,在 $x>0.20$m 时维持在 1900K 左右,远高于目前使用金属材料的许用温度,不能保证燃烧室足够的寿命和可靠性。故需要从 $x=0.15$m 处开始引入冷空气流,一方面起到气膜冷却的作用,降低燃烧室壁温;另一方面起到掺混燃烧作用,提高燃烧效率。

为了研究冷气入射角 θ 和射流比 R 对 AVC 掺混燃烧和冷却性能的影响,选取了 5 组 R(1.2,1.35,1.5,1.8 和 2.0)与 3 组 θ(30°,60°和 90°)进行分析。在研究壁面气膜冷却效果时常引入气膜冷却效率 φ[31],计算公式为 $\varphi=\dfrac{T_{\text{gas}}-T_{\text{wall}}}{T_{\text{gas}}-T_{\text{cool}}}$。式中,$T_{\text{cool}}$ 为冷却空气温度,T_{wall} 为被冷却壁面温度,T_{gas} 为壁面热侧燃气温度。

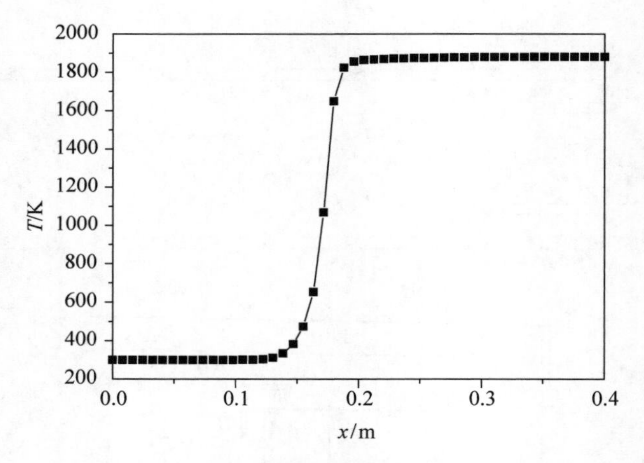

图 5-19 无冷却时的壁面温度分布

图 5-20 和图 5-21 分别显示了在不同 R 和 θ 下壁面气膜冷却效率沿 x 向（流向）的变化。根据变化情况分成 5 个区间（$0.15\text{m}<x<0.20\text{m}$，$0.20\text{m}<x<0.25\text{m}$，$0.25\text{m}<x<0.30\text{m}$，$0.30\text{m}<x<0.35\text{m}$，$0.35\text{m}<x<0.40\text{m}$）考虑。由图可见，当 $0.15\text{m}<x<0.20\text{m}$ 时，气膜冷却效率的曲线走势不同于后面 4 个区间，此段进来的冷空气由于射流的卷吸作用且距离燃烧室出口有较长的距离，大部分与高温燃气进行有效混合燃烧，贴近壁面的冷气量少，故此段冷却效率迅速降到很低的值。当 $x>0.20\text{m}$ 时，入射的冷流起到了很好的气膜冷却作用。

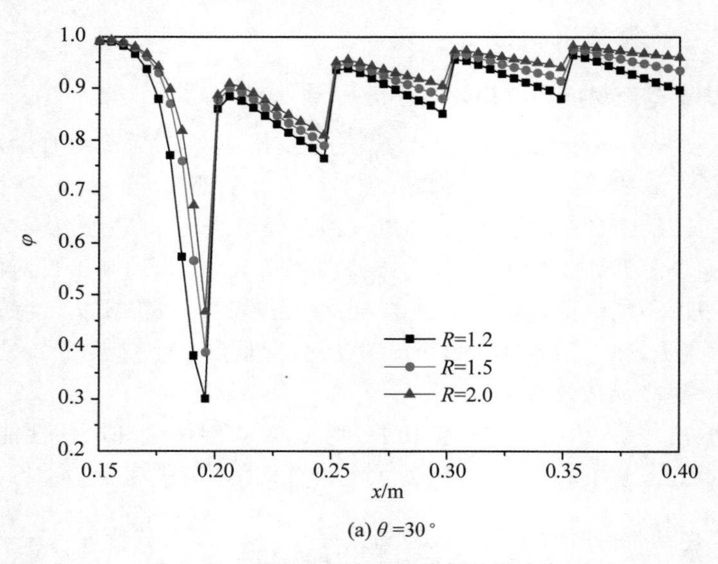

(a) $\theta=30°$

图 5-20 不同 R 下中心线冷却效率分布

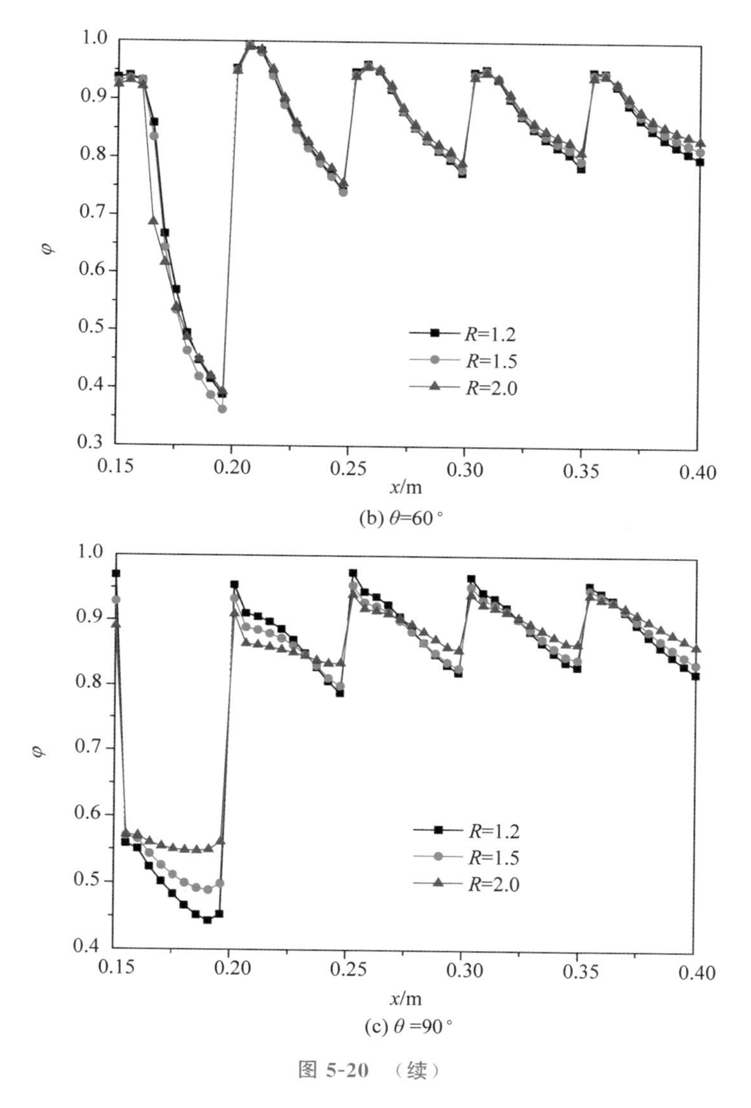

(b) θ=60°

(c) θ =90°

图 5-20　（续）

当 0.15m<x<0.20m 时，在 $\theta=30°$时缝槽附近冷却效率缓慢下降，维持在 0.95 以上；下游冷却效率迅速下降直至 0.3，表明冷气只在缝槽附近有很好的冷壁作用，而在下游冷却效果较差，主要原因是大部分冷流与高温燃气进行有效燃烧，贴近壁面的冷气量少，故冷却效率较低。在 $\theta=60°$时此区间冷却效率下降较快，在上游 $R=2.0$ 时冷却效率最低，在下游 $R=1.5$ 时冷却效率最低。冷却效率在缝槽附近发生突降，其原因是在 $\theta=90°$时垂直入射的冷气直接进入贯穿段与主流燃气混合，脱离壁面，故此时的冷却效率明显低于其他角度。但是在此段末端，

冷却效率有略微上升的趋势，原因是入射冷流在向下游流动的过程中动量逐渐减小，在主流的作用下再次贴附在燃烧室壁面上。

当 0.20m＜x＜0.40m 时，各工况下冷却效率均按照缝槽的设置呈现出 4 个变化区间。当 $\theta=30°$时，各个区间内冷却效率均随着 R 的增大而增大，这是由于此时冷气入射角较小，冷气贴近壁面有很好的冷却作用，R 越大，冷气流量越大，故气膜冷却效率越高。当 $\theta=60°$时，冷却效率曲线整体上近乎重合。当 $\theta=90°$时，各区间内气膜冷却效率变化规律与 30°和 60°时不同，冷却效率并非随着 R 的增大而

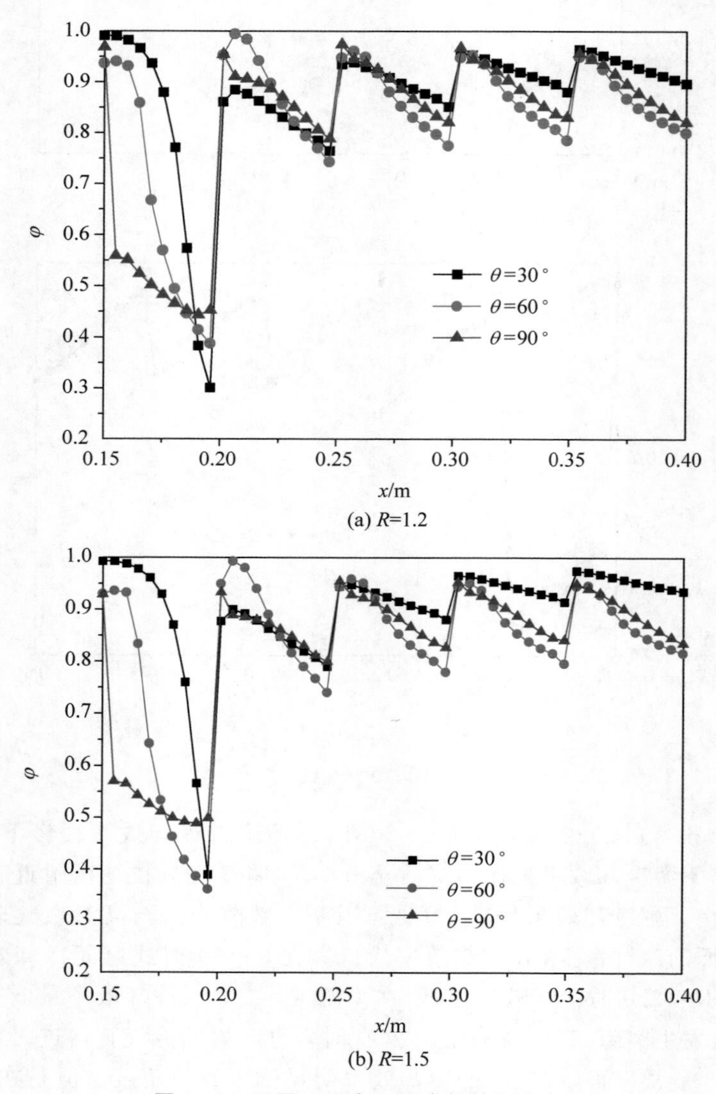

图 5-21 不同 θ 下中心线冷却效率分布

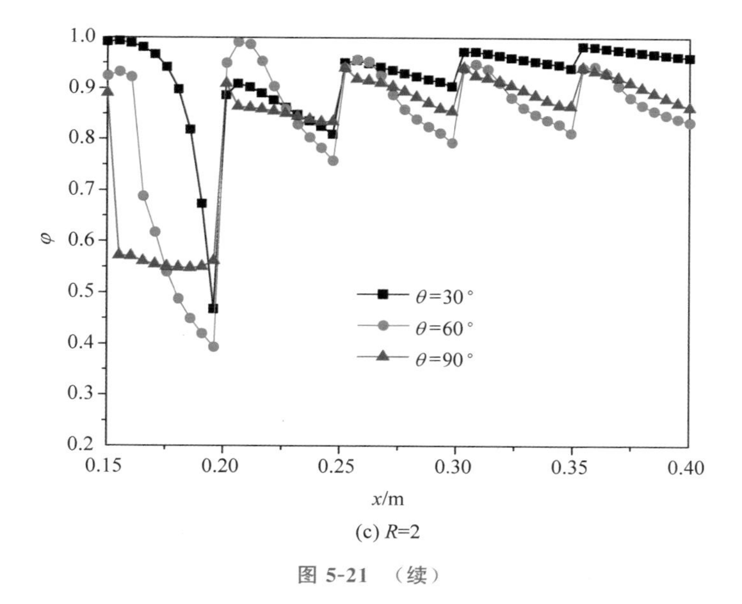

(c) R=2

图 5-21 （续）

单调变化：0.20m<x<0.25m 的上游段冷却效率随着 R 的增大而减小，其原因是在 $\theta=90°$时贴近壁面的冷气量极少，R 越大，冷气动量越大，冷气与燃气之间的相互作用越强，故壁面气膜冷却效率越低；0.20m<x<0.25m 的下游段在 $R=2.0$ 时冷却效率最高，在 $R=1.2$ 与 1.5 时相差不大。0.25m<x<0.30m 和 0.30m<x<0.35m 的变化规律类似于 0.20m<x<0.25m，但在上游段时曲线趋于重合。当 0.35m<x<0.40m 时，壁面气膜冷却效率随着 R 的增大而增大，类似于其他 θ 时冷却效率的变化规律，这是因为在燃烧室下游接近出口处的冷气来不及与高温燃气充分混合，主要集中在壁面附近，故冷却效率随 R 的变化呈现出与 θ 较小时一致的规律。

同时由图 5-20 和图 5-21 可见，各区间内的最大冷却效率均出现在缝槽下游附近区域，并沿流向逐渐降低，这是由下游冷气逐渐离开壁面而与燃气混合造成的。

图 5-22 为当冷流 $R=1.5$ 时，不同 θ 下燃烧室壁面温度的分布云图。由图可见冷流的引入使得壁面温度显著降低。当 0.20m<x<0.40m 时，温度均达到很低的值；当 0.15m<x<0.20m 时，温度虽较其他区域高，但均小于 1000K，不仅低于无冷却燃烧室的壁面温度，而且符合当前燃烧室壁面材料的许用温度范围。

图 5-23 为不同 θ 对流场的影响。在 R 一定的情况下，随着 θ 的增大，后钝体尾部的回流区长度增大，这主要是因为动量纵向分量随着 θ 的增大而增大，而动量分量对主流有较大的影响。随着 θ 的增大，从下游到出口的速度增大，这是因为射流动量增大了。当 $\theta=90°$时，近壁面处存在低速回流区，这是因为射流在钝体背风面形成了旋涡。

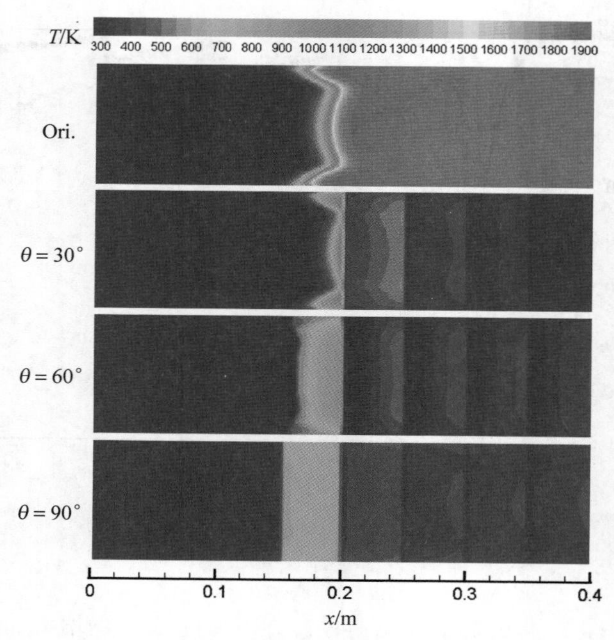

图 5-22　不同 θ 下壁面温度分布($R=1.5$)

Ori. 表示无冷却的燃烧室

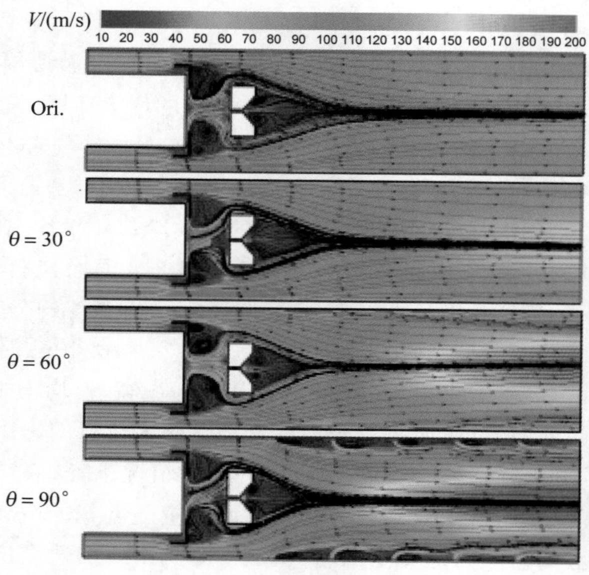

图 5-23　不同 θ 对流场的影响($R=1.5$)

Ori. 表示无冷却的燃烧室

2. 燃烧室性能指标分析

图 5-24 显示了 R 和 θ 对燃烧室总压损失系数的影响，可见对于恒定的 R，总压损失随着 θ 的增大而增大，原因是 θ 越大，冷气与主流燃气的作用越显著，对主流的阻碍作用增强。

在冷流入射与掺混燃烧的共同作用下，由 R 增大引起的燃烧室总压损失没有呈现单调的变化趋势，有可能增大，也有可能减小或差别不大。当 $\theta=30°$时，R 越大压损越小，原因是入射的冷气会与主流发生掺混而产生压损，但入射的冷气相当于给主流燃气注入了新的动量，从而影响到气流的总压损失。当 $\theta=60°$时，压损相差不大。当 $\theta=90°$时，R 越大压损越大，原因一方面是 R 增大，冷气动量增大，对主流燃气的影响区域增大，甚至在入射流背侧产生旋涡，故压损显著增大；另一方面是在 R 较大时冷气与主流燃气的掺混性好，燃烧室温升较大，也会引起一部分总压损失。

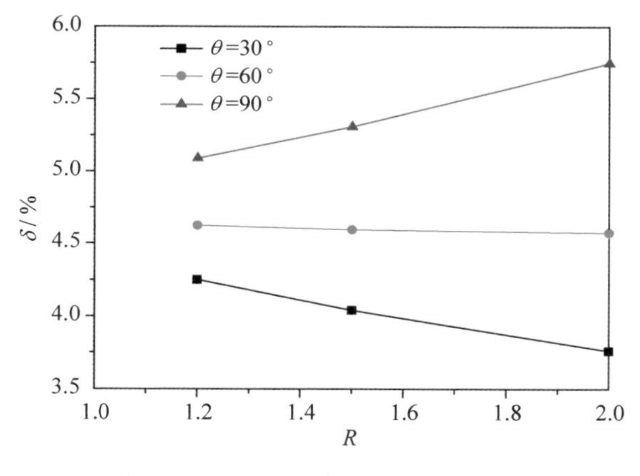

图 5-24　R 和 θ 对总压损失的影响

图 5-25 显示了 R 和 θ 对燃烧效率 η 的影响，当 $\theta=30°$时，η 受 R 的影响较小，原因是 θ 在该值时冷气均在近壁面发挥冷壁作用，与燃气掺混不显著，故对 η 影响不大。当 $\theta=90°$时，η 随着 R 的增大而增大，原因是此入射角下冷气穿透性和与燃气掺混作用强，冷气流量和动量的增大使燃烧强化。

当 $R=1.2$，1.35 和 1.5 时，η 随 θ 的变化幅度较小；当 $R=1.8$ 和 2.0 时，η 随 θ 的增大而增大。$\theta=90°$的 η 比 $\theta=30°$的增加了 0.5%左右，这是因为此时冷气量多，θ 越大，冷气与燃气掺混越强，使得更多未燃尽成分参与燃烧，故 η 增大。在 R 和 θ 各种组合下 η 均达到 99%。

图 5-26 显示了 R 和 θ 对燃烧室出口温度分布系数 OTDF 的影响，当 $\theta=30°$时，OTDF 均在 0.3 左右，符合燃气轮机 0.25～0.35 的要求，当 $\theta=60°$和 90°时，

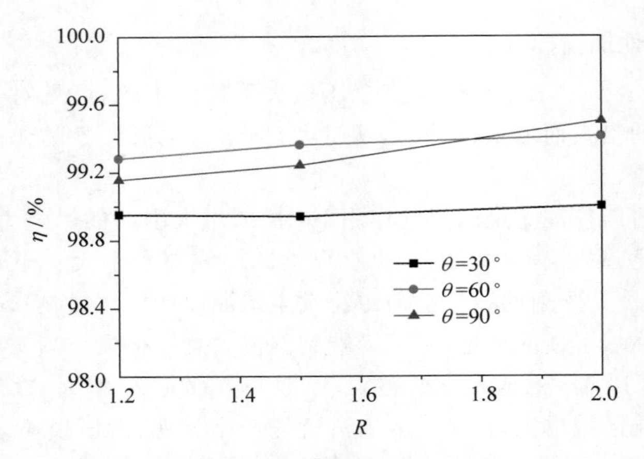

图 5-25 **R 和 θ 对燃烧效率的影响**

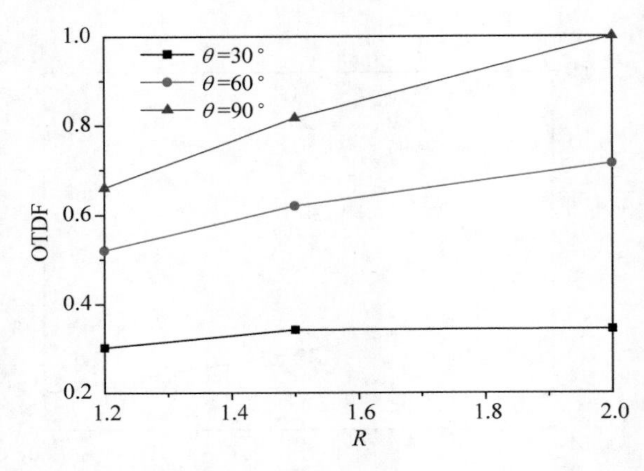

图 5-26 **R 和 θ 对 OTDF 的影响**

OTDF 值较大。OTDF 随着 R 和 θ 的增大而单调增大，即出口温度场变差，表明入射冷流对燃烧室出口温度场影响较大，这是因为冷气在燃烧室壁面附近形成了低温区，使得出口温度不均匀。故应尽可能降低 R 和 θ，减少壁面冷气量，以获得较均匀的出口温度场。

图 5-27 显示了 $R=1.5$ 与不同 θ 组合下的燃烧室出口径向温度分布，温度呈现出中间区域高，两边靠近壁面区域低的分布规律，这是因为冷气主要与壁面附近区域的高温燃气混合，而中心区域燃气温度仍较高。θ 越小，出口高温分布越广且均匀，这是因为 θ 越小，冷气在垂直方向的动量分量越小，对径向温度影响范围越小。

图 5-28 显示了 R 和 θ 对壁面平均冷却效率 φ_{ave} 的影响。取平均值后的冷却效率 φ_{ave} 随着 R 的增大而增大。这是因为当 R 较小时，入射的冷气动量小，与主

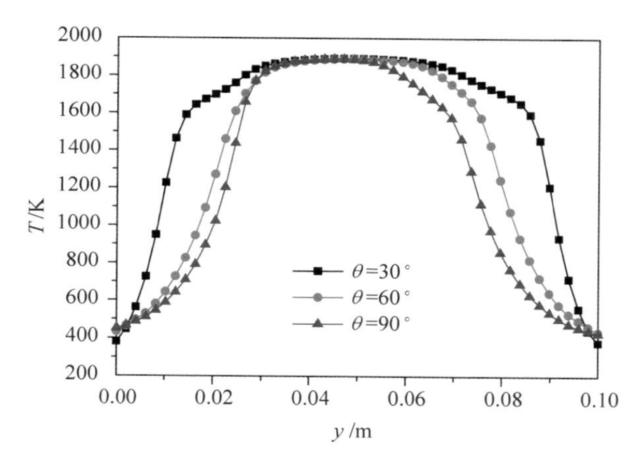

图 5-27 θ 对出口温度分布的影响(R=1.5)

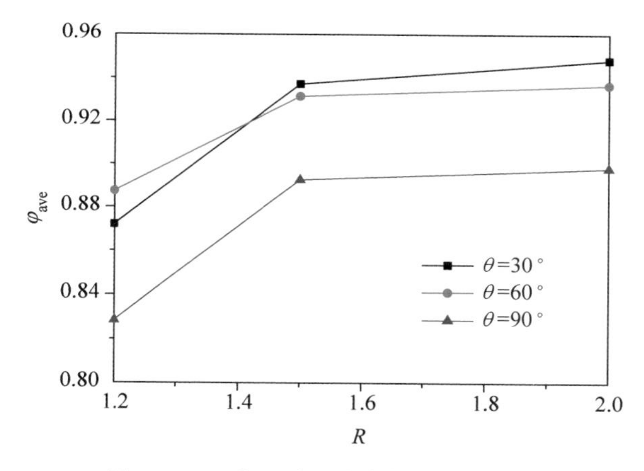

图 5-28 R 和 θ 对平均冷却效率的影响

流燃气掺混作用弱，冷气主要贴附在壁面。

当 $R=1.2$ 时，$\theta=90°$ 的 φ_{ave} 最小，这是因为冷气以 90°入射后主要与主流燃气进行反应，故壁面附近冷气较少；当 $\theta=60°$ 时 φ_{ave} 最大，当 $\theta=30°$ 的 φ_{ave} 居中。当 $R=1.5\sim2.0$ 时，φ_{ave} 随着 θ 的增大而减小，这是因为 R 较大时冷气初始动量大，迅速与主流掺混而脱离壁面，且 θ 越大掺混作用越强。

5.3 燃料射流对先进驻涡燃烧流动的影响

目前 AVC 研究中使用的燃料喷射方式均为纵截面内的平面喷射，这大大降低了主流与射流的剪切作用，存在单一流线涡与主流掺混不足的缺点，使燃料与空气的掺混率和气流湍动性能大打折扣。另外，如果来流条件匹配不当，部分工况下的燃烧效率甚至低于50%，因此有必要对后钝体开口AVC燃料喷射方式进行改进，以改善燃气掺混效果，提高燃烧效率，拓宽高效燃烧范围。

本节将涡流发生器燃料射流原理应用于后钝体开口AVC，通过控制涡流发生器射流的前倾角、侧倾角、射流孔径和射流比等参数来改善主流与射流的剪切作用，提高诱发的纵向涡的强度，从而研究其对燃烧室速度流场分布、温度分布、湍流度、总压损失和污染物排放等性能的影响，提高AVC性能。

5.3.1 计算模型和方法

在图4-3后钝体开口AVC结构的基础上，在前钝体壁面上均匀布置两排射流孔，每排3个，孔径记作D，如图5-29所示。

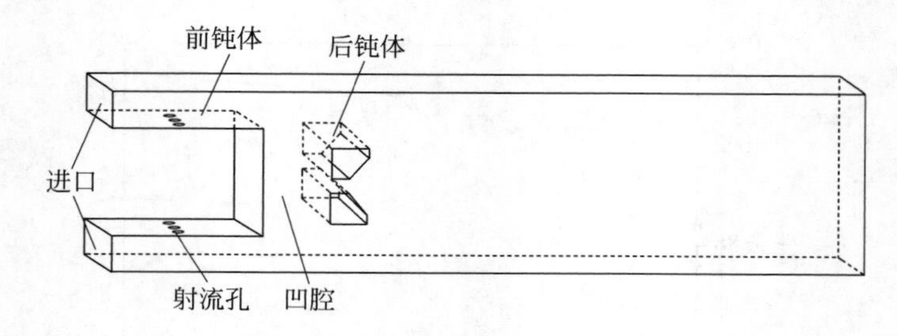

图 5-29 AVC结构示意图

基于涡流发生器原理的射流示意图[33]如图5-30所示。其中，α为射流与主流方向所形成的前向倾斜角，简称“前倾角”；β为射流与燃烧室竖直壁面所形成的侧向倾斜角，简称“侧倾角”。射流速度与主流速度之比为射流比，记作R。所要研究的射流参数见表5-4。

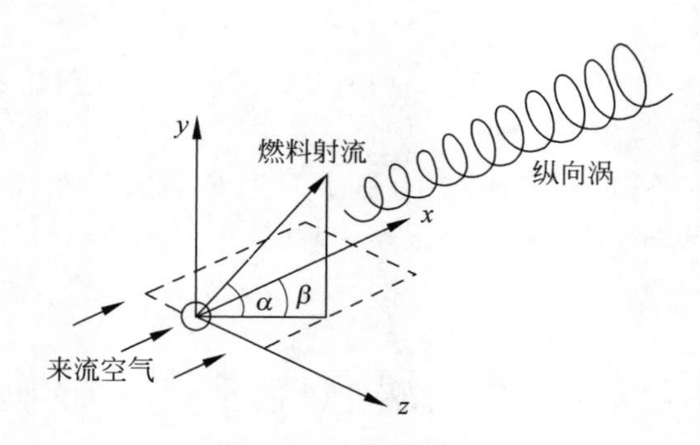

图 5-30 涡流发生器原理示意图

表 5-4　射流参数

参　数	取　值	参　数	取　值
α	30°,45°,60°,75°	D/mm	3,4,5,6
β	30°,45°,60°,75°	R	1.5,2.0,2.5,3.0

一般来说,如果要求达到良好的流动控制效果,以上各参数都存在一个最佳范围,超出这个范围的控制效果反而会削弱。例如前倾角,如果这个角度过大,射流形成的漩涡会很快穿过边界层而不会对其产生特定的控制效果,因此合理地选择参数以达到良好的流动控制效果是研究人员的重要研究方向之一。由喷射孔发出射流与主流相互作用生成离散的纵向涡,这种涡结构具有比较高的动量,注入分离区时对其周围流体产生诱导作用,使边界层外高能流体卷入边界层内,与边界层内低能流体进行能量交换。同时射流产生的诱导涡也将改变边界层内流体的能量分布。随着流动向下游的发展,涡的耗散变缓,涡量变小,有效作用范围增大,从而有效地抑制或延缓流动分离的发生。

近些年来,随着计算机技术、测试技术及控制技术的迅速发展,涡流发生器流动控制机理的实验和数值模拟研究也日渐增多。

数值计算采用不可压动量方程,湍流模型为 Realizable k-ε 模型,近壁面采用标准壁面函数法,压力-速度耦合采用 SIMPLE 方法,扩散项采用二阶中心差分,对流项采用二阶迎风差分,燃烧模型为有限速率化学反应模型。

边界条件:燃烧室入口为主流空气进口,边界条件采用速度入口,进气速度为 50m/s,温度为 300K;燃烧室出口边界条件为压力出口;射流入口采用速度入口边界条件,射流速度根据射流比 R 设置,温度为 300K;燃烧室壁面为等温壁,壁面温度恒定在 1000K。

5.3.2　计算结果与分析

1. 基于涡流发生器射流原理 AVC 的优越性验证

为验证基于涡流发生器(VG)燃料射流原理的 AVC 性能的优越性,选取了两种射流方式进行对比,一种是含 VG 的空间射流前倾角 $\alpha=30°$、侧倾角 $\beta=60°$,另一种是不含 VG 的平面射流前倾角 $\alpha=30°$、侧倾角 $\beta=0°$。

两种射流方式下燃烧室纵向中心截面速度流场分布如图 5-31 所示。凹腔内均可形成稳定的旋涡对,后钝体后侧回流区也可以形成对称的旋涡,回流区长度基本相同,钝体遮挡区域回流区速度分布无明显差异,流场分布没有明显变化,体现了凹腔稳焰的优势。但是在钝体上、下两侧和出口端附近,$\beta=60°$时的速度值更高,钝体上、下两侧高速区域分布越广,动量越大,越有利于燃料与空气的快速掺

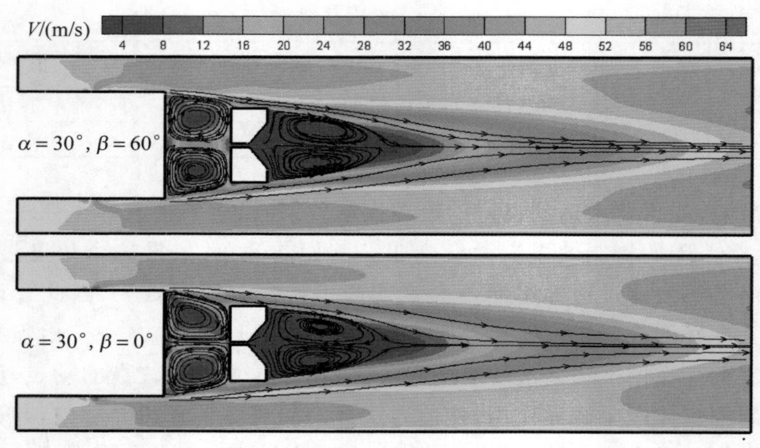

图 5-31 两种射流方式下 AVC 速度流场对比

混，提高掺混率。

燃烧室在 $x=0.09\mathrm{m}$ 处的横截面速度流场分布如图 5-32 所示（x 轴正方向为主流流动方向）。当 $\beta=60^\circ$时，在凹腔上下两侧各存在三个旋涡，直观地体现出了涡流发生器产生的纵向涡，这些旋涡有利于主燃区的燃气掺混，同时增强主流与凹腔内引燃区的传热传质，有利于提高燃烧性能。

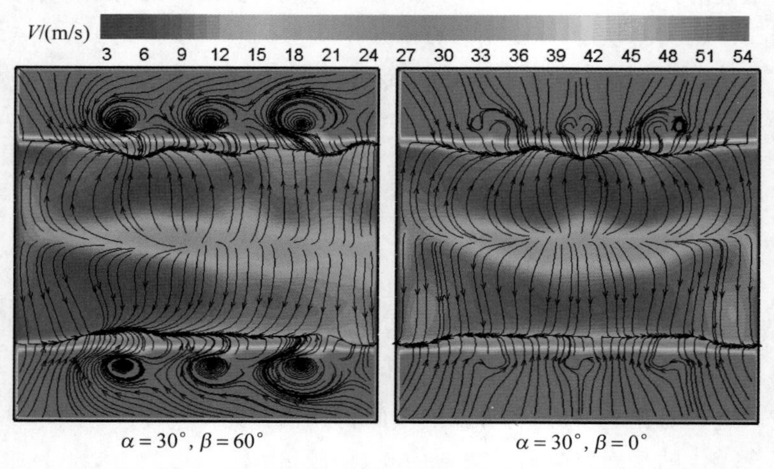

图 5-32 两种射流方式下 AVC 在 $x=0.09\mathrm{m}$ 处速度流场对比

两种射流方式下燃料甲烷（CH_4）分布对比如图 5-33 所示。$\beta=60^\circ$时在射流方向上和凹腔内的燃料分布均较 $\beta=0^\circ$时的低，表明空间射流形成的纵向涡有利于燃料与空气的混合，使燃烧更充分更迅速。

两种射流方式下燃烧室中心截面温度分布情况如图 5-34 所示。$\beta=60^\circ$时的凹

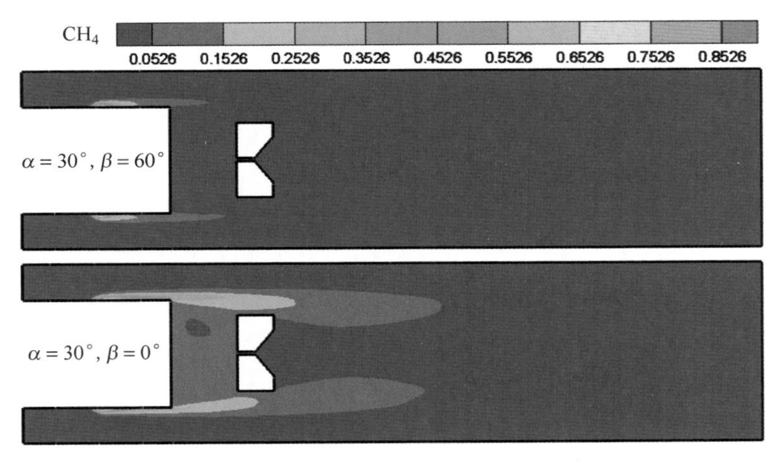

图 5-33　两种射流方式下 AVC CH_4 分布图

腔内温度分布明显高于 $\beta=0°$时，这是因为前倾角和侧倾角的存在使由喷孔喷出的燃料射流与空气主流相互作用诱发纵向涡，结合图 5-31 和图 5-33 可知，这种纵向涡具有更高的动量，能够促进燃料与空气的快速掺混，随之进入凹腔的燃料也充分混合，因而凹腔内温度分布较高。

此外由图 5-34 可见，燃料以射流方式进入燃烧室，不论是横向射流还是基于涡流发生器原理射流，燃烧室下游近壁区都不会形成高温区，而 4.2 节中燃烧室下游近壁面存在高温区，这是由于燃料供给方式不同而导致的燃料分布情况不同。4.2 节中燃料与空气以特定当量比预混从主流进气口进入燃烧室，而本节中燃料的供给方式为射流。燃料以射流方式进入燃烧室，射流卷吸主流，且沿着射流方向燃料含

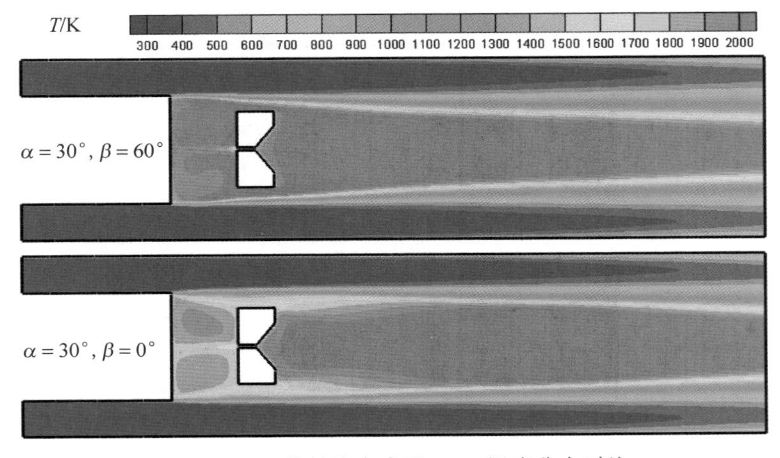

图 5-34　两种射流方式下 AVC 温度分布对比

量衰减迅速[5]，虽然射流使得燃料在射流孔附近贴近壁面，但是在燃烧室下游近壁区不会形成局部高温区域。

以上结果表明基于涡流发生器的射流 AVC 比传统射流 AVC 性能有明显优势。涡流发生器产生的纵向涡的强弱主要取决于主流与射流的剪切作用，射流的前倾角、侧倾角、射流孔径和流速比对纵向涡的性能有一定的影响，以致影响到燃烧室性能。下面分别对基于涡流发生器射流原理的 AVC 各射流参数的影响进行研究。

2. 前倾角 α 对燃烧性能的影响分析

为研究前倾角 α 对燃烧室的影响，在喷孔直径 $D=6\text{mm}$、射流比 $R=1.2$ 时取 $\beta=60°$ 与不同 α 组合在贫燃条件下进行研究，分析结果如下。

图 5-35 为不同 α 时燃烧室中心截面速度流场分布图。由图可见，在几种情况下，凹腔内都可以形成一个均匀对称、充分发展的旋涡对，表明射流条件下凹腔内

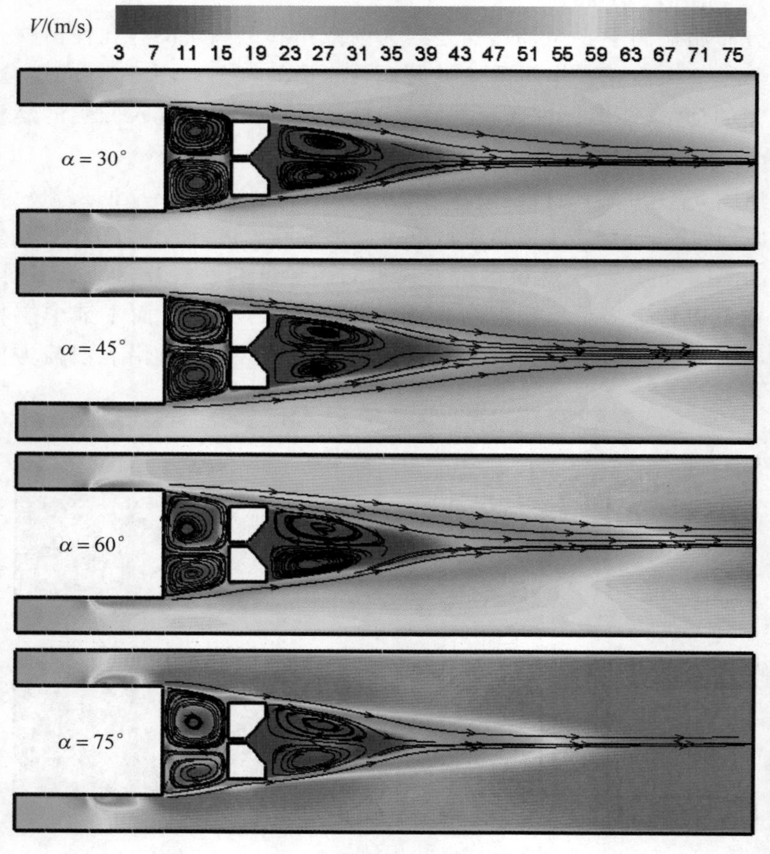

图 5-35 前倾角 α 对速度流场分布的影响

仍可以实现火焰稳定；但是在 $\alpha=75°$ 时凹腔内上旋涡挤压下旋涡。在后钝体后侧形成形状相同的旋涡对，有利于流场稳定，表明不同前倾角 α 对流线分布无明显影响。除两回流区外，流场速度分布随着前倾角的增大而增大，α 越大，钝体上、下两侧高速区域分布越广，越有利于燃料与空气的快速掺混。另外，随着 α 增大，燃烧室出口附近区域的速度越来越大，出口气流速度越大，动能越大，表明前倾角的增大有利于提高燃烧室出口气流速度，也就是说将热能转化为动能的程度越大。

图 5-36 为不同 α 时凹腔及后钝体开口内部中心轴线上的湍流度分布曲线。整体上看，各曲线变化趋势一致，而且湍流度随着 α 的增大而增大。这是因为前倾角越大，射流与主流的剪切作用越显著，湍流作用越明显，表明前倾角对中心轴线湍流度影响较大。凹腔及后钝体开口中心的湍流度越大，越有利于凹腔内产生的燃烧热和燃烧产物通过后钝体开口向后侧回流区扩散，从而增强后钝体后侧回流区内混合燃气的掺混与燃烧。

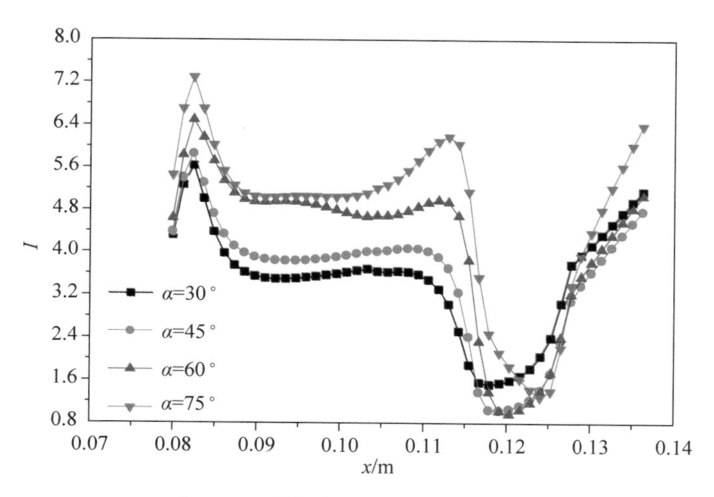

图 5-36 前倾角 α 对湍流度的影响

不同 α 下的凹腔内温度分布如图 5-37 所示。当 $\alpha=45°$ 和 75°时凹腔温度均匀分布；当 $\alpha=30°$ 和 60°时虽然温度分布不太均匀，但是凹腔内都可以实现高温燃烧，表明射流前倾角对凹腔温度影响不大。不同 α 下的燃烧效率的变化情况如图 5-38 所示。由图可见，燃烧效率随 α 增大表现出先降后增的趋势，但是在数值上变化不明显，均达到 99%以上，主要原因是产生的纵向涡使燃气掺混得很充分，燃烧效率均达到理想值。

图 5-39 为不同 α 对应的燃烧室出口截面总压损失系数。总压损失系数随着 α 的增大而增大，这是因为射流的引入会导致一部分总压损失，α 越大，射流对主流的剪切作用越明显，湍动作用越显著，总压损失越大。

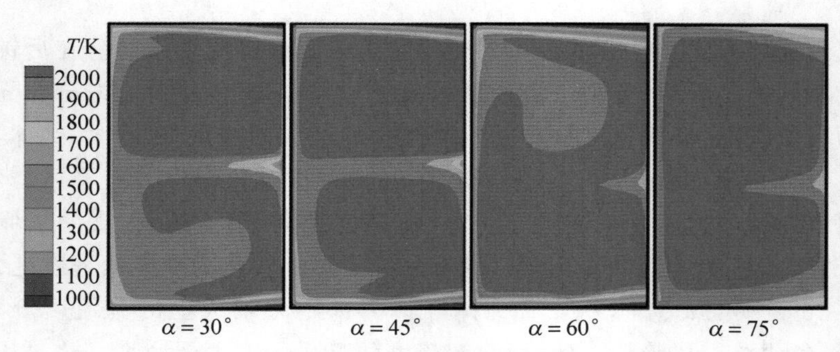

图 5-37 前倾角 α 对凹腔温度分布的影响

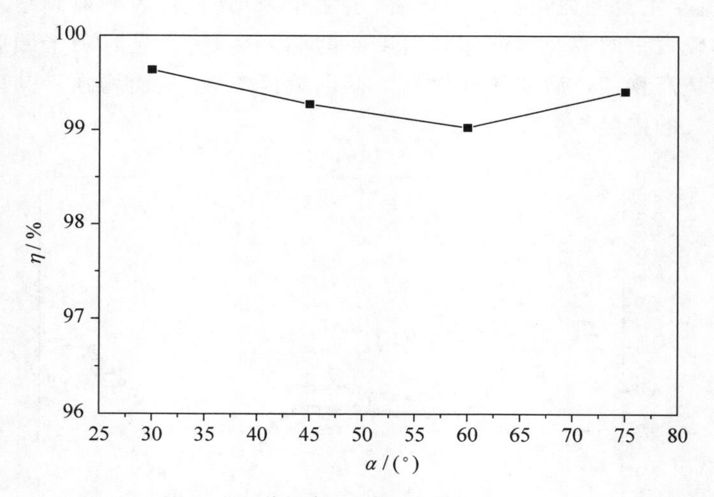

图 5-38 前倾角 α 对燃烧效率的影响

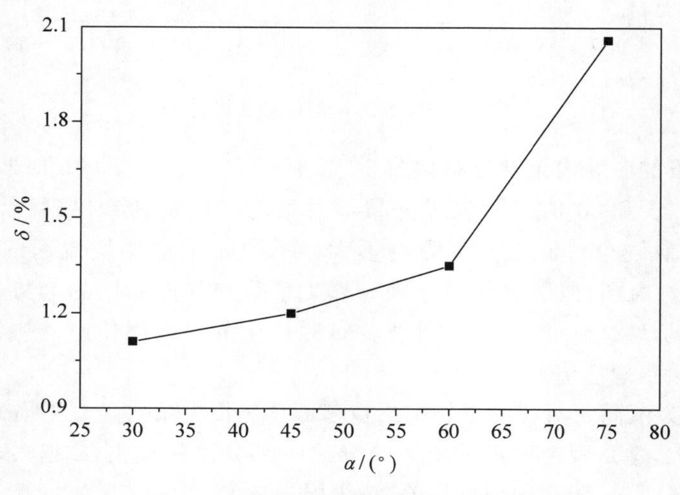

图 5-39 前倾角 α 对总压损失的影响

图 5-40 为不同 α 对应的燃烧室中心轴向 NO 分布曲线。x 从 0.08～0.116 的(凹腔区域)曲线重合,即凹腔中心 NO 分布相同,且含量均较低,表明 α 对凹腔中心 NO 分布影响较小。在凹腔后侧区域;当 $\alpha=30°$时,NO 含量最高,且随着 x 的增大而增大,幅度越来越大;当 $\alpha=45°$时,NO 含量居中,且随着 x 的增大而增大,幅度有所减小;当 $\alpha=60°$时,NO 含量明显低于上述两种情况,且随 x 的增大幅度不是很明显;$\alpha=75°$时,NO 含量持平,保持在较低含量,表明前倾角对凹腔后侧 NO 分布影响较大。

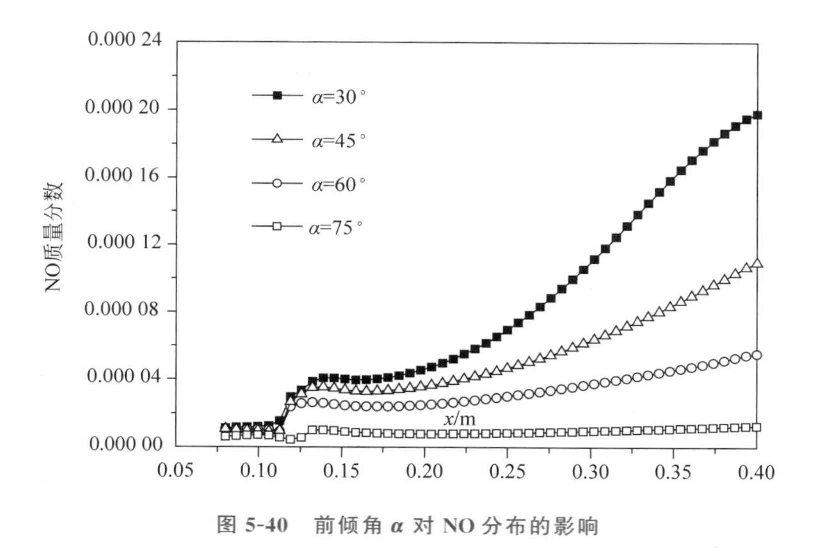

图 5-40 前倾角 α 对 NO 分布的影响

上述结果表明,存在一定的前倾角 α,可使燃烧室流场、温度分布、燃烧效率、总压损失和 NO 排放等综合性能达到最优,根据上述分析,本书在喷孔直径 $D=6\text{mm}$、射流比 $R=1.2$ 时选取 $\alpha=60°$进行以下讨论。

3. 侧倾角 β 对燃烧性能的影响

图 5-41 为不同侧倾角 β 的燃烧室中心截面速度流场分布图。凹腔内都能形成稳定的旋涡对,可以实现稳焰作用,表明侧倾角对燃烧室流线分布没有明显影响。回流区速度分布相同,但是在 $\beta=60°$和 75°时,钝体上、下两侧进气道速度分布明显高于其他工况。另外,燃烧室出口附近区域的速度也较其余两者高,表明侧倾角增大有利于提高流动速度,加快燃料与空气掺混。

图 5-42 为燃烧室凹腔和后钝体开口中心轴线上的湍流度曲线。轴向湍流度随着 β 的增大而增大,从而促进凹腔内产生的燃烧热和燃烧产物通过后钝体开口向后侧回流区扩散,增强后钝体后侧回流区内混合燃气的掺混与燃烧。

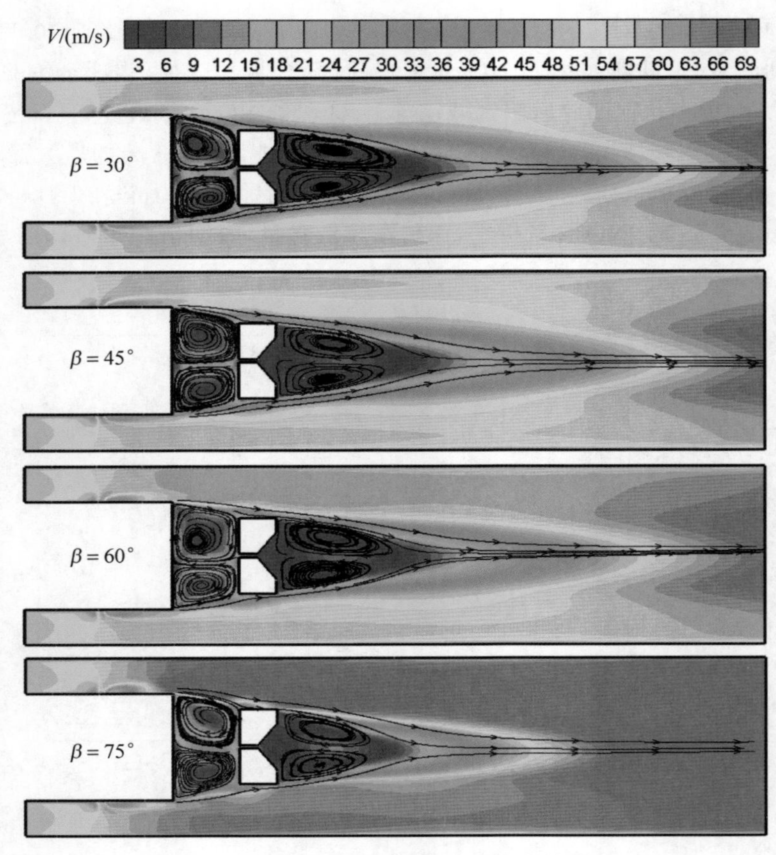

图 5-41 侧倾角 β 对速度流场分布的影响

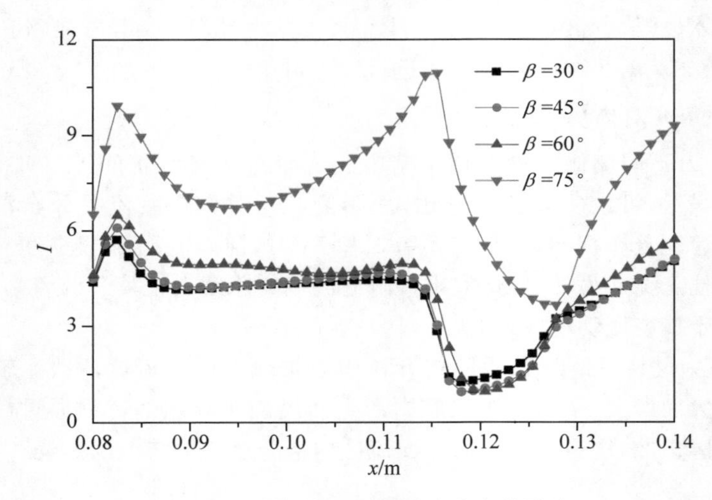

图 5-42 侧倾角 β 对湍流度分布的影响

图 5-43 为不同 β 时的凹腔温度分布。凹腔内均实现了高温燃烧，有利于高效点火。但当 $\beta=30°$时的温度分布很不均匀；当 $\beta=45°$时，上、下两部分温差减小，温度分布逐渐趋于均匀；当 $\beta=60°$和 75°时，温度分布均匀，表明随着 β 的增大，高温分布越来越广，且分布越来越均匀。这是因为随着 β 的增大，主流与射流剪切作用增强，甲烷与空气掺混更加充分，混合燃气进入凹腔内燃烧也更充分，不会出现局部高温现象，温度均匀分布。不同 β 时的燃烧效率变化情况如图 5-44 所示。当侧倾角在 30°～60°时，燃烧效率随侧倾角变化不明显；当 $\beta=75°$时，燃烧效率下降 2%左右，因此要控制 β 不能太大。

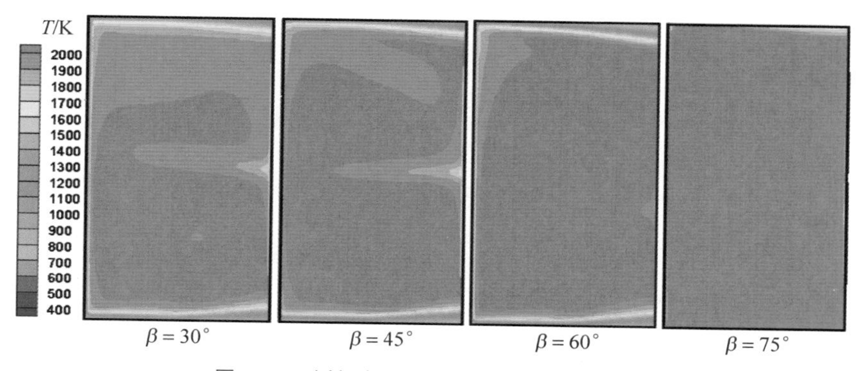

图 5-43 侧倾角 β 对凹腔温度分布的影响

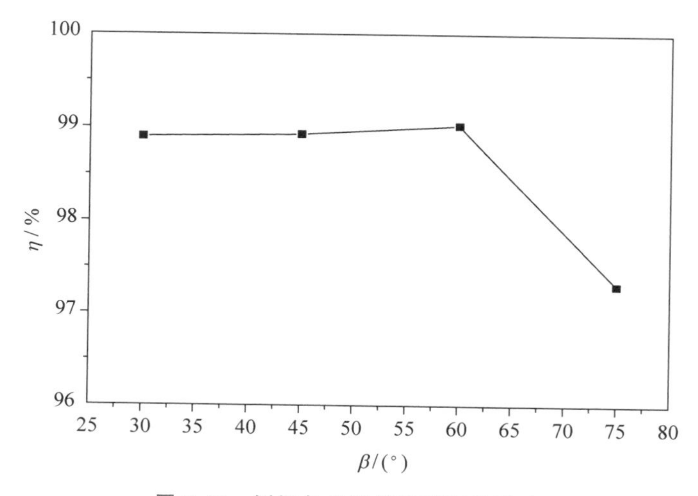

图 5-44 侧倾角 β 对燃烧效率的影响

图 5-45 为不同 β 对应的燃烧室出口截面总压损失系数。总压损失系数随着 β 的增大而增大，而且增大的幅度也越来越大，类似于前倾角 α 对总压损失的影响规律。因此 β 越大，燃烧室总压损失增大得越快。

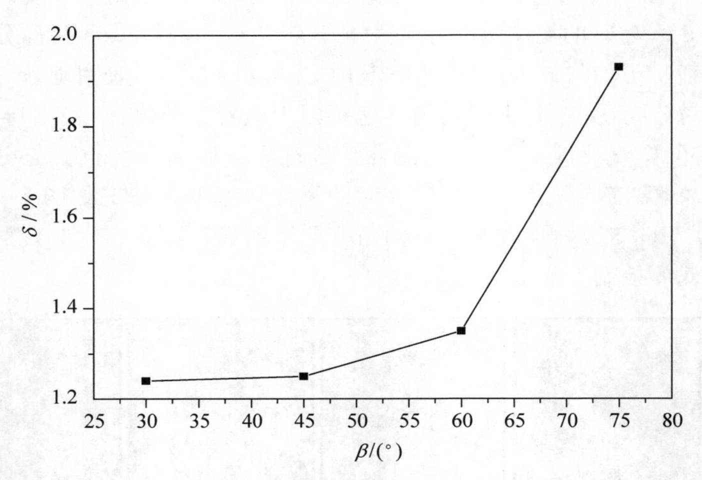

图 5-45 侧倾角 β 对总压损失的影响

综合研究表明存在一定的侧倾角 β 可使燃烧室性能优越，根据上述分析，下面将研究 $\alpha=60°$ 和 $\beta=60°$ 时对喷孔直径和射流比的影响。

4. 射流孔径 D 对燃烧性能的影响

不同射流孔直径 D 下燃烧室中心截面温度分布如图 5-46 所示。随着射流孔径的增大，中心截面的高温分布区域先增大后减小，表明存在一个合适的射流孔径使燃烧室实现高温燃烧，而且温度分布均匀。

当 $D=3$mm 时，高温区域主要分布在凹腔内，后钝体后侧区域温度较低，其原因是射流孔径太小使得进入主流的燃料流量小，燃气处于富氧状态，且主流对射流影响较大，使得射流弯曲，燃料与空气混合率低，燃烧反应主要发生在离喷射较近的凹腔内，沿着气流方向由于燃料不足，燃烧放热少，后侧区域温度分布较低。

当 $D=4$mm 时，喷射的燃料流量增大，不仅在凹腔内实现了高温燃烧，后钝体后侧区域的高温区域面积也开始增大。直至 $D=5$mm 时，凹腔内和燃烧室下游区域均形成高温，表明此时燃气比例恰当，燃烧稳定进行。随着 D 的继续增大，凹腔内温度开始降低，原因在于燃料虽然充足，但射流孔径继续增大会导致射流对主流阻挡作用增强，使混合燃气进入凹腔的含量减少，主要流向燃烧室下游并发生燃烧反应，凹腔内温度略有下降，而在燃烧室下游仍能形成高温区。

5. 射流比 R 对燃烧性能的影响

为确定射流比 R 的影响规律，取主流速度为 20m/s 进行研究。不同射流比 R 对应的燃烧室中心截面温度分布如图 5-47 所示。凹腔内温度分布随着射流

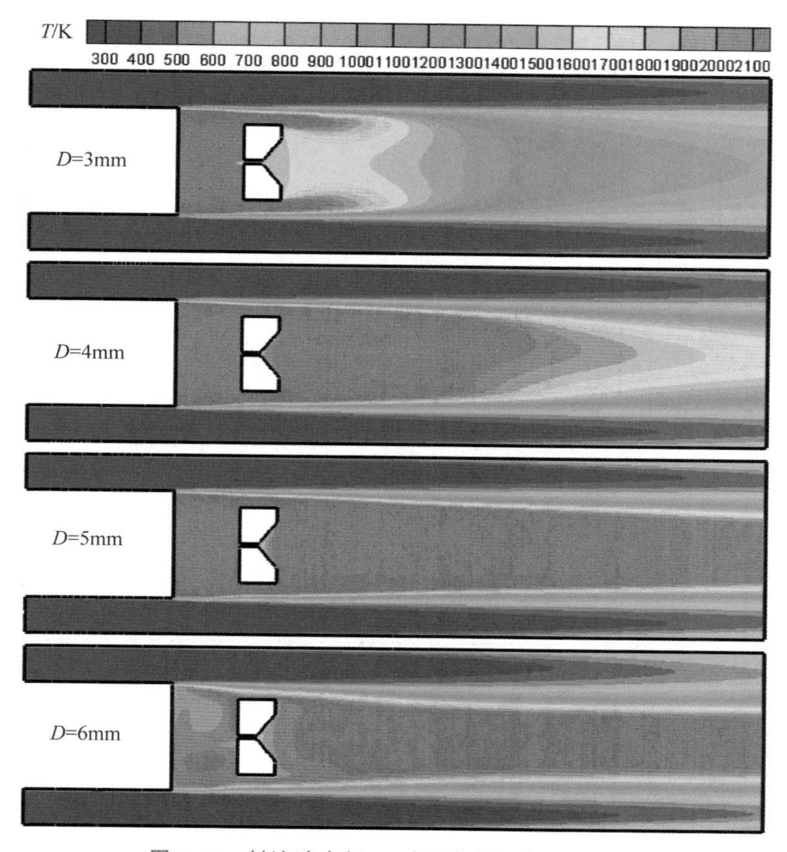

图 5-46 射流孔直径 D 对燃烧室温度分布影响

比 R 的增大先增大后减小，在 $R=2$ 时达到最高，高温分布均匀，此时后钝体后侧也形成了高温区域。当 $R=1.5$ 时，由于射流速度较小，燃料与空气混合后处于贫燃状态，进入凹腔内的燃料有限，燃烧放热少，导致凹腔内温度分布较低，大部分燃料流向燃烧室后侧区域，因此后侧温度较高。当 $R=2$ 时，凹腔内温度达到最高，后钝体后侧区域温度分布也较高，表明此时射流速度适当，燃气比例恰当，空气主流与射流的混合流容易进入凹腔，从而实现高温燃烧。当 $R=2.5$ 和 3 时，因为射流速度太大，遮挡混合气进入凹腔，造成凹腔内燃料和空气量较小，燃烧放热少，无法形成高温区。在燃烧室出口附近区域，$R=2.5$ 和 3 时的温度整体分布较 $R=1.5$ 和 2 时高，这是因为部分未进入凹腔的燃料主要在钝体后侧区域燃烧。

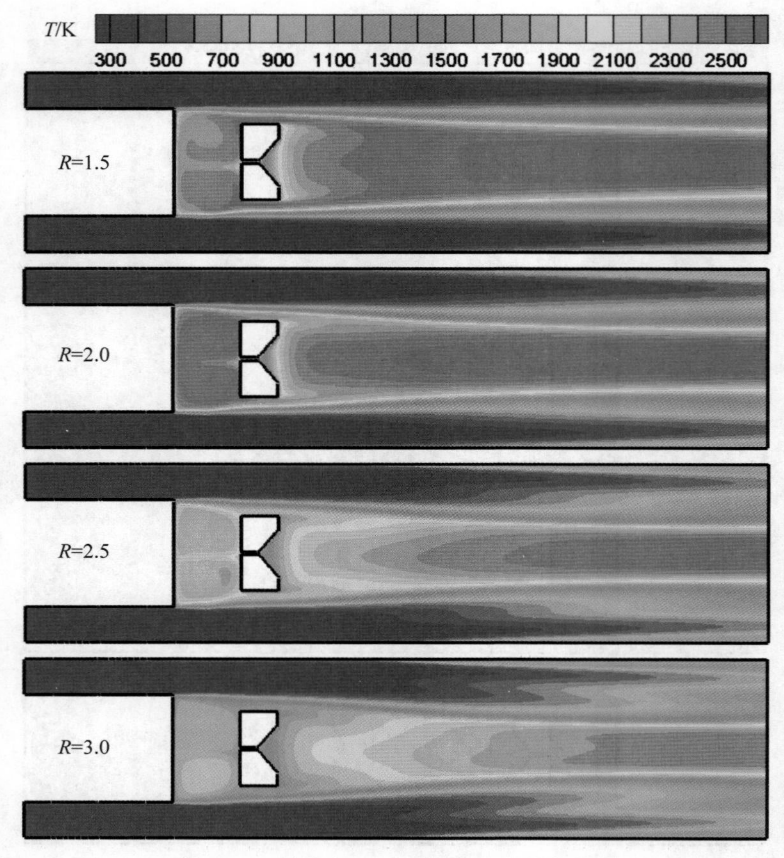

图 5-47 射流比 **R** 对燃烧室温度分布影响

参考文献

[1] 彭泽琰,刘刚,桂幸民,等. 航空燃气轮机原理[M]. 北京：国防工业出版社,2008.

[2] 张津,洪杰,陈光. 现代航空发动机技术与发展[M]. 北京：北京航空航天大学出版社,2006.

[3] 中国航空学会动力专业分会. 航空推进系统专业发展[R]. 北京：中国科学技术出版社,2007.

[4] 林宇震,许全宏,刘高恩. 燃气轮机燃烧室[M]. 北京：国防工业出版社,2008.

[5] 方昌德. 世界航空发动机手[M]. 北京：航空工业出版社,1996.

[6] ROKKE P E,HUSTAD J E,ROKKE N A,et al. Tecnology update on gas turbine dual fuel,dry low emission combusion systems[J]. ASME paper,2003：38112.

[7] 王建华. WP7甲航空发动机燃烧室三维流场研究[D]. 哈尔滨：哈尔滨工业大学，2005.

[8] 休泽尔 D K. 液体火箭发动机现代工程设计[M]. 朱宁昌，译. 北京：宇航出版社，2004.

[9] CHIAVERTINI M J, MALECKI M J, SAUER J A, et al. Vortex combustion chamber development for future liquid rocket engine applications[R]. Reston: AIAA, 2002: 4149.

[10] CHIAVERTINI M J, MALECKI M J, SAUER J A, et al. Vortex thrust chamber testing and analysis for O_2/H_2 propulsion applications[R]. Reston: AIAA, 2003: 4473.

[11] CHIAVERTINI M J, SAUER J A, MUNSON S M, et al. Laboratory characterization of vortex-cooled thrust chamber for methane/O_2 and H_2/O_2 [R]. Reston: AIAA, 2005: 4131.

[12] SCOTT M M, SAUER J A, JOSHUA D R, et al. Development of a low-cost vortex-cooled thrust chamber using hybrid fabrication techniques[R]. Reston: AIAA, 2011: 5835.

[13] MAJDALANI J, DIAN Q F. On the bidirectional vortex and other similarity solutions in spherical geometry[R]. Reston: AIAA, 2004: 3675.

[14] VYAS A B, MAJDALANI J, CHIAVERINI M J. The bidirectional vortex: Part 1 an exact inviscid solution[R]. Reston: AIAA, 2003: 5052.

[15] VYAS A B, MAJDALANI J, CHIAVERINI M J. The bidirectional vortex: Part 2 viscous core corrections[R]. Reston: AIAA, 2003: 5053.

[16] VYAS A B, MAJDALANI J, CHIAVERINI M J. The bidirectional vortex: Part 3 multiple solution[R]. Reston: AIAA, 2003: 5054.

[17] 曾卓雄，李凯. 旋流冷壁燃烧室燃烧性能的数值分析[J]. 热科学与技术，2016，15(2): 121-128.

[18] 唐飞，李家文，常克宇. 涡流冷却推力室中涡流结构的分析与优化[J]. 推进技术，2010，31 (2): 165-169.

[19] 路强，俞南嘉，李恭楠，等. GH_2/GO_2 涡流冷却透明燃烧室方案设计及试验研究[J]. 火箭推进，2013，39 (2): 1-5.

[20] 徐舟，曾卓雄，徐义华. 涡流冷壁旋流燃烧室的数值模拟[J]. 推进技术，2015，36(3): 436-442.

[21] ANDERSON M, ROM C, BONAZZA R, et al. Vortex chamber flow field characterization for gelled propellant combustor applications[R]. Reston: AIAA, 2004: 4474.

[22] DIAN Q F, MAJDALANI J, CHIAVERINI M J. Simulation of the cold-wall swirl driven combustion chamber[R]. Reston: AIAA, 2003: 5055.

[23] 孙得川，杨建文，白荣博. 气氧/甲烷涡流冷壁燃烧室流场与壁面耦合传热分析[J]. 推进技术，2011，32(3): 401-406.

[24] 李凯，曾卓雄，徐义华. 结构参数和当量比对旋流冷壁燃烧室冷壁效果的影响[J]. 弹箭与制导学报，2015，35(6): 70-74，79.

[25] 李恭楠，俞南嘉，路强. 涡流冷却推力室流场特征与性能仿真[J]. 航空动力学报，2014，29 (2): 420-426.

[26] KARGAR M M, MOHAMMAD H S. Experimental investigation of heat transfer modle in vortex combusion engines[R]. Reston: AIAA, 2007: 5586.

[27] 李家文，唐飞，俞南嘉. 推力室涡流冷却技术试验研究[J]. 推进技术，2012，33(6):

956-960.

[28] 党进锋,郜冶,刘平安. 可压缩流涡流冷壁发动机数值模拟[J]. 固体火箭发动机,2017,40(1):16-23.

[29] 黄勇. 燃烧与燃烧室[M]. 北京:北京航空航天大学出版社,2009.

[30] 王志凯,曾卓雄,徐义华,等. 导流片结构参数对先进旋涡燃烧室性能影响研究[J]. 推进技术,2015,36(3):405-412.

[31] 王璐. 某型驻涡燃烧室冷却技术研究[D]. 南京:南京航空航天大学,2012.

[32] ZENG Z X,WANG H Y,WANG Z K. Analysis of cooling performance and combustion flow in advanced vortex combustor with guide vane [J]. Aerospace Science and Technology,2018,72:542-552.

[33] 黄红波,陆芳. 涡流发生器应用发展进展[J]. 武汉理工大学学报(交通科学与工程版),2011,35(3):611-614.

第6章 CHAPTER 6 方腔内自然对流

封闭空间内部的流体自然对流在电力生产等实际工程中存在广泛应用，是一个值得研究的课题。在能源与动力工程领域相关的应用中，对于封闭空间内的换热问题，自然对流在其能量传输中占据主导位置。

6.1 研究概况

封闭空间内自然对流的研究涉及多种几何结构(截面为三角形、梯形、平行四边形等)空间内的流动换热，且封闭空间内壁面可能设置为非平面(如波纹形)形式，空间内部充满单一或复杂的流体(如多孔介质、纳米流体等)。在数值模拟计算时，通常会考虑封闭空间不同的热边界条件，不同的几何形状参数(倾角、横纵比、波形参数等)对流动与换热的影响。更重要的，还要考察浮力与物性对流动与换热的影响，研究 Gr(格拉晓夫数，Grashof number)，Pr，Da(描述多孔渗流能力的达西数，Darcy number)，以及纳米流体体积分数等参数对 Nu 的影响。通过对封闭空间内自然对流流动与换热的研究有助于发现控制对流换热效果的潜在措施。

Debayan 等[1]对非方腔封闭空间内的自然对流和涉及的流体、多孔介质流动换热的数学模型进行了综述。Bairi 等[2]综述了工程实际中不同结构封闭空间中自然对流的研究。Lee[3]针对水平长方形封闭空间的自然对流，对比了其二维与三维结果在浮力增大情况下的差异，发现了涡结构与热羽结构的变化。Salunke 等[4]研究了翅片的几何特征对大空间自然对流散热的影响，特别提出了翅片上开孔的影响。类似地，还有研究在长方形直肋片上采用开槽设计，以强化自然对流散热和克服长翅片中心驻留区出现换热恶化的问题。此外，Amber 等[5]综述了在受太阳辐射影响的储液箱中自然对流的相关研究，以促进人们对伴随着热能沉积的传热与流动过程的理解。Ramesh 等[6]研究了方腔内表面辐射对自然对流的影响，综合了自然对流与表面辐射的作用过程，给出了用 Gr 表征的平均 Nu 与耦合作用的相关性。Miroshnichenko 等[7]对封闭长方体空间内的湍流自然对流进行了讨论，总结了不同参数条件下方腔内的流动与换热规律。Khalifa[8]对二维与三维封闭空间内竖直或水平壁面的自然对流换热系数进行了总结，讨论了不同研究获得的换热系数之间的差异。Zoubida 等[9]综述了不同类型封闭空间内的纳米流体自然对流换热特征，讨论了单相与两相流模型的应用。Abu-Nada 等[10]研究了纳米流体导热系数与黏度的变化对自然对流的影响。Ghasemi 等[11]讨论了在磁场作用和一定的 Ra（瑞利数，Rayleigh number）与 Ha（哈特曼数，Hartmann number）条件下，方腔内纳米流体体积分数对换热能力的影响。

可见，封闭空间内自然对流的研究与应用较为广泛。为便于掌握其相关的基本数值模拟理论和方法，下面将结合内置物体方腔内的共轭自然对流过程，介绍方腔内自然对流换热过程的数值预测结果。

6.2 内置圆管方腔内的共轭自然对流

6.2.1 模型与求解

方腔内置圆管后发生了共轭的自然对流，即方腔与圆管内均发生了自然对流。图 6-1(a)中给出了物理模型和坐标、边界条件[12]。方腔中内置圆形管，方腔横截面的长、宽一致，左侧壁受热，右侧壁恒温且温度较低，上、下壁面绝热。内置圆管直径为方腔高度的一半，圆管的位置由中心坐标 $c(x=c_x/L, y=c_y/L)$ 表示，圆管内、外充满相同的流体。采用德洛奈三角形方法自动划分方腔与圆管计算区域的网格。在笛卡儿坐标系下，计算区域内的非结构化三角形网格划分如图 6-1(b)所示。

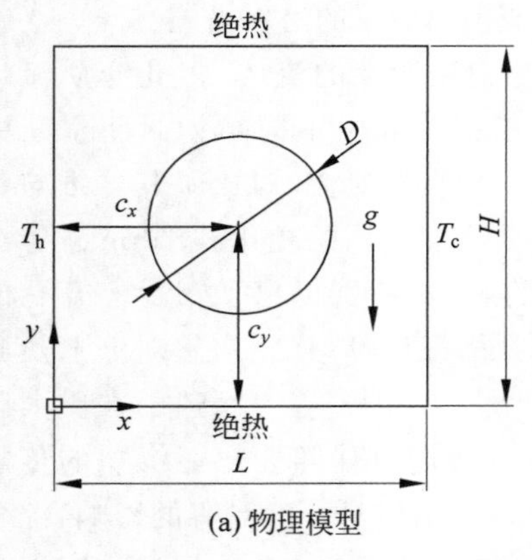

(a) 物理模型

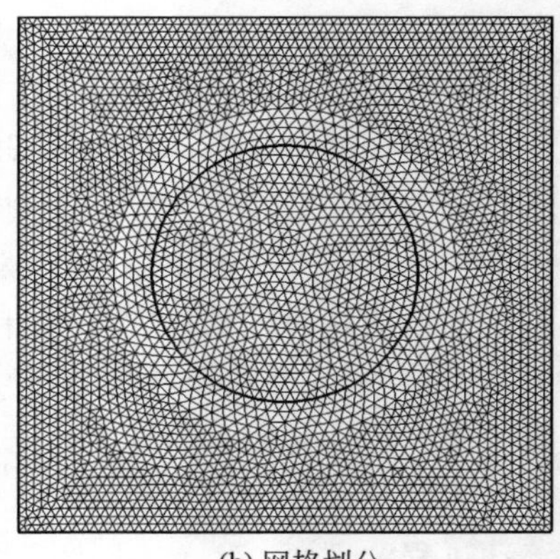

(b) 网格划分

图 6-1 内置圆管方腔的物理模型与网格划分

对内置圆管的方腔，因其展向足够长，故方腔内的流动被假设为二维流动。方腔与管道内的流体假设为不可压缩、常物性的牛顿流体，流动假设为稳态的层流流动。流体的热物理特征在参考的温度下为常数值，仅在 y 方向动量方程的浮力项中考虑其变化，这意味着采用了标准的布西内斯克假设。此外，忽略方腔的辐射传热。

以速度和压力等变量表示的连续性、动量和能量方程（含物理量纲）如下：

$$\frac{\partial u}{\partial x}+\frac{\partial v}{\partial y}=0 \tag{6-1}$$

$$u\frac{\partial u}{\partial x}+v\frac{\partial u}{\partial y}=-\frac{1}{\rho}\frac{\partial P}{\partial x}+\nu\left(\frac{\partial^2 u}{\partial x^2}+\frac{\partial^2 u}{\partial y^2}\right) \tag{6-2}$$

$$u\frac{\partial v}{\partial x}+v\frac{\partial v}{\partial y}=-\frac{1}{\rho}\frac{\partial P}{\partial y}+\nu\left(\frac{\partial^2 v}{\partial x^2}+\frac{\partial^2 v}{\partial y^2}\right)+g\beta(T-T_c) \tag{6-3}$$

$$u\frac{\partial T}{\partial x}+v\frac{\partial T}{\partial y}=\alpha\left(\frac{\partial^2 T}{\partial x^2}+\frac{\partial^2 T}{\partial y^2}\right) \tag{6-4}$$

内置圆管管壁等固体部分的导热方程如下：

$$\frac{\partial^2 T}{\partial x^2}+\frac{\partial^2 T}{\partial y^2}=0 \tag{6-5}$$

定义如下的无量纲量：

$$Pr=\frac{\nu}{\alpha},\quad Gr=\frac{g\beta(T_h-T_c)H^3}{\nu^2},\quad \theta=\frac{T-T_c}{T_h-T_c},$$

$$X=\frac{x}{H},\quad Y=\frac{y}{H},\quad U=\frac{uH}{\nu},\quad V=\frac{vH}{\nu},\quad P=\frac{pH^2}{\rho\nu^2} \tag{6-6}$$

基于这些无量纲量，以速度和压力等变量表示的控制方程的无量纲形式如下：

$$\frac{\partial U}{\partial X}+\frac{\partial V}{\partial Y}=0 \tag{6-7}$$

$$U\frac{\partial U}{\partial X}+V\frac{\partial U}{\partial Y}=-\frac{\partial P}{\partial X}+\left(\frac{\partial^2 U}{\partial X^2}+\frac{\partial^2 U}{\partial Y^2}\right) \tag{6-8}$$

$$U\frac{\partial V}{\partial X}+V\frac{\partial V}{\partial Y}=-\frac{\partial P}{\partial Y}+\left(\frac{\partial^2 V}{\partial X^2}+\frac{\partial^2 V}{\partial Y^2}\right)+Gr\theta \tag{6-9}$$

$$U\frac{\partial \theta}{\partial X}+V\frac{\partial \theta}{\partial Y}=\frac{1}{Pr}\left(\frac{\partial^2 \theta}{\partial X^2}+\frac{\partial^2 \theta}{\partial Y^2}\right) \tag{6-10}$$

内置圆管管壁等固体部分中导热方程的无量纲形式如下：

$$\frac{\partial^2 \theta}{\partial X^2}+\frac{\partial^2 \theta}{\partial Y^2}=0 \tag{6-11}$$

Ra（$Ra=Gr\cdot Pr$）代表了对流效应。此处的 Gr 与 Pr 分别代表浮力与流体特性的影响程度，由式(6-6)定义。

模型的物理边界条件如图 6-1(a)所示。水平壁面为绝热，垂直壁面是等温的。左侧壁面温度为 t_h，比右侧壁面温度 t_c 要高。假设壁面无滑移，则边界条件可以表达为

对于右侧竖直壁：$X=1, 0\leqslant Y\leqslant 1, U=0, V=0, \theta=0$ (6-12)

对于左侧竖直壁：$X=0, 0\leqslant Y\leqslant 1, U=0, V=0, \theta=1$ (6-13)

对于上部水平壁：$0\leqslant X\leqslant 1, Y=1, U=0, V=0, \frac{\partial\theta}{\partial Y}=0$ (6-14)

对于底部水平壁：$0\leqslant X\leqslant 1, Y=0, U=0, V=0, \frac{\partial\theta}{\partial Y}=0$ (6-15)

对于固体-流体界面(内置圆管的壁面)：$\left.\frac{\partial\theta}{\partial X}\right|_s = k\left.\frac{\partial\theta}{\partial X}\right|_f$ (6-16)

式中 $k=k_f/k_s$ 为导热系数的比值，定义为流体的导热系数比管道固体壁材料的导热系数，简称"热导率比"。

方腔壁面上的局部 Nu 由下式表达：

$$Nu = -\left(\frac{\partial\theta}{\partial X}\right)_{\text{wall}} \tag{6-17}$$

方腔壁面上的平均 Nu 由局部 Nu 沿壁面积分而来：

$$\overline{Nu} = \int_0^1 Nu\,\mathrm{d}Y \tag{6-18}$$

研究中控制参数 Ra 从 10^4 变化到 10^6，导热系数比 k 分别设置为 0.1，1 与 10，Pr 设置为 0.71，对应于常温下的空气。k 取为 10 仅在数学计算时有效(现实中很难找到符合条件的固体材料)。

方腔壁面被均匀划分，通过比较不同网格数(从 40×40 到 100×100)下的结果，发现 60×60 的网格划分已经能获得与网格无关的解。求解采用 SIMPLE 算法，计算区域采用非结构化三角形网格划分，内置圆管管壁离散为 80 等分，动量方程与能量方程采用 QUICK 格式离散。

本研究基于 Hortmann 等[13]的标准解，对结果进行了验证，方腔内充满单一的黏性流体。表 6-1 列出了部分计算结果与标准解的对比情况。图 6-2 显示了在 $Ra=10^5$ 与 10^6、无内置圆管条件下，方腔内流线与等温线的分布。经对比发现计算的结果与文献中的非常一致。这些均说明模型与求解设置的可靠性，可用于进一步的计算。

表 6-1 不同 *Ra* 条件下热边平均 *Nu* 与文献[13]值的对比

Ra	$\overline{Nu}$(Hortmann 的标准解)	$\overline{Nu}$(本书的计算结果)
10^5	4.40	4.55
10^6	8.80	9.00

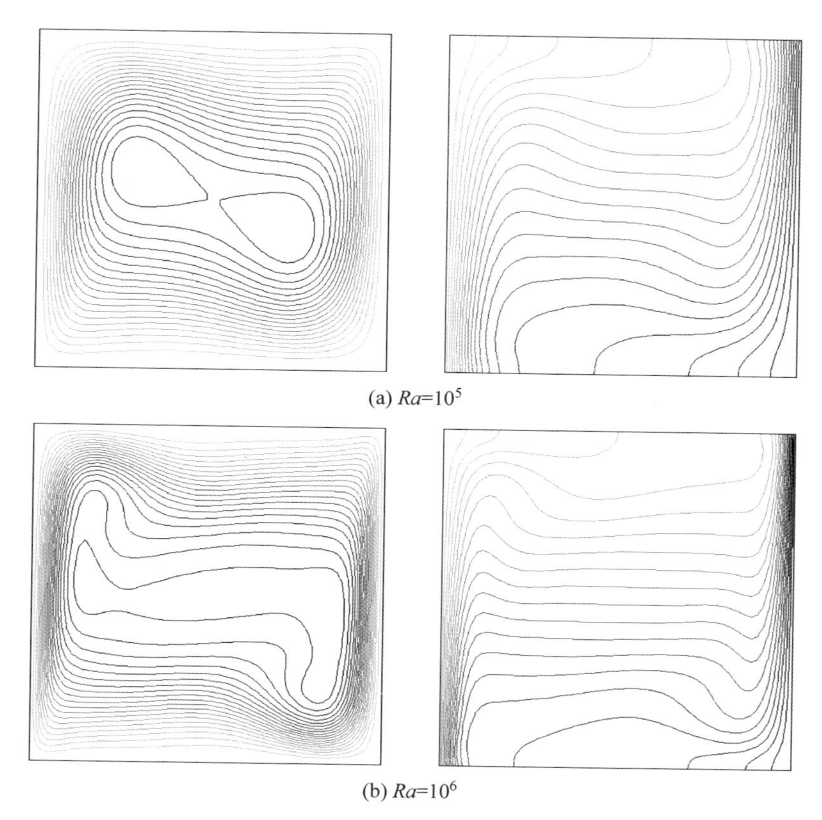

(a) $Ra=10^5$

(b) $Ra=10^6$

图 6-2　不同 Ra 下的流线与等温线分布

6.2.2　计算结果

为了理解带内置管道的方腔中共轭自然对流特点，以下分别给出了受 Ra、内置管道位置和导热系数比 k 影响的数值计算结果，研究中管道直径保持不变。

图 6-3～图 6-5 分别给出了当管道位于方腔中心时，在不同 Ra、不同 k 值下的流线与等温线结果。图中左侧为流线，右侧为等温线。可以看出，随着 Ra 的增加，管道外方腔内的流动强度变大，受热流体从左侧壁面移动并冲向顶部壁面。

在图 6-3 中，内置圆管内形成一个单涡结构，等温线呈斜对角分布。受管道导热边界的影响，多数位置等温线逐渐偏离连续分布的特征。方腔内流体进而循环流动冲击向方腔的底部壁面。所以，流体在方腔中顺时针循环流动，在管道与方腔中都形成单个循环的结构，但是在较小的 Ra 条件下，流动强度要弱一些。

对于 $Ra=10^4$ 的情况，循环流动较弱，换热以导热为主导，这些从图 6-3(a)、图 6-4(a)和图 6-5(a)均可以看出。在此 Ra 下的等温线几乎平行于竖直壁，占一半

图 6-3　$k=1.0$,不同 Ra 下的流线与等温线

的部分。从图中还可看出,随着 Ra 的增加,流动强度增加,且等温线逐渐偏离平行于竖直壁面。图 6-3(b)中的等温线几乎平行于水平的绝热边壁,这一现象随着 Ra 的增加越发明显,如图 6-3(c)所示。

图 6-4 $k=0.1$，不同 Ra 下的流线与等温线

对于 $Ra=10^6$ 的情况，方腔内管道的左、右两侧形成了两个循环结构，这主要受内置圆管近壁边界层变化的影响。方腔内因对流主导，循环强度变强。在 $k=1$ 的条件下，内置圆管对方腔内的换热无重大影响。作为研究中 Ra 最高的情况，因

图 6-5 $k=10$,不同 Ra 下的流线与等温线

对流换热越来越占主导,流线发生变化,在内置圆管的方腔中心的等温线也近乎完全平行于水平壁面。

从图 6-3～图 6-5 还可以看出，导热系数比 k 的增大导致了圆管内更小的温度梯度，这主要受更弱的换热强度与当量更薄的管壁的影响。同时，当圆管位于方腔中心时，在三种 Ra 条件下，k 对流线均没有较大的影响。但在 Ra 较低的条件下，k 对流动换热的影响比 Ra 较大时大，越大的 k 对方腔内温度分布影响越大。

大量的计算发现变化的 k 对热边的 Nu 并没有较大的影响。图 6-6 给出了当 $Ra=10^6$、圆管靠近左侧壁面时($c(x=0.25,y=0.5)$)，三种 k 下热边的 Nu 分布。可见，因圆管的上、下两个端点，沿方腔左侧壁面，局部 Nu 的分布呈现出两个峰值，分别位于 $y=0.5$ 与 0.8 的位置。在 $k=10$ 的情况下，管道上部位置出现了最强的换热。而对其他两个不同的 k，换热强度比较接近。

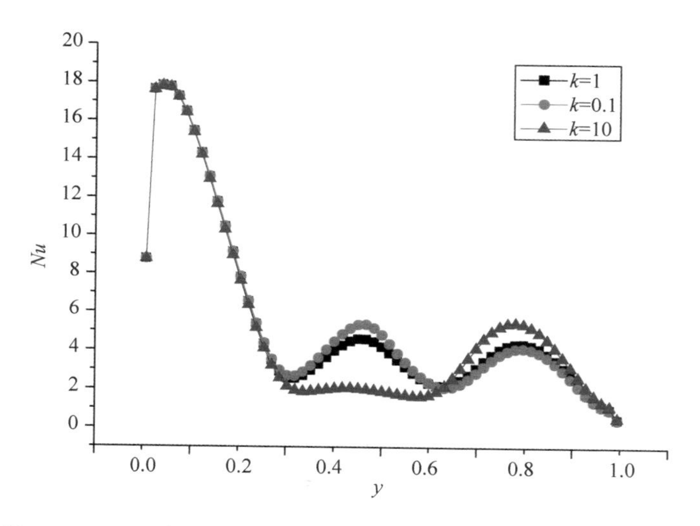

图 6-6　$Ra=10^6$，$c(x=0.25,y=0.5)$，不同 k 值下的热边 Nu 分布

图 6-7 给出了圆管分别位于靠近左侧壁面的位置、靠近右侧壁面的位置、靠近顶部壁面的位置和靠近底部壁面的位置下的流场与温度场结果。从图 6-7(a)～图 6-7(d)可以看出，当 $Ra=10^6$、$k=1$ 时，变化的圆管中心位置导致方腔与圆管中呈现不同的流线与等温线分布。在此 Ra 下，因增强的对流运动的影响，热边附近温度梯度变得更大。可以看出方腔内流动强度存在较大差异，对于靠近左侧壁面位置的情况，流体在左侧受热后，因圆管的遮蔽，主要在方腔右侧部分流动，且在圆管的右下角形成一种以菱形结构为中心的圆环结构。

通过与图 6-2(b)反映的无内置圆管情况下温度场的比较，发现图 6-7(b)中温度场受圆管影响明显。圆管内的温度梯度比方腔内靠近圆管区域低。圆管在靠近右侧壁面位置时，方腔中温度分布几乎是对称的，如图 6-7(c)所示。圆管位于靠顶部壁面位置时，因为上部圆管的遮蔽作用，流体从左侧壁受热在方腔下部流动，在方腔右下方形成一个鸡蛋形的中心结构，如图 6-7(d)所示。圆管内的温度梯度要小于圆管下方方腔内区域内的温度梯度。对于圆管处于靠近底部壁面位置的情况，温度场几乎是对称的。从图中还可以看出，当圆管不在方腔中心位置时，圆管内部流动更强，涡结构越密，等温线弯曲得越厉害。可见，方腔内温度场受内置圆管的影响严重。

图 6-8 给出了无内置圆管和圆管置于不同位置下，方腔沿 x 与 y 方向中垂线上的温度分布。从图 6-8(a)可以看出，沿着 x 正方向，在左、右侧热边与冷边附近存在较大的温度梯度，对于圆管处于方腔中心位置的情况，其温度分布不受圆管的影响，与无内置圆管情况下相似。当圆管靠近顶部壁面位置时，中垂线上的流体温度较圆管靠近底部壁面位置时大。对于圆管靠近左侧和右侧壁面位置的情况，沿着 x 方向的温度分布一致。

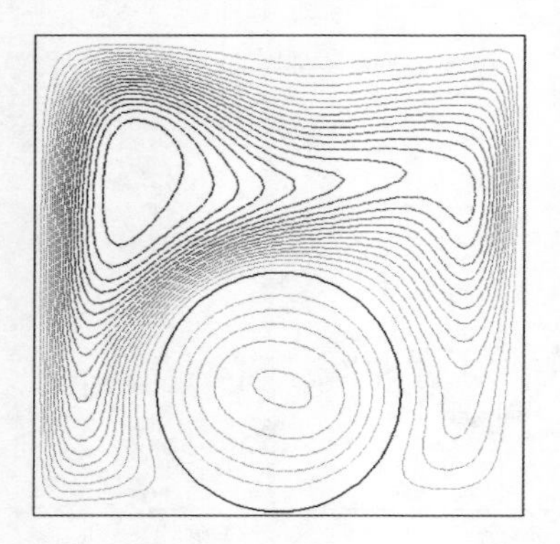

(a) $c(x=0.5, y=0.25)$

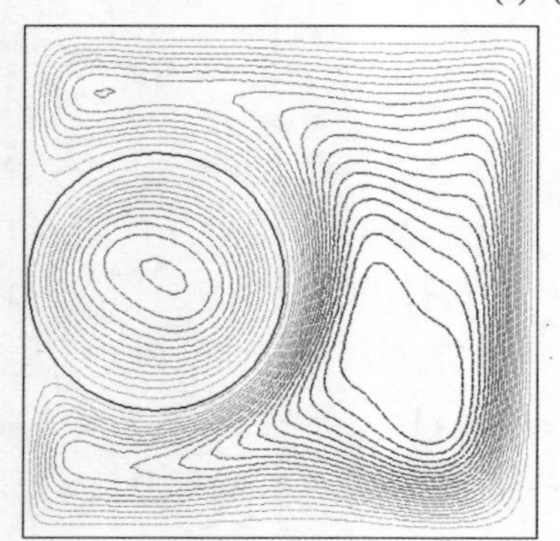

(b) $c(x=0.25, y=0.5)$

图 6-7 $Ra=10^6$，圆管处于不同位置下的流线与等温线

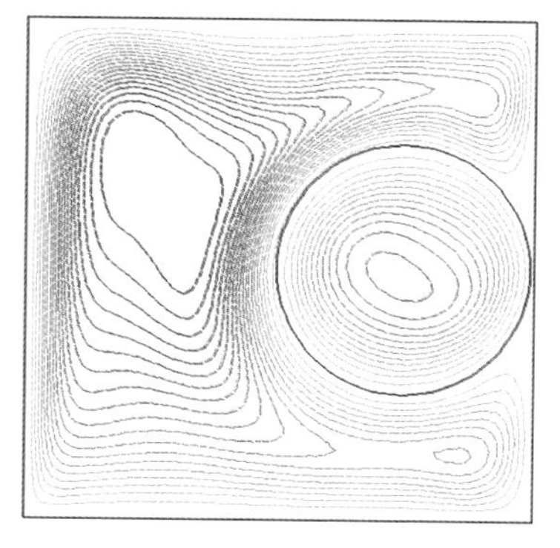

(c) $c(x=0.75, y=0.5)$

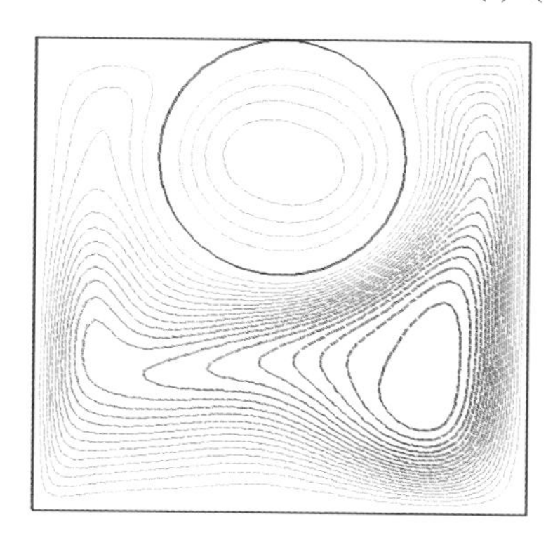
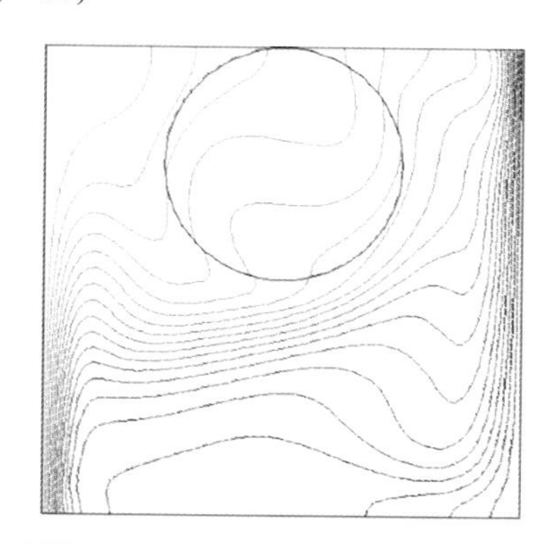

(d) $c(x=0.5, y=0.75)$

图 6-7 （续）

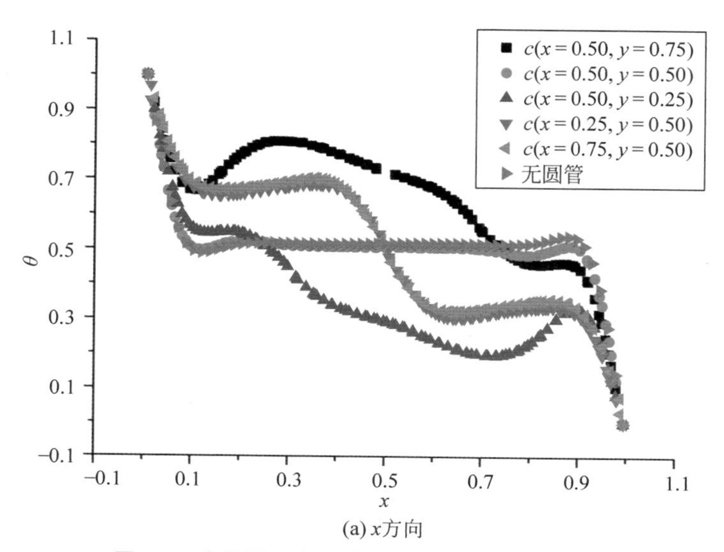

(a) x方向

图 6-8 方腔沿 x 与 y 方向中垂线上的温度分布

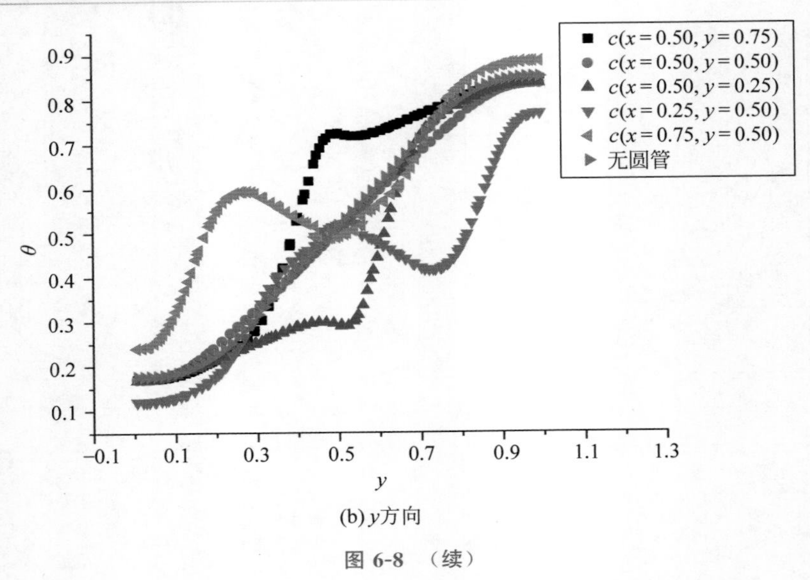

(b) y方向

图 6-8 （续）

从图 6-8(b)中可以看出，沿着 y 正方向，温度从方腔底部逐渐增大。对于圆管处于方腔中心位置的情况，其温度分布不受圆管的影响，与无内置圆管情况下相似，温度呈线性分布。当圆管靠近顶部和底部壁面的位置时，中垂线上管内的流体温度梯度比圆管外小。圆管靠近右侧壁面的位置时，温度振荡分布。

表 6-2 给出了热边的平均 Nu，表中数据反映出导热系数比 k 对换热强度并没有巨大影响，这主要由于内置圆管壁面薄的边界层。但是，换热强度却依赖于内置圆管的位置。即使在相同的导热系数比 k 下，圆管的位置也会影响平均 Nu。当圆管置于方腔中心时，取得最大的换热效果。同时，换热强度也随着 Ra 的增加而增加。

表 6-2 不同参数条件下的热边平均 Nu

	$c(x=0.5,y=0.5)$			$c(x=0.25,y=0.5)$			$c(x=0.5,y=0.75)$	$c(x=0.5,y=0.25)$	$c(x=0.75,y=0.5)$
k	1	0.1	10	1	0.1	10	1	1	1
$Nu(Ra=10^4)$	1.87	1.86	1.92	—	—	—	—	—	—
$Nu(Ra=10^5)$	4.37	4.37	4.41	—	—	—	—	—	—
$Nu(Ra=10^6)$	8.66	8.66	8.70	5.52	5.58	5.23	6.89	6.82	5.51

在方腔与圆管填充相同的流体情况下，流场、温度分布与换热强度受圆管位置的影响。不同的导热系数比 k 对不同 Ra 条件下的流线分布没有强烈的影响。当圆管置于方腔中心时，换热效果最大，增大 Ra 可进一步强化换热。在所研究的条件中，在圆管置于方腔中心 $c(x=0.5,y=0.5)$、$k=10$ 和 $Ra=10^6$ 条件下得到了最好的换热效果，流体的循环愈发厉害。当圆管靠近边壁位置时，在圆管内部能发生更强的自然对流换热。

6.3 壁面带翅方腔内的自然对流

采用导热或绝热的内置物可控制方腔内的传热和流动。文献[14-16]对带内置物封闭空间内的自然对流进行了先导性研究。Khan 等[17]模拟并对比了内置矩形物体的封闭空间内水与空气的自然对流换热特征。Shi 等[18]研究了方腔内薄翅位置的影响,首次说明了内壁上的翅片可以作为换热与流动的控制因素。他们采用有限容积法分析了长度占比为 20%～50%的壁长、位于七个不同位置的翅片在不同 Ra 条件下的影响,发现方腔冷边换热能力有所改善。Ben-Nakhi 等[19]研究了在热边上内置倾斜的、不同长度翅片条件下方腔内的自然对流,发现 Ra 和翅片长度、倾斜角度均对热边换热性能有较大影响。Dagtekin 等[20]求解了内置两个矩形热源的方腔内流动,发现热源尺寸是构成对流动与换热最重要的影响因素,且在顶部与底部隔离物边缘之间形成类似冲击流的特征。Yucel 等[21]研究了内置物数量方面的影响。Frederick[22]研究了冷边中间位置带隔离物的影响,内置物固体的低导热系数(相对于流动介质)会抑制换热能力[23]。此外,还有部分学者研究了位于不同内壁上隔离物的影响[24-27]。以上介绍的隔离物多为矩形或薄翅片。仅发现 Costa 等[28]在方腔角落内置了截面为三角形的隔离物,研究发现其对方腔的换热性能有重要影响。

为此,本节将在上一节的基础上,针对壁面设置具有实际厚度翅片的方腔内的自然对流过程展开计算与说明。考虑到尖锐边界可能带来更大的压降损失,首先研究了底边壁面带圆头矩形翅片的方腔内的自然对流;其次,分析了位于热边、截面为三角形的翅片在不同条件下对方腔内自然对流换热的影响。

6.3.1 壁面带圆头翅方腔内的自然对流

带圆头矩形翅片方腔的物理模型如图 6-9 所示。方腔中为黏性流体的稳态、层流自然对流流动。方腔左、右两侧壁面设置为不同温度的恒温边界,水平壁面为绝热。计算条件中的考查因素有翅片高度,分别对应方腔高度的 1/4,1/2 与 3/4,即 $h/H=0.25$,0.50 与 0.75。考查因素还包括 Gr,分别取值为 10^4,10^5 与 10^6。该问题的数学模型和求解方法与 6.2 节介绍的相同。

图 6-10 给出了翅片位于方腔底部壁面中心位置、翅片高度为方腔高度的一半、导热系数比 k 为 1 的条件下,不同 Gr 对应的流线与等温线分布。图 6-11 给出了翅片位于相同位置、不同翅高与 k 的条件下,方腔左侧热边上局部 Nu 的分布。表 6-3 列出了各计算算例中的热边上的平均 Nu。

表 6-3 各算例中热边平均 Nu

	$Pr=0.71$									$Pr=7.1$								
	$k=0.1$			$k=1$			$k=10$			$k=0.1$			$k=1$			$k=10$		
Gr	1×10^4	1×10^5	1×10^6	1×10^4	1×10^5	1×10^6	1×10^4	1×10^5	1×10^6	1×10^4	1×10^5	1×10^6	1×10^4	1×10^5	1×10^6	1×10^4	1×10^5	1×10^6
Nu ($h=0.25H$)	1.32	3.80	7.76	1.36	3.75	7.76	1.37	3.79	7.74	3.56	7.90	15.2	3.67	7.80	15.2	3.67	7.86	15.0
Nu ($h=0.5H$)	0.63	2.94	6.57	0.76	1.79	6.67	0.68	2.84	6.3	2.07	6.68	13.3	2.49	5.52	13.0	2.41	6.38	12.6
Nu ($h=0.75H$)	0.41	1.93	4.53	0.49	1.81	4.17	0.41	1.22	3.33	0.71	4.58	10.4	1.05	4.30	9.65	0.66	3.47	8.41
Nu ($h=0$)	1.76	3.99	8.03	1.76	3.99	8.03	1.76	3.99	8.03	3.96	8.37	16.8	3.96	8.37	16.8	3.96	8.37	16.8

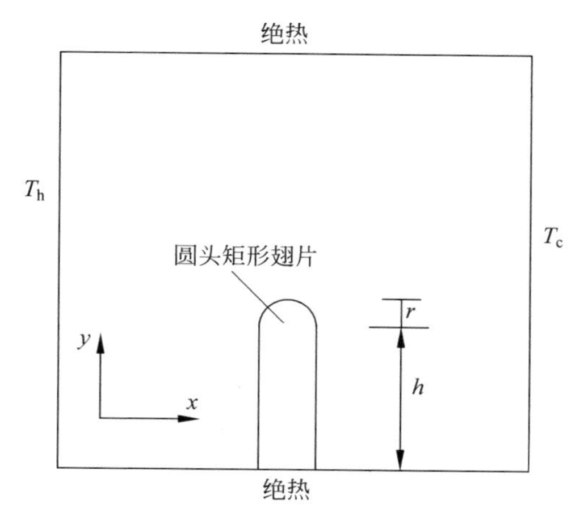

图 6-9 带圆头矩形翅片方腔的物理模型

图 6-10 不同 Gr 条件下的流线与等温线

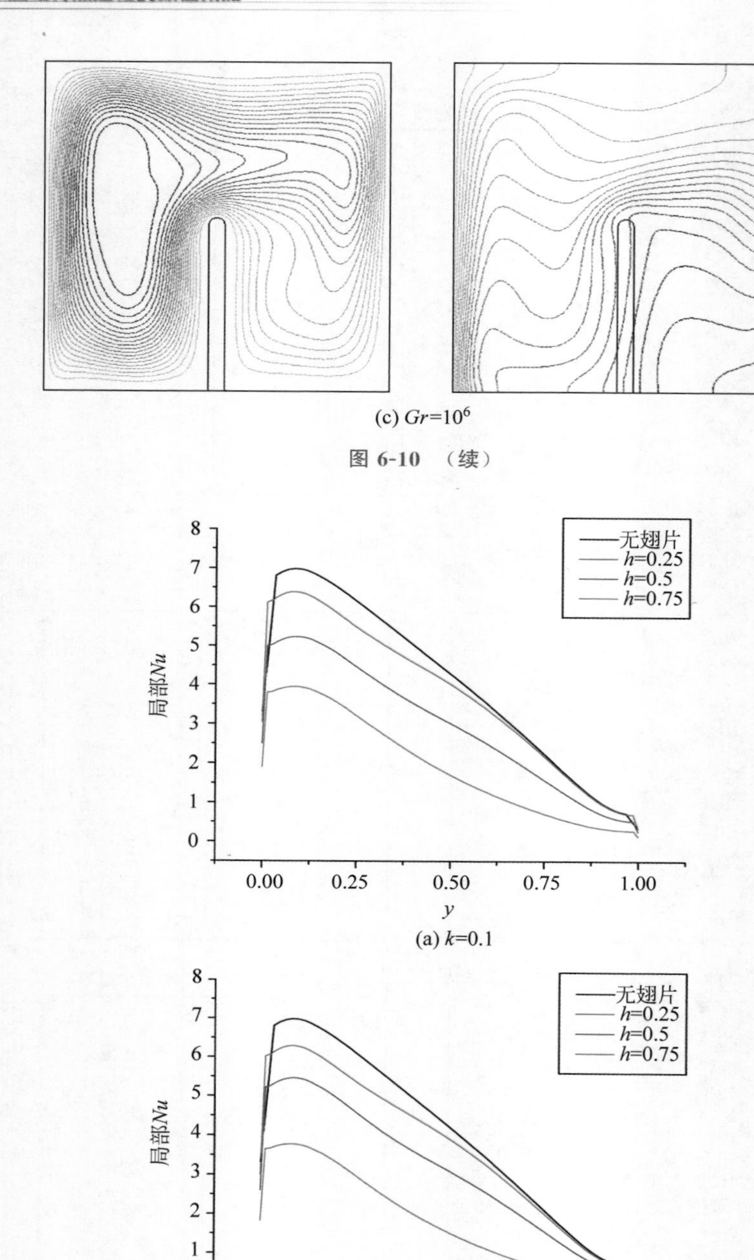

(c) $Gr=10^6$

图 6-10 （续）

(a) $k=0.1$

(b) $k=1.0$

图 6-11　不同翅高与 k 下方腔左侧热边局部 Nu 的分布

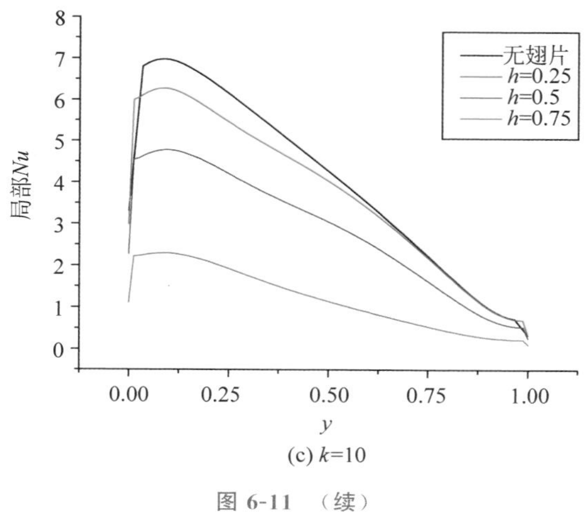

(c) k=10

图 6-11　（续）

研究发现：主要影响流动与换热的参数是 Ra，换热强度会随之增大而增强，流线形翅顶结构避免了翅尖附近收缩流域的边界层分离。对于高 Gr，k 对换热强度影响更大。翅高越高，换热强度越弱。可见，设置翅片可以作为控制方腔内流动与传热的有效措施。

6.3.2　壁面带三角形翅方腔内的自然对流

左侧热边上附有截面为三角形翅片的方腔，其物理模型如图 6-12 所示。研究考查了方腔内随翅片所处位置和翅片高度、翅片附着宽度等因素而变化的流场、温度场与热边上的局部和平均 Nu。

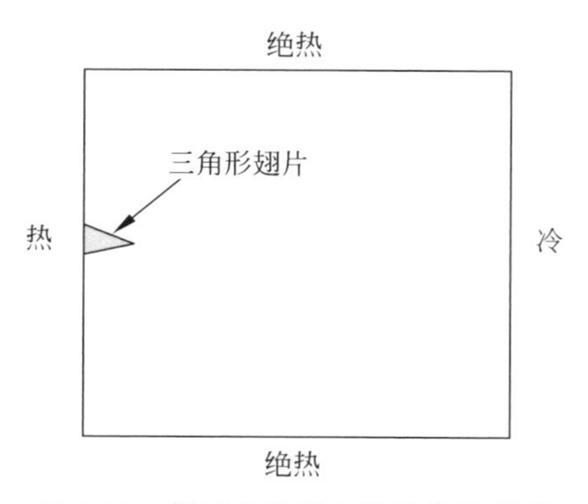

图 6-12　带三角形翅方腔的物理模型

采用与 6.2 节相同的数值方法，亦获取了 h_c＝0.25，0.5，0.75（附着中心高度对应无量纲长度），l＝0.05～0.2（附着宽度对应无量纲长度），k＝0.01，1，10，不同

Gr，Pr 条件下方腔内的流场与温度场分布，以及换热强度结果。图 6-13 给出了当 $Ra=10^6$，三角形翅片位于热边上、中、下三个位置条件下，方腔内的流线与等温线分布。图 6-14 给出了三种 Ra 和三角形翅片位于热边不同位置条件下，热边局部 Nu 的分布结果。

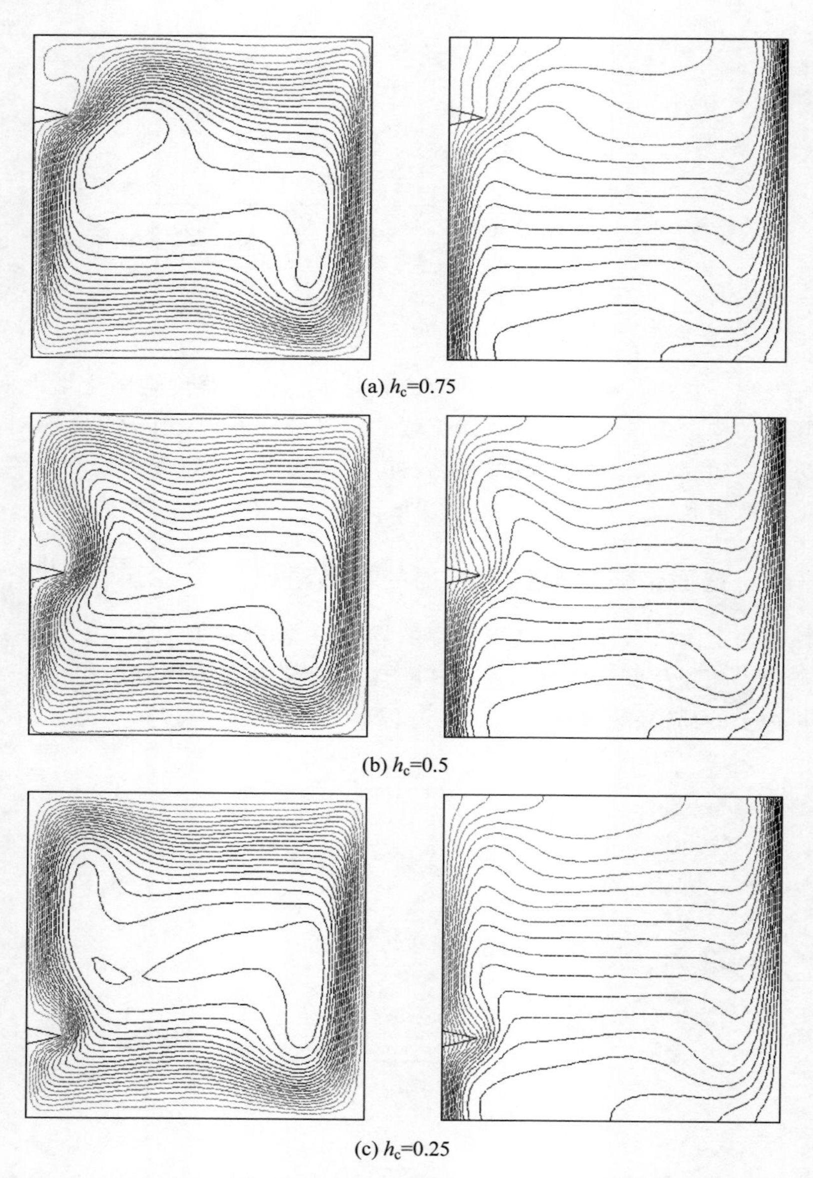

(a) h_c=0.75

(b) h_c=0.5

(c) h_c=0.25

图 6-13 $Ra=10^6$，翅片不同位置条件下的流线与等温线分布

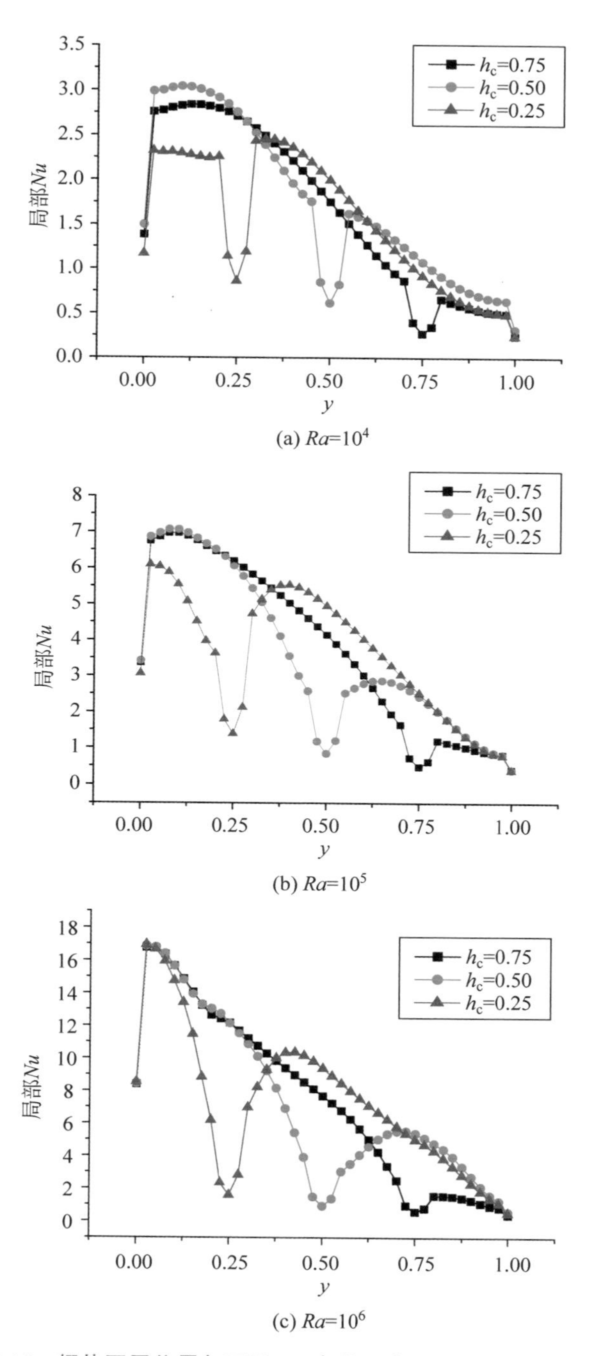

(a) $Ra=10^4$

(b) $Ra=10^5$

(c) $Ra=10^6$

图 6-14 翅片不同位置与不同 Ra 条件下方腔左侧热边局部 Nu

研究发现：对于高 Gr 与 Pr，高导热系数比 k 和低翅片高度能产生更优的换热效果；而翅片的附着宽度几乎对自然对流无明显影响。三角形翅片扰动了主流，形成多个涡结构，当翅片接近方腔中心时，出现对自然对流换热最大的抑制作用。可见，热边附着的翅片能作为方腔内自然对流的有效控制手段。

综上所述，针对方腔或带内置物(含圆管、翅片等障碍物)方腔内的共轭自然对流，可采用有限容积法分析浮力驱动的流体流动与换热过程[29-32]。研究发现：内置物尺寸、所处位置导致不同的流场与换热强度，同时也受 Ra 的影响。

参考文献

[1] DEBAYAN D, MONISHA R, TANMAY B. Studies on natural convection within enclosures of various (non-square) shapes-A review [J]. International Journal of Heat and Mass Transfer,2017,106: 356-406.

[2] BARI A,ZARCO-PERNIA E,GARCA DE MARA J M. A review on natural convection in enclosures for engineering applications. The particular case of the parallelogrammic diode cavity[J]. Applied Thermal Engineering,2014,63(1): 304-322.

[3] LEE J R. On the three-dimensional effect for natural convection in horizontal enclosure with an adiabatic body: Review from the 2D results and visualization of 3D flow structure [J]. International Comunications in Heat and Mass Transfer,2018,92: 31-38.

[4] SALUNKE N P,WANKHEDE I N,SARODE P L. Enhancement of natural convection heat transfer from horizontal rectangular fin arrays: A review[J]. International Journal of Scientific Research in Science,Engineering and Technology,2017,3(2): 34-38.

[5] AMBER I,O'DONOVAN T S. Natural convection induced by the absorption of solar radiation: A review [J]. Renewable and Sustainable Energy Reviews, 2018, 82 (3): 3526-3545.

[6] RAMESH N,VENKATESHAN S P. Effect of surface radiation on natural convection in a square enclosure[J]. Journal of Thermophysics & Heat Transfer,2012,13(3): 299-301.

[7] MIROSHNICHENKO I V,SHEREMET M A. Turbulent natural convection heat transfer in rectangular enclosures using experimental and numerical approaches: A review[J]. Renewable and Sustainable Energy Reviews,2018,82: 40-59.

[8] KHALIFA A J. Natural convective heat transfer coefficient-a review: II. Surfaces in two- and three-dimensional enclosures[J]. Energy Conversion and Management,2001,42(4): 505-517.

[9] HADDAD Z,OZTOP H F,ABU-NADA E,MATAOUI A. A review on natural convective heat transfer of nanofluids[J]. Renewable and Sustainable Energy Reviews,2012,16(7): 5363-5378.

[10] ABU-NADA E,MASOUD Z,OZTOP H F,et al. Effect of nanofluid variable properties

on natural convection in enclosures[J]. International Journal of Thermal Sciences, 2010, 49(3): 479-491.

[11] GHASEMI B, AMINOSSADATI S M, RAISI A. Magnetic field effect on natural convection in a nanofluid-filled square enclosure[J]. International Journal of Thermal Sciences, 2011, 50(9): 1748-1756.

[12] OZTOP H F, FU Z G, YU B, et al. Conjugate natural convection in air filled tube inserted a square cavity[J]. International Comunications in Heat and Mass Transfer, 2011, 38(5): 590-596.

[13] HORTMANN M, PERIC M, SCHEUERER M. Finite volume multigrid prediction of laminar natural convection: Bench-mark solutions[J]. International Journal for Numerical Methods in Fluids, 1990, 11: 189-207.

[14] ZIMMERMAN E, ACHARYA S. Free convection heat transfer in a partially divided vertical enclosure with conducting end walls[J]. International Journal of Heat and Mass Transfer, 1987, 30: 319-331.

[15] ACHARYA S, JETLI R. Heat transfer due to buoyancy in a partially divided box[J]. International Journal of Heat and Mass Transfer, 1990, 33: 931-942.

[16] LIN N, BEJAN A. Natural convection in a partially divided enclosure[J]. International Journal of Heat and Mass Transfer, 1983, 26: 1867-1868.

[17] KHAN J A, YAO G F. Comparison of natural convection of water and air in a partitioned rectangular enclosure[J]. International Journal of Heat and Mass Transfer, 1993, 36: 3107-3117.

[18] SHI X, KHODADADI J M. Laminar natural convection heat transfer in a differentially heated square cavity due to a thin fin on the hot wall [J]. Journal of Heat Transfer, 2003, 125: 624-634.

[19] NAKHI A B, CHAMKHA A J. Effect of length and inclination of a thin fin on natural convection in a square enclosure[J]. Numerical Heat Transfer, Part A: Applications. 2006, 50: 381-399.

[20] DAGTEKIN I, OZTOP H F. Natural convection heat transfer by heated partitions within enclosure [J]. International Comunications in Heat and Mass Transfer, 2001, 28: 823-834.

[21] YUCEL N, OZDEM A H. Natural convection in partially divided square enclosures[J]. International Journal of Heat and Mass Transfer, 2003, 40: 167-175.

[22] FREDERICK R L. Natural convection in an inclined square enclosure with a partition attached to its cold wall[J]. International Journal of Heat and Mass Transfer, 1989, 32: 87-94.

[23] FREDERICK R L, Valencia A. Heat transfer in a square cavity with a conducting partition on its hot wall[J]. International Comunications in Heat and Mass Transfer, 1989, 16: 347-354.

[24] SCOZIA R, FREDERICK R L. Natural convection in slender cavities with multiple fins attached on an active wall [J]. Numerical Heat Transfer, 1991, 20: 127-158.

[25] FACAS G N. Natural convection in a cavity with fins attached to both vertical walls[J]. Journal of Thermophysics & Heat Transfer, 1993, 7: 555-560.

[26] NAG A, SARKAR A, SASTRI V M K. Natural convection in a differentially heated square cavity with a horizontal partition on the hot wall [J]. Computational Methods Application in Mechanical Engineering, 1993, 110: 143-156.

[27] LAKHAL E K, HASNAOUI M, BILGEN E, et al. Natural convection in inclined rectangular enclosures with perfectly conducting fins attached on the heated wall[J]. International Journal of Heat and Mass Transfer, 1997, 32: 365-373.

[28] COSTA V A F, OLIVEIRA M S A, SOUSA A C M. Control of laminar natural convection in differentially heated square enclosures using solid inserts at the corners[J]. International Journal of Heat and Mass Transfer, 2003, 46: 3529-3537.

[29] DOU H S, JIANG G. Numerical simulation of flow instability and heat transfer of natural convection in a differentially heated cavity[J]. International Journal of Heat and Mass Transfer, 2016, 103: 370-381.

[30] MIROSHNICHENKO I V, SHEREMET M A. Radiation effect on conjugate turbulent natural convection in a cavity with a discrete heater [J]. Applied Mathematics and Computation, 2018, 321: 358-371.

[31] BHOWMICK S, XU F, ZHANG X, et al. Natural convection and heat transfer in a valley shaped cavity filled with initially stratified water[J]. International Journal of Thermal Science, 2018, 128: 59-69.

[32] SUN C Z, YU B, OZTOP H F, et al. Control of mixed convection in lid-driven enclosures using conductive triangular fins[J]. International Journal of Heat and Mass Transfer, 2011, 54: 894-909.

第7章 CHAPTER 7 极寒地区流体输送管道与周围土壤环境的换热

随着世界经济的发展,国际能源的需求越来越大,我国也不例外。与我国相邻的俄罗斯和哈萨克斯坦蕴藏大量的石油天然气资源,是我国重要的海外能源进口选择国。因管道输送是目前全世界认可的陆上最经济的输送方式之一,故在进口石油天然气能源时会选择建设长距离的油气管线。由于我国与这些国家的毗邻地多处在亚寒带的极端环境,存在大量冻土,进入我国的管线势必要穿过大面积的冻土带,而在冻土区建设、运营输油气管线将不可避免地遇到冻害问题——土壤的差异性融沉与冻胀,其产生不均匀的剪切应力和应变对管道起到严重的破坏作用。因而,深入研究冻土区埋地输油气等管道周围土壤的融沉冻胀问题,掌握冻土区管道与土壤的热力作用规律,对我国能源和管道事业的发展将有重要的意义。

7.1 研究概况

长距离埋地管道工程一般跨越的地理范围较广,管道沿线外部环境因素差异大,管道运行工况变化频繁,运营时间较长,通过解析和现场测试手段来研究融沉冻胀问题均有一定难度。而采用目前工程上已广泛应用的具有稳定性、优越性和准确性的数值模拟方法将成为研究冻土这类极端环境地区埋地管道与周围土壤的热力作用,乃至其融沉与冻胀问题的一种很好的研究手段[1]。国内关于埋地管道周围土壤热力作用,以及融沉与冻胀的研究还不多,这种现状与我国冻土区管道发展的历史密切相关。从 1977 年建成第一条冻土区输油管线“格拉线”后到 2010 年才有第二条跨越大兴安岭多年冻土地区的输油管道——中俄油气管道境内段“漠大线”的运营。这期间少有冻土管道工程的实例,研究者们对土壤融沉与冻胀的研究多针对道路和建筑工程,相关研究中最多、最深入的是对管道周围土壤温度场的模拟。陈友昌[2]、李长俊[3]、张昆[4]、李南生[5]与何树生[6]等众多学者对冻土区耦合了土壤相变、水分迁移的土壤温度场进行了简化建模与求解的研究工作，没有深层次分析土壤在水热影响下发生的热力与变形作用，其部分成果可用于分析管道周围土壤融化与冻结的特征，但无法对土壤的融沉与冻胀量进行计算分析。

近些年受中俄油气管道从可行性规划、设计到投入运行等工作的推动，中国科学院寒区旱区环境与工程研究所、冻土工程国家重点实验室与中石油大庆油田工程有限公司等相关单位围绕和融沉与冻胀问题密切相关的管道沿线冻土地质、沿线油温与冻土温度场特征等方面展开了相关研究，其中金会军等[7-8]指出差异性融沉与冻胀会导致管道变形破坏，这是寒区管道基础稳定性研究的关键问题。吉延峻等[9]测试了漠大线沿线典型土壤的冻胀与融沉特性，认为土壤含水、有机质含量越高，冻胀率越呈增大的趋势，并按照融沉特性对沿线管道工程进行了分类。李国玉等[10-11]分析了管道周围土壤的冻融过程和沿线油温的变化过程，得到了土壤在管道和环境双重影响下的季节性冻融规律，并预报了不同位置的油温。

可见，国内学者已经意识到并开始着手对影响冻土区管道安全运营的关键问题——土壤融沉与冻胀问题开展研究，主要的数值模拟有文献[7-8，10-11]。但是，纵观已有的研究文献与研究成果，较少发现关于土壤融沉与冻胀的包括数值建模、参数选择与数据分析等方面的系统研究。对冻土区埋地输油气管道，少见全面分析不同油温、不同保温层厚度与不同土壤含水量对周围土壤冻融的影响的研究，很少有对冻土区土壤温度初场进行归纳与分类的报道，没有形成系统地对管道沿线各种典型地段的融沉与冻胀量进行预测的方法。

本章针对埋地管道与周围土壤的相互热力作用，在中俄油气管道境内段工程的背景下，基于土壤带相变的传热过程建立了土壤温度场的二维计算模型，对其进行了求解，并模拟了极寒环境多年冻土区与冻土融区在不同油气温度、不同保温层厚度和不同土壤含水量等因素的影响下，运营期(50年)内管道周围土壤逐年最大的融化圈、冻结圈与管底最大融化深度、冻结深度的发展过程，计算了中俄油气管道境内段沿线5种典型含冰地段与4种典型含水地段管底土壤在运营期内最大的融沉与冻胀量。

7.2 极寒地区土壤与埋地管道的温度场模型

7.2.1 几何模型

建立合理的埋地管道几何模型是进行温度场数值模拟的关键，而模型尺寸需要结合管道实际情况来确定。从理论上来说，埋地管道热力影响区应是半无限大的土壤介质区域，但在实际应用中，已有学者针对普通地区的埋地输油气管道提出了热力影响区的概念[12]，认为距油气管道较近的区域温度场受管道影响较大，远离管道的土壤区域的温度场基本不受影响。对冻土区埋地输油气管道，也可以采用类似的方法，通过确定冻土区埋地管道在两侧水平方向影响长度与垂直方向的影响深度，从而确定合适的热力影响区。

通过文献调研和在中俄油气管道工程地质调查的前提下，对冻土区大口径长输埋地油气管道确定管道单侧水平影响范围不超过 15m。此外，由于中俄油气管道沿线地表以下 20m 处土壤温度梯度常年稳定，基本不受管道的热影响，可确定管道垂直影响深度不超过 20m。

冻土区地表以下 20m 深度范围内的土壤物性存在较大差异，浅层土壤多为黏土或淤泥层，中间部分多为粉质黏土或砂土，而往下多为基岩。参考中俄管道沿线的地质勘查结果，管道周围土壤可分为三层，第一层约为地表以下 3m 深，土壤以亚黏土为主；第二层为 3～10m 深，土壤以粉质黏土为主，第三层为 10～20m 深，土壤以弱风化基岩为主。依次在几何模型中创建内边界，将土壤区域按此分为三个小区域。

管道的埋设深度可由中俄油气管道设计与施工情况确定。管顶埋深为 1.5m，管径为 0.813m，壁厚为 0.011～0.016m，设有保温层，其厚度分别设为 0mm 和 80mm。忽略钢管壁、防腐层与防护层对传热的影响。根据这些参数并考虑整个区域所具有的对称性，为节省计算时间，研究中取一半区域为计算区域建立了埋地管道几何模型。图 7-1(a)为冻土区埋地管道示意图，图 7-1(b)为管道几何模型图[13-16]。

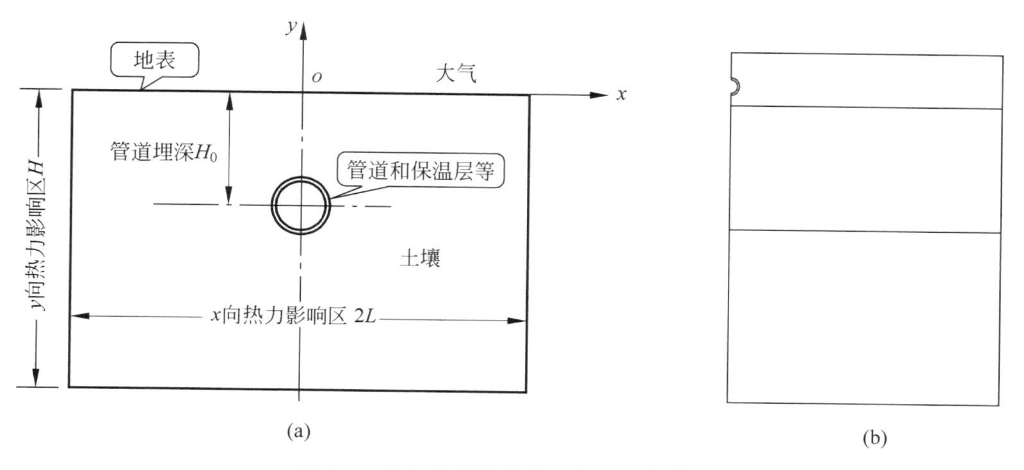

图 7-1 冻土区埋地输油气管道几何模型

7.2.2 数学模型与基础参数

多年冻土区埋地输油气管道周围土壤的传热过程耦合了冻土相变、水分迁移和土壤变形等因素的作用。中国科学院的李述训[17]指出,考虑冻土长时间温度场时可以不计水分场的影响,为了便于利用数学模型求解,在不影响温度场结果精度的前提下,对研究做了简化处理:

1)认为管中油气温度在管道截面上分布一致,即管内油温只是时间和管线轴向位置的函数;

2)认为管道周围土壤是各向同性的均匀介质;

3)不考虑周围土壤沿管道轴向方向的传热;

4)认为土壤中没有边界上的水分补给和排泄作用,将多年冻土或融土作为隔水层考虑,不考虑水分迁移的作用。

在多年冻土区埋地输油气管道周围土壤的传热过程中,最突出的特点是土壤中的含水可能发生冰水相态变化,且在其移动的相界面处伴有潜热的释放与吸收。此类问题称为"移动边界问题",在数学上被称为"斯特凡问题(Stefan problem)",多采用数值方法求解。目前采用的数值求解方法主要有固定区域法,包括显热容法、焓法与等效热容法等,简单实用,在传统热传导分析程序上稍做改动即可实现求解相变传热问题。本节采用等效热容法处理此问题,把相变潜热折算成在一个小的温度范围内的显热容,其大小由相变温度范围与相变潜热决定,将问题简化成同一区域内的单相瞬态非线性导热问题。该温度场模型的控制方程为式(7-1)~式(7-3):

$$\rho C\frac{\partial T}{\partial t}=\frac{\partial}{\partial x}\left(\lambda\frac{\partial T}{\partial x}\right)+\frac{\partial}{\partial y}\left(\lambda\frac{\partial T}{\partial y}\right)\tag{7-1}$$

式中,ρ 为冻土或保温层材料的密度;C 为冻土或保温层材料的比热容;λ 为冻土或保温层材料的导热系数;t 为时间变量;T 为冻土或保温层材料的温度函数。冻土的 C 和 λ 与冻土的冻融状态有关。

按照等效热容法,根据冻土可能的温度范围和对应的冻融状态,构造的热容和导热系数的表达式为

$$C=\begin{cases}C_f, & T<T_1\\ C_f+\dfrac{C_u-C_f}{T_2-T_1}(T-T_1)+\dfrac{L}{1+W}\dfrac{\Delta W}{\Delta T}, & T_1\leqslant T\leqslant T_2\\ C_u, & T>T_2\end{cases}\tag{7-2}$$

$$\lambda=\begin{cases}\lambda_f, & T<T_1\\ \lambda_f+\dfrac{\lambda_u-\lambda_f}{T_2-T_1}(T-T_1), & T_1\leqslant T\leqslant T_2\\ \lambda_u, & T>T_2\end{cases}\tag{7-3}$$

式中，λ_f 和 λ_u 分别为冻土和融土的导热系数；C_f 和 C_u 分别为冻土和融土的容积热容量；L 为含水冻土的相变潜热；T_1 为最低冻结温度，取为 -20℃；T_2 为相变温度，取为 0；ΔT 为小的温度区间；W 为冻土含水量；ΔW 为小的温度区间内冻结含水量的变化。

在冻土区埋地管道温度场数学模型中涉及的冻土热力学参数主要有密度、比热容、导热系数与相变潜热等。根据冻土相关理论，冻土的热物性主要由其物质组成决定，包括有机质、矿物质、液相与气相物质。固相物质构成了土壤的基本骨架，通常称为"基质"。液相和气相物质充填在土骨架的空隙中，而冻土中就存在由水相变成的新固相物质冰。可见土骨架确定的土壤的热物性主要受土壤含水量大小的影响。此外，由于土壤的温度变化又可能引起土壤中的水发生相变，释放或吸收一定的热量；土壤的热物性还受土壤温度状况的影响。在经典教材《冻土物理学》中就介绍了土壤中未冻水含量与温度的关系式，土壤中未冻水含量是土壤温度的函数，故土壤热物性随其温度、含水量而变化。

土壤比热容具有按各种组成物质成分的质量加权平均的性质，常用体积比热容来表示冻土的蓄热能力。其一般与土壤的干容量、总含水量和未冻水量有关。融土的体积热容量随干容重和总含水量的增加呈线性增大；冻土的导热系数是干容重、含水量和温度的函数，并与土壤的矿物成分和结构构造有关；冻土的相变潜热在土壤冻融过程中会表现为释放或吸收，相态变化前后土壤的物理性质、力学性质和热参数等都发生了明显的变化，给埋地输油气管道周围土壤温度场的计算带来了较大的困难，冻土相变潜热一般由式(7-4)确定：

$$Q = L\rho(W - W_u) \tag{7-4}$$

式中，Q 为相变潜热；L 为水的融化潜热，一般取 334.1kJ/kg；ρ 为冻土的密度；W 为冻土的总含水量；W_u 为土壤中未冻水的含量。

冻土热物性的参数繁多，与其种类密切相关。为了准确地计算并预测运营期内管道周围温度场的变化规律，需全面归纳中俄油气管道境内段"漠大线"沿线一定深度内岩土的类别与物性，包括岩土分层厚度、密度、热容、导热系数与相变潜热等。根据该管道的初步设计资料可知，管道沿线地表下 0～3m 为季节活动层，土体主要为黑色、黄褐色亚黏土；沿线地表下 3～10m 为冻土层，多为细砂、沙砾，粉质黏土；沿线地表下 10～20m 为花岗岩、砂岩等基岩残积物，其热物性参数见表 7-1。粉质黏土按不同含水量分类的热物性参数见表 7-2。按所处地表下不同深度分层的土壤的等效热容见表 7-3。粉质黏土按不同温度区间分类的等效热容见表 7-4。

表 7-1　不同层土壤的热物性参数

岩　性	深度/m	干容重/(kg/m³)	含水量/%	导热系数/(W/(m·K))		比热/(J/(kg·K))	
				冻土	融土	冻土	融土
亚砂土	0～3	1800	15	1.82	1.60	982	1273
粉质黏土	3～10	1540	25	1.58	1.13	1222	1608
基岩	10～20	1800	15	1.82	1.60	982	1273

表 7-2　不同含水量粉质黏土的热物性参数

含冰类型	干容重/(kg/m³)	含水量/%	导热系数/(W/(m·K))		比热/(J/(kg·K))	
			冻土	融土	冻土	融土
少冰冻土	1660	20	1.38	1.24	1108	1344
多冰冻土	1540	25	1.58	1.13	1158	1466
富冰冻土	1280	35	1.67	1.09	1275	1730
饱冰冻土	1050	55	1.95	1.06	1241	2024
含土冰层	680	100	2.07	0.95	1432	2509

表 7-3　不同层土壤的等效热容　　单位：J/(kg·K)

岩性	温度/℃								
	−10～−20	−5～−10	−3～−5	−2～−3	−1～−2	−0.5～−1	−0.2～−0.5	0～−0.2	2～0
亚砂土	982	1156	1782	3367	5578	18699	30353	66724	1273
粉质黏土	1158	1693	2650	6727	6758	12142	37137	68372	1466
基岩	982	1476	2364	3658	6160	16081	39563	1267	1272

表 7-4　不同温度区间粉质黏土的等效热容　　单位：J/(kg·K)

岩性	温度/℃								
	−10～−20	−5～−10	−3～−5	−2～−3	−1～−2	−0.5～−1	−0.2～−0.5	0～−0.2	2～0
少冰冻土	1109	1666	2620	6849	6873	12472	38505	1335	1344
多冰冻土	1158	1693	2650	6727	6758	12142	37137	68372	1466
富冰冻土	1275	1771	2742	6550	6596	11598	34751	187588	1730
饱冰冻土	1241	1673	2712	6106	6184	10579	30764	379737	2024
含土冰层	1432	1767	2807	5532	5639	9093	24759	671608	2509

在冻土区埋地管道温度场数学模型求解中还涉及管道的运行参数，如管道内油气物性与运行温度等。油流在管道内流动过程中于管壁面处发生强制对流换热，油流一方面与管外环境发生热交换，一方面因摩擦而生热，这些热量都会影响到冻土温度场。运行温度包括管道入口最高温度、最低温度及其逐月的变化等，其他运行参数

有输量和油气的基本物性参数，包括黏度、比热容、密度等，以便估算摩擦热的大小。

中俄油气管道境内段漠大线采用常温输送工艺密闭流程，管径为813mm，管道材质采用L450级钢，设计压力为8.0MPa（局部为9.0MPa，10.0MPa）。全线共设置站场5座，其中1座首站，1座中间泵站，2座中间清管站，1座末站。一期油气输量为1500×10^4t/年，线路管道壁厚的选择和输油气工艺站场平面的布局考虑了远期任务输量为3000×10^4t/年的可行性。管道油源来自俄东西伯利亚-太平洋油气管道（即原“泰纳线”），近期以西西伯利亚原油为主，远期以东西伯利亚原油为主，这两种原油的主要物性分别详见表7-5和表7-6。

由表7-5与表7-6中原油的物性参数可知，两种原油均为低凝、低黏原油，流动性较好。从与输油气工艺关系较为密切的凝点、密度和黏度等方面来看，东西伯利亚原油略优于西西伯利亚原油，目前暂无东西伯利亚原油具体的黏温特性，需要时采用西西伯利亚原油的物性数据。

表7-5　西西伯利亚原油的主要物性参数

项　　目		数　　值	单　　位
凝点		＜－10	℃
密度（20℃）		850	kg/m^3
含碳量		0.08～0.18	%
硫含量		0.6～1.0	%
酸值		0～0.02	mgKOH/g
氯盐含量		≤100	mg/dm^3
重金属含量（Ni＋V）		≤15	ppm
运动黏度	－10℃	48.86	mm^2/s
	－5℃	26.6	mm^2/s
	0℃	13.2	mm^2/s
	10℃	7.06	mm^2/s
	20℃	5.02	mm^2/s

表7-6　东西伯利亚原油的主要物性参数

项　　目	数　　值	单　　位
凝点	＜－30	℃
密度（20℃）	829	kg/m^3
胶质含量	1.84～4.5	%
硫含量	0.1～0.22	%
沥青含量	0.005～5.28	%
蜡含量	1.3～2.75	%
重金属含量（Ni＋V）	≤15	ppm
运动黏度（20℃）	4.93～9.83	mm^2/s

冻土温度场模型的求解需要准确的边界条件。模型的上边界为地表,主要受外界环境温度的影响,特别是管道沿线气温的影响;模型的下边界则与地表下20m深处的热流密度相关;模型的左、右边界与其创建特征有关;模型中涉及的管道边界主要受油流的影响。

研究中将温度场模型上边界取为第一类边界条件,认为地表温度为某一地表温度函数(目前多采用已得到公认的正弦或余弦周期函数来表达大气或地表温度的变化规律)。对长时间尺度问题,还考虑了全球的温升效应。研究中将东北地区的气象资料[6]按照50年平均气温上升2.4℃的水平添加在地表温度函数里,构成的数学表达式为

$$f(t) = T' + A\sin(2\pi t/360 + \pi/2) + 0.048t \tag{7-5}$$

式中,$f(t)$为地表温度变化函数;T'为多年冻土区年平均地表温度;A为大气温度波动的年振幅;t为运行时间,单位为d;$\pi/2$为计算初始相位,对应一年中最热的时间。

式(7-5)中涉及的温度参数可根据中俄管道初步设计资料确定。管道沿线跨越经过13个地区、县、市,各地气温与地温有较大的差异。经查阅大量关于大兴安岭与黑龙江地区的气温与地表温度的统计文献,考虑到受太阳的辐射,地表温度一般要高于气温,将大兴安岭地区天然地表按照一般湿润地表考虑,附面层增温为1.0℃。另外,考虑冬季积雪对地表温度的影响,根据沿线气象站气温和地表温度观测资料,从北向南在漠河、塔河和新林等地的冬季,由于积雪的影响地表温度依次考虑4℃,3℃和3℃的增温。从加格达奇开始大部分为季节冻土区,故加格达奇、嫩江、富裕和齐齐哈尔等地地表温度分别考虑2℃的增温,得到如表7-7所示的考虑了"附面层"效应和雪盖的影响而确定的地表温度值。此外,还查知管道沿线平均风速在2~4m/s。

表7-7 不同地区逐月地表平均温度　　单位:℃

月份	漠河	塔河	新林	加格达奇		嫩江	富裕	齐齐哈尔
	0~86km	86~221km	221~336km	336~431km	431~500km	500~700km	700~850km	850~965km
1月	−22.67	−19.60	−19.23	−16.83	−15.83	−18.20	−15.03	−13.80
2月	−19.10	−16.33	−15.60	−13.80	−12.80	−15.10	−11.53	−10.23
3月	−6.03	0.08	0.07	−0.72	0.28	0.38	−0.27	−1.37
4月	1.47	2.33	1.97	3.00	4.00	5.83	7.90	9.10
5月	8.57	9.23	9.07	10.10	11.10	12.63	14.90	16.37
6月	16.17	17.43	17.20	18.00	19.00	21.57	22.83	23.80

续表

月份	漠河	塔河	新林	加格达奇		嫩江	富裕	齐齐哈尔
	0～86km	86～221km	221～336km	336～431km	431～500km	500～700km	700～850km	850～965km
7月	18.90	20.13	19.50	19.70	20.70	22.03	23.10	24.30
8月	15.07	16.43	16.27	16.87	17.87	19.30	21.33	22.77
9月	8.80	10.27	10.07	10.87	11.87	14.27	15.87	17.43
10月	−0.10	0.87	1.13	2.13	3.13	5.17	6.93	8.40
11月	−12.00	−10.70	−10.33	−8.40	−7.40	−5.63	−2.50	−1.57
12月	−20.03	−18.50	−18.37	−16.40	−15.40	−17.07	−13.33	−12.57

由表7-7中每个代表性地区的地表温度数据可见，管道沿线每年的最高地表平均温度出现在7月。为简化计算，以天为单位，认为在7月15日地表温度最高，以此作为计算的起始日，每个月为30天。采用最小二乘法可逐个回归得到各地区地表温度随时间变化的正弦函数。由于温度平均值和振幅相差不大，归纳在一起可得到4个典型的地表温度函数如式(7-6)～式(7-9)，分别对应冻土区低温冻土段、冻土区高温冻土段与低温融区、高温融区段的上边界地表温度：

$$T=-3+19\sin(2\pi t/360+\pi/2) \tag{7-6}$$

$$T=-1+19\sin(2\pi t/360+\pi/2) \tag{7-7}$$

$$T=3+19\sin(2\pi t/360+\pi/2) \tag{7-8}$$

$$T=5+19\sin(2\pi t/360+\pi/2) \tag{7-9}$$

式中，T为各地区地表温度，单位为℃；t为距计算起始日的时间，单位为d；$\pi/2$为初始相位。

根据中俄油气管道漠大线设计资料可知，东北地区多年冻土区地表以下20m处温度梯度约为0.04℃/m，于是将下边界取为恒热流的第二类边界，其数学表达式为

$$q=-\lambda\frac{\partial T}{\partial y} \tag{7-10}$$

式中，λ为地表以下20m处基岩的导热系数，计算中取为1.6W/(m·K)。

建立的模型中的左边界为对称边界，并认为右边界不受管道热影响。故左、右边界处土壤水平方向无温度梯度，均取为绝热边界，其数学表达式为

$$\frac{\partial T}{\partial x}=0 \tag{7-11}$$

模型中的管道构成主要边界，管道内的油流与管壁接触，管壁处发生强制对流换热。对大输量长距离输油气管道，此处放热系数很大，为100～200W/(m^2·℃)，外加钢管壁热阻较小。研究中将管道边界取为第一类恒温边界条件，其数学表达式为

$$T(x,y,t)=T_y \tag{7-12}$$

式中，$T(x,y,t)$为管道边界处任意时刻任意位置的温度函数；T_y 为油流的温度，按需要进行选取。

中俄油气管道境内段漠河首站来油温度见表 7-8，以出现最高地表温度的 7 月 15 日作为计算起点，采用最小二乘法回归出油温随时间变化的正弦函数如表达式为

$$T=-0.5+5.2\sin(2\pi t/360+\pi/3) \tag{7-13}$$

式中，$\pi/3$ 为初始相位。

表 7-8 漠河首站来油进站温度

月份	1	2	3	4	5	6	7	8	9	10	11	12
油温/℃	−5.3	−6.4	−6.2	−3.7	−0.4	2.2	3.2	3.6	3.7	3.2	2.2	−1.9

将地表温度函数(7-6)与油温函数式(7-13)整理成随时间变化的曲线，如图 7-2 所示。由于每年出现的最高地表温度比出现最高油温的时间早一个月，则油温与地表温度的变化相差 $\pi/6$ 个相位，从图中可以看出这个特点。此外，从图 7-2 中还可以看到地表温度与油温均以年为周期发生正弦周期变化。

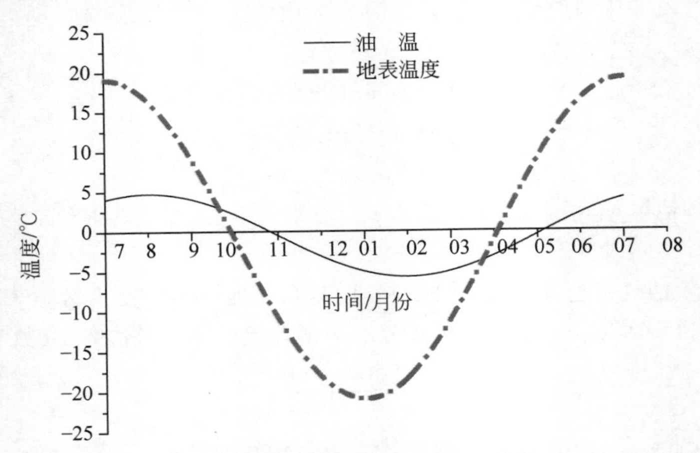

图 7-2 地表温度与油温年变化曲线

管线冬季工况的漠河首站进站油温为−6.4℃，首站储罐采取维温措施，原油外输进泵油温取−6.4℃，夏季工况的首站进站油温按 3.7℃考虑。受气温影响，原油进罐储存时将产生温升，油流过泵还受剪切作用，根据输油气管道工程设计规范，在此输量、管径条件下长输管道过泵温升在 2～3℃。出于对最不利因素影响的考虑，除了考虑周期性变化的油温，假设管道最高油温为 10℃，最低油温为−6℃，后面将单独计算不同温度的管道边界条件下管道周围冻土的融沉与冻胀情况。

7.3　温度场模型的求解

本研究采用目前应用较广泛的商业软件 FLUENT 进行温度场数值模拟。利用 FLUENT 的前置软件 GAMBIT 对冻土区埋地输油气管道几何模型进行网格划分，运用 C 语言编制自定义函数 UDF 描述不同类型土壤的热物性与模型复杂的边界条件，选择合适的离散格式，进行长时间的非稳态计算，获取所需的数值结果。

FLUENT 软件是计算流体力学中的一种通用性较强的商业软件。其功能全面，实用性广，在全球范围内广泛应用。它可用于求解流体流动与传热问题，以及多相态组分混合和反应与电磁流等复杂过程。此外，为了适应具有复杂几何边界计算区域的流动与传热问题的模拟，FLUENT 前置软件提供了灵活方便的网格技术，可使用二维的三角形、四边形网格，三维的四面体、六面体网格，还可以使用混合型网格对计算区域进行离散。软件还具有自适应网格功能，可以使网格根据需要自动进行局部细化。

FLUENT 采用有限容积方法进行求解，方程具有物理守恒的特性。对导热、对流换热与相变传热问题都可以通过一定的设置进行求解。由于土壤被假设为各向同性固态物质，且利用等效热容法处理了冰水相变潜热，故计算时只需进行导热求解设置。对能量方程采用所需精度格式进行离散，对时间项采用所需精度的显示或隐式格式进行离散，且不同时步迭代求解能量方程时要设置合理的松弛因子与判敛标准。纯导热问题的求解不涉及流体的流动，不需要对控制流动的 N-S 方程组进行求解，也不用选择复杂的耦合算法。相对来说，导热问题的计算结果比较准确、可靠。

7.3.1　区域离散

本研究采用非结构化三角形网格对埋地管道周围土壤计算区域进行离散，采用结构化四边形网格对管道外保温层区域进行离散。共有三角形单元 4570 个，四边形单元 13 个，网格互不重叠。考虑到管道周围温度梯度较大，在距管道较近的土壤区域网格划分得较密。图 7-3(a)为土壤区域的网格，图 7-3(b)为管道结构和附近土壤区域的局部网格。

研究中获取了不同条件下冻土区埋地管道周围土壤的温度场和冻融数据。为了准确、清晰、形象地呈现并解释这些结果，采用了三种方法来处理数值结果。

对获取的土壤温度初场采用 FLUENT 软件自带的后处理功能生成的温度场

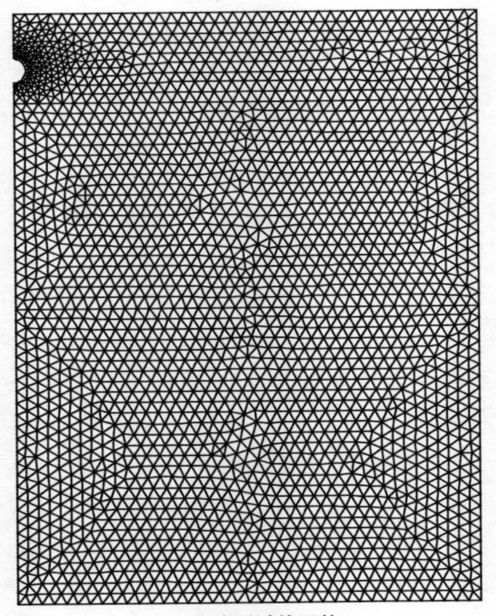

(a) 土壤区域的网格

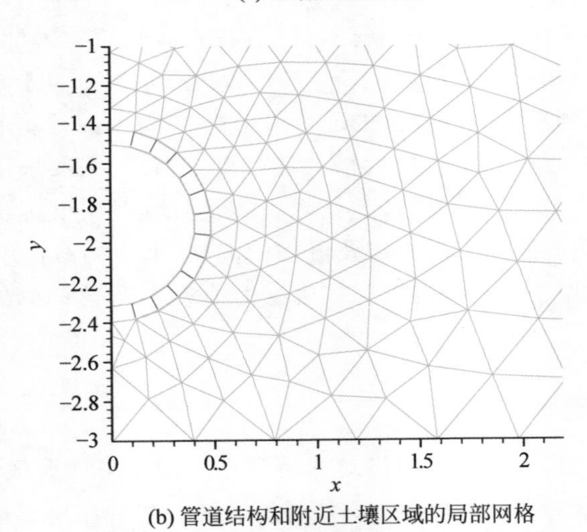

(b) 管道结构和附近土壤区域的局部网格

图 7-3 计算区域的网格

云图，方便读取全场的温度特征；对多年冻土融化圈与冻结圈的研究，采用自带的后处理功能选取温度场中 0℃等值线，将其与不同时步的 0℃等值线进行组合对比；对管道运营期内管底土壤最大融化深度与冻结深度，采用 Origin 软件生成深度随运营时间的变化曲线。

7.3.2 初场的建立与方法验证

多年冻土区土壤的温度场在没有人类活动干扰的情况下，常年较稳定。文献[18]给出了如图 7-4 所示的多年冻土地区不同深度的地温分布。图中标示出了多年冻土区存在于地表以下一定深度的活动层，它主要受地表温度的波动而发生季节性融冻变化。图中也标示出了多年冻土的上限与下限，在多年冻土上限年最高温度不超过 0℃，在多年冻土下限以后地温会逐渐升高。多年冻土的上限和下限之间即为多年冻土，其平均地温出现在地表以下常年没有温度波动的首个深度位置。图中还反映了地温年较差随地表深度的增大而逐渐减小的趋势，在到达多年冻土平均地温的位置后年较差为零。

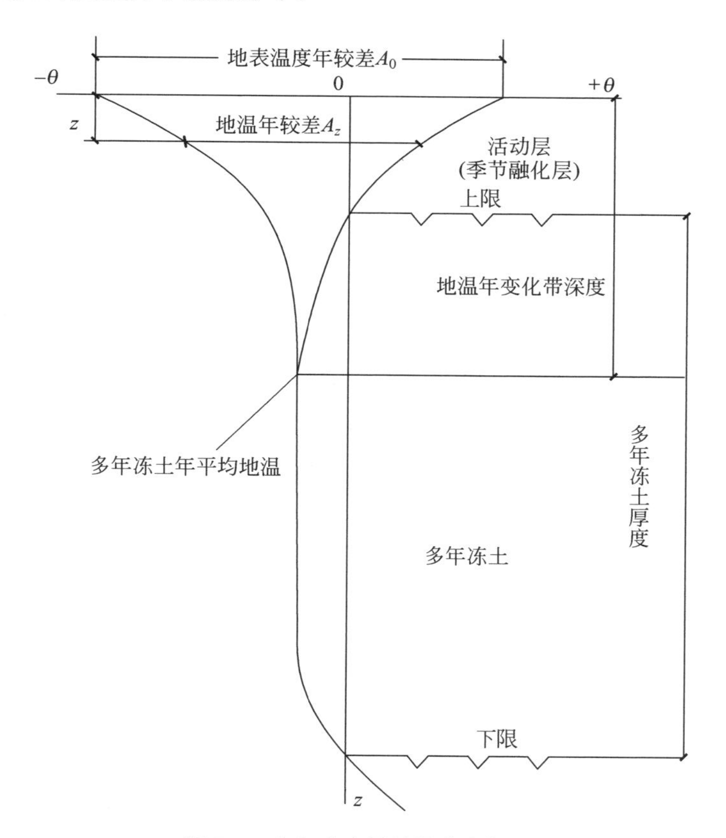

图 7-4 多年冻土区地温分布概况

在冻土区埋设大口径输油气管道后，原本稳定的多年冻土温度场的平衡受管道内油流温度、人类活动与地表植被破坏等因素影响被打破，随管道运营时间而发生变化，此过程就包含了土壤的融化与冻结。求解此非稳态问题需要明确管道投入运营时的土壤温度场，即所谓的温度场求解初场，其数学表达式为式(7-14)。然后可在初场基础上对管道运行期内土壤的融化与冻结进行模拟计算。

$$T(x,y,t)=g(x,y) \tag{7-14}$$

式中，$g(x,y)$为管道投产时地温分布函数；$T(x,y,t)$为土壤任意时刻任意位置的温度函数。

冻土区温度初场的建立非常重要，它的准确程度直接影响对土壤融沉与冻胀的预测计算。初场的建立需要运用准确的模型参数和边界条件，并结合中俄油气管道境内段沿线地表与冻土温度的如下特征：管道沿线多年冻土年平均地温较高，漠河至瓦拉干车站冻土温度基本为－1.5～－1℃，属于或接近高温冻土；瓦拉干车站至松岭区冻土温度约为－1℃，大部分属于高温冻土；松岭至加格达奇冻土温度约为－0.5℃，几乎全部属于高温冻土；加格达奇至乌尔其段只有在沟谷洼地残留部分冻土温度接近0℃，为极不稳定冻土。沿线多年冻土大部分属于高温冻土，它的热敏感性强，热稳定性差，人为活动和工程建设都会对它产生很大影响，管道沿线部分地段为融区。从而可以确定用7.2.2节中4个典型地表温度函数可以有针对性地模拟管道沿线的冻土温度场。

在计算土壤温度初场时，上边界条件中不考虑大气温升效应的影响，管道边界同左、右边界为绝热，其他边界如7.2.2节中的介绍。模型参数采用7.2.2节中的各类土壤物性参数，并采用前面介绍的UDF函数，通过合理设置进行50～100年的非稳态计算，直到研究的几何模型中土壤年变化层内相同位置上的温度在每年同一时间相同，且年变化土壤层以下温度场基本保持稳定。由于中俄油气管道"漠大线"在夏季投产，全线贯通时间较长，对沿线不同管段很难确定准确的投产时间。研究中以最热月对应的时间为起始时间，保证初场与时间对应，对于长时间尺度问题，这种处理方法完全可行，故以7月15日对应的稳定的温度场为土壤初始温度场。图7-5即为计算所得多年冻土区初场，其中图7-5(a)对应高温冻土，图7-5(b)对应低温冻土。图7-6为多年冻土融区初场，其中图7-6(a)对应高温融区，图7-6(b)对应低温融区。

从图7-5中可以看出，多年冻土区地面以下0～2.5m为活动层，2.5～20m为冻土，多年冻土年平均地温在－1.6℃左右。夏季7月低温冻土活动层以下土壤温度在－1～－2℃变化，高温冻土区活动层以下冻土层厚度有限，土壤温度在0～－1℃变化。

从图7-6中可以看出，多年冻土融区地面以下0～3m为季节活动层，几乎没有

(a) 高温冻土　　(b) 低温冻土

图 7-5　多年冻土区初场

(a) 高温融区　　(b) 低温融区

图 7-6　多年冻土融区初场

冻土层，土壤年平均地温在 0℃以上。活动层以下土壤温度随深度逐渐变大，夏季 7 月高温融区土壤温度在 2～7℃变化，低温融区土壤温度在 0～5℃变化。

将上文求解的中俄油气管道境内段沿线多年高温冻土的温度初场与实测的管道沿线塔河段土壤自然温度场进行对比。取管道截面计算区域内距管道中心线水平距离 10m 的铅垂线上的温度分布为对象，将塔河多年冻土区夏季 7 月地表以下不同深度位置土壤温度计算值绘制成如图 7.7 所示，并与实测值对比。可以发现该地区土壤自然温度场分布的计算值与实测值吻合良好，最大误差不超过 0.8℃。

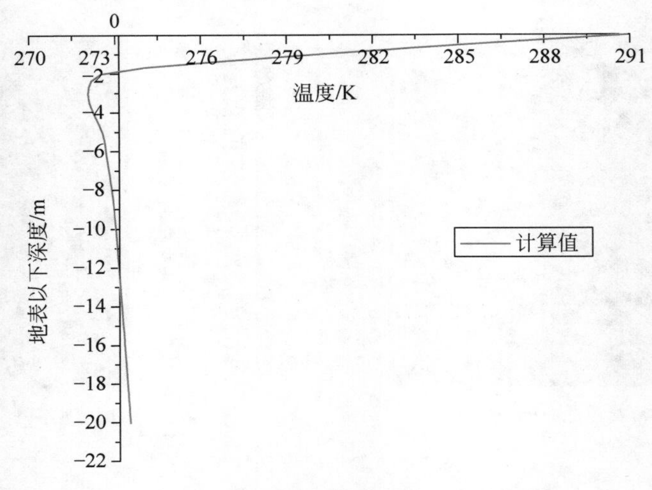

图 7-7 不同深度位置土壤温度分布

7.4 极寒地区埋地管道对土壤的热力影响

多年冻土区管道周围土壤融化圈的变化主要受管道所经地区环境因素与管道在该地区的敷设方式等因素的影响，具体包括地表温度、土壤含水量和热物性、管输油气温度、管道埋深和保温方式等。对各种典型地段而言，管道的埋设方式一定，特定区域内地表与油温变化函数一定，主要差异就在各地段土壤的含水量和热物性方面，计算中需要特别考虑。

中俄油气管道境内段沿线所经加格达奇以北地区为多年冻土区，季节活动层以下存在一定厚度的土壤常年保持冻结的状态。受管道内油流的影响，管道周围的冻土温度会发生变化，当油温高于冻土相变温度时，多年冻土会发生融化相变，在管道周围形成融化圈，土壤持续的融沉位移对管道起到破坏作用。管道沿线所经多年冻土区不同地段含冰量不同，根据其值的大小可将沿线冻土区分为少冰、多冰、富冰、饱冰和含土冰层 5 种典型地段，分别对应 20%，25%，35%，55%，100%的土壤含水量，其主要分布在加格达奇以北不同位置。

本节主要选取管道周围多年冻土融沉与冻胀的研究中这 5 种典型地段作为计算的对象，以 7.3.2 节中建立的多年冻土高温与低温冻土温度初场为管道投入运营时的起始土壤温度场，分别取常数低油温、高油温和周期性油温的不同运行油温，考虑无保温、薄保温和厚保温层的不同保温层厚度和不同土壤含水量等因素对冻土与融土的影响，对比计算并分析了在这些条件下管道运营 50 年内管道周围最大融化圈与冻结圈发展过程，取得了典型地段运营期内管底冻土融沉量与冻胀量的变化规律。

7.4.1　融化圈与融化深度的计算与分析

为研究不同油温对管道周围冻土融化的影响，将油温分别取为 2℃，5℃，10℃和式(7-13)介绍的周期性变化油温，管道无保温层。考虑到不同种类土壤受温度影响的趋势相同，在此针对少冰冻土进行融化圈与管底融化深度的计算与分析。限于篇幅，考虑到不同油温下融化圈演变趋势相同，只给出 2℃与 10℃油温条件下管道运营 50 年内代表性年份 9 月 15 日管道周围土壤的最大融化圈，以说明其随运营时间的演变过程。图 7-8(a)为 2℃条件下多年冻土区低温少冰冻土在管道运营期内融化圈的演变。图 7-8(b)为 10℃条件下多年冻土区低温少冰冻土在管道运营期内融化圈的演变。图 7-9 为多年冻土区低温少冰冻土在管道运营期(50 年)内、不同运行油温条件下管底最大融化深度的变化。

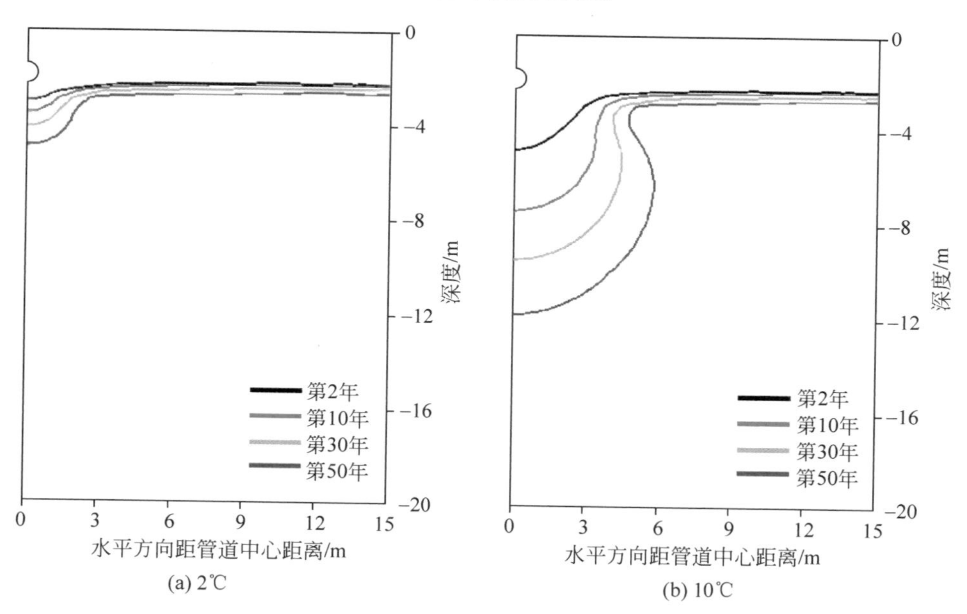

图 7-8　不同运行温度下管道周围低温少冰冻土融化圈

从图 7-8 可以看出：在保持恒定油温的正温运行条件下，随着管道的运营，管道周围冻土的融化圈逐年增大。在相同条件下，2℃条件下融化圈远小于 10℃条件下的融化圈，油温越高，融化圈的尺寸越大。对低温少冰冻土，2℃油温条件下运行 50 年出现的最大融化圈不及 10℃油温条件下运行 10 年出现的最大融化圈。此外，随着温升效应，远离管道冻土地区的最大融深逐渐增大，即冻土上限会下移。

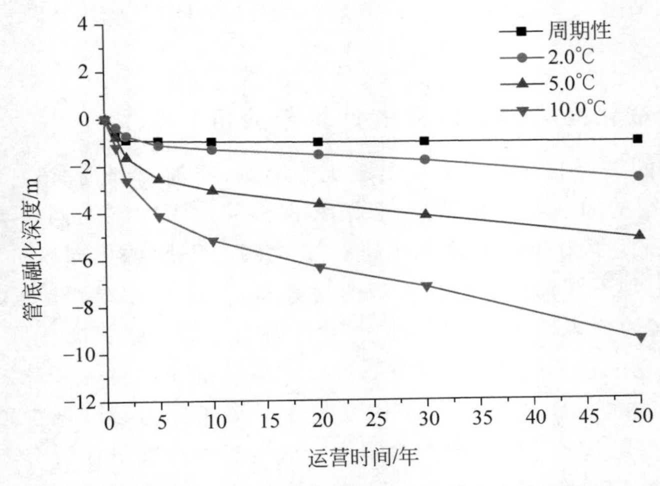

图 7-9　不同运行温度下管底低温少冰冻土融化深度

从图 7-9 可以看出：受不同油温的影响，在相同的计算条件和运营时间下，油温越高，管底融深越大。在管道运营前期，最大融深的增长速度较运营后期快。在如式(7-13)周期性变化的油温条件下，管底融深的发展非常缓慢，融深也很有限，运营 50 年管底的最大融深为 1.12m。这主要是因为一年内管道对土壤既有正温也有负温的影响，且其年平均温度为负值，管道周围融化土壤部分会重新冻结，融化深度增大有限。而在 10℃的油温条件下，运营 50 年管底最大融深可达 9.52m。

为研究不同保温层厚度对管道周围冻土融化的影响，将保温层厚度分别取为 0mm，40mm，80mm 与 120mm，油温取为 6.4℃。考虑到不同种类土壤受保温层影响的趋势相同，且在中俄油气管道工程境内段冻土总含水量较大的饱冰地段采用了保温措施，在此针对饱冰冻土进行融化圈与管底融化深度的计算与分析。限于篇幅，本书只给出 0mm 与 80mm 保温层厚度条件下管道运营 50 年内代表性年份 9 月 15 日管道周围土壤的最大融化圈，以观察在保温层影响下，融化圈随运营时间的演变过程。图 7-10(a)为管道无保温条件下(0mm)多年冻土区低温饱冰冻土在运营期内融化圈的演变，图 7-10(b)为管道在 80mm 保温层条件下，多年冻土区低温饱冰冻土在管道运营期内融化圈的演变。

从图 7-10 中可以看出：在管道保持相同运行条件的前提下，设有 80mm 厚保温层的管道周围冻土逐年的融化圈较无保温层管道小很多，保温层起到较明显的隔热作用。对低温饱冰冻土，保温层厚度为 80mm 条件下管道运行 50 年出现的最大融化圈不及相同条件下无保温层运行 2 年出现的最大融化圈。有保温层的管道周围土壤在管道运营后期融化圈的增大速度快于管道运营前 30 年的增长速度。

图 7-11 为多年冻土区低温饱冰冻土在管道运营期(50 年)内，不同保温层厚度

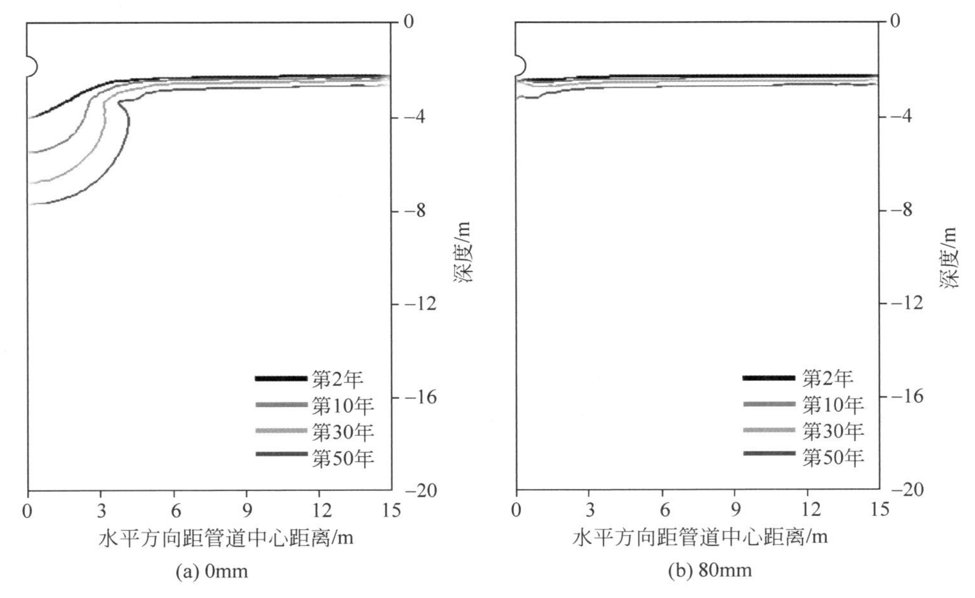

(a) 0mm (b) 80mm

图 7-10 不同保温层厚度下管道周围低温饱冰冻土融化圈

下管底最大融化深度的变化。

从图 7-11 中可以看出：受管道不同保温层厚度的影响，在相同的运行条件下，保温层厚度越大，在运营前期(30 年)的相同运营时间内，管底融深越小。而在管道后期这种趋势不明显，过大的保温层厚度并不能得到更好的隔热效果。在 0mm

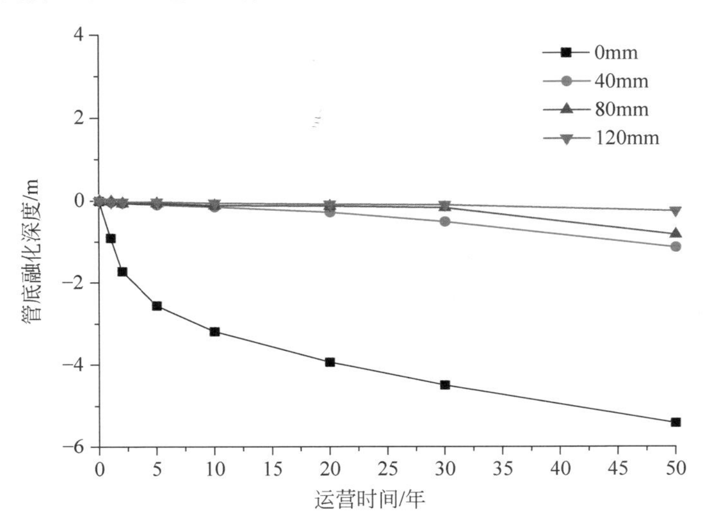

图 7-11 不同保温层厚度下管底低温饱冰冻土融化深度

保温层条件下，管底融深的发展较快，运营 50 年管底的最大融深为 5.42m。设有 40mm 厚的保温层后，管底融深的发展较慢，运营 50 年管底的最大融深为 1.14m。设有 80mm 与 120mm 厚的保温层后，管底融深的发展更加缓慢，运行 50 年管底的最大融深分别为 0.83m 与 0.25m。可见，保温层能较好地保护冻土，避免发生管道冻害，但在保温层厚度的选择上，工程上要考虑其经济性。此外，还应注意工程上保温层失效带来的热损失增大与土壤融化等问题。

为研究不同含水地段管道周围冻土融化的差异，在保持管道运行条件相同的前提下，将周围土壤分别取为少冰、多冰、富冰、饱冰和含土冰层 5 种类型，分别对应 20%，25%，35%，55%和 100%的土壤含水量，油温取为 6.4℃，管道无保温层，进行融化圈与管底融化深度的计算与分析并给出多冰(25%含水)地段与含土冰层(100%含水)地段管道运营 50 年内代表性年份 9 月 15 日管道周围土壤的最大融化圈，用以说明含水高低土壤融化圈随运营时间的演变过程。图 7-12(a)为多年冻土区低温多冰冻土在管道运营期内融化圈的演变，图 7-12(b)为多年冻土区低温含土冰层在管道运营期内融化圈的演变。

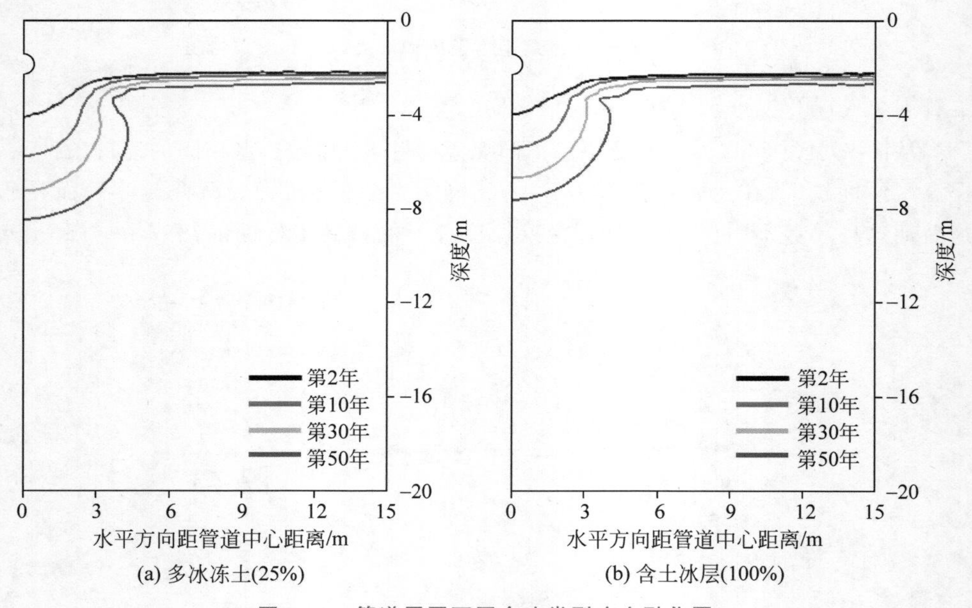

图 7-12　管道周围不同含冰类型冻土融化圈

从图 7-12 中可以看出：在管道保持相同的运行条件的前提下，管道周围含土冰层逐年的最大融化圈要小于多冰冻土逐年的融化圈，且融化圈随运营时间的扩大速度也小于多冰冻土。受土壤热容与相变潜热随其含水量增大而增大的影响，管道周围冻土含冰量越大，其越不容易发生融化，管道的热力影响范围越有限。

图 7-13 为多年冻土区埋地管道周围不同含冰类型的土壤在管道运营期内管底逐年最大融化深度的变化。在相同运营条件下，受管道周围土壤不同含冰量的影响，总含水量越大，管底融化深度越小。对 6.4℃油温，裸管周围若是少冰冻土，运营 50 年管底的最大融深为 6.2m；若是含土冰层，运营 50 年管底的最大融深为 5.3m，两种不同含冰类型土壤融深可相差 0.9m。可见，管道沿线含冰量高的冻土地段，管底融化深度会略小，但在管道运营期内也会出现较大融深，工程上应通过一定措施保护冻土层。

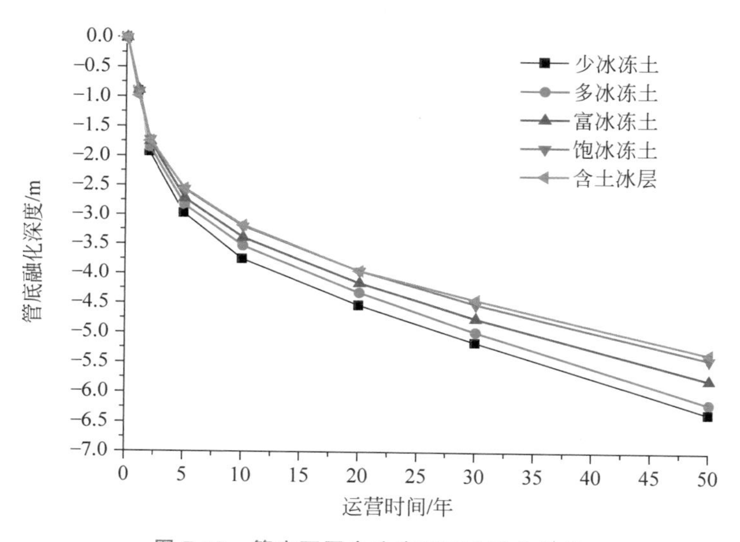

图 7-13　管底不同含冰类型冻土融化深度

7.4.2　融沉量的计算与分析

为进一步预测管道周围土壤产生的融沉量，评估冻土区管道受冻害的程度，本节结合中俄油气管道境内段沿线的实际情况（沿线油温波动，饱冰段与含土冰层地段设有保温层），利用融沉量计算的经验模型，出于对最不利因素的考虑，计算得到了沿线 5 种典型含冰地段在管道无保温和两种运行油温条件下，管底冻土可能出现的最大融沉量。

文献[8-9]中多采用如式(7-15)的经验模型来计算土壤的融沉变形量，简称为“融沉量”。

$$\Delta H = H \times C_u \tag{7-15}$$

式中，ΔH 为融沉变形量，单位为 m；H 为冻土层厚度，指冻土层发生融化的深度，单位为 m；C_u 为融沉系数。出于对较不利因素的考虑，计算采用的 C_u 均取各类型冻土融沉系数的上限。

中俄油气管道境内段沿线管底冻土层土壤多为粉质黏土，不同含冰类型的粉质黏土所对应的融沉系数 C_u 见表 7-9。

表 7-9 不同含冰类型冻土融沉系数[8-9]

冻土类型		少冰冻土	多冰冻土	富冰冻土	饱冰冻土	含土冰层
融沉分类	平均值/%	不融沉	弱融沉	融沉	强融沉	融陷
		1	3	10	25	35

选取中俄油气管道境内段入口油温分别为最大值 6.4℃和按式(7-13)周期性变化两种运行条件，其他边界条件与计算参数参考前面小节中的介绍，分别针对高温与低温两种状况冻土，计算得到了 5 个典型含冰地段在管道运营 50 年内管底冻土的融化深度与融沉变形量。表 7-10 与表 7-11 分别为典型含冰地段管道在 6.4℃油温与周期性油温运行条件下运营 50 年内管底的融化深度。

表 7-10 典型地段管道运营期内管底融化深度(油温为 6.4℃) 单位：m

冻土温度状况	运营时间/年	冻土类型				
		少冰冻土	多冰冻土	富冰冻土	饱冰冻土	含土冰层
高温冻土	1	1.23	1.16	1.03	1.02	1.05
	2	3	2.47	2.19	1.98	2.07
	5	5.33	4.18	3.56	3.17	3.06
	10	10.49	6.2	4.82	4.22	4.04
	20	—	—	6.8	5.5	5.2
低温冻土	5	2.97	2.82	2.71	2.56	2.55
	10	3.75	3.52	3.38	3.19	3.17
	20	4.53	4.31	4.15	3.94	3.94
	30	5.15	4.97	4.74	4.5	4.43
	50	6.34	6.17	5.77	5.42	5.33

表 7-11 典型地段管道运营期内管底融化深度(油温为周期性变化) 单位：m

冻土温度状况	运营时间/年	冻土类型				
		少冰冻土	多冰冻土	富冰冻土	饱冰冻土(保温)	含土冰层(保温)
高温冻土	5	1.25	1.16	1.02	0.15	0.15
	10	1.28	1.19	1.03	0.2	0.21
	20	1.31	1.23	1.04	0.45	0.48
	30	1.35	1.26	1.22	0.93	0.94
	50	1.57	1.34	1.34	1.06	1.07

续表

冻土温度状况	运营时间/年	冻土类型				
		少冰冻土	多冰冻土	富冰冻土	饱冰冻土（保温）	含土冰层（保温）
低温冻土	5	0.94	0.92	0.92	0.11	0.11
	10	0.99	0.94	0.94	0.11	0.11
	20	1.04	0.96	0.95	0.12	0.12
	30	1.07	0.98	0.97	0.12	0.12
	50	1.12	1.01	0.99	0.14	0.14

从表7-10与表7-11中可以看出，管道沿线5种典型地段在两种油温条件下，运营期内逐年管底最大融深差异较大。相同条件下，油温保持为6.4℃产生的融深明显大于周期性油温下的融深。随着管道的运营，管底融深逐渐增大。油温为6.4℃时，其增大速度较快，管道运行10～20年后沿线管底高温冻土会逐渐退化消失。油温为周期性变化时，管底融化深度的增长比较平缓，无论其温度为多少，管道运营期内管底融深都比较接近，特别是管道经饱冰段与含土冰层段设有保温层后，管底融深更加有限。

结合土壤融沉变形量的计算模型，代入冻土相应的融沉系数后，得到典型的含冰地段管道在两种油温条件下运营50年内管底相应的融沉变形量见表7-12和表7-13。分析表中数据并结合管道设计中管道地基土所允许的最大变形量为25cm，可以得到如下结论：

表7-12 典型地段管道运营期内管底融沉变形量(油温为6.4℃) 单位：cm

冻土温度状况	运营时间/年	冻土类型				
		少冰冻土	多冰冻土	富冰冻土	饱冰冻土	含土冰层
高温冻土	1	1.23	3.48	10.3	25.5	36.75
	2	3	7.41	21.9	49.5	72.45
	5	5.33	12.54	35.6	79.25	107.1
	10	10.49	18.6	48.2	105.5	141.4
	20	—	—	68	137.5	182
低温冻土	5	2.97	8.46	27.1	64	89.25
	10	3.75	10.56	33.8	79.75	110.95
	20	4.53	12.93	41.5	98.5	137.9
	30	5.15	14.91	47.4	112.5	155.05
	50	6.34	18.51	57.7	135.5	186.55

表 7-13 典型地段管道运营期内管底融沉变形量(油温为周期性变化) 单位：cm

冻土温度状况	运营时间/年	冻土类型				
		少冰冻土	多冰冻土	富冰冻土	饱冰冻土(保温)	含土冰层(保温)
高温冻土	5	1.25	3.48	10.2	3.75	5.25
	10	1.28	3.57	10.3	5	7.35
	20	1.31	3.69	10.4	11.25	16.8
	30	1.35	3.78	12.2	23.25	32.9
	50	1.57	4.02	13.4	26.5	37.45
低温冻土	5	0.94	2.76	9.2	2.75	3.85
	10	0.99	2.82	9.4	2.75	3.85
	20	1.04	2.88	9.5	3	4.2
	30	1.07	2.94	9.7	3	4.2
	50	1.12	3.03	9.9	3.5	4.9

1）少冰和多冰低温冻土地段管道在两个运行油温条件下运营 50 年后，管底土壤的融沉变形量最大值为 18.51cm，接近最大允许变形量；少冰和多冰高温冻土地段管道在周期油温下运营 50 年后，管底土壤的融沉变形量最大值为 4.02cm，小于允许变形量，故运营期内少冰与多冰低温冻土地段管道均处于稳定状态；少冰和多冰高温冻土地段管道在 6.4℃油温下运营 10 年后，管底土壤的融沉变形量最大值为 18.6cm，50 年后管底原 12.8m 的冻土完全退化，最大融沉变形量为 38.4cm，大于允许变形量。

2）富冰低温冻土在 6.4℃油温且相同运营时间下，管底土壤的融沉变形量最大值小于相同条件下富冰高温冻土的最大融沉变形量；富冰低温冻土在周期性油温且相同运营时间下，管底土壤的融沉变形量最大值接近富冰高温冻土地段管道所产生的最大融沉变形量；在 6.4℃油温下在运营 50 年后，富冰高温冻土地段管底土壤全部退化，最大融沉变形量为 68cm；在 6.4℃油温下运营 50 年后，富冰低温冻土地段管底土壤最大融沉变形量为 57.7cm，融沉变形量较大，地基土为不稳定类型。

3）饱冰低温冻土在 6.4℃油温且相同运营时间下，管底土体的融沉变形量最大值小于相同条件下饱冰高温冻土地段管道所产生的最大融沉变形量；饱冰高温冻土地段管道在 6.4℃油温下运营 50 年后，管底冻土全部退化，最大融沉变形量为 320cm；在周期油温下保温运营 50 年后，管底冻土最大融沉变形量为 26.5cm，融沉变形量较为显著，地基土为极不稳定类型。

4）含土冰层低温冻土地段管道在相同运营时间下，管底土壤的融沉变形量最大值小于相同条件下饱冰高温冻土地段所产生的最大融沉变形量；含土冰层高温冻土地段管道在 6.4℃油温下运营 50 年后，管底土体全部退化，最大融沉变形量为

448cm；含土冰层低温冻土地段管道在6.4℃油温下运营50年后，产生的最大融沉变形量为186.6cm；在周期油温下运营50年后，含土冰层高温和低温冻土地段保温管道管底土壤最大融沉变形量分别为37.45cm和4.9cm。融沉变形量显著，地基土为极不稳定类型。

5）饱冰冻土地段与含土冰层地段管道保温后，其管底融沉变形量较无保温管道在相同的条件和运营时间下小很多，保温层起到较好的隔热效果。在实际工程中，若保温层部分受损失效，将会较大程度地影响到冻土的融化，管底最大融沉变形量会增大，特别是对高温冻土。

7.4.3　冻结圈与冻结深度的计算与分析

当管道位于多年冻土融区和季节冻土区时，若埋深处于冻结深度以内时，管道受土壤冻结的影响可能发生冻胀位移。中俄油气管道境内段沿线多年冻土融区是指所经的加格达奇以北多年冻土区中部分由外界干扰或因构成地下水通道常年保持非冻结的地区。季节冻土区是指只有地表以下一定厚度的土体由于气温波动的影响出现季节冻结的地区，主要指在加格达奇以南的管道沿线。在多年冻土融区与季节冻土区进入冷季后，由于低气温的影响，地表一定深度的土壤会发生冻结，冻结峰由地表向下推进。当管道油温为负时，管道周围土壤也会冻结，土壤产生冻胀位移，对管道起到冻胀破坏的作用。

多年冻土融区管道周围冻结圈的变化规律，主要受管道所经地区地表温度、土壤含水和热物性、管输油气温度、管道埋深和保温层厚度等因素的影响。为获取运营期内管底每年最大冻结深度的变化规律，需要准确掌握管道所经地区的地表温度变化函数、土壤的热物性参数、管道内油温随时间变化函数和管道保温层厚度等。对多年冻土融区与季节冻土区各种典型地段，管道的埋设方式一定，特定区域内地表与油温变化函数一定，主要差异在于各地段土壤的含水量和热物性方面，计算中需要特别考虑。

根据中俄油气管道境内段设计资料可知，在管道沿线加格达奇以南，管埋深处年平均地温接近4℃，管内油温也会受摩擦热和过泵剪切的影响而升高近2℃，这些条件使得在加格达奇以南季节冻土区的管段不易受冻胀的影响。本节主要针对加格达奇以北多年冻土融区管道周围土壤的温度场进行研究，采取类似上节研究管道融沉的思路，根据多年冻土融区的特征，将多年冻土融区按其土壤不同的含水量分为4个典型地段，分别为20％，25％，35％，55％。根据需要，在两个地表边界条件下，选取不同类型土壤并考虑油温、保温层厚度等因素的影响，计算预测管道周围土壤的冻结圈、冻结深度与冻胀量。

为研究不同油温对管道周围土壤冻结的影响，因保持正温运行的管道周围靠近管道的土壤不会出现冻结,研究中将油温分别取为－6℃,－4℃,－2℃与按式(7-13)介绍的周期性变化油温,管道无保温层。考虑到不同含水量的土壤受温度影响趋势相同,在此只针对20%含水量的土壤进行管道周围冻结圈与管底冻结深度的计算与分析。限于篇幅,在此只给出－6℃与－2℃油温条件下管道运营50年内代表性年份3月15日管道周围土壤年内最大的冻结圈,以说明其随运营时间的演变过程。图7-14(a)为－2℃条件下多年冻土融区低温含水量为20%的融土在管道运营期内冻结圈的演变。图7-14(b)为－6℃条件下多年冻土融区低温含水量为20%的融土在管道运营期内冻结圈的演变。图7-15为多年冻土融区低温含水量为20%的融土在管道运营期(50年)内,不同运行油温条件下管底最大冻结深度的变化。

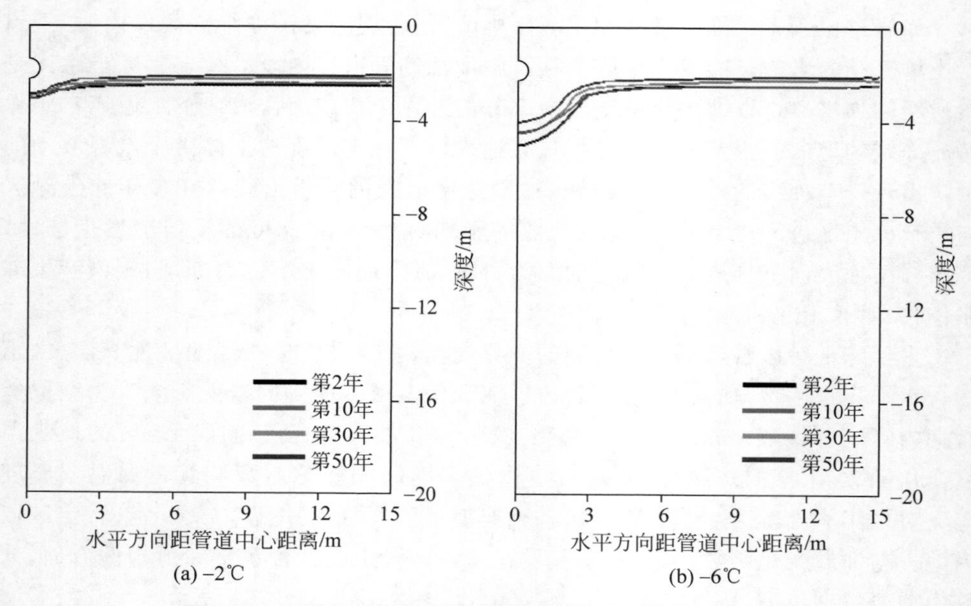

图7-14　不同运行温度下管道周围含水20%的融土冻结圈

从图7-14可以看出:在油温保持恒定的负温运行条件下,随着管道的运营,管道周围冻土的冻结圈逐年减小。在相同条件下,－2℃条件下冻结圈小于－6℃条件下的冻结圈,油温越低,冻结圈的尺寸越大。对低温含水量为20%的融土,－2℃油温条件下运营期内出现的最大融化圈不及－6℃油温条件下的融化圈,－2℃油温对管底融土的影响较小。此外,受大气温升效应的影响,随着管道的运营远离管道融区的最大冻深逐渐减小。

从图7-15可以看出:在相同的计算条件和运营时间下,油温越低,管底冻深越大。在管道运营期内,最大冻深的逐年变化速度较平稳。在如式(7-13)所示的周

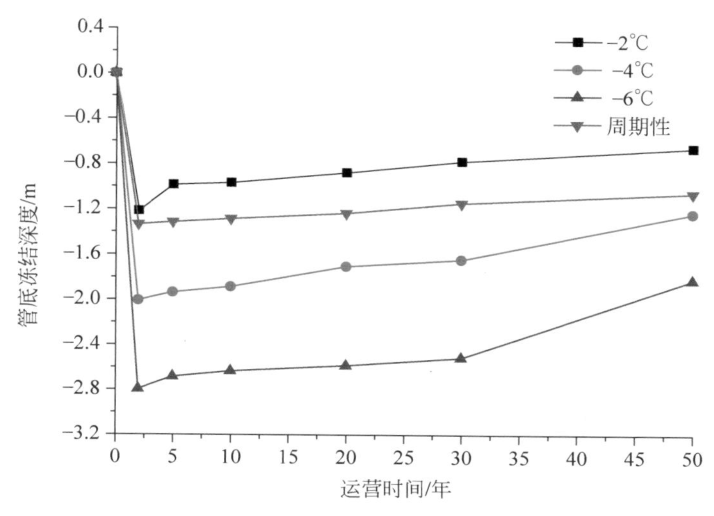

图 7-15　不同运行温度下管底含水量为 20%的土壤冻结深度

期性变化的油温条件下，管底冻深介于－2℃和－4℃之间，运营第 2 年管底最大冻深为 1.34m。这主要是因为全年内管道对土壤既有正温也有负温的影响，但其年平均温度为负值，管道周围冻结的土壤部分会融化，在－6℃的油温条件下，运营第 2 年管底最大冻深可达 2.8m。

为研究不同保温层厚度对融区管道周围土壤冻结的影响，将保温层厚度分别取为 0mm，40mm，80mm 与 120mm，油温取为周期性变化油温。考虑到不同含水量的土壤受保温层影响趋势相同，且在中俄油气管道工程境内段冻土总含水量超过 50%的地段采用了保温措施，在此只针对含水量为 55%的融土进行冻结圈与管底冻结深度的计算与分析，以观察保温层影响下，冻结圈随运营时间的演变过程。图 7-16(a)为管道无保温条件下(0mm)多年冻土区低温含水量为 55%的融土在运营期内冻结圈的演变，图 7-16(b)为管道在 80mm 保温层条件下，运营期内周围土壤冻结圈的演变。

从图 7-16 可以看出：在管道保持相同运行条件的前提下，设有 80mm 厚保温层的管道周围融土逐年的冻结圈较无保温层管道的小很多，保温层起到较明显的隔热作用。保温层越厚，管道周围的融土就越不易受管内负温原油的影响而出现冻结。对低温含水量为 55%的融土，保温层厚度为 80mm 条件下管道运行 50 年内冻结圈尺寸始终非常小，仅限于管道周围 0.15m 的范围内，冻胀影响可以忽略。

图 7-17 为多年冻土融区低温含水量为 55%的融土在管道运营期(50 年)内，不同保温层厚度下管底最大冻结深度的变化。可以看出：受管道不同保温层厚度的影响，在相同的运行条件下，有保温层的管道管底冻深很小，过大的保温层厚度

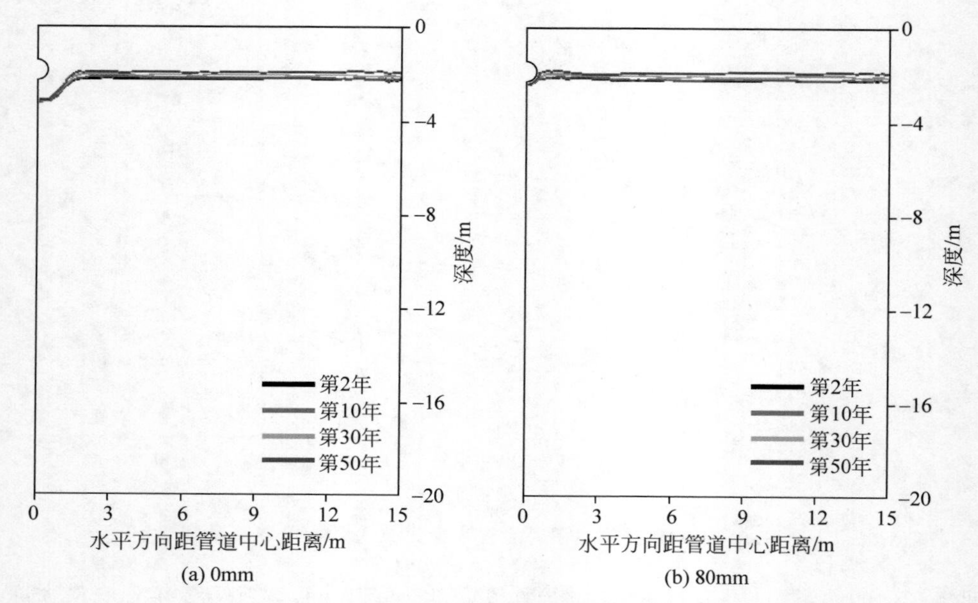

图 7-16 不同保温层厚度下管道周围含水量为 55%的融土冻结圈

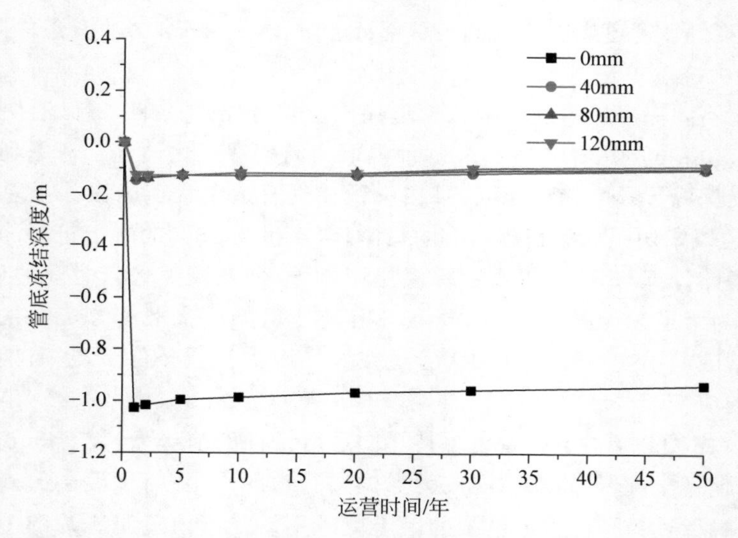

图 7-17 不同保温层厚度下管底周围含水量为 55%的融土冻结深度

并不能得到更好的隔热效果，管底冻深随运营时间越来越小。在 0mm 保温层条件下，管底融深的变化较慢，运营第 2 年管底最大冻深为 1.03m。设有保温层后，管底土壤冻深发展更加缓慢，管底土壤几乎不受管道的热力影响，保温层能较好地保护冻土，避免发生管道冻害，但在保温层厚度的选择上，要在工程上考虑经济性。

此外，还应注意现场保温层失效带来的土壤冻结问题。

为研究不同含水地段管道周围土壤冻胀程度的差异，在保持其他条件相同的前提下，将土壤分别取含水量为20%，25%，35%，55% 4种类型，油温取为周期性变化的油温，对管道周围土壤的冻结圈与管底冻结深度进行预测计算。由于各种含水量的土壤在运营期内冻结变化规律类似，在此仅给出含水量为20%与35%不保温裸管周围土壤在代表性年份的冻结圈。图7-18(a)为多年冻土融区低温含水量为20%的融土在管道运营期内冻结圈的演变，图7-18(b)为多年冻土融区低温含水量为35%的融土冻结圈的演变。

从图7-18可以看出：在管道保持相同的运行条件的前提下，管道周围含水量为20%的融土逐年最大冻结圈要略大于含水量为35%的融土逐年的冻结圈，其冻结圈均随运营时间的增加而缩小。受土壤热容与相变潜热随其含水量增大而增大的影响，管道周围土壤含水量越大，越不容易发生冻结，管道的热力影响范围越有限。对多年冻土融区含水量为55%及以上的地段，由于土壤表层含水量较大，土壤的热容很大，导温系数较小，冻深将非常有限。

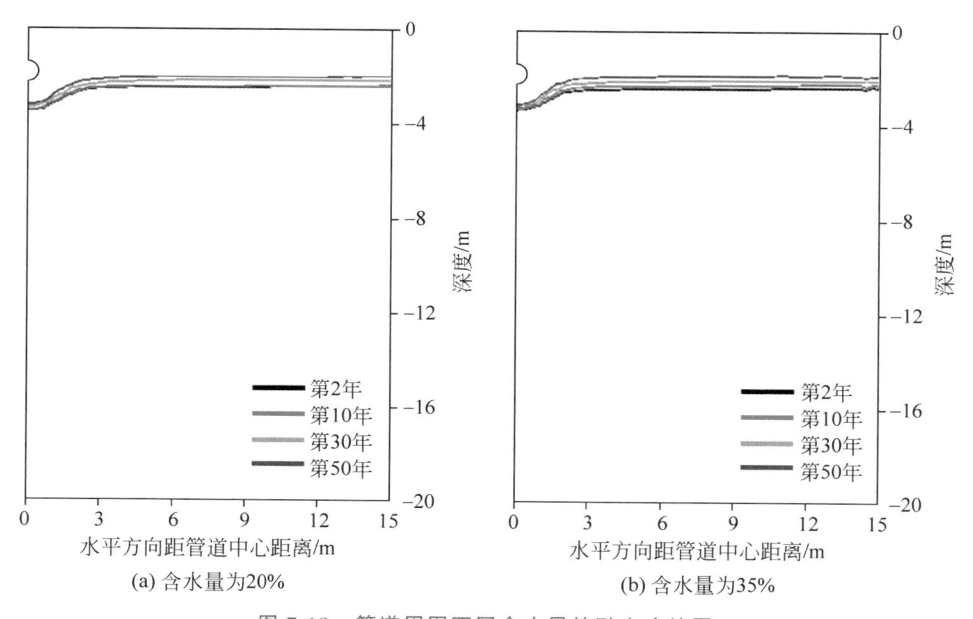

图7-18 管道周围不同含水量的融土冻结圈

图7-19为多年冻土融区埋地管道周围不同含水类型的土壤在管道运营期内管底逐年最大冻结深度的变化。可以看出：在相同运营条件下，受管道周围土壤不同含水量的影响，管底冻结深度随土壤总含水量的增大而减小。对周期性变化的油温，裸管周围含水量为20%的土壤，在运营期内第2年管底的最大冻深为1.34m；含

水量为55%的融土，运营期内第2年管底出现最大冻深为1.03m，两种不同含水量融土的最大冻深可相差0.3m。在工程现场，受极端低温天气的影响，融区冻深会加大，相应管底冻深也会增大，应该引起运行部门的重视。

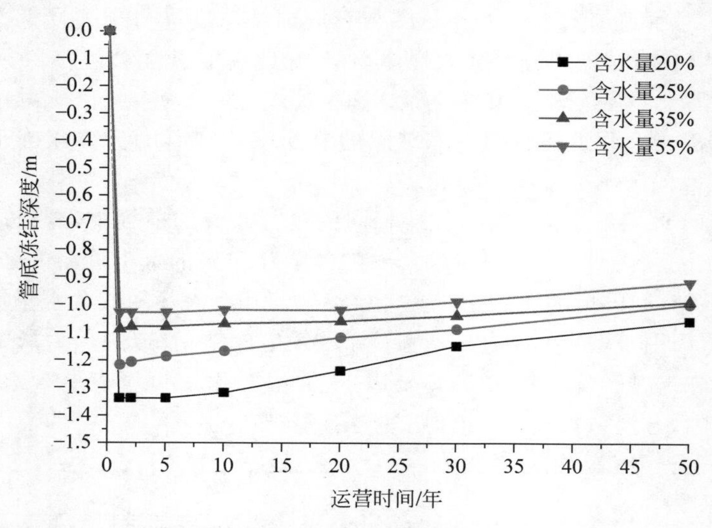

图7-19 管底不同含水量的融土冻结深度

7.4.4 冻胀量的计算与分析

分凝势理论认为土壤水流和热流状况是决定其冻胀程度的主要原因。其中分凝冻胀是开放系统饱和水土壤冻胀的主要构成，它由土壤中的水分迁移与结冰两个物理过程组成。受土壤组成、含水量与外压等因素影响，其冻胀强度和速度会有差异。分凝冻胀量和分凝势与冻结峰线上的温度梯度和冻结时间成正比。

根据文献[19]介绍的分凝势冻胀模型，土壤冻胀量可分为由外界水分补给并迁移至某个位置冻结而引起的分凝冻胀量和由孔隙水原位冻结导致的原位冻胀量两部分。分凝冻结体积增大1.09倍，原位冻结体积增大9%，其数学表达式如下：

$$\begin{aligned}\Delta H &= \Delta h_f + 0.09\eta\Delta Z \\ &= 1.09SP_0 \operatorname{grad}T(t)\Delta t + 0.09\eta\Delta Z \\ SP_0 &= a\exp(-bp_e)\end{aligned} \tag{7-16}$$

式中，ΔH为冻胀变形量，单位为m；Δh_f为分凝冻胀量，单位为m；SP_0为分凝势，对于准稳态问题，取为常数；$\operatorname{grad}T(t)$为t时的温度梯度，单位为℃/m，计算中取为最后冰透镜体开始生长时的分凝势；Δt为冻结时间；η是土壤孔隙率，计算中取10%；ΔZ是Δt内冻结峰的推进量；p_e为覆盖层载荷；a,b是与土质有关的参数，计算中对上层的亚黏土，$a=1.45e^{-4}\ \mathrm{cm^2/(s\cdot ℃)}$，$b=0.015\mathrm{kPa^{-1}}$。

很显然，为获得某处管底土壤总的冻胀变形量，除了需要掌握土壤在每个时间段的冻结深度外，还应取得冻结过程中冻结锋线上的温度梯度值，这样才能利用逐个时步叠加的方法获得土壤的冻胀量。

针对中俄油气管道境内段油温按式(7-13)周期性变化的运行条件，本节首先计算得到了4个典型含水地段在管道运营期内出现管底最大土壤冻结深度的第2年内逐月发生冻结的深度与冻结锋线上的温度梯度值，然后根据式(7-16)计算得到了相应的管底逐月的土壤冻胀量。研究中将这4种含水地段的土壤按其温度状况分为高温、低温两种类型，分别对应的平均温度为2℃与1℃。对含水量为55%的地段，管道设有保温层，出于对最不利因素的考虑，忽略保温层的作用，研究了此种条件下管底低温融土的最大冻胀量，而不予计算管底高温融土的最大冻胀量。表7-14为这4种典型含水地段管道在周期性油温条件下运营第2年内管底逐月累计的冻结深度。表7-15为相应的管底逐月冻结峰线处的温度梯度值。表7-16为相应的管底逐月累计的冻胀量。

表7-14 典型地段管道运营第2年逐月管底冻结深度 单位：m

土壤温度状况	运营时间/月	融土类型			
		含水量20%	含水量25%	含水量35%	含水量55%
高温	11	0.03	0.038	0.054	
	12	0.31	0.31	0.42	
	1	0.62	0.63	0.75	
	2	0.91	0.89	0.995	
	3	1.07	1.03	1.08	
低温	11	0.05	0.053	0.053	0.058
	12	0.403	0.4	0.308	0.315
	1	0.73	0.74	0.624	0.65
	2	1.06	1.02	0.908	0.91
	3	1.34	1.21	1.03	1.02

从表7-14中可以看出，运营第2年管底冻深逐月增大，对含水量为20%和25%的融土段，管底含水相同的高温融土最大冻深小于低温融土。在高温状况下，两种含水融土的冻深比较接近，在低温状况下，管底冻结深度随土壤含水量的增大而减小；这些均符合7.4.3节中得到的规律。对含水量为35%和55%的低温融土，管底冻深比较接近，最大冻深略小于含水量为20%和25%的低温融土。而由于含水量为35%的高温融土的导温系数大于低温融土，其相应的冻深也略大。

从表7-15中可以看出，运营第2年管底冻结峰线上温度梯度逐月减小，这主要是因为相邻土壤温差逐渐变小。

表 7-15　典型地段管道运营第 2 年逐月冻结峰处温度梯度　单位：℃/m

土壤温度状况	运营时间/月	融土类型			
		含水量 20%	含水量 25%	含水量 35%	含水量 55%
高温	11	8.51	8.37	9.28	
	12	4.57	5.04	4.54	
	1	0.79	2.95	2	
	2	0.72	0.8	0.23	
	3	0	0	0	
低温	11	9.86	6.39	9.26	13.08
	12	5.07	4.86	5.54	7.16
	1	2.17	1.96	2.94	1.25
	2	0.21	0.05	0.86	0
	3	0	0	0	0

在管道已确定的运行条件下，对各典型地段管底不同含水量融土的冻胀量进行分析，见表 7-16。在各种条件下，土壤冻胀量逐月增大，在开始冻结的 3 个月，冻胀量发展较快，其后两个月冻胀量变化不大；多年冻土融区含水量为 20%地段的管道在周期性变化油温条件下运营第 2 年管底低温融土的冻胀变形量最大，为 27.8cm；含水量为 25%地段的管道管底高温融土的冻胀变形量最大值为 30.2cm；含水量为 35%地段的管道管底低温融土的冻胀变形量最大值为 35.8cm；含水量为 55%地段的管道管底低温融土的冻胀变形量达 42.3cm。可见，受土壤冻结峰线处温度梯度的影响，管道运营期内管底融土的最大冻胀量随其含水量的增大而增大。管道沿线含水量超过 55%的地段均设有保温层，运营中若保温层受损而失效，将会较大程度地影响管底融土的冻结，管底会出现一定的冻胀变形量。

表 7-16　典型地段管道运营第 2 年管底逐月累计冻胀量　单位：m

土壤温度状况	运营时间/月	融土类型			
		含水量 20%	含水量 25%	含水量 35%	含水量 55%
高温	11	0.099	0.1	0.122	
	12	0.20	0.217	0.237	
	1	0.218	0.282	0.286	
	2	0.234	0.301	0.293	
	3	0.236	0.302	0.294	
低温	11	0.114	0.077	0.122	0.186
	12	0.224	0.188	0.263	0.384
	1	0.269	0.231	0.335	0.42
	2	0.276	0.235	0.357	0.422
	3	0.278	0.236	0.358	0.423

综上所述，本章采用数值模拟的方法，研究了油温、保温层厚度与土壤含水量3个方面的因素对管道多年冻土区埋地输油气管道周围土壤融化圈与冻结圈及管底融化速度与冻结深度的影响，并结合中俄油气管道境内段的实际运行情况，详细计算了管道运营50年内多年冻土区5种典型的含冰地段的管底冻土逐年融化深度与土壤融沉变形量。此外，还计算了多年冻土融区4种典型含水地段的管底融土逐年冻结深度和运营期内出现最大冻结深度年逐月的管底冻结深度、冻结峰线处的温度梯度值与土壤的冻胀量，分析了管底土壤融沉量与冻胀量随土壤含水量与运营时间的变化规律，为预测多年冻土区埋地输油气管道周围土壤出现融沉与冻胀等冻害程度和管道的安全运营提供技术支持和科学依据。获得的主要结论包括：

1）多年冻土区埋地输油气管道附近土壤受大气与管道影响在夏季存在双向融化，在冬季存在双向冻结。水平方向距管道10m左右的土壤几乎不受管道热影响，在大气影响下，夏季单向融化，冬季也双向冻结。管道周围土壤的冻融变化一般比气温变化滞后1～2个月。

2）多年冻土区埋地输油气管道周围冻土在管道运营期内，受管内油气正温的影响会出现融化，且管道周围最大融化圈与管底最大融化深度会逐年增大，其在管道运营前期的增长速度要大于后期的增长速度；管道周围融化尺寸随着运行油温的升高与土壤含冰量的减小而增大。在相同条件下，高温冻土较低温冻土融化圈的增长速度快，融化深度大。对冻土层厚度有限的高温冻土，运营期内管底冻土可能会因退化而完全消失。

3）在相同的土壤含水量和保温方式下，管道在周期性油温的运行条件下管底产生的融沉变形量要小于6.4℃油温运行条件下产生的融沉量。对少冰与多冰地段，中俄油气管道境内段不设置保温层，在周期性油温运行条件下，管底冻土在运营期内产生的变形不超过允许值。对富冰、饱冰与含土冰层地段，管道若在6.4℃运行温度下无保温层，管底冻土的融沉变形量均超过允许值25cm，地基土不稳定，管道运营面临危险。对于实际工况，油温为周期性变化，在饱冰与含土冰层高温冻土段保温管道分别运行30年和20年后，管底最大的融沉量超过允许值，地基土不稳定，管道运营面临危险。

4）多年冻土融区埋地输油气管道周围融土在管道运营期内，受管内油气负温的影响会出现冻结，且管道周围土壤的冻结圈与管底冻结深度会逐年减小，运营期内其变化均比较平缓。管道运行油温越低，管道周围冻结圈与冻结深度尺寸越大，在周期性变化的油温的影响下，管道周围冻结尺寸比较有限，不同含水量的土壤在相同的管道运行条件下，含水量越小，管道周围冻结圈与冻结深度越大。

5）管道在周期性油温的运行条件下管底产生的冻胀变形量中分凝冻胀量占

主导地位，主要受土壤载荷与温度梯度的影响，载荷越小，分凝势越大，分凝冻胀量越大。管底土壤在每年从开始冻结至冻结结束，其冻胀量逐渐增大，在开始冻结的3个月，冻胀量发展较快，其后2个月冻胀量变化不大。在土壤两种温度状况下管底土壤的最大冻胀量随土壤含水量的增大而增大，含水量为55%的地段管底低温融土在无保温层时，最大冻胀量为42.3cm。

6）在相同条件下运营相同时间后，设有保温层的管道相对于裸管周围的融化圈、冻结圈与管底融化深度、冻结深度均较小。保温层厚度越大，在管道运营前期对土壤融化和冻结有更明显的抑制作用。在现场要注意因保温层失效可能导致管底土壤的融沉量或冻胀量变大而超过允许值，引起管道破坏。

值得一提的是，埋地管道与土壤的相互热力作用还可以推广到很多埋管工程，如太阳能热能储存、地热开发、地源热泵、隧道应用、燃气轮机进口冷却等。其核心在于管道与周围环境之间的稳态或非稳态换热过程的分析，需综合考虑环境中的热质迁移和相变作用等复杂因素的影响[20-22]。

参考文献

[1] 付在国，宇波. 冻土区输油管道周围土壤的水热力三场研究[J]. 油气储运，2010，29(8)：565-570.

[2] 陈友昌，宋永涛，丁德文. 冻土区埋地集油管线周围土壤的温度场模拟计算[J]. 油田地面工程，1994，13(2)：4-7.

[3] 李长俊，江茂泽. 永冻区埋地热油管道热力计算[J]. 西南石油学院学报，2000，22(1)：77-79.

[4] 张昆，练章华，夏永波，等. 埋地管道在冻土地带的热力变形分析[J]. 石油工程建设，2006，(8)：4-6.

[5] 李南生，李洪升，丁德文. 浅埋集输油管道拟稳态温度场及热工计算[J]. 冰川冻土，1997，19(1)：66-72.

[6] 何树生，喻文兵，陈文国，等. 东北多年冻土区埋地输油管道周围温度场特征非线性分析[J]. 冰川冻土，2008，30(2)：287-294.

[7] JIN H J. Design and construction of a large-diameter crude oil pipeline in Northeastern China：A special issue on permafrost pipeline [J]. Cold Regions Science and Technology，2010(64)：209-212.

[8] JIN H J，HAO J Q，CHANG X L，et al. Zonation and assessment of frozen-ground conditions for engineering geology along the China-Russia crude oil pipeline route from Mo'he to Daqing，Northeastern China [J]. Cold Regions Science and Technology，2010(64)：213-225.

[9] 吉延峻，金会军，王国尚，等. 中俄原油管道(漠河—大庆段)地基土融沉稳定性评价研究

[J]. 工程地质学报,2010,18(2):241-251.

[10] LI G Y, SHENG Y, JIN H J, et al. Development of freezing-thawing processes of foundation soils surrounding the China-Russia Crude Oil Pipeline in the permafrost areas under a warming climate [J]. Cold Regions Science and Technology,2010(64):226-234.

[11] LI G Y,SHENG Y,JIN H J,et al. Forecasting the oil temperatures along the proposed China-Russia Crude oil pipeline using quasi 3-D transient heat conduction model [J]. Cold Regions Science and Technology,2010,(64):235-242.

[12] 崔秀国,张劲军. 埋地热油管道稳定运行条件下热力影响区的确定[J]. 石油大学学报(自然科学版),2004,28(2):75-78.

[13] 付在国. 多年冻土区埋地输油管道融沉冻胀数值模拟研究[D]. 北京:中国石油大学,2011.

[14] 付在国,宇波,朱洁,等. 多年冻土区埋地输油管道热力影响研究[J]. 工程热物理学报,2012(33):2163-2166.

[15] FU Z G,YU B,ZHAO Y,et al. Numerical simulation of frost heave in soils around the buried oil pipeline in island talik permafrost region [J]. Advances in Mechanical Engineering,2014:714818.

[16] FU Z G, YU B, ZHU J, et al. Thaw characteristics of soil around buried pipeline in permafrost regions based on numerical simulation of temperature fields [J]. Journal of Thermal Science and Technology,2012,(7):323-333.

[17] 李述训,吴通华. 冻土温度状况研究方法和应用分析[J]. 冰川冻土,2004,26(4):377-383.

[18] 徐学祖. 冻土物理学[M]. 北京:科学出版社,2001.

[19] 帅健. 管线力学[M]. 北京:科学出版社,2010.

[20] BARAKAT E,RAMZY A,HAMED A,et al. Enhancement of gas turbine power output using earth to air heat exchanger (EAHE) cooling system [J]. Energy Conversion and Management,2016,111:137-146.

[21] FU Z G,LI L T,ZHANG L,et al. A numerical method and its application to investigate the thermal performance of an earth to fluid pipe system [C]//16th International Heat Transfer Conference. Beijing:[s. n.],2018.

[22] 宇波. 流动与传热数值计算——若干问题的研究与探讨[M]. 北京:科学出版社,2016.

第8章 CHAPTER 8 火电厂锅炉低NO_x排放

在能源利用的过程中,化石燃料的燃烧要排放出各种污染物。在排放到大气的污染物中,99%的氮氧化物(NO_x)、99%的一氧化碳(CO)、91%的二氧化硫(SO_2)、78%的二氧化碳(CO_2)、60%的粉尘和43%的碳化氢是在化石燃料燃烧的过程中产生的,其中煤燃烧所产生的污染物又占大多数。我国能源以煤为主,燃煤所产生的大气污染物占污染物排放总量的比例较大。例如,二氧化硫占87%,氮氧化物占67%,一氧化碳占71%,烟尘占60%。燃煤是我国污染物的主要来源,因此,采用煤的清洁燃烧是当前防治大气污染的一项重要内容。

8.1 NO_x 的生成机理和控制方法

8.1.1 煤燃烧时 NO_x 的生成机理

煤燃烧时既有挥发分的均相燃烧,又有残焦的多相燃烧。煤中的氮以氮化合物的形式存在,氮以原子状态与各种碳氢化合物结合。当煤热解时,氮便释放出来,但比挥发分释放得晚些,剩下的部分氮则残留在焦炭内,在焦炭燃烧过程中缓慢地释放出来。

煤中的氮以挥发分氮还是焦炭氮的形式出现与煤种、热解速度等有关。当煤中挥发分含量增加,热解温度和加热速度提高时,氮的释放量增加,即挥发分氮增加,焦炭氮相应减少,这与过量空气系数无关。

挥发分氮并不是全部转化为 NO_x,因为挥发分氮是以氮化合物的形式出现,这些化合物主要是 HCN 和 NHi 等,这些氮化合物既是 NO_x 的生成源,又是 NO_x 的还原剂,它们将已生成的 NO_x 进行还原反应,使 NO_x 转变成 N_2;同时,氮化合物之间进行复合反应生成 N_2,因而 NO_x 减少。这样实际上只有一部分挥发分氮转化为 NO_x,例如在典型的煤粉燃烧工况下(如过量空气系数 SR=1.4,温度

$T=1670\sim1770K$)，挥发分 NO_x 占燃料 NO_x 的 60%～80%，最终有多少挥发分氮转化为 NO_x，取决于下述三个因素。

1）着火区段挥发分的析出量。挥发分析出量越大，挥发分氮越多，生成的挥发分 NO_x 也越多。由于挥发分析出量与煤种和热解温度有关，煤的挥发分越高，热解温度越高，则挥发分析出量越大，挥发分 NO_x 也越多。

2）着火段中的氧浓度。氮化合物只有经过氧化反应才能生成 NO_x，因此，着火段中的氧浓度增加，挥发分 NO_x 增加。反之，氧浓度减小，挥发分氮不易转化为 NO_x，而且由于此时挥发分浓度较高，挥发分氮的相互复合反应和对 NO_x 的还原反应增强，从而使挥发分 NO_x 减少。

3）在着火段的停留时间。在空气较多的情况下，因燃料氮释放并转变成 NO_x 需要一定反应时间，若可燃组分在着火段中停留时间较长，则生成的 NO_x 增加；在富燃料工况下，挥发分氮化合物的还原分解或相互复合反应增强，也需要一定的反应时间，所以着火段中停留时间长，使 NO_x，HCN 和 NH_3 等得到充分分解和复合反应，挥发分 NO_x 减少。

在煤粉燃烧中，异相反应发生在含碳的固体燃料热解后(如煤焦)。异相反应所生成的 NO_x 很大程度上依靠焦炭内部和表面的反应。焦炭的这些性质由很多因素决定，包括燃料分级、空气分段、燃烧器喷射和煤种等。研究发现 9 种不同煤焦每单位面积转换成焦炭 NO_x 的比值是相似的，说明不同煤焦生成 NO_x 的量主要取决于内部面积。煤燃烧时生成焦炭 NO_x 的比例要比煤挥发分少。但是，异相反应相对于均相反应受外界影响较小，导致对焦炭 NO_x 的控制更加艰难。

焦炭氧化的时间要比煤热解长得多，在煤热解后大约仍有一半的氮保留在煤中，剩下的量与过量空气系数有关，同时也取决于颗粒尺寸，但是加热速率对它的影响不大。燃料型 NO_x 有 20%～30%来自异相反应。然而，热解温度越高，焦炭氮就越少，焦炭 NO_x 的生成量可能会因此减少。焦炭 NO_x 虽然对温度非常敏感，但是它更多地受到焦炭颗粒大小和周围氧浓度的影响。

8.1.2 煤燃烧生成 NO_x 的一般控制方法

从对热力型、燃料型和快速型三种 NO_x 生成机理的介绍可以看出，不同类型 NO_x 的生成机理是不同的，主要表现在氮的来源不同、生成的途径不同和生成的条件不同，但它们之间又有一定的联系。热力型 NO_x 主要由空气中的氮在高温下氧化产生。快速型 NO_x 是在高温条件下，燃料挥发物中碳氢化合物分解生成的 CH 自由基和空气中的氮气反应生成 HCN 和 CN 等，再进一步与氧气作用，在极短的时间内产生。燃料型 NO_x 是燃料中含有的氮原子在燃烧中被氧化而生成。

三种 NO_x 在煤燃烧过程中的情况很不相同。快速型 NO_x 所占比例不到5%；在温度小于1350℃时，几乎没有热力型 NO_x，只有当燃烧温度超过1600℃时，如液态排渣煤粉炉中，热力型 NO_x 才可能占到25%～30%。而对常规煤燃烧设备，NO_x 主要是通过燃料型的生成途径产生的。因此，控制和减少煤燃烧产生的 NO_x，主要是控制燃料型 NO_x 的生成。从燃料型 NO_x 的生成和破坏机理可知，为了减少燃料型 NO_x，不仅要尽可能地抑制 NO_x 的生成，对已生成的 NO_x，还要创造条件尽可能地促进它们的破坏和还原。控制 NO_x 排放的技术措施可分为两大类：一类是一次措施，即通过各种技术手段，控制燃烧过程中 NO_x 的生成量；另一类是二次措施，即将已经生成的 NO_x 通过某种手段从烟气中脱除，从而降低 NO_x 的排放量。

由于烟气脱硝装置的投资和运行费用都十分昂贵，现行的有效方法是采用低 NO_x 燃烧技术，这也是目前国际上的主流研究方向。国外低 NO_x 燃烧技术的发展过程可大致划分为三代：第一代低 NO_x 燃烧技术不要求对燃烧系统做大的改动，只是对燃烧设备的运行方式或部分运行方式做调整或改进，如浓氮燃烧技术，但 NO_x 的降低幅度十分有限。第二代低 NO_x 燃烧技术的特征是将燃烧空气分级送入燃烧设备，从而降低初始燃烧区的氧浓度，通过焦炭等将已生成的 NO_x 部分还原成 N_2，如国内采用较多的燃尽风(over fire air，OFA)。简单的紧挨上层燃烧器的OFA一般只能降低20%左右的 NO_x 排放。第三代低 NO_x 燃烧技术的主要特征是将空气和燃料都分级送入炉膛，燃料分级送入可在燃烧器区的下游形成一个富集 NH_3，C_nH_m，HCN的低氧还原区，燃烧产物通过此区域时，已生成的 NO_x 会部分被还原为 N_2，如三级燃烧技术，可使 NO_x 排放降低60%以上。

空气分级(air staging)低 NO_x 燃烧技术是目前使用最普遍的低 NO_x 燃烧技术之一，其基本原理是将燃料的燃烧过程分阶段来完成，即将燃烧过程分为富燃料的主燃区和富氧的燃尽区。很多学者在小型试验台对煤粉空气分级低 NO_x 燃烧技术进行了深入研究，这些研究表明，煤种、主燃区过量空气系数和停留时间是关键影响因素。炉内停留时间越长，化学当量比越小，NO_x 排放的降低幅度就越大；究其原因是 NO_x 的前驱体HCN和 NH_3 起到了主要作用。而烟煤和褐煤在此方面存在很大差异，燃烧烟煤在富燃料条件下可以测得很高的HCN浓度，而在褐煤燃烧条件下，NH_3 比HCN多得多，所以最佳停留时间和过量空气系数也随煤种的不同而不同。如果在燃尽风喷入点的温度较低，煤粉的燃尽程度将会变成很突出的问题。

广义地说，空气分级低 NO_x 燃烧技术可以分为炉膛内的整体空气分级(如OFA)和燃烧器内空气分级(如浓淡分离燃烧器)。

炉膛内的整体空气分级是将燃烧用的空气在炉膛内分阶段送入，第一阶段将主燃烧器供入炉膛的空气量减少到总燃烧空气量的60%～75%，使燃料先在富燃料燃烧条件下燃烧，此时第一级燃烧区内的过量空气系数小于1.0，降低了燃烧区内的燃烧速度和温度水平，这不但延迟了燃烧过程，还在还原性气氛中降低了生成NO_x的反应率，抑制了NO_x在这一燃烧区中的生成量。完全燃烧所需的其余空气则通过布置在燃烧器上方的OFA喷口送入炉膛，与第一燃烧区富燃料条件下产生的烟气混合，在过量空气系数大于1的条件下完成全部燃烧过程。

燃烧器内空气分级是应用非常广泛的低NO_x燃烧技术，主要特征是在燃烧器喷口附近的着火区内形成过量空气系数小于1的富燃料区，为此燃烧器的一次风与二次风煤粉火焰的混合位置必须特殊考虑，既要防止二次风过早进入一次风，以影响对NO_x生成的抑制，又要使得二次风能及时混入已着火的煤粉气流，防止不完全燃烧产物的增加。为此，除了使一次风煤粉混合物中的过量空气系数远远小于1，以便在燃烧器喷口附近的喷口最早着火区形成强烈的还原性气氛，从而有效地抑制NO的生成，还要使二次风分级送入已着火的煤粉气流，形成过量空气系数大于1的二次燃烧区(燃尽区)，使燃料在这里完全燃烧。

8.1.3 煤粉燃烧和NO_x生成数值模拟的研究现状

近年来，随着燃烧理论、计算流体力学、计算传热学和计算机技术的迅速发展，数值模拟理论和方法成为发展燃烧技术和指导燃烧装置设计和性能优化的有力工具，在电站锅炉设计和优化方面也得到了广泛应用。炉内燃烧过程数值模拟是应用数值计算的方法求解控制燃煤锅炉炉膛内煤粉气流的流动、传热、传质和化学反应的微分方程组，可以得到炉膛内部速度、温度、组分浓度和各种物理量的空间分布特性，进而指导燃煤锅炉的设计和运行，实现对燃烧装置设计和运行性能进行的预测，使实际设计得到最佳的优化参数和运行方式，是实际装置设计工作中不可或缺的手段之一。世界各国都非常重视炉内燃烧过程的数值模拟，许多学者都对此进行了深入的研究。

王鹏涛等[1]探讨了空气分级深度对40t/h煤粉工业锅炉燃烧和NO_x初始排放浓度的影响规律，结果表明：随着三次风比例由0增至50%，双锥燃烧器出口的平均温度由980K上升至1530K，且温度分布更加均匀；双锥燃烧器出口的气流流速降低约10m/s；锅炉NO_x的初始排放浓度由空气不分级工况下的697mg/m^3降至三次风30%工况下的424mg/m^3，降幅约39%。

王康等[2]利用平面携带流反应器模拟煤粉在炉膛中燃烧的高温环境，研究了不同煤粉细度下NO_x的沿程分布和煤粉体积分数对NO_x生成的影响。结果显示，对于相同细度的煤粉，NO_x体积分数随着炉膛高度的增加呈现先增加后下降的趋势。煤粉细度的减小明显降低了NO_x的体积分数，而煤粉细度的增加会导致

NO_x 体积分数增加。

张健等[3]在 75t/h 煤粉炉上采用炉内空气分级和低氮燃烧器进行改造，在主燃区创造高温强还原性氛围，在该区域喷入氨还原剂，通过实验研究在高温强还原性气氛下 NH_3 还原 NO_x 的影响因素和效果，结果表明：当主燃区过量空气系数 $\Phi_1<1$ 时，喷入尿素溶液后，NO_x 的体积分数明显低于仅采用空气分级时的工况，当 $\Phi_1>1.15$ 时，则得到相反结果。在富氧条件下 NH_3 易生成 NO_x；在 $\Phi_1=0.9$ 时，四角处和侧墙处沿喷枪轴线方向的氧体积分数均小于 0.4%，温度在 1200～1300℃，在该氛围下 NH_3 可有效降低 NO_x 的体积分数；喷射位置在炉膛四角时，NO_x 的排放浓度明显低于在侧墙处，最佳氨氮物质的量比为 1.73，且在侧墙处喷入尿素溶液，随着氨氮物质的量比的增加，NO_x 排放有明显上升趋势；在主燃烧区喷入尿素溶液($\Phi_1=0.9$，氨氮物质的量比为 1.73)，NO_x 还原效率为 66.5%，比单独采用空气分级高 35.27%，零氨逃逸。

赵星海等[4]通过在空气分级燃烧技术上运用富氧燃烧的方法，对 660MW 机组墙式切圆燃煤锅炉炉内温度场和 NO_x 排放特性进行了数值模拟，结果表明：在 25%，28%，30%的富氧工况下，30%富氧工况表现出与电厂实际空气工况运行时良好的一致性，且炉膛火焰充满度更好，比采用空气分级燃烧稳定；再循环烟气中高摩尔分数的 CO_2 与煤焦反应加剧了还原性气氛，且煤粉气流在还原区停留时间的增加提高了 NO_x 污染物向 N_2 的转化量，减少了 NO_x 的生成量；墙式切圆燃烧煤粉锅炉采用分级富氧燃烧后，炉膛出口 NO_x 生成量由原来的 $236mg/m^3$ 降低为 $125mg/m^3$，较空气分级燃烧降低了 47.03%。

刘建全等[5]使用 Realizable k-ε 双方程模型，对 1000MW 超超临界对冲旋流燃烧锅炉 NO_x 的生成特性进行了数值模拟，对燃烧器拟改进结构与原始结构生成特性进行了对比，并对燃烧器稳燃特性增强后过量空气系数、燃尽风与侧燃尽风率、燃烧器投运方式及锅炉负荷等因素对排放特性的影响进行了计算，分析结果表明燃尽风与侧燃尽风风率越高、过量空气系数越小，炉膛出口的 NO_x 排放越少；在同等负荷条件下，投入下层燃烧器数量较多时的 NO_x 排放量明显下降。

张秀霞[6]在 2.11MW 四角燃烧中型锅炉试验台上对火下风(below fire air，BFA)与空气分级及燃料分级相结合的新型低 NO_x 燃烧技术进行了热态调试试验。OFA 风速越大，炉膛出口烟气温度越低，NO_x 排放量越低，但会引起飞灰含碳量的上升。BFA 的投入会降低下炉膛的温度。对于 BFA 与 OFA 相结合和 BFA 与燃料分级相结合的技术，均存在一个最佳的配风量使 NO_x 排放量最低。

Ribeirete 等[7]在一个大型工业旋流燃烧器煤粉试验炉上进行了空气分级对整体性能和污染物排放影响的评估，通过在煤粉燃烧器上进行的大量实验得到了最佳过量空气系数。

Houshfar 等[8]在一个生物质锅炉试验台上进行了不同燃料、不同等级分级燃烧的实验，反应器的设定点温度保持在 850℃，过量空气系数约为 1.6，通过不同燃料颗粒和不同等级分级燃烧实验得出了 NO_x 排放量最低时的实验工况。

由上述可知，近年来在炉内燃烧过程数值模拟这一领域已经获得巨大进展，但炉内煤粉燃烧是极为复杂的过程，它涉及诸如流体流动、传热传质，相间质量、动量与能量相互作用及煤粉颗粒湍流、气固两相反应等许多物理化学过程，仍有许多问题尚待解决。

8.2 煤粉燃烧炉内参数特性分析

8.2.1 数值计算模型和条件

数值计算采用三维稳态计算，采用 SIMPLE 算法。考虑到大型电站燃煤锅炉存在复杂的流动和燃烧过程，如果直接计算，收敛会比较困难，因而比较适合采用分步计算的方法，也就是根据实际的各项速度边界条件先计算炉内流动情况（通常比较容易收敛），再根据得到的流场作为初场计算煤粉燃烧。具体的计算方法和模型包括应用非预混燃烧模型，采用混合分数/概率密度函数模拟气相湍流燃烧，采用 P1 辐射模型计算辐射传热，采用双平行反应模型模拟煤粉挥发分的析出，采用动力扩散控制燃烧模型模拟焦炭燃烧，采用随机轨道方法跟踪煤粉颗粒。本章对于 NO_x 的计算首先是通过 NO_x 不同的生成机理分别模拟热力型、快速型、燃料型 NO_x 的生成，然后通过给定的流场和燃烧结果来求解 NO_x 的输运方程，预测 NO_x 的排放量。

炉内场参数为炉内过程中流动、燃烧、传热的典型参数，如速度、温度、气体成分、煤粉颗粒等，提供炉膛不同截面详细的流动信息、温度场、成分场（燃料、氧化剂、燃烧产物），尤其是燃烧器区域的参数分布，对于了解炉内过程、判断锅炉运行状况非常直观。

为了加强炉膛内燃料和空气的混合，以及减少一次风贴壁，降低结焦趋势，该炉膛设计采用的是一、二次风同心反切燃烧技术，四角切圆燃烧方式具体布置情况如图 8-1 所示。一次风射流进入炉膛后，在动量较大的二次风射流引射和冲击下，被带入沿二次风射流方向旋转的火球中。由于一次风被围在炉膛中央，在炉膛中央形成了富燃料区，而在水冷壁周围形成了富氧区域，减少了一次风冲刷水冷壁的可能性，同时也有利于降低 NO_x 的生成量。燃烧器喷口布置的实际尺寸和计算简化示意图如图 8-2 所示，A，B，C，D，E 五层一次风喷嘴均采用了间隔布置，就二次风分布而言，A，B，C，D，E 五层喷嘴属燃料风喷嘴，燃烧器喷嘴中 AA，AB，BC，

CD,DE,EF 六层喷嘴属辅助风喷嘴,其中在 AB,BC,DE 层辅助风喷嘴中安装有重油燃烧器;最上排喷嘴为过燃风喷嘴 OFA,实际运行时五层一次风喷口通常只运行其中四层,另一层备用。

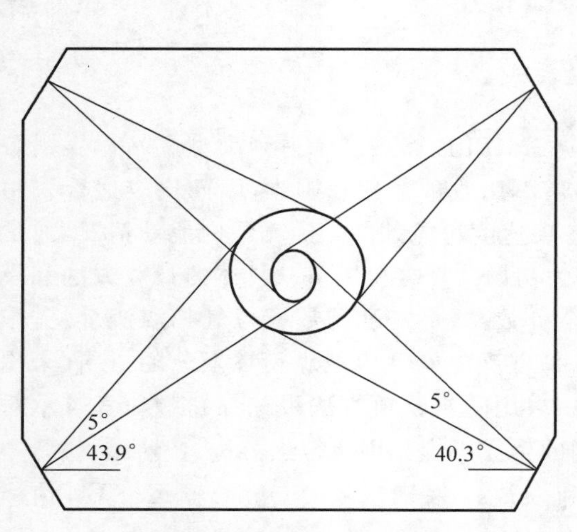

图 8-1 四角切圆燃烧方式布置

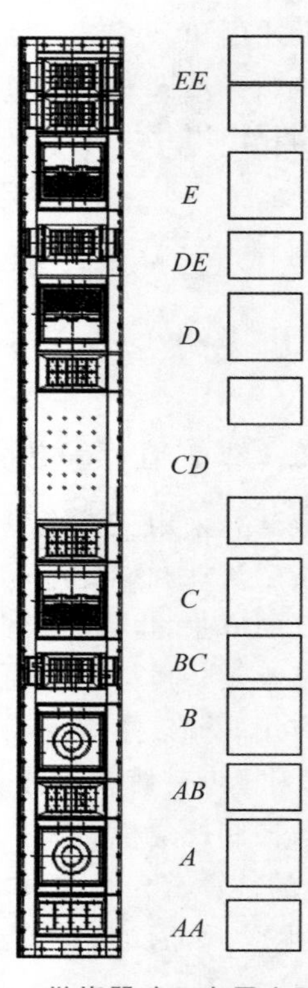

图 8-2 燃烧器喷口布置实际尺寸和计算简化示意图

数值计算的物理参数和边界条件完全参照实际运行参数,表 8-1 是计算所用锅炉的主要设计参数,表 8-2 是计算所用锅炉各喷嘴的设计参数,设计和计算所用煤种的煤质资料见表 8-3。

表 8-1 锅炉主要设计参数

项 目	数 值	单 位
锅炉蒸发量(BMCR)	1176	t/h
磨煤机最大空气流量	148.4	t/h
磨煤机热风温度	321	℃
磨煤机最大出力	47	t/h
二次风温度(ECR)	341	℃

续表

项　　目	数　　值	单　　位
炉膛过量空气系数	1.2	—
炉膛容积热负荷	103.3	kW/m^3
炉膛断面热负荷	4.663	kW/m^2
燃烧器标高	20 835～27 465	mm
炉膛宽×深	14 022×13 640	mm

表 8-2　锅炉各喷嘴的设计参数

项　　目	数　　值	单　　位
一次风速	20	m/s
一次风率	21.18	%
一次风温度	70	℃
二次风速	48.95	m/s
二次风率	78.82	%
二次风温度	341	℃
燃烧器一次风阻力	500	Pa
燃烧器二次风计算阻力	850	Pa
燃烧器二次风设定阻力	1000	Pa
一次风喷嘴间距	1530	mm

表 8-3　设计和计算所用煤质分析

项　　目		设计煤种(收到基)	计算煤种校核煤种	单　　位
元素分析	碳 C	53.68	51.76	%
	氢 H	3.30	2.47	%
	氧 O	8.10	7.73	%
	氮 N	0.52	1.42	%
	硫 S	1.86	1.42	%
工业分析	水分	19.80	24.81	%
	灰分	12.74	10.39	%
	挥发分	23.20	24.12	%
热值	低位	19.44	18.852	MJ/kg
	高位	—	—	MJ/kg

大型电站燃煤锅炉的实际尺寸比较大，长宽都超过 10m，高度方向超过 50m，所以根据实际参数建模所需要的网格数目也比较大，计算模型完全参照实际参数，

全部使用六面体网格。由于考虑到模型在四个角上需要布置燃烧器，燃烧器部分的锅炉主体横截面是规则的八边形，为了尽量减少数值计算中伪扩散对计算准确性的影响（当流体速度方向与网格边界成45°角的时候容易产生数值计算的伪扩散），整个横截面使用Pave方法生成网格，既使流体喷入炉内的速度方向与网格的边界尽量平行，又不影响网格的质量。确定了面上的网格布置之后，使用Cooper方法沿高度方向延伸，在整个锅炉模型上生成六面体网格。考虑到燃烧器部分的锅炉炉膛是煤粉和空气喷入的主要部分，会产生剧烈的湍流和燃烧等现象，因此对这一部分的网格进行局部加密，使这部分的网格间距相对锅炉的其他部分较小。计算所用锅炉最终生成的网格外观如图8-3所示。

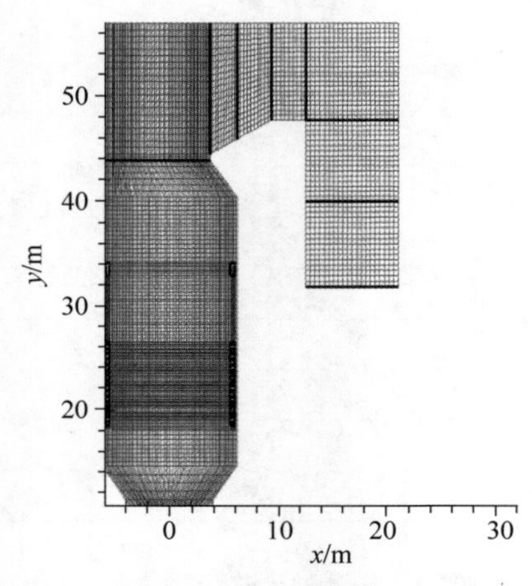

图8-3 计算所用锅炉计算网格

8.2.2 炉内参数分布分析

1. 风速分布

图8-4为部分一次风、二次风、燃尽风喷口所在截面的气流速度分布，视图方向由炉顶向炉底方向，以小箭头的长度表示速度矢量的大小，单位速度长度的大小对于所有的图是统一的。进入锅炉的煤粉依靠一次风携带，切圆方向与假想切圆方向一致，可见一次风明显形成了一个旋流场的燃烧方式。通过截面流场可以看到计算的空气在炉膛内混合状况很好，由于一次风与二次风的偏转角度不同，一次风截面所形成的切圆半径小于二次风形成的切圆半径，可以有效减少煤粉贴壁现象。

在主燃烧器上部布置的燃尽风（CCOFA）切圆略为减弱，分离燃尽风（SOFA）与一次风方向相同，切圆变弱，其原因在于主旋气流旋转减弱，SOFA区上升气流的抬升作用较强，SOFA形成的切圆邻角冲击减弱。

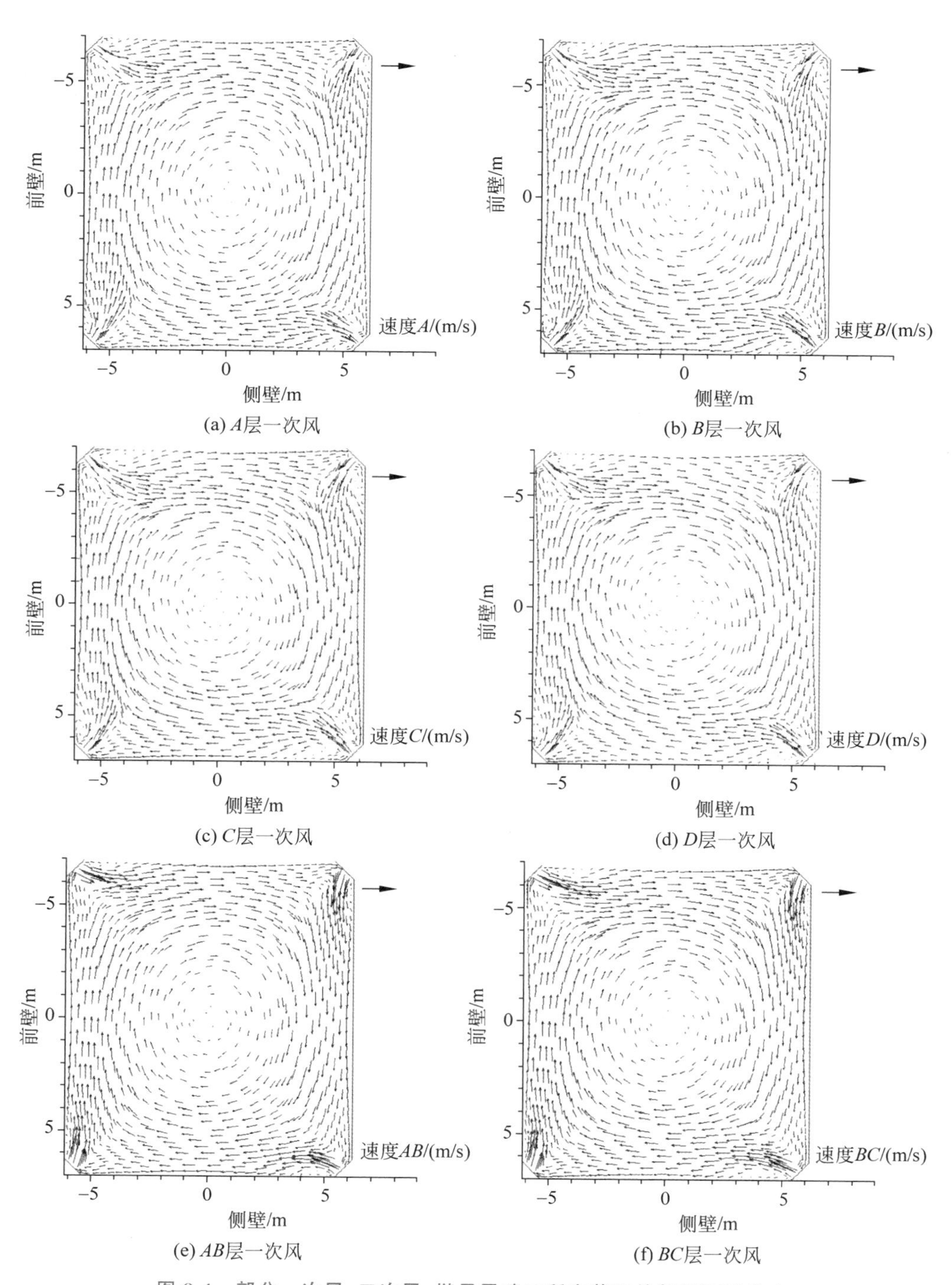

图 8-4 部分一次风、二次风、燃尽风喷口所在截面的气流速度分布

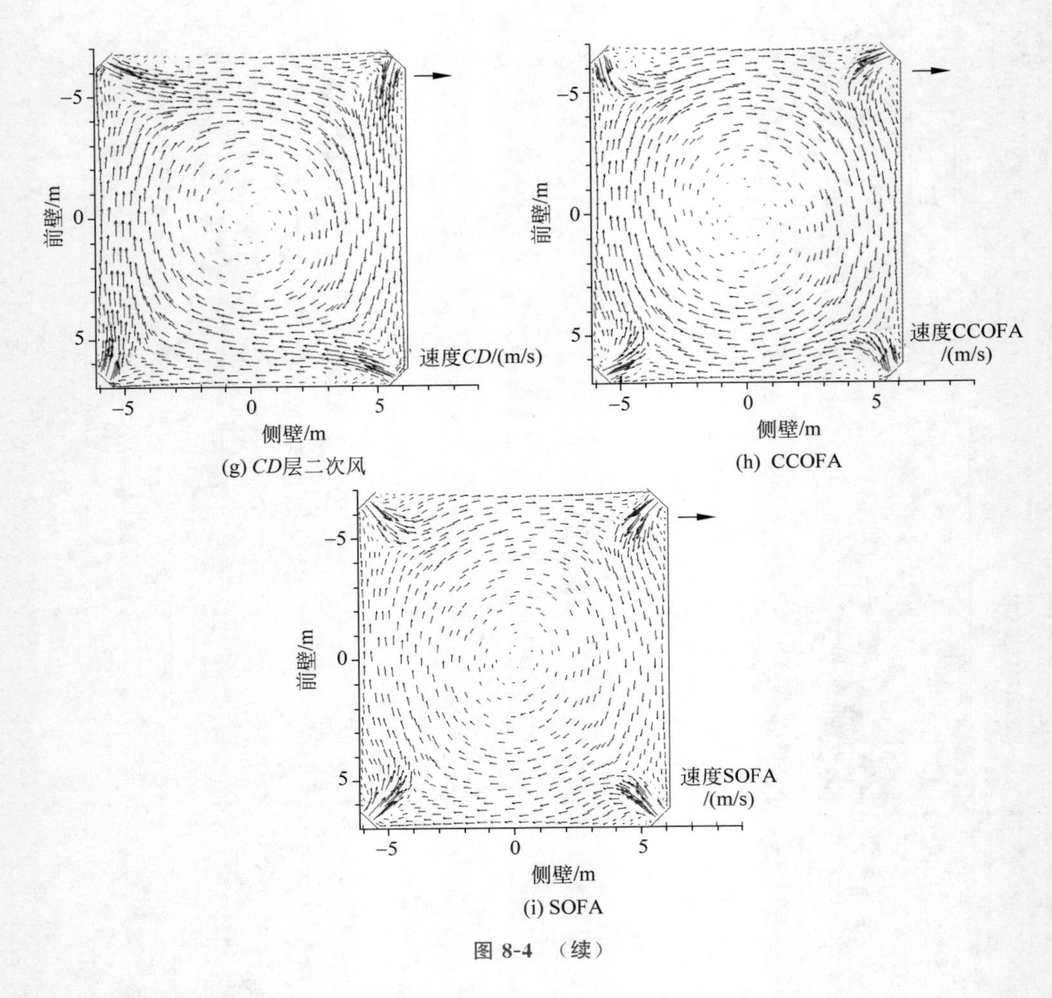

图 8-4 （续）

2. 煤粉浓度分布

图 8-5 为一次风各喷口截面的煤粉浓度分布。煤粉浓度在整个炉膛截面上分布呈现为在射流轨迹上浓度较高，能明显看到煤粉形成的射流轨迹，在炉膛靠近水冷壁区域煤粉浓度较低，中心区域煤粉浓度也较低，在射流轨迹上形成切圆形状。这些特点都是由上述流场的结构决定的。

3. 烟气成分场

图 8-6 和图 8-7 分别显示的是部分截面烟气中的 O_2 浓度和 NO 浓度。从图 8-6 可以看到靠近燃烧器的区域由于空气较多，O_2 浓度较高，随着煤粉的燃烧，O_2 浓度逐渐降低，炉膛中心的 O_2 浓度最低。

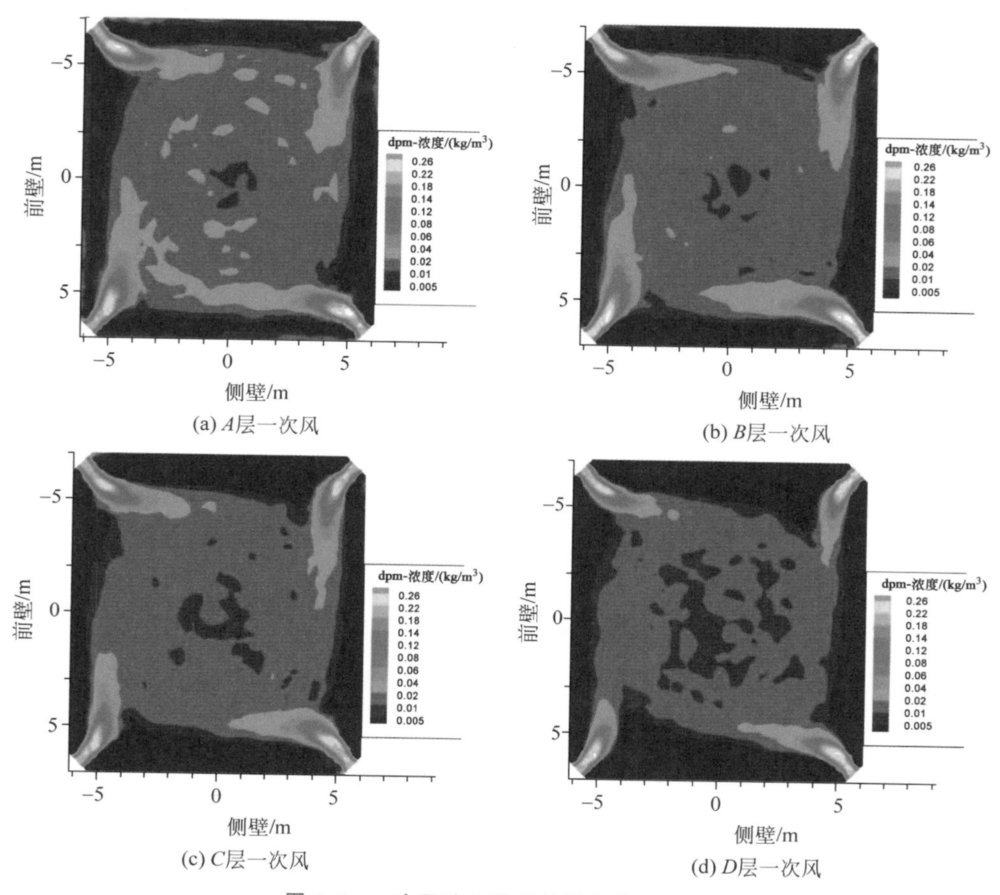

(a) A层一次风

(b) B层一次风

(c) C层一次风

(d) D层一次风

图 8-5 一次风喷口截面的煤粉浓度分布

从图 8-7 可以看到随着煤粉的燃烧，NO 在着火初期迅速形成，浓度上升，由于速度旋流场的方向还没有完全扩散，炉膛中心的外围形成了一个浓度较高的环形带，而环形带外围的浓度相对低一些。

4. 温度场

图 8-8 是部分截面的烟气温度分布场。射流所在的截面温度分布能直观反映射流的轨迹和火焰形状。分析一次风截面温度可以看出，距离燃烧器喷口较近的射流根部温度较低，这对燃烧器的安全运行是有利的。炉膛内部特别是燃烧器所在的区域存在强烈湍流，形成了高温切圆，燃烧器所在的炉膛区域是高温区，最高温度近 2000K，随着炉膛高度的增加而温度降低，CCOFA 和 SOFA 所在的截面温度场形状有所变化，温度降低，这与锅炉燃烧的实际情况相吻合。

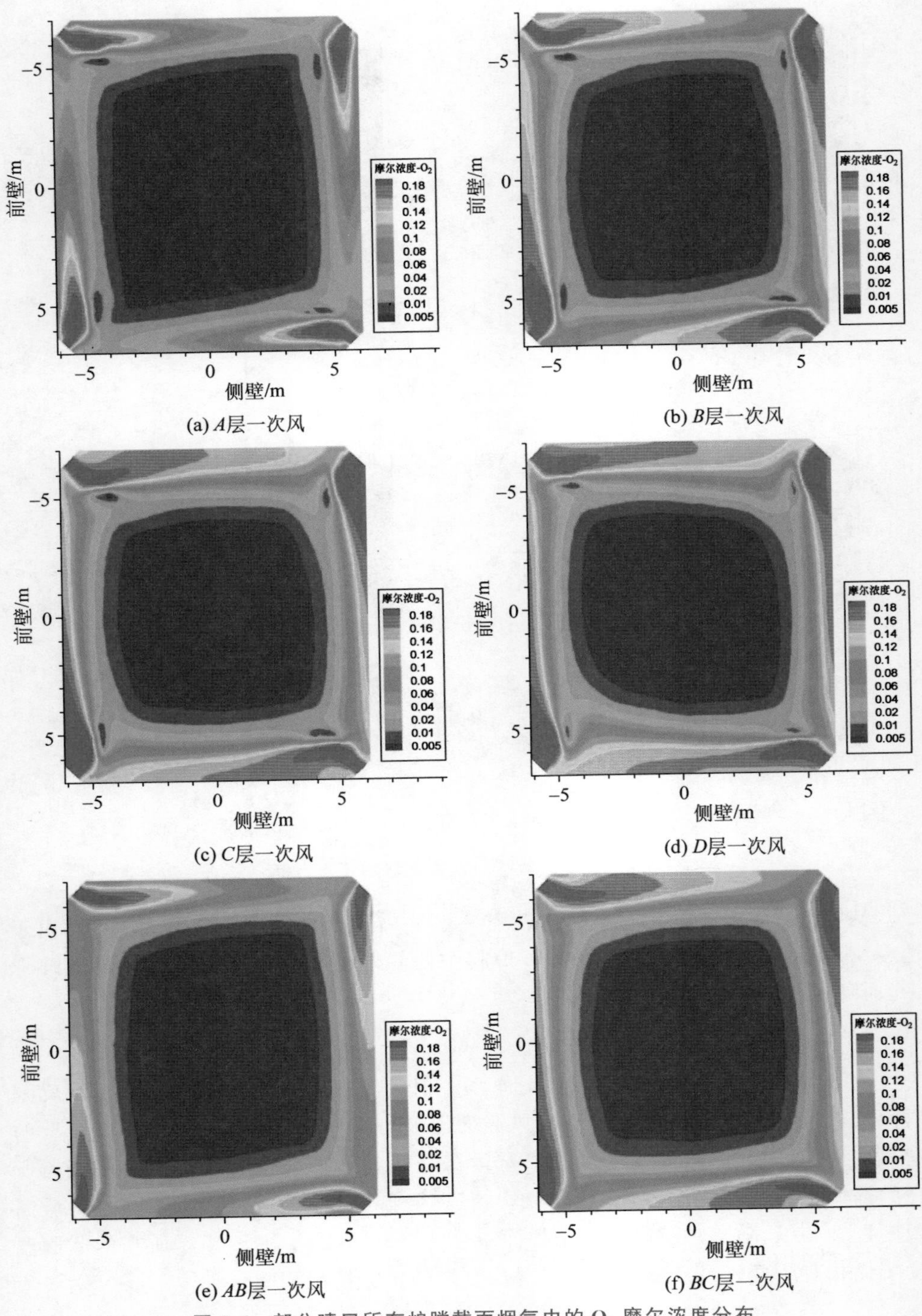

图 8-6 部分喷口所在炉膛截面烟气中的 O_2 摩尔浓度分布

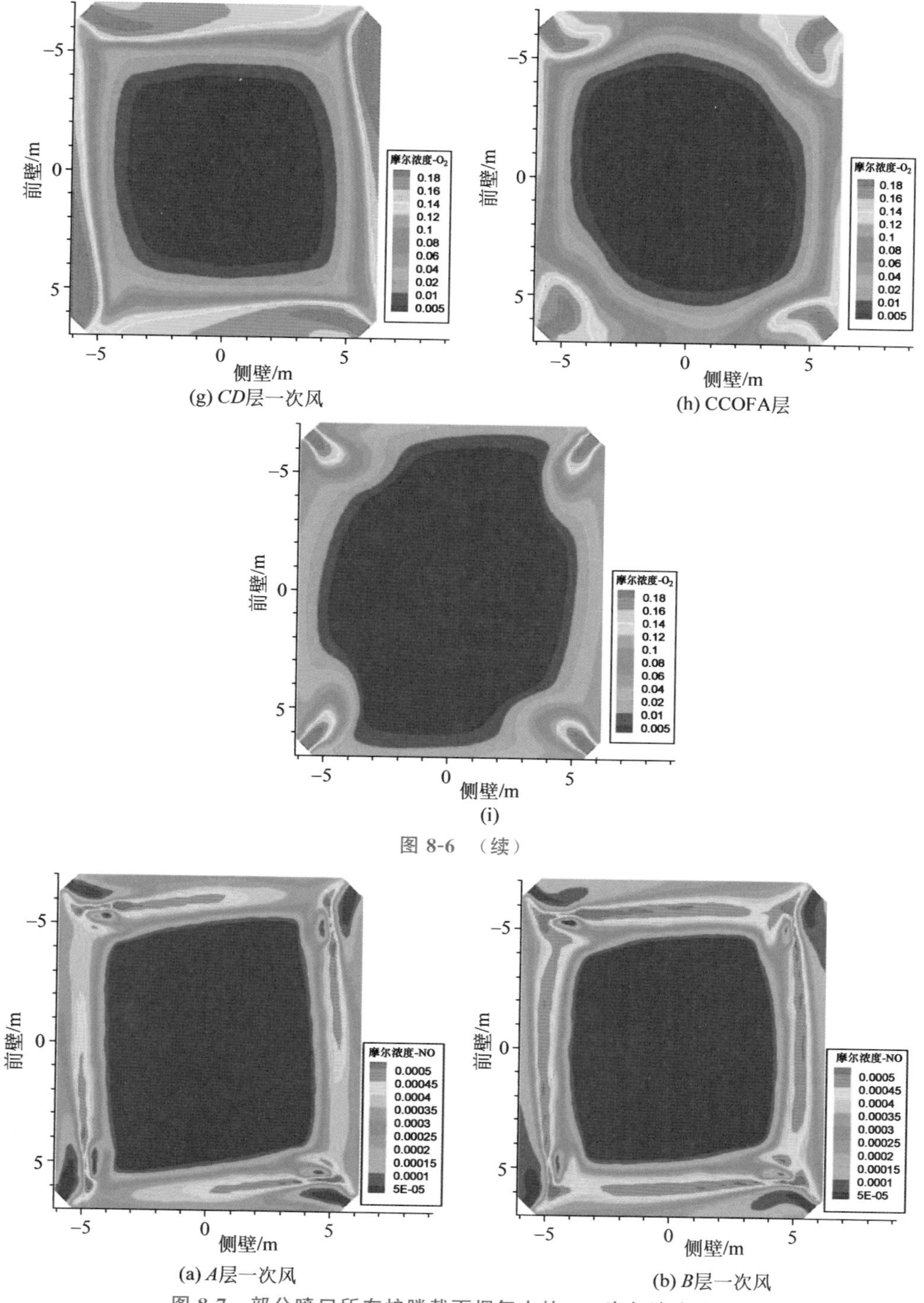

(g) *CD*层一次风

(h) CCOFA层

(i)

图 8-6 （续）

(a) *A*层一次风

(b) *B*层一次风

图 8-7 部分喷口所在炉膛截面烟气中的 NO 摩尔浓度分布

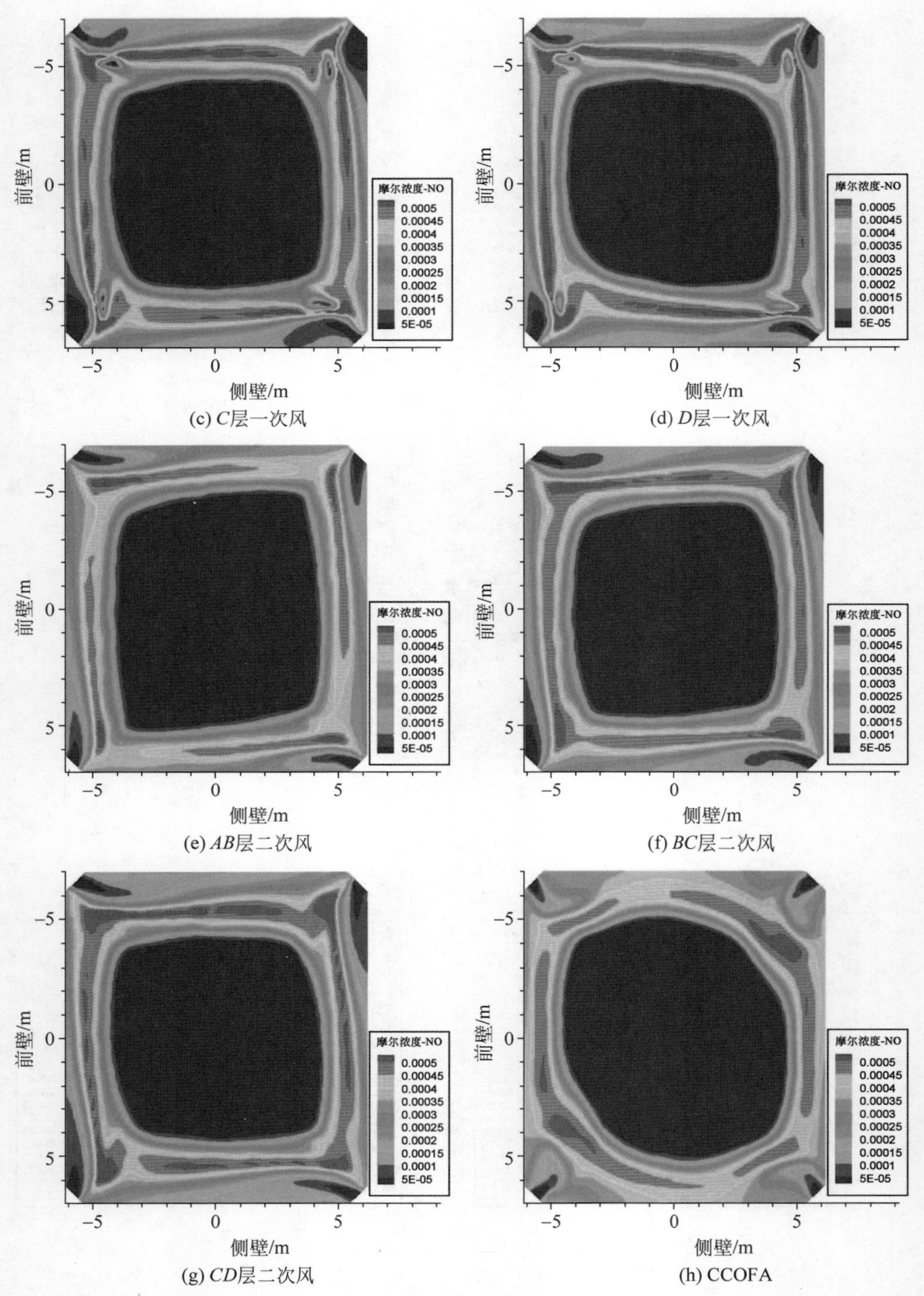

(c) *C*层一次风

(d) *D*层一次风

(e) *AB*层二次风

(f) *BC*层二次风

(g) *CD*层二次风

(h) CCOFA

图 8-7 （续）

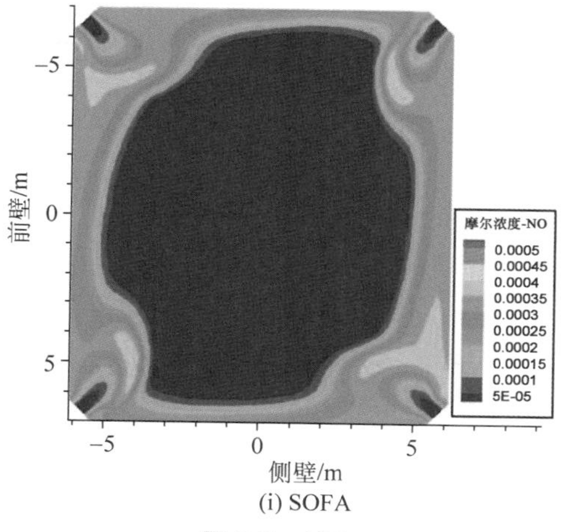

(i) SOFA

图 8-7 （续）

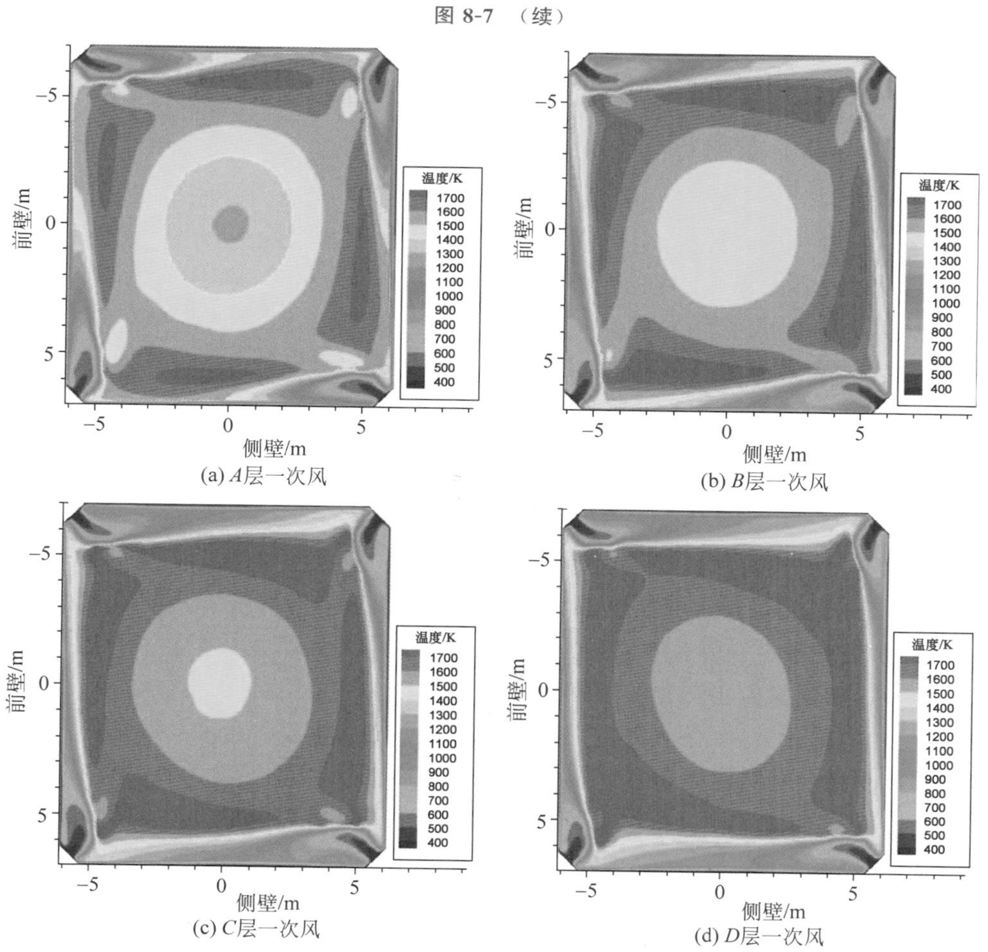

(a) A层一次风

(b) B层一次风

(c) C层一次风

(d) D层一次风

图 8-8 部分截面烟气的温度分布

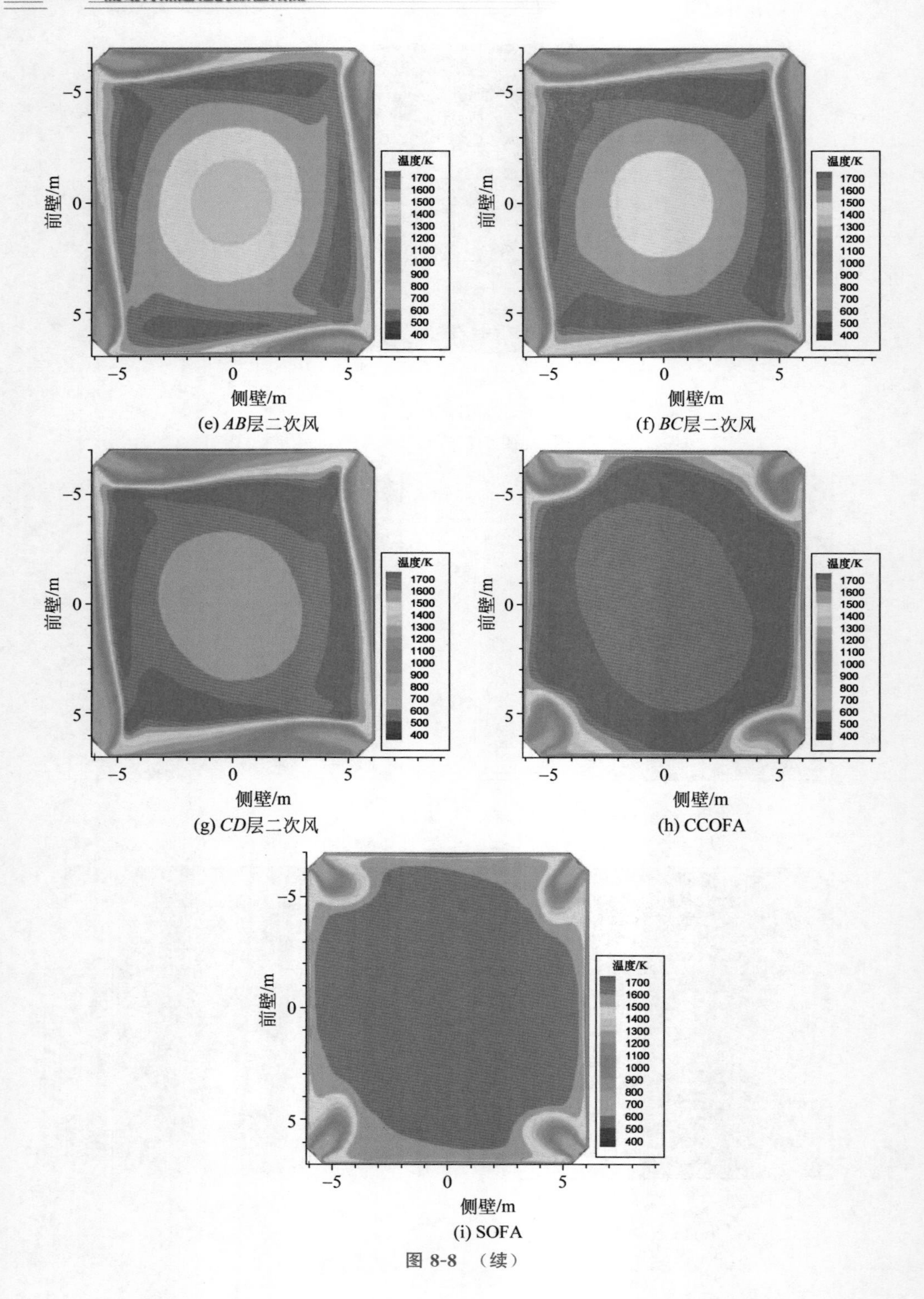

温度/K
1700
1600
1500
1400
1300
1200
1100
1000
900
800
700
600
500
400
前壁/m
侧壁/m
−5
0
5
(e) AB层二次风
(f) BC层二次风
(g) CD层二次风
(h) CCOFA
(i) SOFA

图 8-8 （续）

5. 炉膛中典型截面燃烧信息分布

图 8-9～图 8-11 给出了整个炉膛一些典型的横、纵剖面烟温分布情况。从纵剖

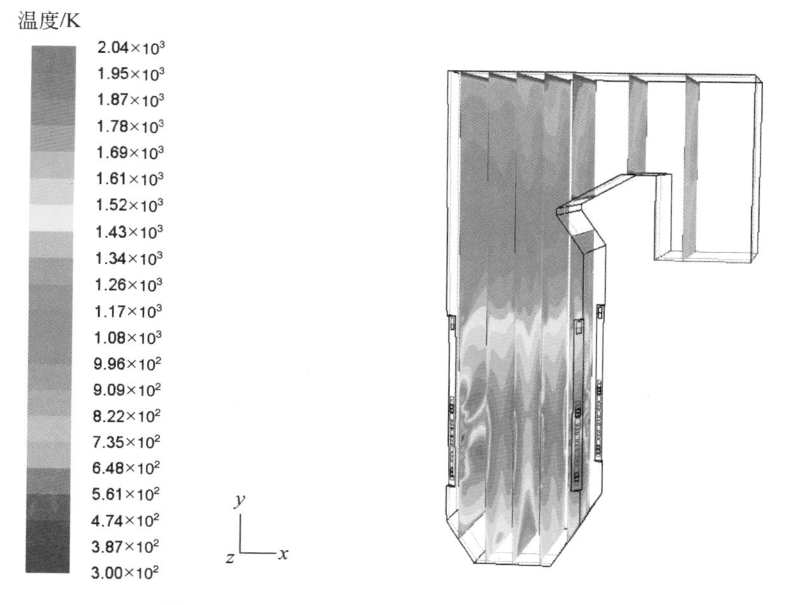

图 8-9 沿 x 方向炉膛纵截面的烟气温度场

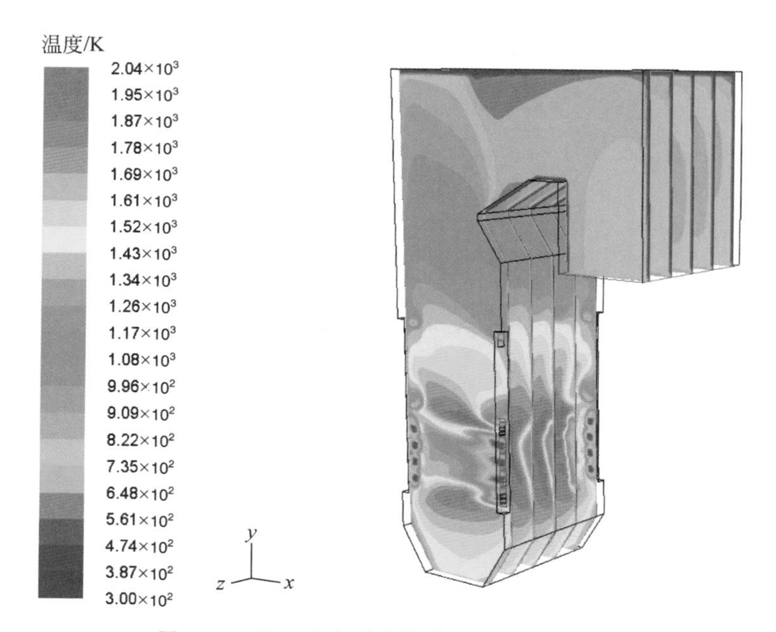

图 8-10 沿 y 方向炉膛纵截面的烟气温度场

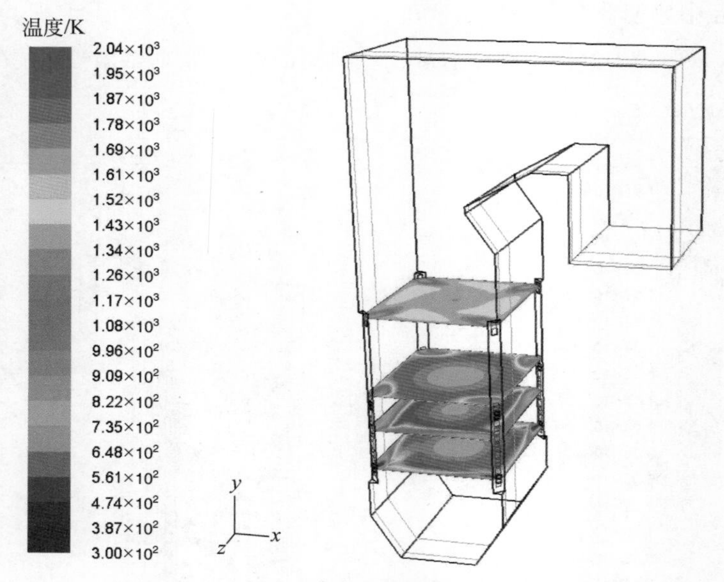

图 8-11 沿 z 方向炉膛横截面烟气温度场

面烟温分布来看，燃烧器中下部区域内的火焰呈现倒杯状，杯的环状体温度较高，杯内部分温度较低。

6. 煤粉颗粒运动轨迹

图 8-12 表示燃烧器单只喷口煤粉颗粒在炉内的运动轨迹，用线条颜色由蓝到红代表停留时间由短到长：图 8-12(a)是 A 层燃烧器某一次风口喷出煤粉颗粒的轨迹；图 8-12(b)是 B 层燃烧器某一次风口喷出煤粉颗粒运动的轨迹。颗粒是做旋转上升运动的，表明炉内形成了四角切圆的燃烧方式，气流携带颗粒呈螺旋上升运动。

7. 温度、O_2、停留时间和中间产物对 NO_x 排放的影响

为了更好地研究空气分段燃烧对炉内 NO_x 产物的影响，特别选取垂直于炉膛高度方向的多个水平截面，计算每个水平截面温度、O_2 浓度、NO_x 及其前驱物 HCN 和 NH_3 摩尔浓度的面加权平均值，分析具体工况下 NO_x 生成的详细情况。具体高度见表 8-4，水平截面如图 8-13 所示，数据段为 $y=10\sim40$m，其中，$y=19.35$m 为最下层一次风喷口 A 的中心高度，$y=26.45$m 为主燃区最上层 CCOFA 的中心高度，从 AA 到 CCOFA 为主燃区，主燃区中每一个一、二次风喷口的中心高度都设置了水平截面，SOFA 的高度为 $y=32.98\sim34.11$m，两个 SOFA 喷口均设置了水平截面，$y=40$m 为炉膛折焰角位置高度。

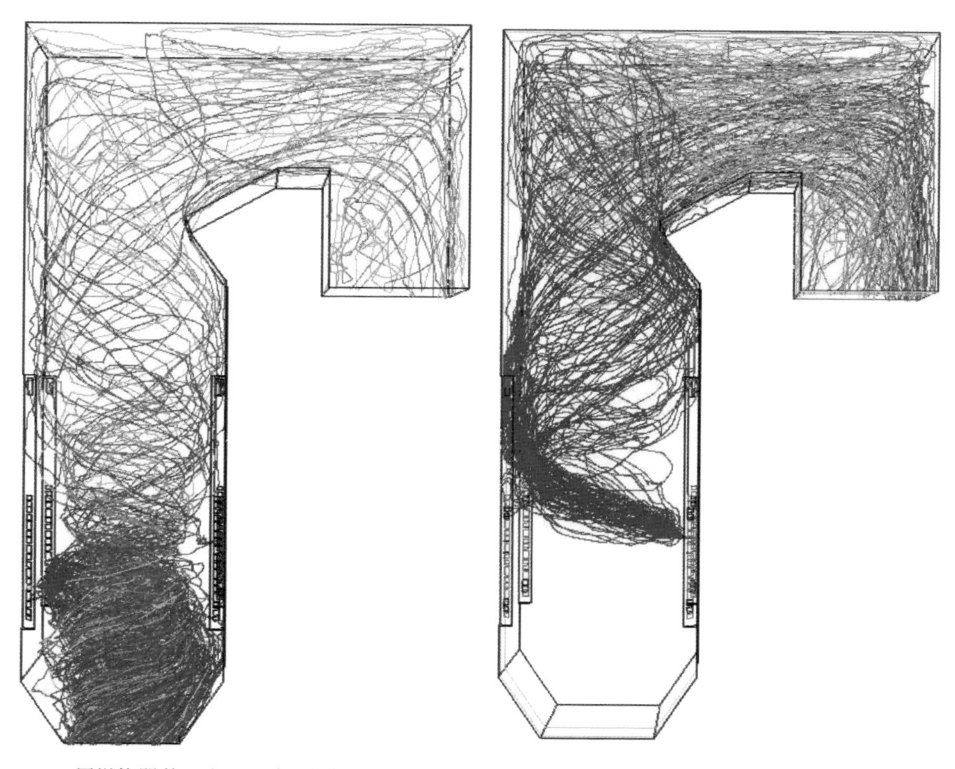

(a) A层燃烧器某一次风口喷出煤粉颗粒的轨迹　(b) B层燃烧器某一次风口喷出煤粉颗粒的轨迹

图 8-12　单组煤粉颗粒运动轨迹

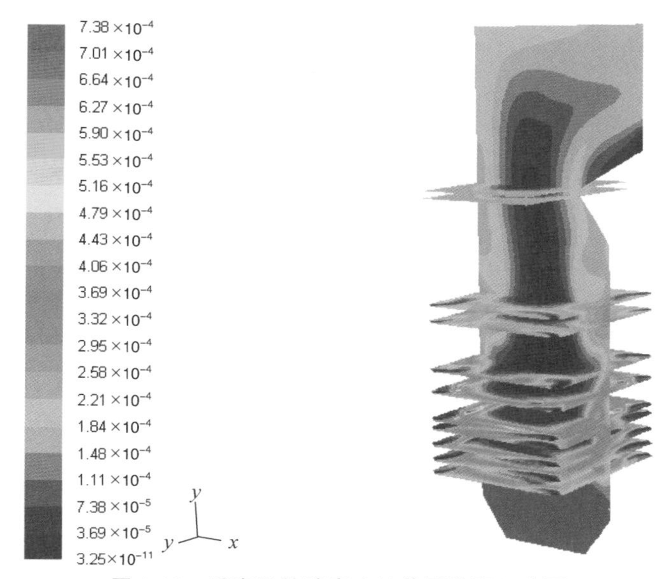

图 8-13　垂直于炉膛高度的截面选取示意图

表 8-4　垂直炉膛高度截面选取

喷口号	高度/m	喷口号	高度/m
AA	18.675	*D*	24.07
A	19.35	*DE*	24.66
AB	20.06	*E*	25.93
B	21	*EF*	26.04
BC	21.09	CCOFA	26.45
C	22.54	SOFA1	33.26
CD	23.13	SOFA2	33.83

图 8-14 和图 8-15 分别为氧浓度和温度随炉膛高度的变化。在主燃区随着二次风口不断喷入空气，O_2 浓度保持增加，温度也升高。在 CCOFA 和 SOFA 之间，O_2 浓度一直减少，SOFA 喷入后，O_2 浓度先急速增加，随后逐渐减少，可见贫氧区的停留时间有利于 NO 的还原。另外，在 CCOFA 和 SOFA 之间温度有所降低，这是因为氧气在流出主燃区、喷入 SOFA 之前，一直处于被消耗状态，喷入 SOFA 后，O_2 浓度缓缓上升，在贫氧区的停留时间较长，而且此区间的温度较高，有利于 NO 的还原。

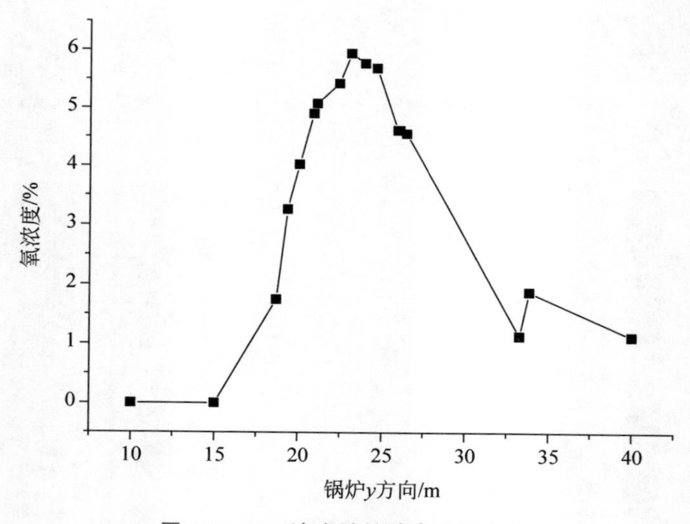

图 8-14　O_2 浓度随炉膛高度的变化

图 8-16 为随着炉膛高度方向的不同水平截面的 NO 浓度变化情况。可以看出 NO 的生成和还原在主燃区段呈升高趋势(*AA*-CCOFA)。这是由于主燃区段一、二次风相间排列，空气和煤粉分不同高度同时喷入，生成大量 NO。在 CCOFA 之后，NO 先逐渐降低，随着 SOFA 的喷入，NO 呈短暂下降，这是由于 SOFA 的喷

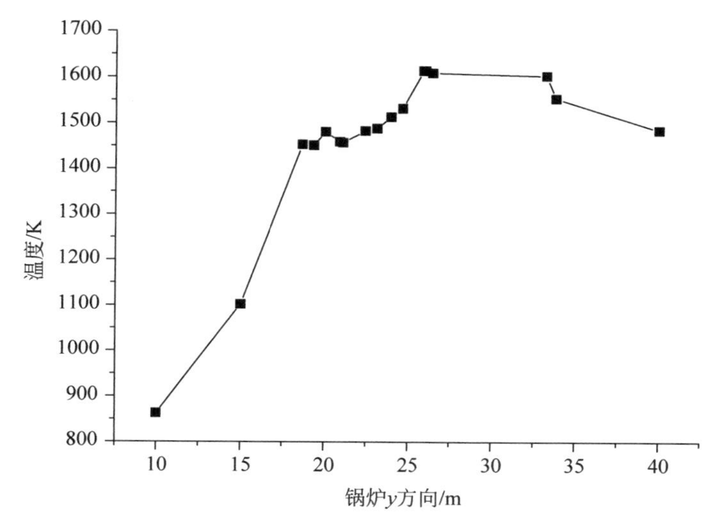

图 8-15 温度随炉膛高度的变化

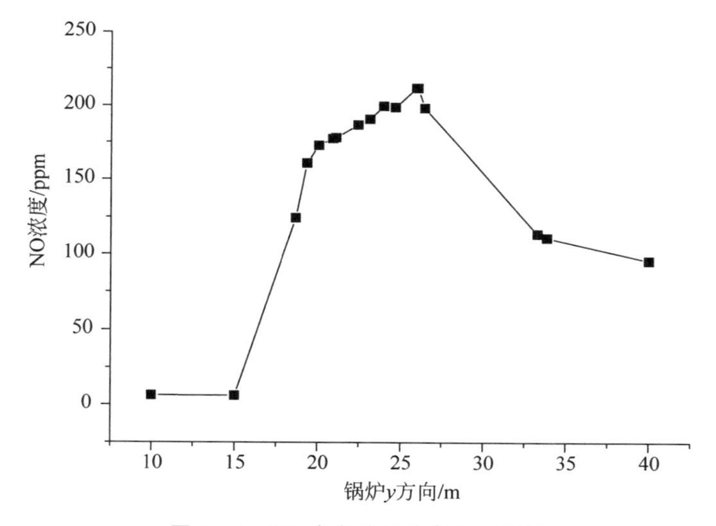

图 8-16 NO 浓度随炉膛高度的变化

入使 NO 的浓度因稀释而减小。过了 SOFA 位置后，NO 随即上升并最终趋于平缓，这是因为燃尽风的喷入使得一些含氮中间产物继续氧化成为 NO、并且生成了少量热 NO。

图 8-17 为 HCN 浓度随炉膛高度的变化。可以看到大量的 HCN 主要集中在主燃区，在一次风喷口 B，C 附近达到较高值，随后急剧下降，过了 CCOFA 之后已经降得很低，说明大量 HCN 已经被氧化。图 8-18 为 NH_3 浓度的变化情况，可以

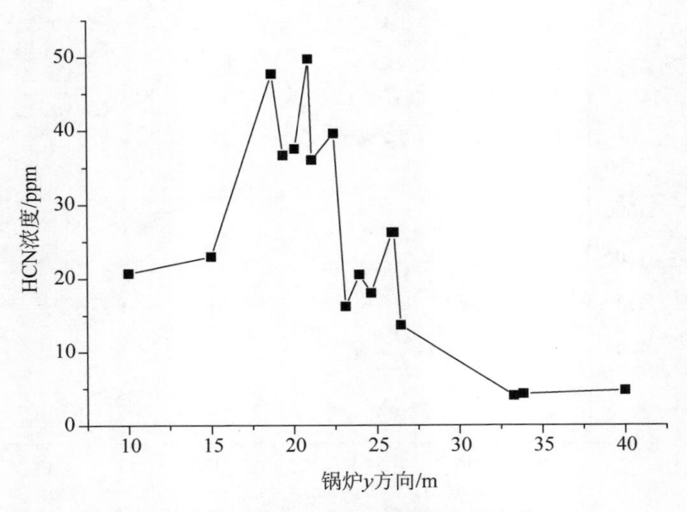

图 8-17 HCN 浓度随炉膛高度的变化

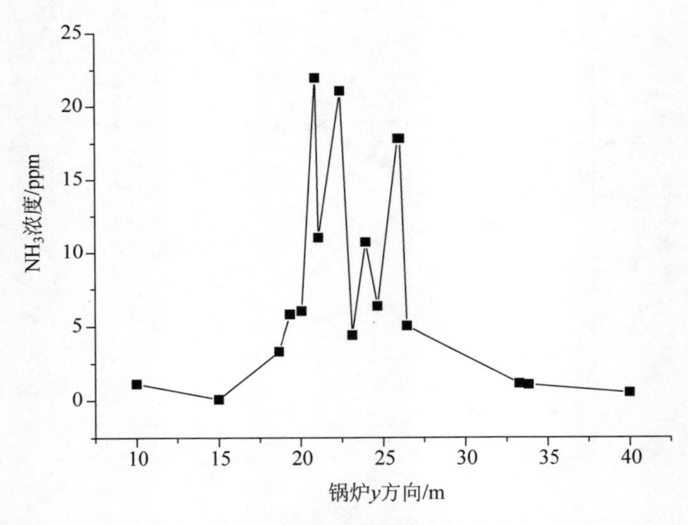

图 8-18 NH_3 浓度随炉膛高度的变化

看到其与 HCN 有相似的变化趋势，NH_3 在 C 喷口达到最大值，随后急剧下降，出了主燃区之后 NH_3 量已经很低。

从以上多图可见，NO 的量明显大于 HCN 和 NH_3，而 HCN 的量又略大于 NH_3。在主燃区各种组分的浓度变化都比较剧烈，NO 与 O_2 的变化趋势开始时相似，后相反。由于 O_2 持续不断地从一、二次风喷口喷入，与煤粉剧烈燃烧反应后生成了一定量的 NO。在主燃区，NO 浓度高的地方 HCN 和 NH_3 的浓度相对较低，说明此处 HCN、NH_3 和氧化基团反应生成了 NO。出了主燃区之后 HCN 和 NH_3 的量急剧减少，在到 SOFA 喷口之前，O_2 不再喷入，处于被消耗阶段(主要是燃烧反应消耗)，这一段主要是燃料中的氮(包括焦炭氮)逐渐被氧化为 NO，也有 HCN 和 NH_3 的氧化，所以 NO 浓度增加，达到最大值后，一部分 NO 被燃烧中间产物和焦炭还原(此时 O_2 浓度较低)，因此 NO 浓度有所降低。SOFA 喷入之后，HCN 和 NH_3 会进一步氧化生成 NO，而 O_2 因燃烧反应消耗急剧下降。O_2 的浓度比 NO、HCN 和 NH_3 大两个数量级，其消耗主要由于煤粉燃烧，但 O_2 的多少会决定炉膛内还原性气氛的强弱，进而影响 NO 的生成。

8.3 NO_x 排放影响因素分析

8.3.1 典型煤种和混烧的影响对比

为了研究典型煤种和混烧对 NO_x 排放的影响，针对计算的机组燃用不同比例神木煤和俄罗斯煤(煤质资料见表 8-5)的工况进行了计算。在满负荷、低位磨、过量空气系数为 1.23、不开 SOFA 的情况下：①只烧神木煤；②只烧俄罗斯煤；③一次风口 A、C 喷神木煤、一次风口 B，D 喷俄罗斯煤(即神木煤：俄罗斯煤＝1：1)；④一次风口 A，C，D 喷神木煤、一次风口 B 喷俄罗斯煤(即神木煤：俄罗斯煤＝1：3)；四种工况均将出口的 NO_x 折算成氧量为 6%时的浓度值，表 8-6 为四种工况 NO_x 排放的数值计算结果。

表 8-5 数值计算所用煤质分析

项目		神木煤	俄罗斯煤	单位
元素分析	碳 C	72.03	70.11	%
	氢 H	4.18	4.62	%
	氧 O	12.46	9.21	%
	氮 N	0.84	2.1	%
	硫 S	0.39	0.45	%
工业分析	水分	15	9.6	%
	灰分	10.1	13.51	%
	挥发分	32.85	33.48	%
热值	低位	23.69	25.09	MJ/kg
	高位	29.07	28.95	MJ/kg

表 8-6 不同比例混煤燃烧 NO_x 排放数值计算结果

神木煤：俄罗斯煤	1：0	0：1	1：1	1：3
NO_x/(mg/m^3)(6%O_2)	365.3	417	378.3	404.2

NO_x 的排放在只烧俄罗斯煤时最高，在只烧神木煤时最低。随着俄罗斯煤在混煤中比例的增加，NO_x 排放也升高。这是因为俄罗斯煤含氮量比神木煤高，挥发分含量也略高。

在煤粉燃烧的过程中，煤中的氮不断析出，NO_x 被不断生成与破坏，其中氮的析出可分为两个阶段：挥发分析出阶段和焦炭燃烧析出阶段。相应的燃料中的氮生成 NO_x 也可分为挥发分均相生成阶段和焦炭异相生成两个阶段。在挥发分析出阶段，析出的氮主要以 HCN 和 NH_3 的形式从煤中释放出来，并被大量氧化成 NO_x；在焦炭燃烧阶段，焦炭氮被氧化成 NO_x。因此，煤质特性对 NO_x 生成的影响主要体现在含氮量和挥发分比例两个方面。

煤粉燃烧生成的 NO_x 主要是燃料型 NO_x，燃料中含氮量的增加，在其他条件相同的情况下，势必有助于 NO_x 的生成，但并不是呈直线关系，这是由于煤粉含氮量的增加会导致其转化率下降，抵消了由氮的增加造成的 NO_x 的生成。

另外，在燃料型 NO_x 中，挥发分中的氮生成的 NO_x 占 60%～80%，所以挥发分的含量也是影响 NO_x 排放体积分数的一个重要因素。挥发分含量高，氮的释放量大，产生的 NO_x 体积分数高。

图 8-19 是神木煤和俄罗斯煤按照 1：0，1：1，0：1 三种比例混烧时 NO 浓度沿炉膛高度变化曲线；图 8-20 是三种工况炉膛截面 NO 浓度云图，相同浓度的颜

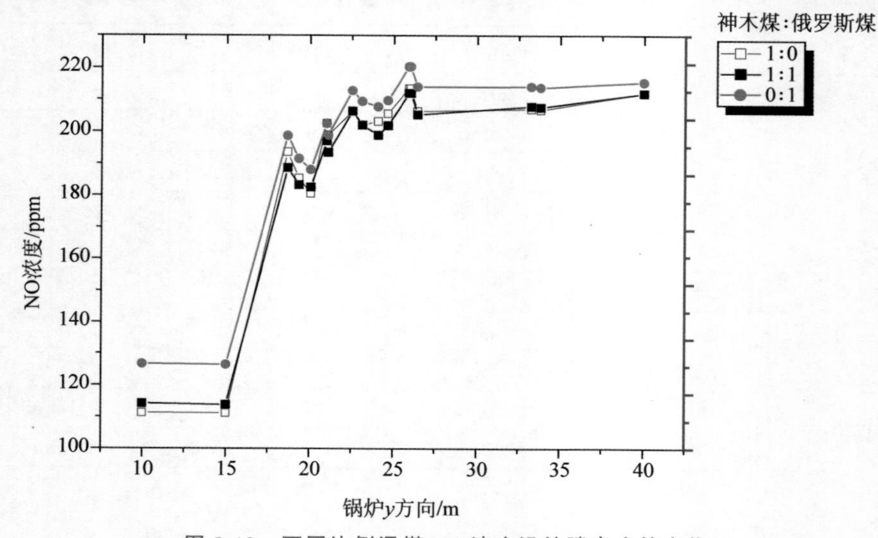

图 8-19 不同比例混煤 NO 浓度沿炉膛高度的变化

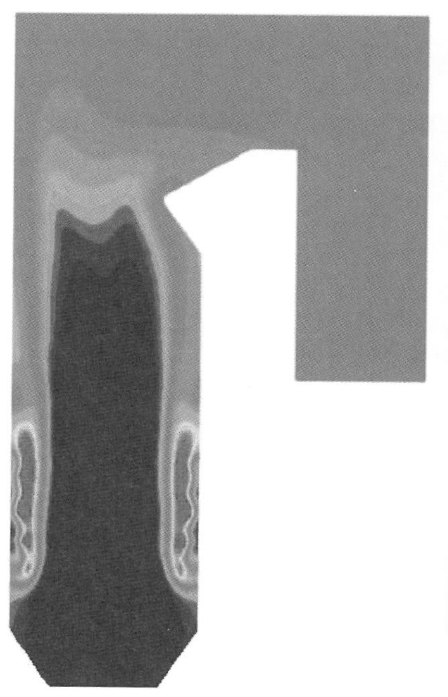

(a) 神木煤：俄罗斯煤=1：0

(b) 神木煤：俄罗斯煤=1：1

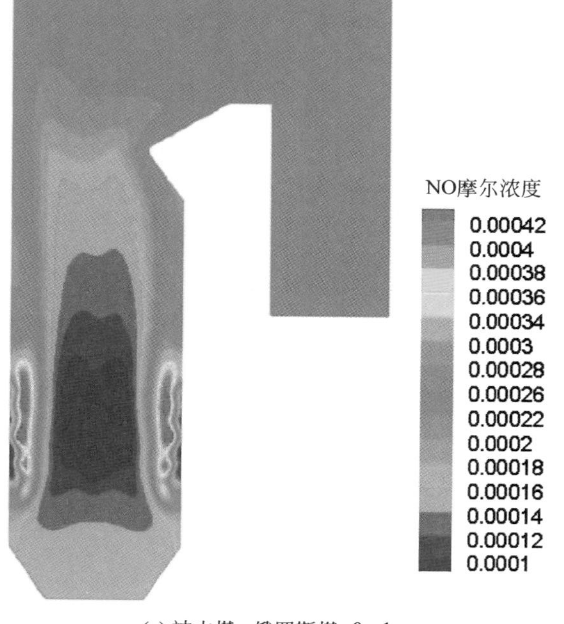

(c) 神木煤：俄罗斯煤=0：1

图 8-20 不同比例混煤炉膛截面 NO 的浓度云图

色标度是统一的。只烧俄罗斯煤时，NO浓度最高，只烧神木煤时NO浓度最低。

表8-7为四种工况出口飞灰含碳量的模拟结果。只烧俄罗斯煤工况的出口飞灰含碳量最低，只烧神木煤工况的最高，这是由两种煤的性质决定的。俄罗斯煤挥发分含量较高，易于燃烧，俄罗斯煤热值也略高，有利于炉温的提高，从而降低飞灰含碳量。俄罗斯煤含碳量较低，灰分含量高，因而碳/灰比例较低。

表8-7　不同比例混煤飞灰含碳量数值计算结果

神木煤：俄罗斯煤	1：0	1：1	1：3	0：1
飞灰含碳量	1.5	1.48	1.39	1.28

煤粉进入炉膛后，首先是挥发分析出和燃烧，放出大量的热，使煤粉迅速达到着火点而燃烧。同时，挥发分析出后在煤粉颗粒内部形成大量微小孔隙，增加了与O_2的接触面积，强化了燃烧。综合两方面的原因，当燃料煤挥发分增加时，飞灰含碳量减少。在锅炉实际运行中，在设备许可范围内，适当提高燃料煤的挥发分含量，可以降低飞灰含碳量，提高锅炉燃烧效率，并有利于锅炉燃烧的稳定。

煤的灰分一方面是燃烧的催化剂，另一方面又增加了O_2向未反应焦炭颗粒表面的扩散阻力，阻碍煤粉燃烧。当燃煤灰分含量较低时，灰分对燃烧起强化作用，即第一方面的影响占优势。当燃料煤灰分达到一定值后，易在燃烧的煤粉颗粒外形成灰壳，增加扩散阻力，即第二方面的作用占优势。当然，更直接的原因是，灰分增加必然导致燃料煤的碳/灰比例下降，进而引起飞灰含碳量的降低。尽管燃煤灰分增高时飞灰含碳量的相对值下降，但由于灰分增加引起的飞灰量增加，往往最终导致通过飞灰排出的未燃尽碳量上升，飞灰未完全燃烧损失增大。

8.3.2　SOFA对NO_x排放和飞灰含碳量的影响

空气分级燃烧技术能有效降低NO_x排放，本节关于SOFA对NO_x排放和飞灰含碳量的影响进行了对比研究，计算了机组锅炉燃尽风量变化的三种主要工况。计算时SOFA中心暂定标高为33.55m，SOFA喷口面积为0.282125 m^2，共两层，每层四个计算喷口，风量、煤量、几何结构参照设计参数值。

计算取燃用神木煤、满负荷、过量空气系数为1.23情况下：①不开SOFA；②一层SOFA（占二次风总量14%）；③两层（段）SOFA（占二次风总量23%）三种工况，NO_x排放和飞灰含碳量的计算结果见表8-8。

表 8-8 三种工况 NO_x 排放和飞灰含碳量的计算结果

数值计算结果	不开 SOFA	14%SOFA	23%SOFA
NO_x/(mg/m^3)(6%O_2)	365.3	322.7	295.6
飞灰含碳量/%	1.42	1.48	1.64

由表 8-8 可知，两段 SOFA 工况的 NO 排放量最低，为 295.6 mg/m^3。这是因为加大 SOFA 风量，使得主燃区贫氧，停留时间增加，在该区域燃烧的中间产物可将 NO 还原为 N_2，而富氧区的停留时间较短，且此时炉温较低，热力型 NO 生成量也不多。

图 8-21 为三种工况炉膛中心截面的温度分布，可以看到从主燃区喷口开始，温度随着炉膛高度的升高逐渐增大，到达最高温之后又慢慢减小。两段 SOFA 的高温区较其他两个工况大。

图 8-22 为三种工况炉膛中心截面的 O_2 浓度分布。可以看到在一、二次风和 SOFA 风喷口附近，由于空气刚喷入，所以 O_2 浓度比较高，炉膛中央的大部分区域 O_2 浓度都比较低，说明反应消耗了绝大多数的氧。

图 8-23 为三种工况炉膛中心截面 NO 浓度分布情况。由于二次风预置偏转角度，使得炉膛截面上形成了顺时针的旋流，炉膛中心速度较低，所以炉膛中央的 NO 浓度在三种工况下都比较低，而在燃烧器区域由于煤粉的燃烧产生了大量的 NO，四围形成了较高浓度 NO 的环形带，随着炉膛高度的上升，其浓度逐渐降低。

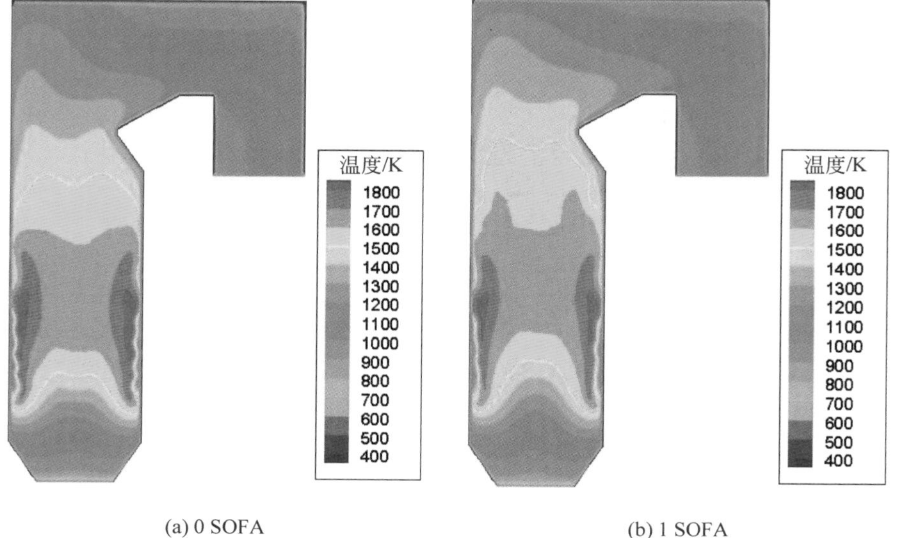

(a) 0 SOFA　　(b) 1 SOFA

图 8-21 不同燃尽风情况下炉膛截面温度场

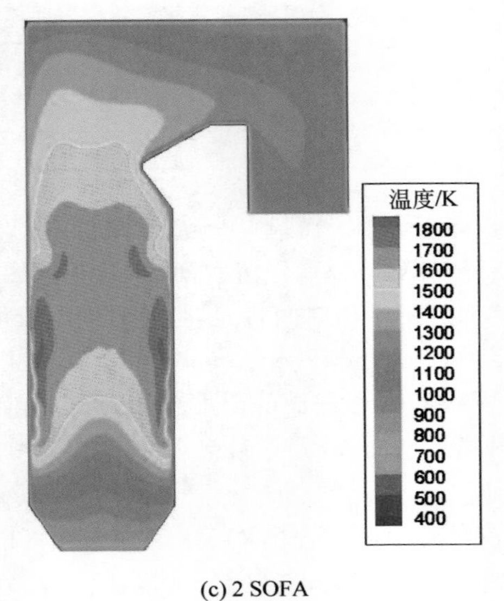

(c) 2 SOFA

图 8-21 （续）

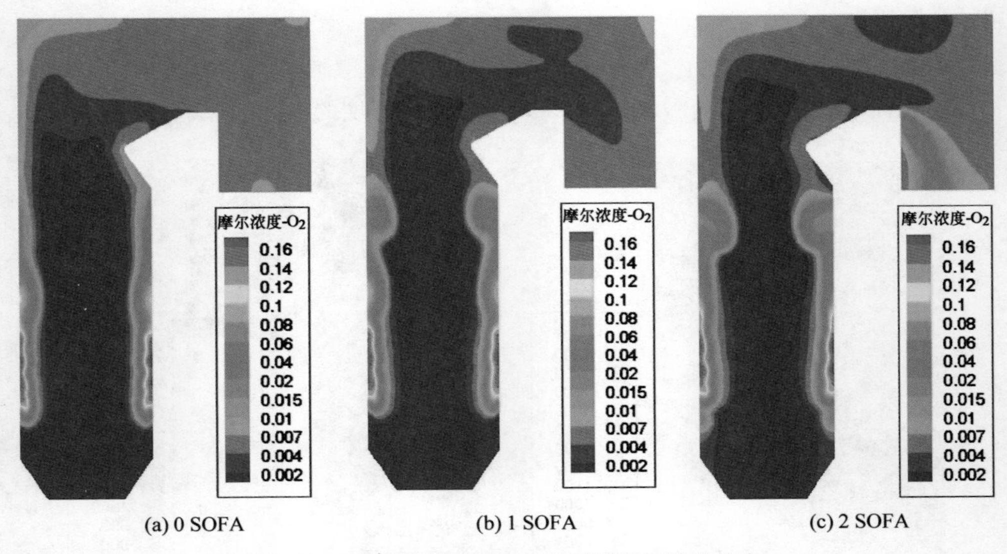

(a) 0 SOFA (b) 1 SOFA (c) 2 SOFA

图 8-22 不同燃尽风情况下炉膛截面氧浓度分布

另外，由三种工况出口飞灰含碳量的模拟结果可见，不开 SOFA 工况的出口飞灰含碳量最低，而两段 SOFA 工况的飞灰含碳量最高。这是因为前者的二次风停留时间要长于后者，所以炉膛内的总体燃尽效果更好。

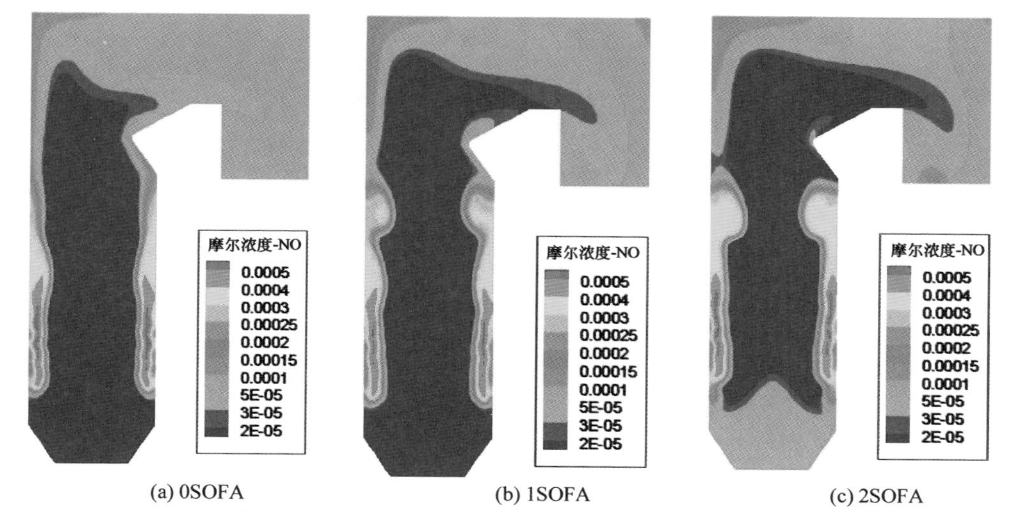

图 8-23　不同燃尽风情况下炉膛截面 NO 浓度分布

8.3.3　多影响因素的正交分析

1. 计算工况安排

为了得到 NO_x 排放与典型煤种之间的关系，研究了不同因素对 NO_x 排放的影响，得到锅炉的优化运行参数。正交设计是一种安排多因素、多水平试验的数学方法，是从大量生产实践和科学实验中总结出来的。它主要是通过正交表来整体设计，均匀搭配，以部分试验代替全面试验，然后科学分析，得出结论，比单因素调整方法有明显的优势。

在充分了解、掌握该锅炉日常运行特点及控制方式后，对影响锅炉 NO_x 排放、锅炉效率等综合性指标的可变运行因素进行了筛选，剔除了燃烧器摆角、燃料风开度、OFA 开度、二次风配风形式(统一使用均等型配风)等因素，最终确定选取以下 6 个因素进行分析：

1）磨煤机组合方式：包括低位磨和高位磨；

2）总风量：主要体现为过量空气系数，由于锅炉设计工况的过量空气系数为 1.23，这里取 1.1，1.23，1.35 三个水平；

3）锅炉负荷：包括 100％负荷、80％负荷和 60％负荷；

4）煤种：神木煤与俄罗斯煤按 1∶0，1∶1，1∶3 的比例混烧，煤质分析见表 8-9；

表 8-9　正交工况数值计算所有煤种煤质分析

项　目		神木煤	俄罗斯煤	单　位
元素分析	碳 C	72.03	70.11	%
	氢 H	4.18	4.62	%
	氧 O	12.46	9.21	%
	氮 N	0.84	2.1	%
	硫 S	0.39	0.45	%
工业分析	水分	15	9.6	%
	灰分	10.1	13.51	%
	挥发分	32.85	33.48	%
热值	低位	23.69	25.09	MJ/kg
	高位	29.07	28.95	MJ/kg

5）SOFA 风量：即 SOFA 占二次风的比例，分别取没有 SOFA 和 SOFA 占二次风总量的 14%两种条件；

6）煤粉细度：使用罗辛-拉姆勒分布（Rosin-Rammler distribution）来定义煤粉由小到大三种粒径分布。

磨煤机组合方式取两个水平，其他因素取三个水平，选用 L18（2×3^7）正交表，见表 8-10。正交表中 6 个因素占去 6 列，另取一列作误差计算，最终的计算工况见表 8-11。

表 8-10　因素水平表

水平/因素	磨煤机组合方式	过量空气系数	负荷	神木煤：俄罗斯煤	SOFA 风量	煤粉细度/μm（平均粒径）
1	（1）低	1.1	100%	1：0	0	102
2	（2）高	1.23	80%	1：1	14%	131
3		1.35	60%	1：3	23%	162

表 8-11　L18（2×3^7）正交表

正交表号/因素	A	B	C	D	E	F	G
	磨煤机组合方式	过量空气系数	负荷	SOFA 风量	煤粉细度/μm（平均粒径）	神木煤：俄罗斯煤	误差
1	1（低）	1（1.1）	1（100%）	1（0）	1（102）	1（1：0）	1
2	1	1	2（80%）	2（14%）	2（131）	2（1：1）	2
3	1	1	3（60%）	3（23%）	3（162）	3（1：3）	3
4	1	2（1.23）	1	1	2	2	3
5	1	2	2	2	3	3	1
6	1	2	3	3	1	1	2
7	1	3（1.35）	1	2	1	3	2

续表

正交表号/因素	A	B	C	D	E	F	G
	磨煤机组合方式	过量空气系数	负荷	SOFA风量	煤粉细度/μm（平均粒径）	神木煤：俄罗斯煤	误差
8	1	3	2	3	2	1	3
9	1	3	3	1	3	2	1
10	2(高)	1	1	3	3	2	2
11	2	1	2	1	1	3	3
12	2	1	3	2	2	1	1
13	2	2	1	2	3	1	3
14	2	2	2	3	1	2	1
15	2	2	3	1	2	3	2
16	2	3	1	3	2	3	1
17	2	3	2	1	3	1	2
18	2	3	3	2	1	2	3

2. 不同因素对 NO_x 排放的影响

表 8-12 是不同工况下计算得到的出口 NO_x 浓度。使用正交表设计的工况，可以采用直观分析法和方差分析法，本节先采用直观分析法，表 8-13 为各因素均值和极差的计算结果。锅炉采用低位磨运行时，NO_x 排放均值为 307.4 mg/m^3($6\% O_2$)；采用高位磨运行时，NO_x 排放均值为 378.8 mg/m^3($6\% O_2$)，有较大差别。这是因为高位磨时煤粉在炉内停留时间减少，且分级燃烧效果不明显，NO_x 排放量升高。

表 8-12 正交工况 NO_x 数值计算结果

正交表号/因素	A	B	C	D	E	F	H
	磨煤机组合方式	过量空气系数	负荷	SOFA风量	煤粉细度/μm（平均粒径）	神木煤：俄罗斯煤	NO_x 浓度/(mg/m^3)($6\% O_2$)
1	1(低)	1(1.1)	1(100%)	1(0)	1(102)	1(1：0)	252.2
2	1	1	2(80%)	2(14%)	2(131)	2(1：1)	191.5
3	1	1	3(60%)	3(23%)	3(162)	3(1：3)	183.8
4	1	2(1.23)	1	1	2	2	401.2
5	1	2	2	2	3	3	329
6	1	2	3	3	1	1	213.4
7	1	3(1.35)	1	2	1	3	404.7
8	1	3	2	3	2	1	318.9

续表

正交表号/因素	A 磨煤机组合方式	B 过量空气系数	C 负荷	D SOFA风量	E 煤粉细度/μm(平均粒径)	F 神木煤：俄罗斯煤	H NO_x 浓度/(mg/m^3)($6\%O_2$)
9	1	3	3	1	3	2	472.1
10	2(高)	1	1	3	3	2	238.4
11	2	1	2	1	1	3	338.5
12	2	1	3	2	2	1	240
13	2	2	1	2	3	1	380.6
14	2	2	2	3	1	2	283
15	2	2	3	1	2	3	451
16	2	3	1	3	2	3	430.5
17	2	3	2	1	3	1	574.7
18	2	3	3	2	1	2	472.9

表 8-13 正交工况直观分析计算结果

正交表号/因素	磨煤机组合方式	过量空气系数	负荷	SOFA风量	煤粉细度	煤种	误差
Ⅰ	307.4	240.7	351.3	415	327.5	330	334.5
Ⅱ	378.8	343	338.9	336.5	338.9	343.2	345.6
Ⅲ	—	445.6	346.9	278	363.1	356.3	349.3
R	71.4	204.9	12.4	137	35.7	26.3	14.9

图 8-24 是当过量空气系数分别为 1.1,1.23 和 1.35 时 NO_x 的排放情况。可见在这个范围内,过量空气系数的大小对锅炉最后的 NO_x 生成有直接影响：过量空气系数越大,炉内的氧化性气氛越强,更有利于燃料型 NO_x 的生成；同时燃烧更充分,炉内温度升高,热力型 NO_x 也随之增加。但是因为要同时考虑到燃烧效率的影响,所以实际运行的过量空气系数也并非越低越好。

图 8-25 为 NO_x 排放与煤种的关系,可见随着俄罗斯煤比例的增加,NO_x 排放升高。这是由于燃煤锅炉产生的 NO_x 很大一部分来自燃料中的氮,从总体上看燃料氮含量越高,燃料型 NO_x 就越多；另外当煤的挥发分增加时,由于着火提早,温度峰值和平均值提高,热力型 NO_x 也增加,因此总的 NO_x 排放增加。

如图 8-26 可以看出,SOFA 风量对 NO_x 排放量影响较大。随着 SOFA 风量的增加,下层燃烧器的风量将减小,这样煤粉前期的燃烧就处于贫氧状态,同时分级燃烧更为明显,从而大幅降低 NO_x 排放量。实验研究表明,在总二次风量保持不变的情况下,增加燃尽风率会使主燃区氧气浓度降低,脱硝率明显增大。但是当

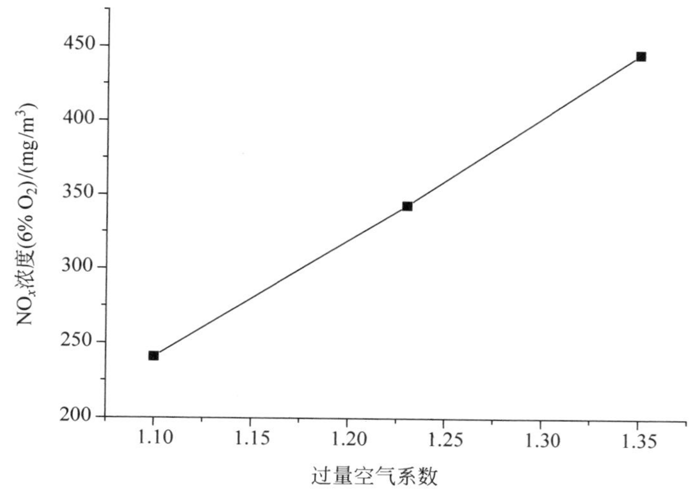

图 8-24 NO_x 排放与过量空气系数的关系

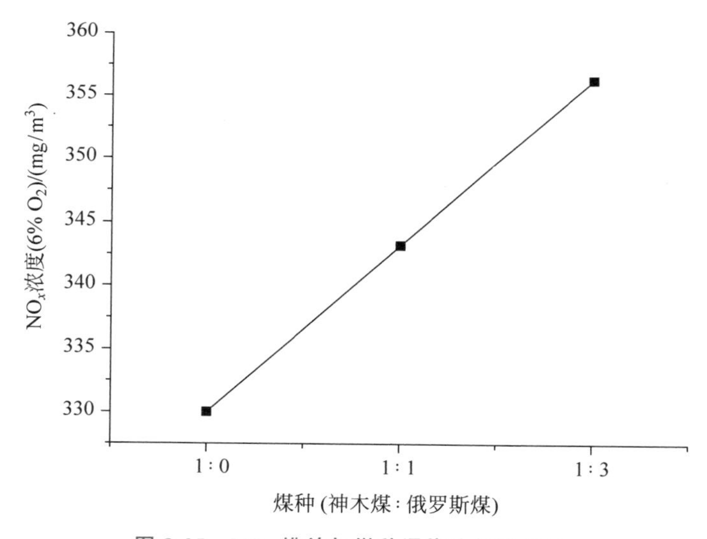

图 8-25 NO_x 排放与煤种混烧比例的关系

燃尽风率增加时，主燃区二次风量降低可能会造成二次风旋流强度减弱和刚性变差，不能形成很好的风包火燃烧状态；此外也可能造成燃烧器区域 O_2 浓度降低，引起高温腐蚀。因此，SOFA 风量的控制也需要综合考虑。

图 8-27 是煤粉细度与 NO_x 排放的关系。NO_x 生成量随煤粉细度减小而减小，这是因为在细颗粒和超细颗粒燃烧时，随着粒径的减小，燃烧速率显著提高。由于氧气的加速消耗，颗粒表面附近氧气分压降低加快，生成了大量的 CO 气

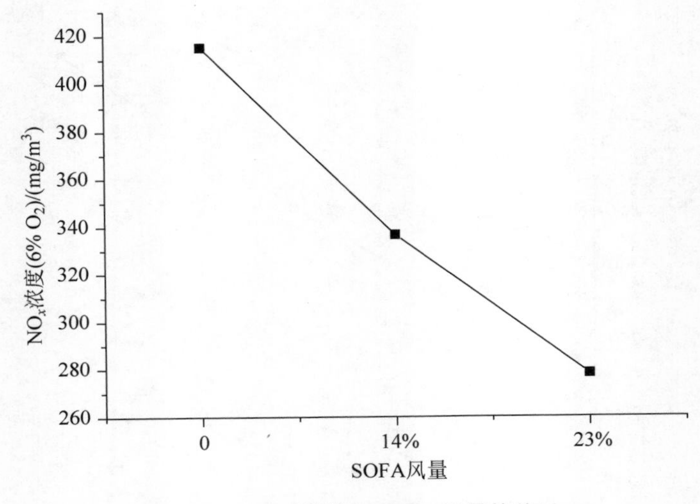

图 8-26 NO_x 排放与 SOFA 风量的关系

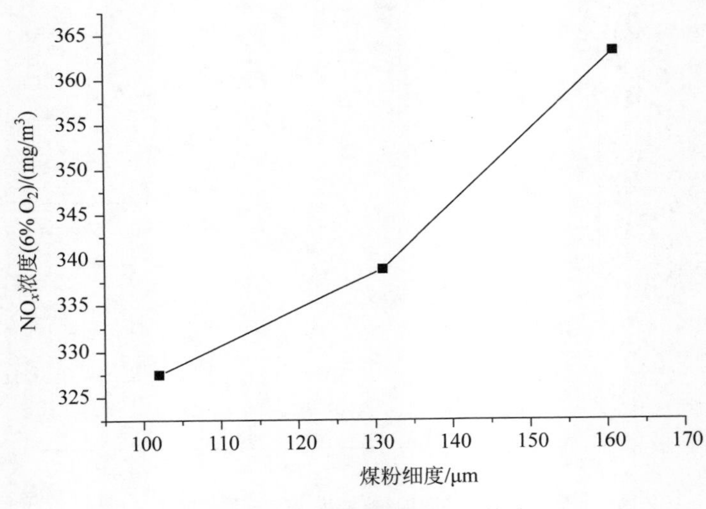

图 8-27 NO_x 排放与煤粉细度的关系

体，使焦炭颗粒表面的还原性气氛加强，从而使部分焦炭氮生成的 NO_x 被还原成 N_2。

另外，煤粉越细，则初期 NO_x 的排放体积分数越低。这是因为煤粉越细，燃料中的氮越容易释放，在富燃条件下，燃料氮首先转化为 N_2。在挥发分析出阶段，煤粉越细，意味着可以有更多的 CO 气体参与反应过程，以 CO 为主的还原性气氛减少了氮中间产物向 NO_x 的转化；煤粉越细，煤中更多的含氮官能团随挥发分析出，生成更多以挥发分形式析出的氮，使以焦炭氮形式析出的氮减少。同时，由于细煤粉反应表面积增大，焦炭对 NO_x 的还原能力增强。另外，由于着火提前，已生成 NO_x 的分解还原时间被延长，因此细煤粉可以达到较低的 NO_x 排放体积分数。

由图 8-28 可见，随着负荷的降低，NO_x 排放浓度也降低，但是变化不明显，在 $10mg/m^3$（6% O_2）的范围内波动。这主要有两方面原因：一方面是热力 NO_x 生成的减少，低负荷时炉膛温度比满负荷时的低，热力 NO_x 降低。另一方面，燃料氮因为反应温度降低，生成的 NO_x 也会减少。本节为便于比较，在负荷降低时，按照过量空气系数 1.1，1.23，1.35 来配空气量；但是在锅炉实际运行时，由于设计原因，低负荷的过量空气系数比高负荷和满负荷时更大，从而导致实际中低负荷时 NO_x 的排放比高负荷时的更高。

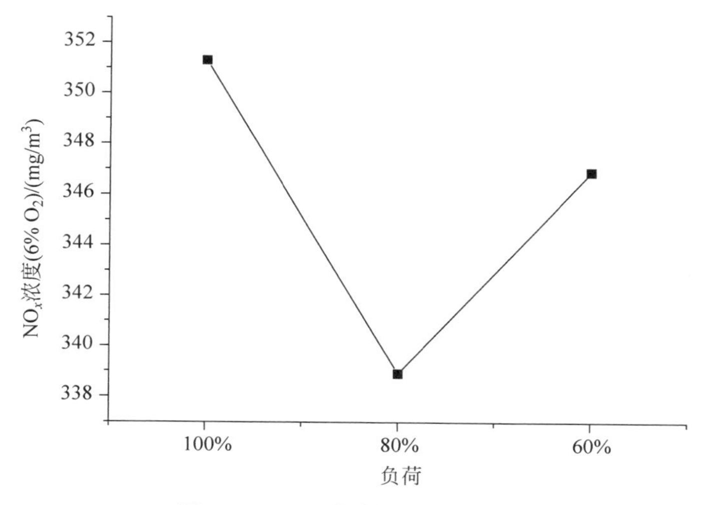

图 8-28　NO_x 排放与负荷的关系

3. 影响 NO_x 排放因素的显著性分析

图 8-29 是各影响因素的极差大小比较情况，可以看出：过量空气系数对 NO_x 的排放有显著的影响；然后是 SOFA 风量、磨煤机组合方式；负荷、煤种和煤粉细度对 NO_x 排放的影响略小。根据方差分析，可以得到各因素的 F 比，进行 F 检验，也可以得到各因素的显著性，见表 8-14，其中结果与上文根据极差分析得到的结果吻合。

表 8-14　方差分析影响 NO_x 排放各因素显著性

因素	磨煤机组合方式	过量空气系数	负荷	煤种	SOFA 风量	煤粉细度
显著性	显著	高度显著	一定影响	一定影响	显著	一定影响

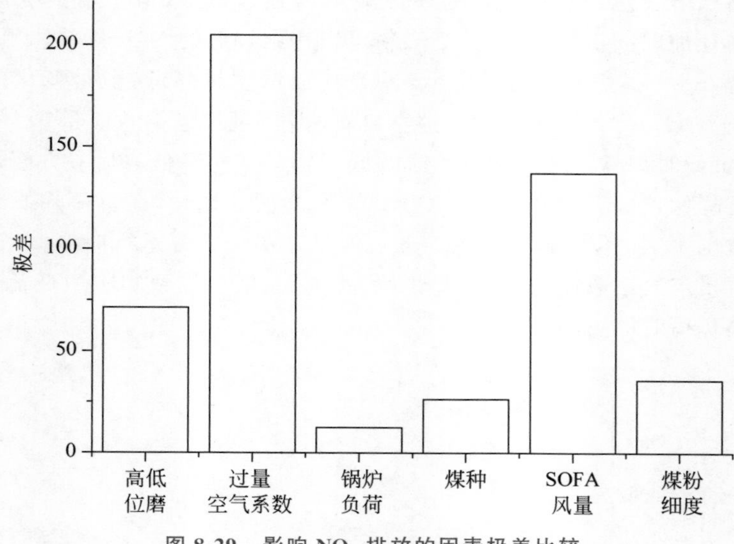

图 8-29 影响 NO_x 排放的因素极差比较

4. 飞灰含碳量的影响因素分析

表 8-15 是不同工况下计算得到的飞灰含碳量结果，锅炉采用低位磨运行时，飞灰含碳量均值为 1.4%；采用高位磨运行时，飞灰含碳量为 1.53%，这是因为高位磨时煤粉在炉内停留时间减少，燃烧不如低位磨运行时完全，所以飞灰含碳量较高。

表 8-15 正交工况飞灰含碳量数值计算结果

正交表号/因素	A	B	C	D	E	F	G	I
	磨煤机组合方式	过量空气系数	负荷	SOFA风量	煤粉细度/μm（平均粒径）	神木煤：俄罗斯煤	误差	飞灰含碳量/%
1	1(低)	1(1.1)	1(100%)	1(0)	1(102)	1(1：0)	1	2.26
2	1	1	2(80%)	2(14%)	2(131)	2(1：1)	2	2
3	1	1	3(60%)	3(23%)	3(162)	3(1：3)	3	1.77
4	1	2(1.23)	1	1	2	2	3	1.63
5	1	2	2	2	3	3	1	1.36
6	1	2	3	3	1	1	2	1.12
7	1	3(1.35)	1	2	1	3	2	0.82
8	1	3	2	3	2	1	3	1.02
9	1	3	3	1	3	2	1	0.65
10	2(高)	1	1	3	3	2	2	2.9
11	2	1	2	1	1	3	3	1.57
12	2	1	3	2	2	1	1	1.81

续表

正交表号/因素	A	B	C	D	E	F	G	I
	磨煤机组合方式	过量空气系数	负荷	SOFA风量	煤粉细度/μm（平均粒径）	神木煤：俄罗斯煤	误差	飞灰含碳量/%
13	2	2	1	2	3	1	3	1.98
14	2	2	2	3	1	2	1	1.44
15	2	2	3	1	2	3	2	1.02
16	2	3	1	3	2	3	1	1.24
17	2	3	2	1	3	1	2	1.14
18	2	3	3	2	1	2	3	0.63
Ⅰ	1.40	2.05	1.81	1.38	1.31	1.56	1.46	—
Ⅱ	1.53	1.43	1.42	1.43	1.45	1.54	1.5	—
Ⅲ		0.92	1.17	1.58	1.63	1.3	1.43	—
R	0.13	1.14	0.64	0.20	0.33	0.26	0.07	—

从图8-30可知：当过量空气系数在1.1～1.35时，飞灰含碳量随过量空气系数增大而降低得很快。从燃烧的角度看，炉膛过量空气系数存在一个最佳值，随着炉膛过量空气系数的提高，炉膛中O_2浓度增加，煤粉燃烧反应速率增加，从而降低了飞灰含碳量。但是过量空气系数也并非越大越好，因为过大会使火焰燃烧温度降低，煤粉氧化燃烧速度降低，从而影响煤粉的燃尽，使飞灰含碳量增加。

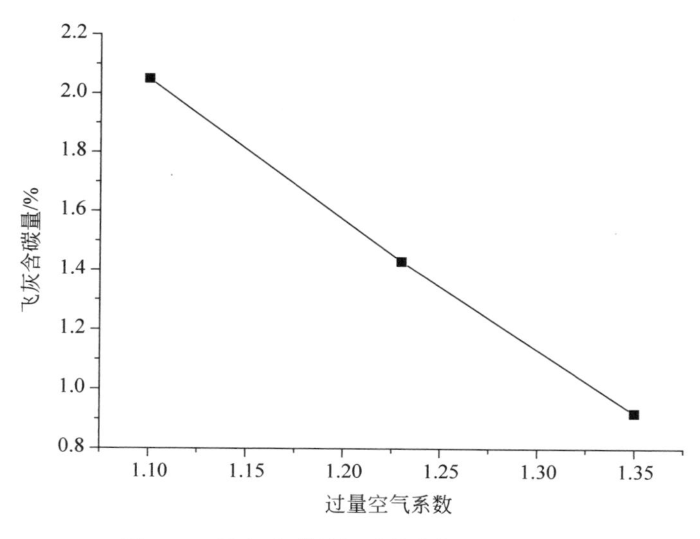

图8-30 飞灰含碳量与过量空气系数的关系

图 8-31 是不同比例煤混烧时飞灰含碳量的均值。可见,只烧俄罗斯煤时的出口飞灰含碳量最低,只烧神木煤时最高。这是由两种煤的性质决定的。俄罗斯煤挥发分含量较高,易于燃烧,其热值也略高,有利于炉温的提高,从而降低飞灰含碳量。另外俄罗斯煤含碳量较低,灰分含量高,碳/灰比例较神木煤低,会引起飞灰含碳量降低。

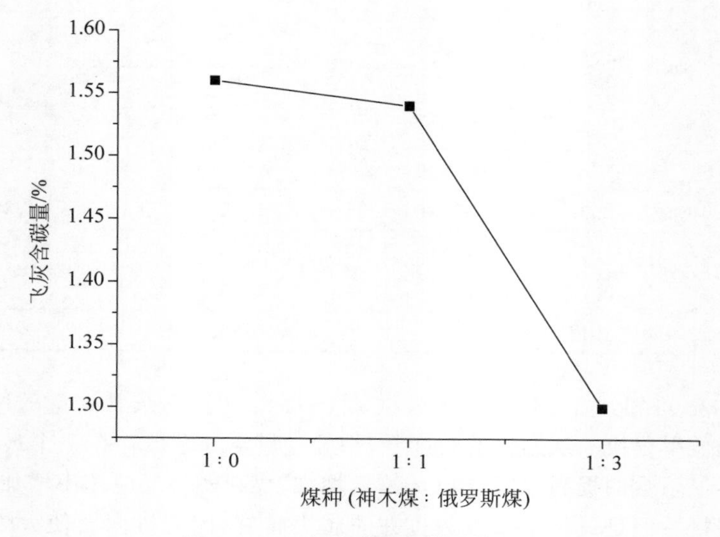

图 8-31 飞灰含碳量与煤种的关系

三种 SOFA 风量下飞灰含碳量均值比较的结果如图 8-32 所示,SOFA 量越大,飞灰含碳量越高。这是因为 SOFA 的增加使二次风在炉内的停留时间减少,导致燃烧不完全,从而使飞灰含碳量升高。

由图 8-33 可知,随着煤粉半径减小,飞灰含碳量降低。这是因为煤粉磨得越细,其与氧气接触的比表面积就越大,同时煤粉颗粒的燃尽时间变短。若煤粉很细,颗粒外面的焦炭燃烧后,不易形成较大扩散阻力的灰壳,燃烧更完全。另外,由于煤粉细度的减小使固体未完全燃烧的热损失与排烟热损失降低,锅炉热效率也会有一定幅度的提高。但是,磨制煤粉的制粉电耗将会增加,钢球的消耗量也会增大,从降低运行成本方面考虑,存在着最佳细度。所以在锅炉实际运行中,应综合考虑这两方面的因素。

5. 影响飞灰含碳量的因素显著性分析

图 8-34 是影响飞灰含碳量各因素的极差大小值比较。可以看出：过量空气系数影响最大；其次是锅炉负荷和煤粉细度,煤种、SOFA 风量、磨煤机组合方式对飞灰含碳量的影响略小,这在表 8-16 也得到了验证。

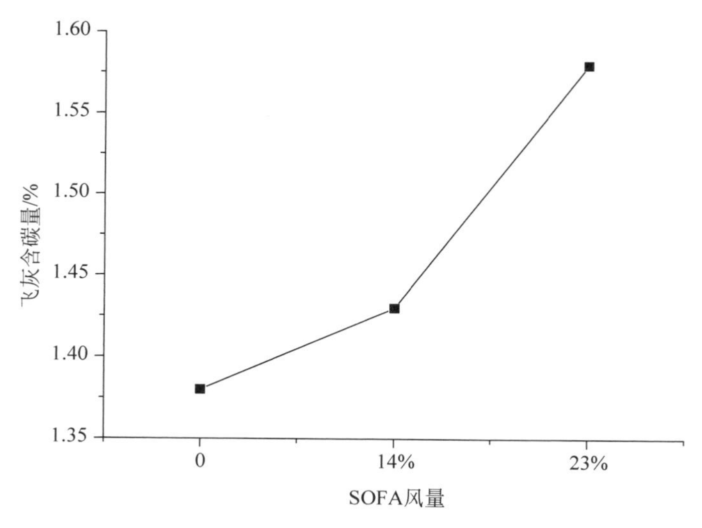

图 8-32 飞灰含碳量与 SOFA 风量的关系

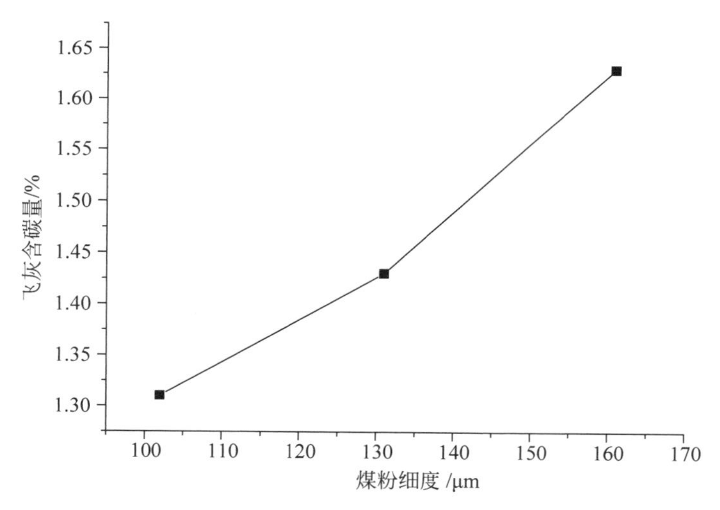

图 8-33 飞灰含碳量与煤粉细度的关系

表 8-16 方差分析影响飞灰含碳量因素显著性

因素	磨煤机组合方式	过量空气系数	负荷	煤种	SOFA 风量	煤粉细度
显著性	一定影响	高度显著	显著	一定影响	一定影响	显著

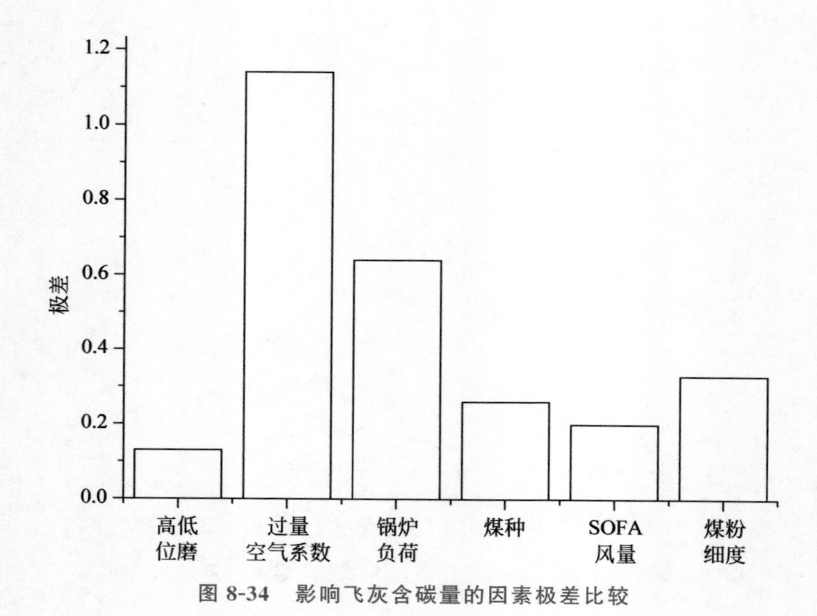

图 8-34 影响飞灰含碳量的因素极差比较

参考文献

[1] 王鹏涛，王乃继，程晓磊，等. 煤粉工业锅炉空气深度分级数值模拟研究[J]. 洁净煤技术，2018，24(5)：68-76.

[2] 王康，许开龙，张海，等. 煤粉细度对 NO_x 生成的影响[J]. 燃烧科学与技术，2018，24(1)：34-38.

[3] 张健，毕德贵，张忠孝，等. 煤粉炉高温还原性氛围下 NH_3 还原 NO_x[J]. 燃烧科学与技术，2017，23(5)：406-411.

[4] 赵星海，白贵生. 墙式切圆锅炉分级富氧燃烧 对 NO_x 生成量影响的数值模拟[J]. 热力发电，2017，46(5)：63-68.

[5] 刘建全，孙保民，白涛，等. 稳燃特性对 100MW 超超临界锅炉 NO_x 排放特性影响的数值模拟[J]. 机械工程学报，2011，47(22)：132-139.

[6] 张秀霞. 焦炭燃烧过程中氮转化机理与低燃烧技术的开发[D]. 杭州：浙江大学，2012.

[7] RIBEIRETE A，COSTA M. Impact of the air staging on the performance of a pulverized coal fired furnace[J]. Proceedings of the Comustion Institute，2009，32(2)：2667-2673.

[8] HOUSHFAR E，YVIND S. NO_x emission reduction by staged combustion in grate combustion of biomass fuels and fuel mixtures[J]. Fuel，2012，98：29-40.